做**现实的俘虏**
梦想的主人

——王冲

U0288203

室内装饰施工图设计规范与深化逻辑

王　冲　李坤鹏 主编

CONSTRUCTION DRAWING DESIGN SPECIFICATION
AND DEEPENING LOGIC OF
INTERIOR DECORATION

中国建筑工业出版社

图书在版编目(CIP)数据

室内装饰施工图设计规范与深化逻辑 / 王冲，李坤鹏
主编. —北京：中国建筑工业出版社，2019.6(2023.1重印)
(设计师专项进阶书系)
ISBN 978-7-112-23774-6

Ⅰ.①室…　Ⅱ.①王…②李…　Ⅲ.①室内装饰设计
—建筑制图　Ⅳ.①TU238.2

中国版本图书馆 CIP 数据核字(2019)第 097800 号

责任编辑：胡　毅
责任校对：芦欣甜
装帧设计：完　颖
装帧制作：南京月叶图文制作有限公司

设计师专项进阶书系

室内装饰施工图设计规范与深化逻辑

王　冲　李坤鹏　主　编
　　＊
中国建筑工业出版社出版、发行(北京海淀三里河路9号)
各地新华书店、建筑书店经销
北京富诚彩色印刷有限公司印刷
　　＊
开本：880 毫米×1230 毫米　1/16　印张：23¾　字数：660 千字
2019 年 6 月第一版　2023 年 1 月第八次印刷
定价：198.00 元
ISBN 978-7-112-23774-6
　　　(34084)

编 委 会

主 编

王 冲　李坤鹏

副主编

伏 瑶　相龙海　刘 峰　包根福　辛林凯

参编人员

修子皓　庞 岩　陈冠宇　邢文辉　贾 欢

刘志强　刘丽君　战昭英　程婷婷

主编单位

山东一卜川建筑装饰设计有限公司

特别感谢

济南成象设计有限公司	岳 蒙
苏州青木年设计事务所	董克健
香港邹春辉（国际）设计事务所	邹春辉
深圳中韵建设集团	
贵州麦特空间设计有限公司	黄 河
北京中合深美装饰工程设计有限公司	冯建房
深圳洲际设计有限公司	黄后钦
深圳雯华设计顾问有限公司	王诗雯
韦高成设计集团	陈 卓
海南名泰装饰设计工程有限公司	於胜利
海南石艺室内设计工程有限公司	
西安方舍装饰设计有限公司	杨 昭
象境（天津）环境艺术设计有限公司	王 严
湖北无象大和建筑装饰设计工程有限公司	杨立志
山东赫宸设计有限公司	栾 滨
MTT 周亚空间设计	黎丽亚
香港 INHOUSE 装饰设计有限公司	杜善刚
济南三斗米环境艺术设计有限公司	李安军
北京东方弘天装饰有限公司	陈彦儒
安徽布兰卡艺术设计顾问有限公司	冉晓兰

序

　　我们公司每年都会有新人加入，所以我会参加每一次的岗前培训，而我总会告诉这些年轻人：我工作十几年，来来往往地也和几百位设计师一起共事过，就我个人认知而言，我觉得这几百号人里，真正能有禀赋做方案，能独当一面的设计师，不足十个。 所以你们不要认为只有出方案的环节才叫做设计，其实其他的设计环节也非常重要，比如施工图这个环节，就是重中之重。

　　众所周知，在技术的领域里，基本可以分成两种技术，一种是实验室技术，一种是工厂（工程）技术。 实验室技术主要是验证技术的应用方向，但是离大规模地生产、大规模地造福人类还差得很远；而工厂技术主要解决的就是落地的问题，主要解决的就是规模生产，这种技术带来的福祉才能大规模地造福人类。

　　同样的道理，天马行空的设计概念，就好比是实验室技术，这种概念或者想象离事情真正发生、真正落地还差得很远；而深化设计，就是工厂技术，就是那个让事情得以发生的本事。

　　认识王冲兄弟的时候，我们公司正深受施工图深化这个环节的困扰，而他主编的这本《室内装饰施工图设计规范与深化逻辑》，真是雪中送炭。

　　大多数人其实误会了深化设计这个专业，这个专业其实并不单单是手上的技术，也不太是常人所认为的画图，本质上深化设计是把施工落地这件事情，了了分明地分类，条框清晰地组织起来，并把结果交付出去，这本身其实就是一种面对世界的深层能力，是一种结构化的输出。

　　谢谢冲哥的付出，能让我们有机会学习他这种结构化的思维和落地的本事。

岳　蒙

2018 年 10 月 29 日

前 言

自 2011 年开始，我在"我要自学网"、"扮家家"、"拓者设计吧"、"马蹄室内设计网"、"室内设计联盟"、"建 E 室内设计网"等室内设计主流平台做行业内知识分享，从名不见经传的小人物，通过不断地学习，不断精进，同时不断进行知识输出，逐渐被大众所熟知和认可。特别感谢这些年来一直包容与支持我的朋友们。你们的关注与支持，是我不断前行的动力！

因深知理无专在，学无止境，所以我在分享知识的过程中一直如履薄冰、慎之又慎，唯恐才疏学浅，误人子弟。每每输出一个产品，都带有非常强烈的责任感。我是一颗小石子，但真心希望通过自己的知识输出，能有助于他人提高哪怕一毫米的高度。

近年来，我们的知识产品不断被破解、盗版，常有人提醒我保护知识产权，将知识以书籍的形式传播。出于对行业与师者的敬畏之心，我常自问，何德何能能够出版一本专业类书籍？因而迟迟不敢动笔。忽一日，其他事物让我悟出这样一个道理："一件事物，正是因为有不成熟的我与成熟的你共同参与，才能促进它的发展与进步，日趋完美。"哪怕是错的，把自己的经验分享出来，让他人避免重蹈覆辙也具有积极的意义。

所以，我鼓足勇气编撰了这本书籍。予他人，希望这本书能对工作有所帮助；予自己，在生命的长河中留下走过的足迹，也是人生快事。

这次正式出版的《室内装饰施工图设计规范与深化逻辑》是在《一卜川室内施工图规范标准（3.0）与深化逻辑》基础上完善而成，从制图标准、项目文件编排逻辑、协同绘图、图纸审核要点、高效绘图技巧、DIY 公司绘图环境等几大维度对施工图深化进行解析，唯愿能够帮助更多从业人员从图纸规范、团队协同、绘图技巧、深化思维等层面解决工作中的痛点。

我们编写此书的目的，一方面是对以往学习工作过程中积累的关于室内设计施工图方面的知识和经验作一次较详尽的梳理，另一方面希望起到抛砖引玉的作用，把自己一些浅薄的认知以书面的形式与同道做一个交流，取长补短。 本书以一卜川团队工作经验为基础，参照各相关国家标准、行业标准、地方标准进行汇总编纂。 由于涉及项目种类有限，认知层面有限，难免有不足之处，希望各位专家、同仁多多批评指正，对室内设计专业制图给予更深层次的关注。

一卜川空间深化设计品牌，由数字"1，2，3"演变而来（其中"卜"读音：［bo］），我们始终秉持"天道酬勤"、"不积跬步无以至千里"的信念，带领团队成员勤奋学习，脚踏实地，步步坚定前行，谨防好高骛远，迷失自我，时时刻刻，事事处处，谦虚谨慎。 此次特别感谢为本书编写辛苦付出的全体同事，感谢参与本书审校的各位专家大咖的技术支持和肺腑之言；更感谢一直以来特别支持一卜川的"川粉"们，谢谢！

读者朋友们如对本书有任何意见和建议，可发邮件至：498923216@qq.com ，我们愿意接受行业的批评与监督。 同时为了让所有的读者评价公之于众，给大家更真实的购书参考，大家也可以移步至我的微博（@施工图深化小冲哥）查看所有评论，并且非常欢迎您也能在微博中进行评论。

王 冲

山东一卜川建筑装饰设计有限公司

2018 年 12 月

目 录

第 1 章

图纸标准解析 | DRAWING STANDARD ANALYSIS

1.1 图纸、图幅与图框

1.2 制图比例标准

1.3 皮肤标准

1.4 图层标准

1.5 打印样式标准

1.6 填充图案标准

1.7 图例说明标准

1.1 图纸、图幅与图框

1.1.1 图纸类别

1. 白图

（1）概念：白图指建设专业已基本完成设计，还未经过图纸校核等程序，未完成最终出图手续，但迫于工地的工期要求，需提前提供的图纸。 这种图纸因为不是正式图，没有保留价值，所以往往采用复印方式出图，图纸通常采用白纸，因此称为"白图"。

（2）特点：白图一般采用墨粉打印，相对而言成本较高，在未完全确定施工图之前经常使用，也是某些边设计边施工的项目常采用的图纸形式（因为变动比较大）。 白图不可作为竣工图交档案馆存档。

2. 硫酸图

（1）概念：硫酸图是指用硫酸纸出的图。 硫酸纸是一种专业用于工程描图及晒版的半透明且表面没有涂层的纸，又称为描图纸。 硫酸纸在工程上通常用来制作底图，再晒制为蓝图使用。

（2）特点：硫酸图纸具有纸质纯净、强度高、透明度好、不易变形、耐晒、耐高温、抗老化等特点，广泛适用于手工描绘、走笔/喷墨式 CAD 绘图仪、工程静电复印、激光打印、美术印刷、档案记录、晒图、印刷设计制版、礼品包装、相册内页、胶印、烫金、丝印、移印等。

硫酸纸有 63gA4、 63gA3、 73gA4、 73gA3、 83gA4、 83gA3、 90gA4、 90gA3 等多种规格。

3. 蓝图

（1）概念：蓝图是对工程制图的原图描图、晒图和薰图后生成的复制品，因用碱性物质显影后产生蓝底紫色的晒图效果，故被称为"蓝图"。 蓝图主要用于工程图纸复制和文件资料归档。

（2）特点：蓝图类似照相用的底片，具有易于保存、不会模糊、不会掉色、不易被玷污、不能修改、价格低廉等特点。

注意：蓝图的特点当中，"不能修改"说明白图替代不了蓝图。 蓝图在加盖相关单位的出图章之后，是具有法律效应的文件，后续的施工、存档、定责都以该文件为准。 具有法律效应的文件，是不能随意更改的。

1.1.2 图幅

1. 概念

图纸的尺寸大小称为图纸幅面，也称图幅。 图纸是设计师表现装饰语言的载体，不同大小的装饰图样需要不同大小的图纸来表现。 为了便于阅读、装订和管理，图纸的规格需要统一。

2. 标准：

（1）国家标准《房屋建筑制图统一标准》（GB/T 50001—2010)规定了建筑工程制图的图幅从大到小分为五个等级，分别以 A0、 A1、 A2、 A3、 A4 表示。 图幅和图框的具体尺寸见图 1-1、表 1-1。 室内装饰设计作为建筑设计的延续和完善，其制图标准沿用了《房屋建筑制图统一标准》，并根据自身的专业特点有所调整，但在图幅与图框尺寸的规定上需与《房屋建筑制图统一标准》一致。

（2）绘制技术图样时，国家标准规定应优先使用 A0、 A1、 A2、 A3、 A4 这五种基本幅面，其短边与长边之比是 1 : 1.414,基本幅面尺寸均遵循一定的倍数关系,如图 1-2 所示。

　　(3) 通常装饰设计是以表示局部内容为主,所以使用的图纸幅面大多为 A2、A3,对于较大的平面也有可能采用 A1 图幅。

　　(4) 绘制图样时,应采用表 1-1 中规定的图纸基本幅面尺寸,即 A0—A4 图幅。 有的工程制图因图样需要,可允许加长幅面,但图纸的短边尺寸不应改变,图纸的长边尺寸可加长,如图 1-3 所示。 长边加长量必须符合国家标准《技术制图　图纸幅面和格式》(GB/T 14689—2008)中的规定,见表 1-2。

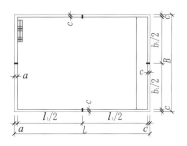

图 1-1　图框及幅面线

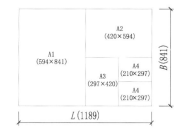

图 1-2　基本幅面图纸之间的关系

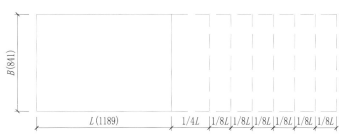

图 1-3　图纸长边加长示意(以 A0 图纸为例)

表 1-1　图纸幅面及图框尺寸　　　　　　　　　　　(mm)

幅面代号		A0	A1	A2	A3	A4
幅面尺寸 B × L		841 × 1189	594 × 841	420 × 594	297 × 420	210×297
周边尺寸	c	10			5	
	a	25				

注: 表中 B 为幅面短边尺寸, L 为幅面长边尺寸, c 为图框线与幅面线间宽度, a 为图框线与装订边间宽度。

表 1-2　图纸长边加长尺寸　　　　　　　　　　　(mm)

幅面代号	长边尺寸	短边尺寸	长边加长后尺寸
A0	1189	841	1486(A0 + 1/4L)　1635(A0 + 3/8L)　1783(A0 + 1/2L)　1932(A0 + 5/8L)　2080(A0 + 3/4L)　2230(A0 + 7/8L)　2378(A0 + L)
A1	841	594	1051(A1 + 1/4L)　1261(A1 + 1/2L)　1471(A1 + 3/4L)　1682(A1 + L)　1892(A1 + 5/4L)　2102(A1 + 3/2L)
A2	594	420	743(A2 + 1/4L)　891(A2 + 1/2L)　1041(A2 + 3/4L)　1189(A2 + L)　1338(A2 + 5/4L)　1486(A2 + 3/2L)　1635(A2 + 7/4L)　1783(A2 + 2L)　1932(A2 + 9/4L)　2080(A2 + 5/2L)
A3	420	297	630(A3 + 1/2L)　841(A3 + L)　1051(A3 + 3/2L)　1261(A3 + 2L)　1471(A3 + 5/2L)　1682(A3 + 3L)　1892(A3 + 7/2L)
A4	297	210	A4 图纸一般不加长

注: 有特殊需要的图纸,可采用 B × L 为 841 mm × 891 mm 和 1189 mm × 1261 mm 的幅面。

1.1.3 图框

1. 幅面样式

图纸上表示绘图范围的界线称为图框。 根据工程设计内容不同，图纸幅面排版可采用横式和立式两种样式，以短边作为垂直边的称为横式幅面，如图 1-4 所示；以短边作为水平边的称为立式幅面，如图 1-5 所示。 按照使用习惯，大多数图纸幅面宜采用横式；必要时，可采用立式。 一个装饰工程设计项目中，幅面样式应尽量统一，每个专业所使用的图纸，幅面样式不宜多于两种。

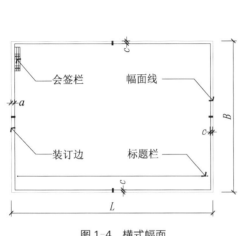

图 1-4　横式幅面

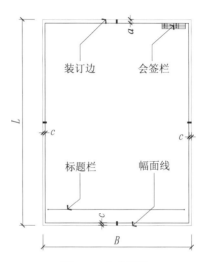

图 1-5　立式幅面

2. 标题栏

（1）标题栏的主要内容包括设计单位名称、工程名称、图纸名称、图纸编号以及项目负责人、设计人、绘图人、审核人等。 如有备注说明或图例、简表，也可将其需要内容设置其中。

（2）标题栏的长、宽与具体内容可根据具体工程项目进行调整，如图 1-6 所示。 涉外工程的标题栏内，各项主要内容的中文下方应附有外文，设计单位的上方或左方，应加"中华人民共和国"字样。

（3）标题栏中可加入设计单位的版权声明。 施工图纸必须加盖签章。 计算机制图文件中如使用电子签名与认证，必须符合《中华人民共和国电子签名法》的有关规定。

公司LOGO
公司地址及联系方式
图纸名称
建设单位
项目名称
版本及修订日期
空间名称及图纸名称
图号

图 1-6　标题栏

3. 会签栏

室内设计图纸一般需要装饰、暖通、消防、电气、给排水等相关专业负责人会审签字，其作用是为完善图纸、施工组织设计、施工方案等重要文件，并按程序报审。 会签栏可设置在图纸装订一侧，栏内应填写会签人员所代表的专业、姓名、日期，如图 1-7 所示。 当会签栏需要增加栏目时，会签栏目应并列排布。 不需会签的图纸可不设会签栏。

（专业）	（实名）	（签名）	（日期）

图 1-7　会签栏

4. 图框范例

参见图 1-8、图 1-9。

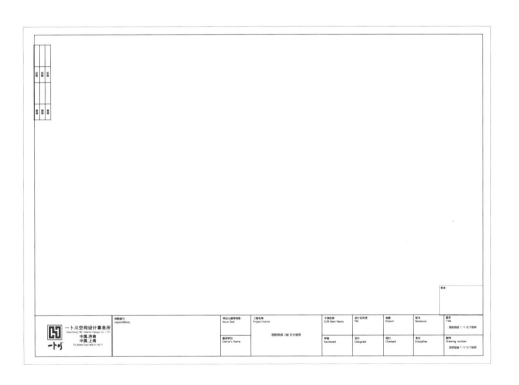

图 1-8　横式幅面图框

扫码关注，发送关键词"图框范例"，免费获取电子资源

图 1-9 立式幅面图框

1.2 制图比例标准

1.2.1 比例概念解析

1. 比例的作用

由于实际工程项目面积较大，设计表达时必须将实际工程按照一定的比例进行缩小，才能绘制在图纸上。

2. 比例的概念

图样的比例是指图纸上的图形尺寸与设计项目的实际尺寸之比，即：比例 = 图上距离（图形在图纸上画出的长度）：实际距离（实际物体相应部位的长度）。

比例用符号"："表示，其应标在两数值中间，数值用阿拉伯数字表示，如 1：40，1 表示图上距离，40 表示实际距离，而 0.025 就是比例的大小，表示图纸所画对象缩小为实际对象的 1/40。 相同的图形用不同的比例所表示的图样大小是不一样的，如图 1-10 所示，1：30 的图形比 1：50 的图形所占的图面大。 同时，不同的比例有不同的表达目的，小比例用于表达整体效果，大比例一般用于详图或分平面放大图，为表达在小比例画出的图纸上无法清晰表达的形态或结构。

3. 比例的表达方式

比例一般标注在图名的右侧，字的基准线应与图名齐平，如图 1-11（平面图）、图 1-12（立面图）和图 1-13（节点图）所示的表达形式。

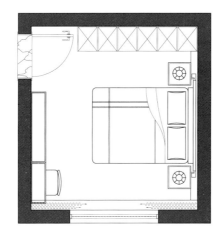

平面图1:30

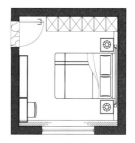

平面图1:50

图 1-10　不同比例图形比较

FURNITURE/FIXTURE PLAN

1F平面布置图　　　　　　SCALE 1:50@A1&1:100@A3

图 1-11　平面图比例索引表示

01
PL.1F.12　ELEVATION@1F书房立面图

SCALE 1:30@A1&1:60@A3

图 1-12　立面图比例索引表示

1.1
PL.1F.06　DETAIL@　1F顶棚节点图

SCALE 1:5@A1&1:10@A3

图 1-13　节点图比例索引表示

注意：图 1-11—图 1-13 中图纸比例索引图块，将在 1.3 节"皮肤标准"中详细讲解。

1.2.2　各阶段图纸比例

1. 图纸比例的分类

图纸比例分为常用比例和特殊比例，选择比例时，应结合幅面尺寸，综合考虑最清晰的表达形式和图面的审美效果。当表达对象的形状复杂程度和尺寸适中时，可采用 1:1 的原值比例绘制；当表达对象的尺寸较大而图样较小时，则必须缩小比例，缩小后的图样要保证复杂部位清晰可辨；当表达对象的尺寸较小时应采用放大比例，如 1:5、1:10 等，使各部位准确无误。

一般情况下，一个图样应选用一种比例。根据表达目的不同以及专业制图的需求，同一图纸中的图样可选用不同比例。有些图样也可选择特殊的比例，施工图绘制时应尽可能选择常用比例，如表 1-3 所示。

表1-3　图纸比例分类

常用比例	1：1，1：2，1：5，1：10，1：20，1：50，1：100，1：200，1：500，1：1000，1：2000，1：5000
可用比例	1：3，1：4，1：6，1：15，1：25，1：30，1：40，1：60，1：75，1：125，1：150，1：250，1：300，1：400，1：600，1：1500，1：2500

2. 图纸不同阶段的比例设置

图纸绘制不同阶段（如平面图、立面图、剖面图、节点大样图等）的比例设置如表 1-4 所示。

表1-4　图纸绘制不同阶段的比例设置

图纸绘制的不同阶段		比例设置
平面图	总平面图	1：100，1：150，1：200，1：500
	区域平面图、小型建筑平面图	1：30，1：40，1：50，1：60，1：75
立面/剖面图（标高 h）	h＞3m 的立面/剖面图	1：50，1：60
	3 m≥h≥2 m 的立面/剖面图	1：30，1：40
	h＜2m 的立面/剖面图	1：20
节点大样图	h≈4 m 的立面及剖立面图（如造型较为复杂的立面大样图及剖面图）	1：15
	h≈2 m 的剖立面图（如从顶到底的剖面图、大型橱柜剖面图等）	1：10
	h≈1 m 的剖立面图（如吧台、矮隔断、酒水柜、楼梯扶手剖立面图等）	1：5
	h≈(50～60)cm 的剖面图（如大型门套的剖面造型等）	1：4
	h≈18 cm 的剖面大样图（如踢脚线、顶角线等大样图）	1：2
	h≈8 cm 的剖面图（如凹槽、勾缝等节点大样图）	1：1

注：实际绘图时比例的设置不可生搬硬套，需要根据实际对象简繁变化而定，以图 1-14 为基准调整需要的适合比例。

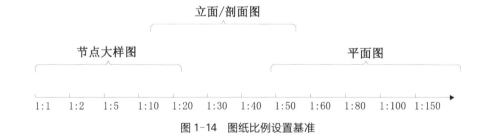

图1-14　图纸比例设置基准

扫码关注，发送关键词"皮肤标准"，免费获取电子资源

1.3　皮肤标准

1.3.1　图纸皮肤概念解析

对图纸进行注释说明的符号和文字统称为图纸皮肤，包括：标注索引、尺寸标注、空间及功能文字

说明、图纸标题、索引符号等。 图纸符号是构成室内设计施工图的基本元素之一，本书所绘制的符号均在布局空间内按照 1：1 比例绘制，形成标准模板，在施工图绘制过程中可直接进行调用，以保证图纸图面的统一性、规范性。 图纸皮肤标准应针对不同图幅来制作，本书绘图标准以 A0—A1 图幅为一个单元大小标准，A2—A3 图幅为一个单元大小标准（注：GB/T 50001—2010 中设有 A4 图幅，但因 A4 图幅版面过小，不能详细诠释图纸内容，故通常很少使用 A4 图幅，所以此处未提及 A4 图幅皮肤标准）。

1.3.2　图纸标题

1. 平面类标题

（1）作用：通过平面类标题，可了解当前平面图的中文、英文名称，并通过比例数值得知当前图形对象在相应图幅中的比例。

（2）标题组成：①英文名称；②中文名称；③图形比例；④水平直线。 见图1-15。

① 英文名称：当前平面图纸的英文名称（参见表 1-5）。
　A0—A1 图幅字体：宋体，字高：4；A2—A3 图幅字体：宋体，字高：3。
② 中文名称：当前平面图纸的中文名称，此处可插入图纸集标题字段，与图纸集相关联、同步更改。
　A0—A1 图幅字体：宋体，字高：4；A2—A3 图幅字体：宋体，字高：3。
③ 图形比例：表示图形对象在相应图幅中的比例。
　A0—A1 图幅字体：宋体，字高：4；A2—A3 图幅字体：宋体，字高：3。
④ 水平直线：由一条全局线宽为 0.8 的粗线和间隔 1 mm 的水平直线组成，水平线长度可根据标题长度进行调整。

图 1-15　平面类标题示意

表 1-5　平面类标题中、英文名称对照

标题中文名称	标题英文名称	布局选项卡名称
原始结构图	ARCHITECTURAL PLAN	AR
平面布置图	FURNITURE/FIXTURE PLAN	FF
墙体定位图	WALL – DIMENSION PLAN	WD
完成面尺寸图	FINISH DIMENSION PLAN	FD
地面铺装图	FLOOR COVERING PLAN	FC
综合顶棚布置图	REFLECTED CEILING PLAN	RC1.0
顶棚尺寸图	DIMENSION CEILING PLAN	RC2.0
灯具尺寸图	REFLECTED LIGHT CEILING PLAN	RC3.0
机电定位图	ELECTRICAL/MACH. PLAN	EM1.0
给排水定位图	ELECTRICAL/MACH. PLAN	EM2.0
立面索引图	KEY PLAN	KP

2. 立面类标题

（1）作用：通过立面图编号了解当前立面图形对应索引符号所在平面图的图纸页码；通过图纸中、英文名称了解当前图形类型与图形内容；通过比例数值得知当前图形在相应图幅中的比例。

（2）标题组成：①立面图号；②平面图纸编号；③图纸中、英文名称；④图形比例；⑤水平直线；⑥图号圆圈。 见图 1-16。

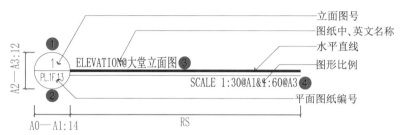

❶ 立面图号：对当前图形排序起到说明作用，图纸排序采用阿拉伯数字按照空间顺时针无重复排列，使图纸表达清晰、明了。
A0—A1 图幅字体：dim.shx，字高：4；A2—A3 图幅字体：dim.shx，字高：3。
A0—A1 图幅图号圆圈尺寸：14；A2—A3 图幅图号圆圈尺寸：12。
❷ 平面图纸编号：用来表示当前立面图形对应索引符号所在的平面图图纸页码。
A0—A1 图幅字体：dim.shx，字高：3；A2—A3 图幅字体：dim.shx，字高：2.5。
❸ 图纸中、英文名称：用来表示当前图纸类型及图形名称（中、英文）。
A0—A1 图幅字体：宋体，字高：4；A2—A3 图幅字体：宋体，字高：3。
❹ 图形比例：用来表示当前图形在相应图幅中的图形比例。
A0—A1 图幅字体：宋体，字高：4；A2—A3 图幅字体：宋体，字高：3。

图 1-16　立面类标题示意

3. 节点类标题

（1）作用：通过图纸编号了解当前节点图形对应索引符号所在平面图或立面图的图纸页码；通过中、英文名称了解当前图纸类型与图形内容；通过比例数值得知当前图形在相应图幅中的比例。

（2）标题组成：①节点图号；②图纸编号；③图纸中、英文名称；④图形比例；⑤水平直线；⑥图号圆圈。 见图 1-17。

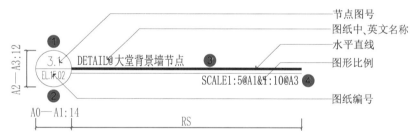

❶ 节点图号：对当前节点图形排序起到说明作用，图纸排序采用阿拉伯数字按照空间顺时针无重复表达排列，使图纸表达清晰、明了（图号解析详见后述"节点索引符号"）。
A0—A1 图幅字体：dim.shx，字高：4；A2—A3 图幅字体：dim.shx，字高：3。
❷ 图纸编号：用来表示当前节点图形对应索引符号所在的平面图或立面图的图纸页码。
A0—A1 图幅字体：dim.shx，字高：3；A2—A3 图幅字体：dim.shx，字高：2.5。
❸ 图纸中、英文名称：用来表示当前图纸类型及图形名称（中、英文）。
A0—A1 图幅字体：宋体，字高：4；A2—A3 图幅字体：宋体，字高：3。
❹ 图形比例：用来表示当前图形在相应图幅中的比例。
A0—A1 图幅字体：宋体，字高：4；A2—A3 图幅字体：宋体，字高：3。

图 1-17　节点类标题示意

1.3.3　图纸索引

1. 立面索引符号

（1）作用：通过图纸编号定位至当前箭头所指的立面图形所在图纸页码；通过索引符号中的立面图号定位至对应页码中的立面图号。 见图 1-18。

（2）立面索引组成：①立面图号；②图纸编号；③投视方向；④图号圆圈。

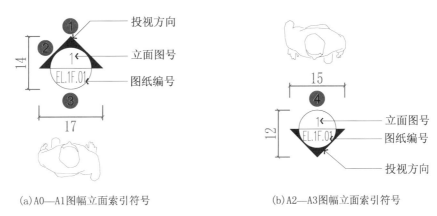

（a）A0—A1图幅立面索引符号　　　　　　　（b）A2—A3图幅立面索引符号

图 1-18　立面索引符号示意

解析：图 1-18 所示立面索引符号是以人看向物体视角进行相应立面图形绘制。 初学者在绘制时往往会将立面图的左右方向画错，这种错误通常出现在箭头向下的立面索引符号中，见图 1-19。

① 投视方向：投视方向箭头所指的方向会随着平面图中对象的方向而改变，但无论三角箭头所指示的方向如何改变，图号圆圈中的数字和字母的方向是始终保持水平的，且与我们阅读图纸时的视向保持一致。

② 立面图号：对立面图形排序起到说明作用，图纸排序采用阿拉伯数字按照空间顺时针无重复排列，使图纸表达清晰、明了。

A0—A1 图幅字体：dim.shx，字高：3；A2—A3 图幅字体：dim.shx，字高：2.5。

③ 图纸编号：此处图纸编号应与三角箭头所指方向立面图形所在的立面图纸页码相互对应。

A0—A1 图幅字体：dim.shx，字高：3；A2—A3 图幅字体：dim.shx，字高：2.5。

④ 立面图号排列方式：

① 立面图号若采用英文字母 A、 B、 C、 D 等按照空间顺时针重复排列（图 1-20），则在多个空间内重复使用，缺少唯一性，故编者不建议采用此类型排列方式。

② 立面图号若采用阿拉伯数字 1、2、3、4、5、6 等按照空间顺时针无重复排列（图 1-21），则索引清晰、明了，故编者建议采用此种排列方式。

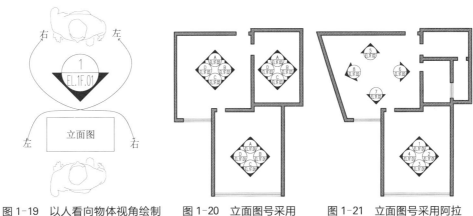

图 1-19　以人看向物体视角绘制
立面图形解析

图 1-20　立面图号采用
英文字母示意

图 1-21　立面图号采用阿拉
伯数字示意

注意：当对空间进行截断索引或空间跨度过长时，需添加索引线，如图 1-22—图 1-25 所示。

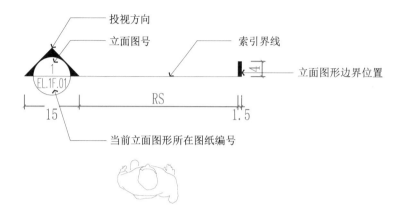

图 1-22

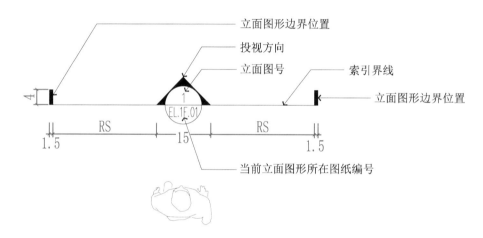

图 1-23

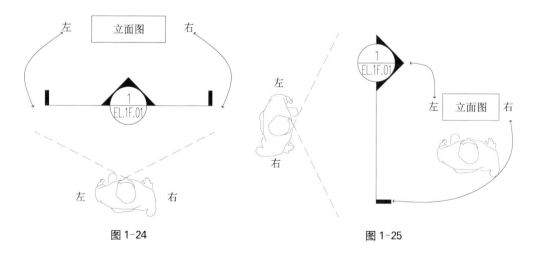

图 1-24   图 1-25

　　解析：对于不规则的房间，应使用一些特殊的表达方式来进一步将图纸说清楚，如图 1-26 所示即是一个特殊案例，在图纸表达中使用了特殊的索引符号。

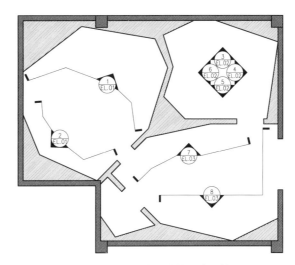

图 1-26 不规则房间的特殊索引符号

2. 节点索引符号

（1）作用：通过详图编号定位至当前剖切的节点图形所在图纸页码；通过节点图号准确定位至当前索引对象所在节点图中的图号；通过剖切界线和剖切位置线准确了解相对应节点剖切范围；三角箭头所指方向为节点投视方向。

（2）节点索引符号组成：①投视方向；②节点图号；③详图编号；④剖切界线；⑤剖切位置线；⑥图号圆圈。 见图 1-27。

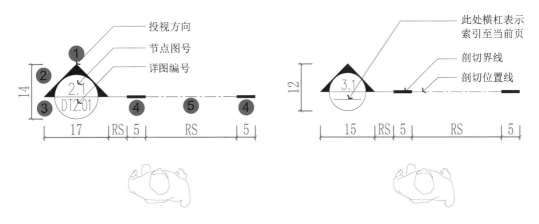

(a) A0—A1 图幅节点索引符号　　　　　　　　　　(b) A2—A3 图幅节点索引符号

❶ 投视方向：三角箭头所指方向即为节点投视方向。
❷ 节点图号：对当前节点图形排序起到说明作用，图纸排序采用阿拉伯数字按照空间顺时针无重复排列，使图纸表达清晰、明了。
　　A0—A1 图幅字体：dim.shx，字高：3；A2—A3 图幅字体：dim.shx，字高：2.5。
❸ 详图编号：详图编号应与当前节点图形所在的节点图纸页码相互对应。
　　详图编号按照顶棚、地面、墙体、固装这一逻辑编排。
　　A0—A1 图幅字体：dim.shx，字高：3；A2—A3 图幅字体：dim.shx，字高：2.5。
❹ 剖切界线：剖切界线用以定位节点起始范围。
　　剖切界线全局线宽：0.8。
❺ 剖切位置线：通过点划线定位节点剖切范围。
　　剖切位置线线型：CENTER，线型比例：0.1，全局线宽：0.1。

图 1-27 节点索引符号示意

注意：节点图号排列方式可根据不同类型项目灵活运用，力求索引明确、清晰表达图纸，可快速翻阅查找。

节点索引符号中的节点图号编排逻辑如表 1-6 所示，编排示意见图 1-28。

表 1-6　节点索引符号中的节点图号编排逻辑

类型编号	类型名称
1	天花节点
2	地面节点
3	墙体节点
4	固装大样

图 1-28　节点索引符号中的节点图号编排示意

3. 大样索引符号

（1）作用：通过图纸编号与引出圈所框选对象定位至大样图形所在的图纸页码，通过大样图号准确定位至大样图所在的图形位置。

（2）大样索引符号：①大样图号；②图纸编号；③大样引出框（引出框采用矩形倒弧角、粗虚线绘制）；④索引线（用细实线绘制）；⑤图号圆圈。见图 1-29。

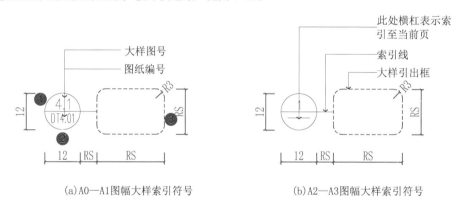

（a）A0—A1 图幅大样索引符号　　　　（b）A2—A3 图幅大样索引符号

❶ 大样图号：对当前大样图形排序起到说明作用，图形排序采用阿拉伯数字按照空间顺时针无重复排列，使图纸表达清晰、明了。
　　A0—A1 图幅字体：dim.shx，字高：3；A2—A3 图幅字体：dim.shx，字高：2.5。
❷ 图纸编号：此处图纸编号应与当前大样图形所在的大样图纸页码相互对应。
　　A0—A1 图幅字体：dim.shx，字高：3；A2—A3 图幅字体：dim.shx，字高：2.5。
❸ 大样引出框：采用矩形倒弧角、粗虚线绘制。
　　线型样式：DASHED，线型比例：0.1，全局线宽：0.2。

图 1-29　大样索引符号示意

4. 区域索引符号

（1）作用：通过图纸编号与引出框所框选对象定位至当前区域放大图形所在的图纸页码；通过区域图号准确定位至当前图号所对应的图形；对平面图形进行区域放大索引。

（2）区域索引符号：①区域图号；②索引线（用细实线绘制）；③区域引出框，采用矩形倒弧角、粗虚线绘制；④图号圆圈。 见图 1-30。

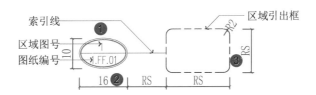

❶ 区域图号：对当前区域图形排序起到说明作用，图形排序采用阿拉伯数字按照空间顺时针无重复排列，使图纸表达清晰、明了。
字体：dim.shx，字高：3。
❷ 图纸编号：此处图纸编号应与当前放大图形所在图纸页码相互对应。
字体：dim.shx，字高：3。
❸ 区域引出框：采用矩形倒弧角、粗虚线绘制。
线型样式：DASHED，线型比例：0.1，全局线宽：0.2。

图 1-30　区域索引符号示意

5. 门洞索引符号

作用：对当前图纸中门洞进行归类整理，并结合门洞尺寸一览表，表达门洞详细信息，如图 1-31、表 1-7 所示。

(a) A0—A1 图幅门洞索引符号　　　　　　(b) A2—A3 图幅门洞索引符号

❶ 门洞编号：门洞编号对应门洞尺寸一览表，可获取门洞详细信息。
A0—A1 图幅字体：宋体，字高：3；A2—A3 图幅字体：宋体，字高：2.5。

图 1-31　门洞索引符号

表 1-7　门洞尺寸一览表示意

索引符号	门洞尺寸（宽×高）（mm）
⟨D-01⟩	2400 × 2650
⟨D-02⟩	2500 × 2700
⟨D-03⟩	2250 × 2650

6. 门表索引符号

作用：通过图纸编号定位至门表大样图形所在的图纸页码；通过门表图号准确定位至当前图形所在图纸图号。 如图 1-32 所示。

(a) A0—A1 图幅门表索引符号　　　　　　(b) A2—A3 图幅门表索引符号

❶ 门表图号：对当前门表图形排序起到说明作用，图形排序采用阿拉伯数字按照空间顺时针无重复排列，使图纸表达清晰、明了。
A0—A1 图幅字体：宋体，字高：3.5；A2—A3 图幅字体：宋体，字高：3。
❷ 图纸编号：此处图纸编号应与当前门表图形所在的门表图纸页码相互对应。
A0—A1 图幅字体：宋体，字高：3；A2—A3 图幅字体：宋体，字高：2.5。

图 1-32　门表索引符号示意

1.3.4 符号

1. 引出线

（1）作用：用于详图符号、材料等的索引。

（2）尺寸：箭头点直径为 1 mm，箭头尺寸和引线宽度可根据图幅及图样比例调节。

（3）引出线符号在同张图纸中应使用相同的表达方式（图 1-33）。

（4）图纸中出现复杂材料时可以使用多层级引出线整洁地表达图纸信息，多层级引出线分为横向和纵向两种表达形式，如图 1-34 所示。

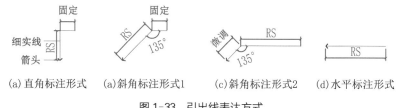

| (a) 直角标注形式 | (a) 斜角标注形式1 | (c) 斜角标注形式2 | (d) 水平标注形式 |

图 1-33　引出线表达方式

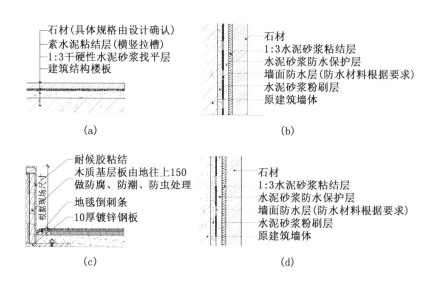

图 1-34　多层级引出线表达形式

注意：引出线在标注时应保证清晰、规律，在满足标注准确、功能齐全的前提下，尽量保证图面美观。

2. 中心线

（1）作用：用于图形的中心定位。

（2）中心线符号是用于表达图纸中某空间、某造型的辅助控制线，如图 1-35 所示。

3. 折断线

（1）作用：用于折断省略。 当所绘制图形因图幅不够或因剖切位置不必绘制完全时，则采用折断线来终止画面。

（2）为更清晰表达整体与细部的构造关系，可采用折断线将整体压缩，放大局部构造，表达节点细部构造关系，如图 1-36 所示。

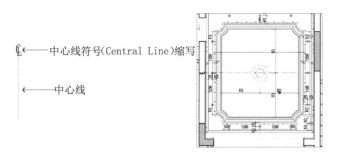

图 1-35　中心线示意

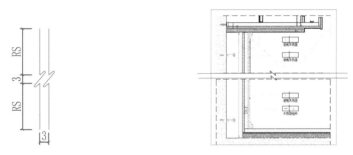

图 1-36　折断线示意

4. 转角符号

（1）作用：用于表示立面的转折。

（2）如果一个空间的立面图分幅绘制不能完整地表达出设计想法，就只能通过绘制立面展开图的形式将立面完整化，这就要在绘制完成的立面图中使用转角符号来表示立面之间的转折关系，如图 1-37 所示。

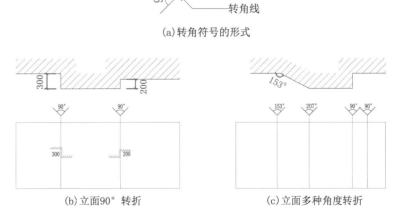

图 1-37　转角符号示意

5. 对称符号

（1）作用：用于表示图形的绝对对称，也可作图形的省略画法。

（2）组成：对称符号由对称线和分中符号组成，见图 1-38。

图 1-38　对称符号示意

6. 起铺点符号

起铺点符号主要应用在地面铺装图中，表示地面铺装的起始点，见图 1-39。

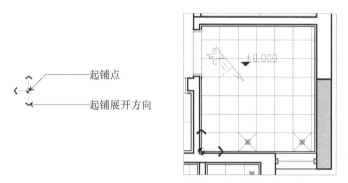

图 1-39　起铺点符号示意

7. 指北针

指北针用于表示当前建筑朝向，见图 1-40。

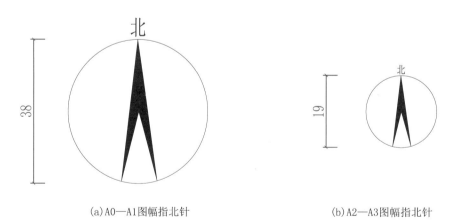

（a）A0—A1图幅指北针　　　　　　　　（b）A2—A3图幅指北针

图 1-40　指北针示意

8. 移门开启方向符号

移门开启方向符号用来表示移门的开启方向，见图 1-41。

9. 木纹拼贴方向符号

木纹拼贴方向符号用来表示木纹的拼贴方向，见图 1-42。

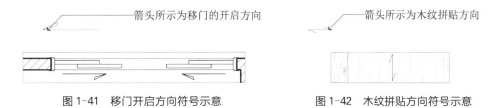

图 1-41　移门开启方向符号示意　　　　　图 1-42　木纹拼贴方向符号示意

10. 修订云线符号

修订云线符号如图 1-43 所示。

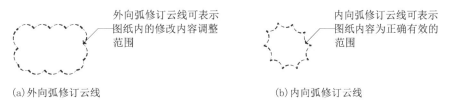

(a) 外向弧修订云线　　　　　　　　　(b) 内向弧修订云线

图 1-43　修订云线符号示意

修订云线内向弧与外向弧的尺寸可根据绘制的具体内容确定，修订日期能对图纸的修改深化起到明确的记录作用。

11. 轴号符号

（1）作用：用来表示轴线的定位。

（2）轴线符号是施工定位、放线的重要依据，如图 1-44 所示。

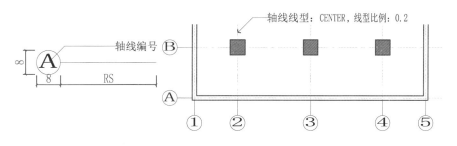

图 1-44　轴号符号示意

注意：平面定位轴线水平方向应采用阿拉伯数字由左至右排序，垂直方向为大写英文字母，由下至上排序（其中 I、O、Z 三个字母易与数字 1、0、2 混淆，故不可使用），需与建筑图信息一致。

12. 标高符号

（1）作用：用于顶棚及地面的装饰完成面高度标识。

（2）标注数字以米（m）为单位，精确到小数点后第三位。

（3）零点标高标注"±"，正数标高不标注"＋"，负数标高标注"－"。见图 1-45。

13. 坡度符号

坡度符号可简洁清晰地表达找坡数值，见图 1-46。

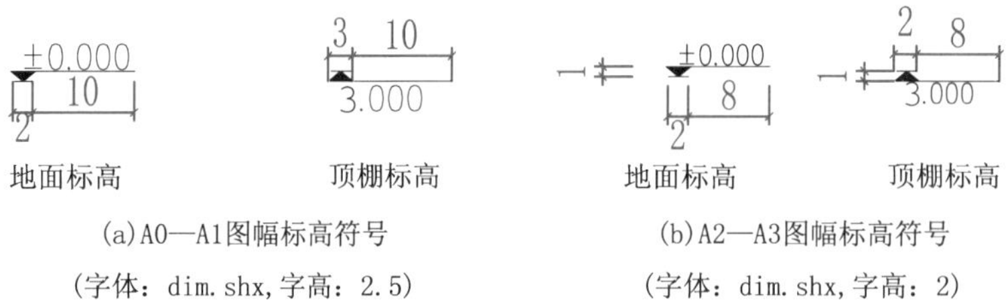

(a)A0—A1图幅标高符号　　　　　　　(b)A2—A3图幅标高符号
（字体：dim.shx,字高：2.5）　　　　　（字体：dim.shx,字高：2）

图1-45　标高符号示意

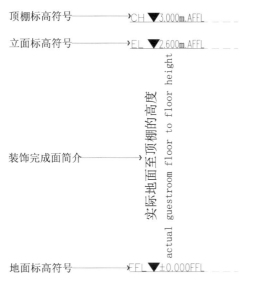

(a)A0—A1图幅坡度符号　　　　　　　(b)A2—A3图幅坡度符号
（字体：dim.shx,字高：3）　　　　　（字体：dim.shx,字高：2）

图1-46　坡度符号示意

14. 立面图标高符号

立面图标高符号用于标注出立面图中立面主轮廓、顶棚标高及地面标高，可以清晰表达出地面完成面到顶棚完成面尺寸轮廓。见图1-47。

顶棚标高符号 ————→ CH ▼3.000m.AFFL

立面标高符号 ————→ EL ▼2.600m.AFFL

装饰完成面简介 ————→ 实际地面至顶棚的高度 actual guestroom floor to floor height

地面标高符号 ————→ FFL ▼±0.000FFL

A0—A1图幅字体：dim.shx,字高：2.5；A2—A3图幅字体：dim.shx,字高：2.5

图1-47　立面图标高符号示意

1.3.5　材料标注索引

材料索引符号用来表达图纸中设计的材料相关数据并用编号的形式进行分类，使项目的材料信息简洁清晰，更具统一性。

1. 顶棚索引符号

见图 1-48。

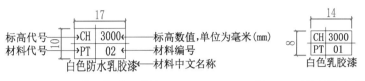

(a)A0—A1图幅顶棚索引符号　　　　　(b)A2—A3图幅顶棚索引符号
（字体：宋体，字高：3）　　　　　　（字体：宋体，字高：2.5）

图 1-48　顶棚索引符号示意

2. 材料索引符号

见图 1-49。

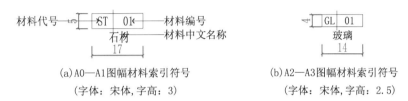

(a)A0—A1图幅材料索引符号　　　　　(b)A2—A3图幅材料索引符号
（字体：宋体，字高：3）　　　　　　（字体：宋体，字高：2.5）

图 1-49　材料索引符号示意

3. 软装索引符号

见图 1-50。

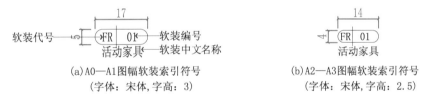

(a)A0—A1图幅软装索引符号　　　　　(b)A2—A3图幅软装索引符号
（字体：宋体，字高：3）　　　　　　（字体：宋体，字高：2.5）

图 1-50　软装索引符号示意

材料代号可参考表 1-8，软装代号可参考表 1-9。

<table>
<tr><th colspan="4">表 1-8　材料代号参照表</th></tr>
<tr><th>材料代号
（英文缩写）</th><th>材料名称</th><th>材料代号
（英文缩写）</th><th>材料名称</th></tr>
<tr><td>ST</td><td>石材</td><td>MO</td><td>马赛克</td></tr>
<tr><td>CT</td><td>瓷砖</td><td>WC</td><td>壁纸</td></tr>
<tr><td>WF</td><td>木地板</td><td>FA</td><td>布艺/皮革</td></tr>
<tr><td>CA</td><td>地毯</td><td>MC</td><td>金属复合板</td></tr>
<tr><td>WD</td><td>木饰面</td><td>LP</td><td>防火板</td></tr>
<tr><td>PT</td><td>乳胶漆</td><td>PB</td><td>石膏板/矿棉板</td></tr>
<tr><td>MR</td><td>银镜</td><td>PL</td><td>塑料</td></tr>
<tr><td>MT</td><td>金属</td><td>WR</td><td>防水卷材</td></tr>
<tr><td>GL</td><td>玻璃</td><td>SF</td><td>特殊材料</td></tr>
</table>

<table>
<tr><th colspan="4">表 1-9　软装代号参照表</th></tr>
<tr><th>软装代号
（英文缩写）</th><th>软装名称</th><th>软装代号
（英文缩写）</th><th>软装名称</th></tr>
<tr><td>FR</td><td>活动家具</td><td>SSP</td><td>开关、插座</td></tr>
<tr><td>AR</td><td>艺术品</td><td></td><td></td></tr>
<tr><td>BDG</td><td>床上用品</td><td></td><td></td></tr>
<tr><td>CA</td><td>地毯</td><td></td><td></td></tr>
<tr><td>CU</td><td>窗帘</td><td></td><td></td></tr>
<tr><td>DL</td><td>灯具</td><td></td><td></td></tr>
<tr><td>HW</td><td>五金</td><td></td><td></td></tr>
<tr><td>KIT</td><td>厨房设备</td><td></td><td></td></tr>
<tr><td>PLT</td><td>植物</td><td></td><td></td></tr>
</table>

1.3.6 尺寸标注

在室内设计施工图中，图形只能表达空间的形态，空间实际距离尺寸须通过尺寸标注和文字标注对图纸作详细说明，并作为施工的依据。因此尺寸标注是图形的重要组成部分，是识图的重要内容。

1. 尺寸标注样式

如图 1-51 所示。

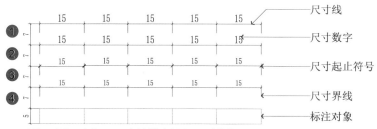

❶ 外部标注 3.0，字体：宋体；字高：3.0；标注样式主要用于建筑外圈。
❷ 内部标注 2.5，字体：宋体；字高：2.5；标注样式主要用于立面主轮廓。
❸ 内部标注 2.0，字体：宋体；字高：2.0；标注样式主要用于内部细节尺寸。
❹ 内部标注 1.8，字体：宋体；字高：1.8；标注样式主要用于标注尺寸过于密集处。

图 1-51　尺寸标注样式示意

2. 尺寸简化标注样式

在保证不引起误解和不产生多义性理解的前提下，尺寸标准应力求简化。如图 1-52 所示。

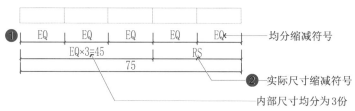

❶ 当标注对象尺寸规格一致时，则不采用数值标注，应灵活采用均分缩减符号"EQ"。"EQ"为英文"EQUAL"的缩写，"EQUAL"中文即为"均分"的意思。
❷ 当对象需按照现场实际尺寸时，此处不采用数值标注，应灵活采用实际尺寸缩减符号"RS"。"RS"为英文"REAL SIZE"的缩写，"REAL SIZE"中文即为"现场实际尺寸"的意思。

图 1-52　尺寸简化标注样式示意

1.3.7　文本标注

施工图绘制过程中除了正确绘制图形外，还要正确标注文字、数字和符号，它们都是表达图纸内容的语言，如用文字表明设计意图、图形名称、房间名称、装饰的各种做法及施工技术要求等。

制图中应注意：图纸上书写的文字、数字或符号等，均应字体端庄、排列整齐，标点符号应清晰正确。手工制图的图纸，字体的选择及标注方法应符合《房屋建筑制图统一标准》(GB/T 50001—2010)的规定。计算机绘图，可采用自行选择的规范字体等，但应避免采用过于个性化的文字。

汉字的简化书写，必须符合国务院公布的《汉字简化方案》和有关规定，长仿宋汉字、拉丁字母、阿拉伯数字与罗马数字应符合现行国家标准《技术制图—字体》(GB/T 14691)的规定。

图样及说明中涉及的阿拉伯数字、罗马数字与拉丁字母，宜采用单线简体(矢量字体)或 ROMAN 字体(TrueType 字体)。

拉丁字母中的 I、O、Z，为了避免与图纸上的数字 1、0、2 相混淆，不得用于轴线编号。

拉丁字母和数字的笔画都是由直线或直线与圆弧、圆弧与圆弧组成，书写时要注意每个笔画在字形格中的部位和下笔顺序。

数量的数值标注，应采用正体阿拉伯数字。 各种计量单位凡前面有量值的，均应采用国家颁布的单位符号注写。 单位符号应采用正体字母。

当标注的数字小于 1 时，必须写出个位的"0"，小数点应采用圆点，齐基准线书写，例如：0.01。表示数量的小数、分数、百分数和比例数，应用正体阿拉伯数字和数字符号书写，例如：零点零一、五分之一、百分之十五和一比五十应分别写成 0.01、 1/5、 15%和 1∶50。

1. 空间文字说明

如表 1-10 所示。

表 1-10　空间文字说明的标准及示例

名称	字体	A0—A1 图幅字高	A2—A3 图幅字高	示例
空间中文名称	宋体	3.5	3.0	起居室
空间英文参照	archs.shx	3.0	2.5	LIVINGROOM
面积	宋体	3.0	2.5	10 m²

2. 功能文字说明

如表 1-11 所示。

表 1-11　功能文字说明的标准及示例

名称	字体	A0—A1 图幅字高	A2—A3 图幅字高	示例
功能中文名称	宋体	2.5	2.0	书桌
功能英文参照	archs.shx	1.8	1.5	DESK

1.3.8　图纸皮肤标准一览表

如表 1-12 所示。

表 1-12　图纸皮肤标准一览表

序号	名称	幅面	索引符号	字高	字体	用途	备注
1	平面类标题	A0—A1	ARCHITECTURAL PLAN 原始结构图　SCALE 1:50@A1&1:100@A3	平面标题：4	宋体	说明当前图纸的类型及内容，并通过比例数值获取当前图形在相应图幅中的比例	
		A2—A3	ARCHITECTURAL PLAN 原始结构图　SCALE 1:50@A1&1:100@A3	平面标题：3			
2	立面类标题	A0—A1	① PL.1F.13 ELEVATION@大堂立面图　SCALE1:30@A1&1:60@A3	立面图号：4	dim.shx	说明当前图纸的类型及内容，并通过比例数值获取当前图形在相应图幅中的比例。 通过图号、图纸编号和图纸名称了解当前图纸所在平面图纸中的立面索引图页码编号	图纸编号应与当前立面图纸索引符号所在的立面索引图中的图纸页码编号相互对应
				图纸编号：3			
				立面标题文字：4	宋体		
		A2—A3	② PL.1F.13 ELEVATION@走廊立面图　SCALE1:30@A1&1:60@A3	立面图号：3	dim.shx		
				图纸编号：2.5			
				立面标题文字：3	宋体		

（续表）

序号	名称	幅面	索引符号	字高		字体	用途	备注
3	节点类标题	A0—A1	 3.1 EL.1F.01 DETAIL@大堂背景墙节点 SCALE1:5@A1&1:10@A3	节点编号：4	dim.shx		说明当前图纸的类型及内容，并通过比例数值获取当前图形在相应图幅中的比例。 通过图号、图纸编号、图纸名称和图形比例定位当前图形所在立面图、平面图中剖切索引符号的当前图纸页码编号	图纸编号应与立面图形所在平面图或立面图中的图纸页码相互对应
				图纸编号：3				
				节点标题文字：4		宋体		
		A2—A3	 1.1 PL.1F.06 DETAIL@大堂天花节点 SCALE1:5@A1&1:10@A3	节点编号：3	dim.shx			
				图纸编号：2.5				
				节点标题文字：4		宋体		
4	立面索引符号	A0—A1	 1 EL.1F.01	立面图号：3	dim.shx		用于该立面索引符号所在当前图纸中对该立面图形的准确定位	无论立面索引符号中的三角箭头指向何方向，索引圆内的文字始终保持水平 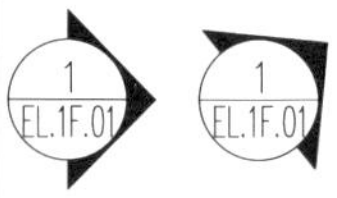
				图纸编号：3				
		A2—A3	 2 EL.1F.01	立面图号：2.5				
				图纸编号：2.5				
5	立面索引符号	A0—A1	 17 EL.1F.07 / 20 EL.1F.07 / 18 EL.1F.07 / 19 EL.1F.07	立面图号：3	dim.shx		用于平面图内针对立面图的索引	立面图号与图纸编号的位置不能颠倒。 立面图号表示图纸排列顺序，可采用阿拉伯数字按照顺时针方向无重复排序，使图纸表达清晰明了，具有唯一性
				图纸编号：3				
		A2—A3	 13 EL.1F.06 / 16 EL.1F.06 / 14 EL.1F.06 / 15 EL.1F.06	立面图号：2.5				
				图纸编号：2.5				
		A2—A3	 1 EL.1F.01	立面图号：2.5	dim.shx		用于平面图内针对立面索引的起止点或剖断立面图的剖切起止点的表示	立面的起止点或剖切起止点指向需与索引指向保持一致 
			1 EL.1F.01	图纸编号：2.5				
6	节点索引符号	A0—A1	 1.1 DT2.02	节点图号：3	dim.shx		用于该节点索引符号所在当前图纸中对该节点图形的准确定位	剖切界线内为剖切范围
				图纸编号：3				
		A2—A3	 2.1 DT3.01	节点图号：2.5				
				图纸编号：2.5				

（续表）

序号	名称	幅面	索引符号	字高	字体	用途	备注
7	大样索引符号	A2—A3	(4.1 / DT4.01)	节点图号：2.5 图纸编号：2.5	dim.shx	用于该大样索引符号所在当前图纸中对该大样图形的准确定位	引出框内为索引范围
		A0—A1	(4.2 / DT4.02)	节点图号：3 图纸编号：3	dim.shx	用于该大样索引符号所在当前图纸中对该大样图形的准确定位	引出框内为索引范围
8	区域索引符号	A0—A3	(1 / 1.FF.01)	节点图号：3 图纸编号：3	dim.shx	当前区域内容信息较多，无法完全表达，需进行区域放大标注索引	
9	门洞索引符号	A0—A1	◇ D-01	字高：3.0	宋体	门洞索引符号结合门洞尺寸表简洁地表达门洞所在图纸的信息	
		A2—A3	◇ D-01	字高：2.5			
10	门表索引符号	A0—A1	(1 / DS.01)	字高：3.0	宋体	门表索引符号结合门表大样简洁地表达对应门的信息	
		A2—A3	(1 / DS.01)	字高：2.5			
11	顶棚索引符号	A0—A1	CH 3000 / PT 02 / 白色防水乳胶漆	字高：3.0	宋体	用于平面图顶棚完成面高度及顶棚材质标注	索引标注要点：保证水平对齐或垂直对齐且索引标注详尽、明了。索引标注应规则有序，不影响图形绘制内容、文字说明、材料符号等内容，保证图面美观
		A2—A3	CH 3000 / PT 01 / 白色乳胶漆	字高：2.5			
12	材料索引符号	A0—A1	ST 01 / 石材	字高：3.0	宋体	用于装饰完成面材质标注	索引标注要点：保证水平对齐或垂直对齐且索引标注详尽、明了。索引标注应规则有序，不影响图形绘制内容、文字说明、材料符号等内容，保证图面美观
		A2—A3	GL 01 / 玻璃	字高：2.5			
13	软装索引符号	A0—A1	CA 01 / 地毯	字高：3.0	宋体	用于软装索引标注	索引标注要点：保证水平对齐或垂直对齐且索引标注详尽、明了。索引标注应规则有序，不影响图形绘制内容、文字说明、材料符号等内容，保证图面美观
		A2—A3	FR 01 / 活动家具	字高：2.5			
14	引出线	A0—A3		引出线箭头在A0—A3图幅为1.0mm		用于文字说明和各类符号的引出表达	

（续表）

序号	名称	幅面	索引符号	字高	字体	用途	备注
15	中心符号	A0—A3		—	—	用于图形中心定位	
16	折断线	A0—A3		—	—	用于图纸内容的省略或截选，采用折断线来终止画面	
17	转角符号	A0—A3	 90°	字高：3.0	宋体	用于表示立面的转折，以垂直线连接两端交叉线并加注角度符号表示	
18	对称符号	A0—A3		—	—	用于说明图形的绝对对称，也可作图形的省略画法	
19	起铺点符号	A0—A3	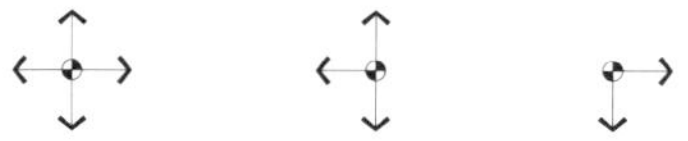	—	—	主要应用于地面铺装图中，用来表示地面铺装的起始点	
20	指北针	A2—A3	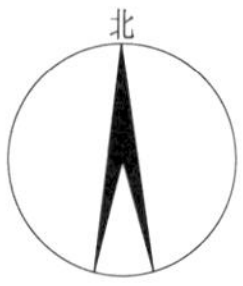 北	字高：2.0	宋体	总平面图及首层的建筑平面图上一般都绘制指北针，表示建筑物的朝向。指北针通常放置在图纸角落，用途是让图纸的使用者或不了解这个项目的人知道这个项目的朝向，这对设计师尤为重要	
		A0—A1	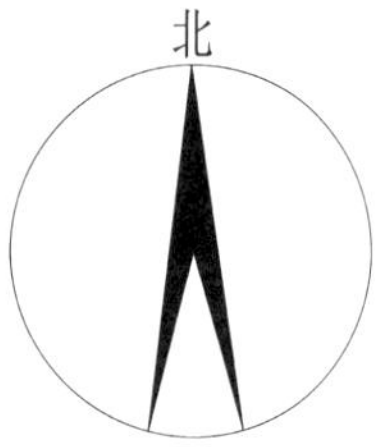 北	字体：4.0			
21	移门开启方向符号	A0—A3		—	—	表示移门开启方向	
22	木纹拼贴方向符号	A0—A3		—	—	表示木纹拼贴方向	

（续表）

序号	名称	幅面	索引符号	字高	字体	用途	备注
23	修订云线符号	A0—A3		—	—	外向弧修订云线可表示图纸内的修改内容调整范围	修订云线内向弧与外向弧的尺寸可根据绘制的具体内容确定，修订日期能对图纸的修改深化起到明确的记录作用
		A0—A3	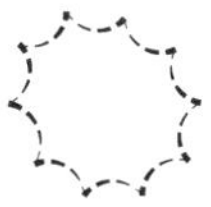	—	—	内向弧修订云线可表示图纸内容为正确有效的范围	
24	轴号符号	A0—A3	Ⓐ———	字高：3.0	宋体	用来表示定位轴线的名称	
25	标高符号	A2—A3	±0.000 ▽ / 3.000	字高：2.0	dim.shx	用于节点中顶棚及地面的装饰完成面高度标示	
		A0—A1	±0.000 ▽ / 3.000	字高：2.5	dim.shx		
26	坡度符号	A2—A3	i=2% ↘	字高：2.0	dim.shx	用于地面湿区坡度表示	
		A0—A1	i=2% ↘	字高：2.5	dim.shx		
27	立面图标高符号		顶棚标高符号——→CH ▼3.000m.AFFL	字高：2.5	dim.shx	用于标注立面图中立面主轮廓、顶棚标高、地面标高，可以清晰表达出地面完成面到顶棚完成面的尺寸轮廓	
			立面标高符号——→EL ▼2.600m.AFFL	字高：2.5	dim.shx		
			装饰完成面简介——→ 实际地面至顶棚的高度 actual guestroom floor to floor height	英文字高：2.5	宋体		
				中文字高：3.0	宋体		
			地面标高符号——→FFL ▼±0.000FFL	字高：2.5	dim.shx		

1.3.9 平面布置图示例

如图 1-53 所示。

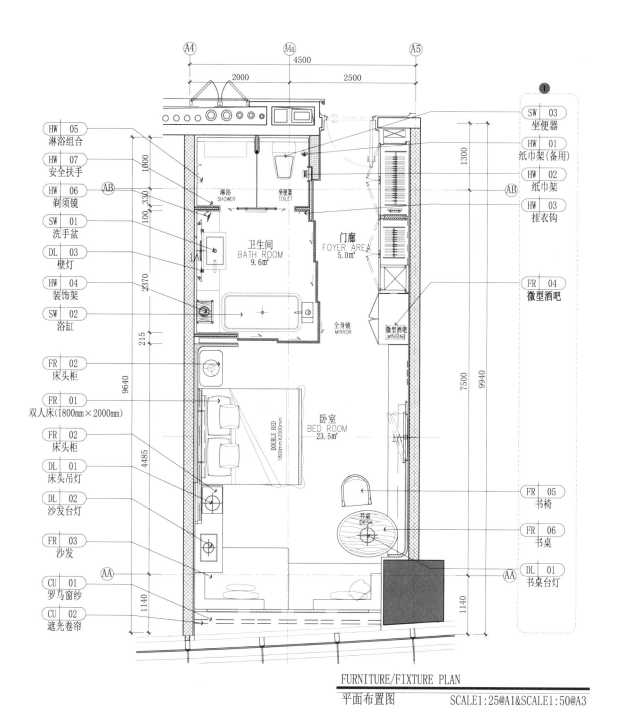

FURNITURE/FIXTURE PLAN

平面布置图   SCALE1:25@A1&SCALE1:50@A3

❶ 索引标注：索引类说明标注时应清晰、规律，在满足标注准确、功能齐全的前提下，尽量保证图面美观。

❷ 如图所示，在平面图纸中根据项目要求标注五金、洁具及软装索引符号，并在当前图纸添加对应五金、洁具、软装
一览表。

图 1-53　平面布置图示例（一）

❷ 五金、洁具、软装一览表

索引符号	家具名称
HW ┃ 01	纸巾架（备用）
HW ┃ 02	纸巾架
HW ┃ 03	挂衣钩
HW ┃ 04	装饰架
HW ┃ 05	淋浴组合
HW ┃ 06	剃须镜
HW ┃ 07	安全扶手

洁具一览表

索引符号	洁具名称
SW ┃ 01	洗手盆
SW ┃ 02	浴缸
SW ┃ 03	坐便器

软装一览表

索引符号	家具名称
FR ┃ 01	双人床（1800 mm×2000 mm）
FR ┃ 02	床头柜
FR ┃ 03	沙发
FR ┃ 04	微型酒吧
FR ┃ 05	书椅
FR ┃ 06	书桌

图 1-53　平面布置图示例（二）

1.3.10　立面索引图示例

如图 1-54 所示。

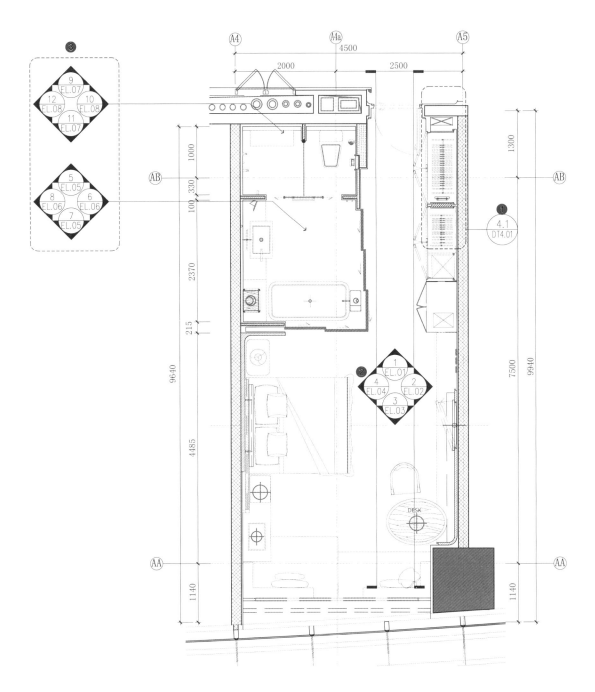

KEY PLAN

立面索引图   SCALE 1:25@A1&1:50@A3

❶ 大样索引：当图纸内容较少时，大样索引可在平面系统图中的立面索引图进行索引标注；当图纸内容较多且索引标注有穿插重叠时，可单独一张图纸进行索引标注，使图纸清晰明了、版面规整。

❷ 立面索引：此处索引符号添加索引线进行区域索引，索引起止点由起点指向到止点指向进行该区域立面索引；此处空间因相对狭长不能明确索引对应区域，根据此类情况添加索引起止点。

❸ 立面索引：此处用索引线引出图纸外圈，保持统一水平线，以保证清晰美观度；图号表示图纸排列顺序，排列序号采用阿拉伯数字按照空间顺时针无重复排列，使图号清晰明了，具有唯一性。

图 1-54　立面索引图示例

1.3.11　立面图示例

如图 1-55 所示。

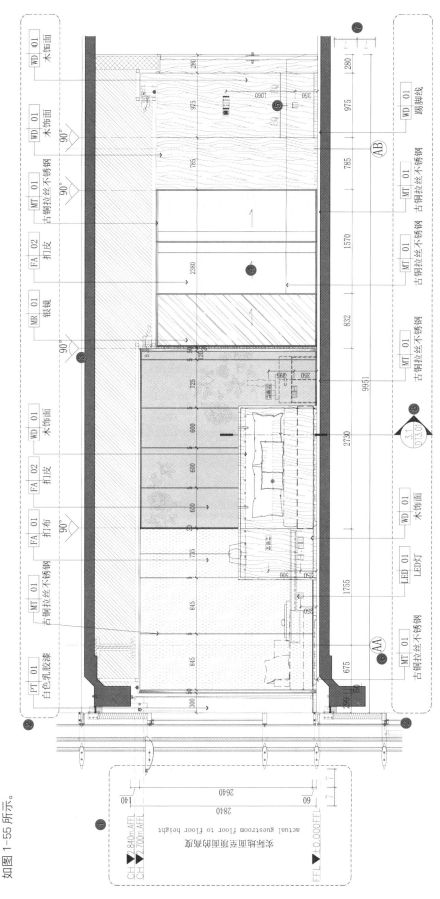

图 1-55　立面图示例

① 立面标高符号：用于标注立面图中立面主轮廓、顶棚标高、地面标高，可以清晰表达出地面完成面到顶棚完成面的尺寸轮廓。标注尺寸间距固定，以保持图面整洁规范。

② 主材索引标注：索引类说明在标注时应清晰准确，在满足标注准确、功能齐全的前提下，尽量保证图面美观。
备注：主材索引不可贯通性标注，因贯通性标注引线相互贯穿会产生误导，可进行上下或左右标注，以保证图纸清晰美观。

③ 转角符号：用于表示立面墙体的转折。

④ 移门开启方向符号：用于表示门开启方向。

⑤ 简化标注：左右尺寸不进行明确标注，而进行居中均分标注。

⑥ 轴号：根据对应平面图定位轴号，可清晰明了定位立面图对应平面相应位置。

⑦ 尺寸标注：尺寸标注统一偏移，使图纸美观整洁。

⑧ 节点索引符号：对造型进行剖切，并索引至图形所在图纸页码。

⑨ 立面图标题：此处标题名称内可插入图纸集字段，以与图纸集关联，可同步进行修改。

ELEVATION@立面图 ⑨
SCALE1：20@A1&1：40@A3
④
PL1F13
AB
MT 01
古铜拉丝不锈钢
踢脚线
WD 01
木饰面
WD 01
木饰面
FA 02
扣皮
MT 01
古铜拉丝不锈钢
MR 01
银镜
MT 01
古铜拉丝不锈钢
WD 01
木饰面
FA 02
扣皮
WD 01
木饰面
FA 01
扣布
LED 01
LED灯
MT 01
古铜拉丝不锈钢
PT 01
白色乳胶漆

actual Restroom floor to floor height
实际卫生间地面到顶面的高度
CH ▶2.840m AFFL
CH ▶2.700m AFFL
FFL ▶±0.000 FFL
140　2840　60
2840

1.4 图层标准

1.4.1 图层的作用

CAD 施工图绘制图层的设定有以下作用：

（1）可提高绘图效率，方便图纸文件的相互交流。

（2）线型、线宽可随着图层的属性一同调整，通过图层的显示和隐藏，便于图纸内容的管理。

（3）绘图过程中经常会插入使用其他专业或公司的图形和图层，设定自己公司的图层可避免与其他公司图层掺杂、不便于管理。

1.4.2 图层的设定

1. 设定适合对应项目的图层，在满足绘制要求的基础上，能少则少。

2. 图层进行分类设置，便于理清思路和快捷运用。

（1）建筑信息类（Building System），英文代码：【BS】，包括原建筑墙体类、柱子、消防栓、窗、电梯、管井、幕墙、轴网轴号等。

（2）室内装饰信息类（Decoration System），英文代码：【DS】，包括固定家具、洁具、楼梯、门、门套等。

（3）活动物体类（Furniture/Fixture），英文代码：【FF】，包括家具、活动隔断、窗帘、活动电器、艺术品、落地灯、植物、所有活动物体的区域覆盖等。

（4）室内地坪信息类（Floor Covering），英文代码：【FC】，包括地面材料造型线、地面填充、地面灯具、地面插座、地漏、区域覆盖、地面尺寸等。

（5）顶面信息类（Reflected Ceiling），英文代码：【RC】，包括吊灯、射灯、灯带、喷淋、消防设备、顶棚顶面填充、顶棚机电、顶棚造型、顶棚尺寸等。

（6）室内机电信息类（Electrical Machine），英文代码：【EM】，包括开关、插座、智能化设备、给排水点位等。

（7）室内立面信息类（Elevation），英文代码：【EL】，包括立面造型分割线、立面地面完成面线、墙体、立面灯具、洁具、立面机电点位等。

（8）室内节点信息类（Detail），英文代码：【DT】，包括节点细线、中线、粗线、节点地面完成面线、节点墙体线、节点灯具、节点墙体填充、节点材料填充、节点尺寸标注等。

备注：以上图层的分类详见表 1-13 图层设定说明表。

表 1-13 图层设定说明表

类别	图层名称	色号	线型	说明	快捷键
建筑信息类【BS】	BS-建筑外框	252	Continuous	建筑外部轮廓造型线	BSWK
	BS-承重墙体	200	Continuous	柱子、电梯井	BSCZ
	BS-承重墙体填充	253	Continuous	承重墙体填充	BSCZTC
	BS-普通墙体	200	Continuous	普通墙体	BSQT
	BS-拆除墙体	200	Continuous	拆除墙体	BSCC

（续表）

类别	图层名称	色号	线型	说明	快捷键
建筑信息类【BS】	BS-新建墙体	200	Continuous	各类新建墙体	BSXJ
	BS-新建墙体填充	251	Continuous	新建墙体填充	BSXJTC
	BS-新建墙体尺寸	44	Continuous	新建隔墙尺寸定位	BSQTBZ
	BS-新建半高墙体	200	Continuous	半高墙体	BSBG
	BS-玻璃幕墙	72	Continuous	原建筑玻璃幕墙	BSMQ
	BS-窗	72	Continuous	原建筑窗	BSC
	BS-土建信息	10	Dashed	原建筑信息文字类描述，梁体，排水管道等	BSTJ
	BS-电梯	55	Continuous	电梯轿厢	BSDT
	BS-完成面	32	Continuous	装饰完成面	BSWCM
	BS-完成面尺寸	44	Continuous	完成面尺寸定位	BSWBZ
	BS-消防栓	10	Continuous	消防栓	BSXFS
	BS-防火卷帘	12	Continuous	防火卷帘	BSFHJL
	BS-装饰红线	1	Continuous	不在设计范围区域	BSHX
	BS-轴网	134	Center	轴网	BSZW
	BS-轴号	150	Continuous	轴号	BSZH
	BS-尺寸标注	44	Continuous	建筑外部标注	BSBZ
	BS-外部参照	255	Continuous	所有外部参照	BSWB
	BS-图框	140	Continuous	图框所在图层	BSTK
	BS-不可打印图层	255	Continuou	此图层打印时不显示	BSBKDY
室内装饰信息类【DS】	DS-固定家具	66	Continuous	固定家具	DSGD1
	DS-固定家具2	66	Continuous	落地、不到顶	DSGD2
	DS-固定家具3	66	Continuous	不落地、到顶	DSGD3
	DS-固定家具4	66	Dashed	悬空家具	DSGD4
	DS-洁具、配件	25	Continuous	台盆、花洒、龙头、五金配件	DSJJ
	DS-洁具地面显示	33	Continuous	坐便器、小便池、浴缸、地漏（9号色）	DSJJDM
	DS-楼梯、踏步	100	Continuous	楼梯踏步、扶手	DSLT
	DS-门套	61	Continuous	门套	DSMT
	DS-门	62	Continuous	适用于所有门、防火门	DSM
	DS-固定家具尺寸	44	Continuous	固定家具尺寸标注	DSBZ
活动物体类【FF】	FF-活动家具	51	Continuous	活动家具、电视机、冰箱等	FFJJ
	FF-窗帘	122	Continuous	窗帘	FFCL
	FF-灯具	20	Continuous	活动灯具	FFDJ
	FF-艺术品	233	Continuous	艺术品、装饰画	FFYSP
	FF-植物	96	Continuous	所有植物	FFZW
	FF-平面看线	135	Center	划分区域	FFKX
	FF-空间说明文字	2	Continuous	适用于空间文字、功能文字、备注文字说明等	FFWZ
	FF-活动家具尺寸	44	Continuous	活动家具尺寸标注	FFBZ

（续表）

类别	图层名称	色号	线型	说明	快捷键
室内地坪信息类【FC】	FC-地面分割细线	141	Continuous	地面造型材料分割细线	FCXX
	FC-地面分割粗线	23	Continuous	地面造型材料分割粗线	FCCX
	FC-地面灯具	20	Continuous	地面灯具	FCDJ
	FC-地面插座	71	Continuous	地面插座	FCCZ
	FC-区域覆盖	255	Continuous	区域覆盖	FCFG
	FC-地面材质填充	250	Continuous	地面材质填充	FCCZTC
	FC-地面尺寸	44	Continuous	地面尺寸标注	FCBZ
室内顶面信息类【RC】	RC-顶棚造型细线	155	Continuous	造型轮廓细线	RCXX
	RC-顶棚造型中线	30	Continuous	造型轮廓中线	RCZX
	RC-顶面灯具	20	Continuous	吊灯、射灯、灯带	RCDJ
	RC-顶面填充	250	Continuous	材料填充	RCTC
	RC-机电点位	71	Continuous	投影、插座等	RCJD
	RC-设备风口	145	Continuous	出风口、回风口、换气扇、检修口	RCFK
	RC-消防设备	14	Continuous	消防喇叭、喷淋、烟感器等	RCXF
	RC-顶棚造型尺寸	44	Continuous	顶棚造型定位	RCZXBZ
	RC-灯具尺寸	44	Continuous	灯具尺寸定位	RCDJBZ
	RC-不打印图层	255	Continuous	梁体	RCBKDY
室内机电信息类【EM】	EM-灯具开关	20	Continuous	开关面板、回路控制线	EMDJ
	EM-插座点位	71	Continuous	插座	EMCZ
	EM-给排水点位	65	Continuous	给排水	EMGPS
	EM-智能化设备	63	Continuous	智能化设备	EMZNH
	EM-尺寸标注	44	Continuous	插座点位尺寸标注	EMBZ
室内立面信息类【EL】	EL-立面造型细线	155	Continuous	造型细线	ELXX
	EL-立面造型中线	30	Continuous	造型常规线	ELZX
	EL-立面造型粗线	70	Continuous	立面轮廓线	ELCX
	EL-地面完成面	160	Continuous	地面完成面	ELDM
	EL-立面墙体线	200	Continuous	墙体线	ELQT
	EL-立面家具	53	Continuous	活动家具、窗帘、电视机、冰箱等	ELJJ
	EL-洁具、配件	33	Continuous	台盆、坐便器、花洒、龙头、五金配件	ELJJPJ
	EL-艺术品	40	Continuous	艺术品装饰画	ELYSP
	EL-立面灯具	20	Continuous	吊灯、壁灯	ELDJ
	EL-机电点位	71	Continuous	开关、插座	ELJD
	EL-承重墙体填充	253	Continuous	承重墙体填充	ELCZTC
	EL-普通墙体填充	251	Continuous	立面墙体填充	ELQTTC
	EL-立面造型填充	250	Continuous	材质填充	ELZXTC
	EL-立面尺寸	44	Continuous	立面尺寸标注	ELBZ
	EL-区域覆盖	255	Continuous	区域覆盖	ELFG
	EL-不打印图层	255	Continuous	此图层打印时不显示	ELBKDY

（续表）

类别	图层名称	色号	线型	说明	快捷键
室内节点信息类【DT】	DT－细线	155	Continuous	龙骨、吊筋、五金	DTXX
	DT－中线	30	Continuous	基层板分隔线	DTZX
	DT－粗线	70	Continuous	完成面线	DTCX
	DT－地面完成面	160	Continuous	地面完成面	DTDM
	DT－节点墙体线	200	Continuous	墙体线	DTQT
	DT－节点灯具	20	Continuous	射灯、壁灯、吊灯	DTDJ
	DT－节点墙体填充	253	Continuous	墙体填充	DTQTTC
	DT－节点材料填充	250	Continuous	材料填充	DTCLTC
	DT－节点尺寸	44	Continuous	节点尺寸标注	DTBZ

注：1. 表格中的图层名称、色号、线型等可以根据项目及公司需要自行调整，以上数据仅供参考。
  2. 表中的"快捷键"需加载本书所述【绘图工具箱】（含图层切换程序）插件，参见6.3节。

1.4.3 各大系统中图层的应用

施工图纸绘制分为平面系统图、立面系统图、节点大样系统图，下面依次介绍各大系统图纸中图层的应用。

1. 平面系统图图层解析

（1）原始结构图

英文：Architectural Plan；

布局选项卡命名：AR；

显示内容包括：【BS】、【DS】（墙体图层、轴网轴号、墙体填充、标注、土建信息、窗户、楼梯、消防栓、消防卷帘、装饰红线等）。

（2）平面布置图

英文：Furniture/Fixture Plan；

布局选项卡命名：FF；

显示内容包括：【BS】、【DS】、【FF】（墙体图层、窗户、平面完成面、空间文字说明、活动家具、植物、固定家具、洁具、门、门套、平面填充、艺术品、窗帘等）。

（3）墙体定位图

英文：Wall－Dimension Plan；

布局选项卡命名：WD；

显示内容包括：【BS】、【DS】（墙体图层、窗户、拆除墙体、新建墙体、新建墙体填充、新建墙体尺寸标注等）。

（4）完成面尺寸图

英文：Finish Dimension Plan；

布局选项卡命名：FD；

显示内容包括：【BS】、【DS】（墙体图层、窗户、墙体填充、平面完成面、完成面尺寸标注、固定家具、楼梯等）。

（5）地面铺装图

英文：Floor Covering Plan;

布局选项卡命名：FC;

显示内容包括：【BS】、【DS】、【FC】、【FF】［墙体图层、窗户、平面完成面、固定家具（落地）、洁具、地漏、地面灯具、地面插座、地面细线、地面粗线、地面尺寸、活动家具、艺术品（控制线型虚线且淡显）等］。

（6）综合顶棚布置图

英文：Reflected Ceiling Plan;

布局选项卡命名：RC1.0;

显示内容包括：【BS】、【DS】、【RC】、【FF】［墙体图层、窗户、平面完成面、顶棚造型细线、顶棚造型粗线、顶面灯具、顶面填充、顶面机电、设备风口、固定家具（到顶）、活动家具、艺术品、窗帘（控制线型虚线且淡显）、消防设备等］。

（7）造型尺寸图

英文：Dimension Ceiling Plan;

布局选项卡命名：RC2.0;

显示内容包括：【BS】、【DS】、【RC】［墙体图层、窗户、平面完成面、顶棚造型细线、顶棚造型粗线、顶面灯具、顶面填充、顶面机电、固定家具（到顶）、顶棚造型尺寸标注等］。

（8）顶棚灯具尺寸图

英文：Reflected Light Ceiling Plan;

布局选项卡命名：RC3.0;

显示内容包括：【BS】、【DS】、【RC】［墙体图层、窗户、平面完成面、顶棚造型细线、顶棚造型粗线、顶面灯具、顶面填充、顶面机电、固定家具（到顶）、顶棚灯具尺寸标注等］。

（9）开关点位图

英文：Electrical/Mach. Plan;

布局选项卡命名：EM1.0;

显示内容包括：【BS】、【DS】、【RC】、【EM】［墙体图层、窗户、平面完成面、顶棚造型细线、顶棚造型粗线、顶面灯具、顶面填充、固定家具（到顶）、灯具开关等］。

（10）机电点位图

英文：Electrical/Mach. Plan;

布局选项卡命名：EM2.0;

显示内容包括：【BS】、【DS】、【EM】、【FF】（墙体图层、窗户、平面完成面、活动家具、植物、固定家具、洁具、门、门套、平面填充、艺术品、窗帘、插座点位等）。

（11）给排水点位图

英文：Electrical/Mach. Plan;

布局选项卡命名：EM3.0;

显示内容包括：【BS】、【DS】、【EM】、【FF】（墙体图层、窗户、平面完成面、活动家具、植物、固定家具、洁具、门、门套、平面填充、艺术品、窗帘、给排水点位等）。

（12）立面索引图

英文：Key Plan；

布局选项卡命名：KP；

显示内容包括：【BS】、【DS】、【FF】［墙体图层、窗户、平面完成面、活动家具（虚线且淡显）、植物、固定家具、洁具、门、门套、平面填充、艺术品、窗帘等］。

2. 立面系统图层解析

英文：Elevation；

布局选项卡命名：EL；

显示内容包括：【EL】（立面造型粗线、中线、细线，地面完成面线，立面墙体线，立面家具线，洁具，配件，立面艺术品，立面灯具，机电点位，承重墙体填充，普通墙体填充，立面造型填充，立面尺寸等）。

3. 节点大样系统图层解析

英文：Detail；

布局选项卡命名：DT；

显示内容包括：【DT】（节点粗线、中线、细线，节点地面完成面线，节点墙体线，节点灯具，节点墙体填充，节点材料填充，节点尺寸等）。

备注：以上各大系统图的图层应用，可视项目酌情更改调试。

1.4.4　图层的控制

1. 图层切换快捷键设置

绘图过程中，需要经常切换图层，通过图层管理器切换过于麻烦，因此可设置快捷键切换，以提高绘图效率。

设置步骤：输入【AP】，弹出【加载/卸载应用程序】窗口，点选设定好的图层切换快捷键插件即可，如图 1-56 所示。

① 加载/卸载应用程序：加载设定好的图层切换快捷插件，如【一卜川工具箱（含图层切换程序）】，图层切换快捷键命令即设置完毕。插件文件获取，请参见本书第 6.3 节。

图 1-56　图层切换快捷键设置

2. 图层切换操作步骤

以墙体图层切换为例，将普通墙体图层切换至承重墙体图层，操作步骤如下：

（1）进行上述快捷键设置操作；

（2）输入想要切换图层的快捷键，如：BSCZQT（承重墙体快捷键）；

（3）输入完毕，按空格键即可。

1.4.5 图层颜色定义

图层颜色按照以下两个方面设置：

1. 编排逻辑

（1）配色：可以根据喜好赋予图层颜色，使图纸美观的同时，还可以在打印出图时根据颜色的不同控制线条的粗细。

（2）视觉区分：不同的图层一般来说要用不同的颜色，这样在图纸绘制时，可通过颜色直接区别出对应图层。

（3）控制线宽：颜色的选择应该根据打印时线宽的粗细来选择。具体内容详见下一节"1.5 打印样式标准"。

2. 特殊性

（1）白色为 0 图层和 DEFPOINTS 图层的颜色，其他图层不适用。

（2）红色为消防及灯具的图层颜色。

（3）44 号颜色为标注图层颜色，其他图层不适用。

（4）250～255 号为填充颜色及细线图层颜色。

1.4.6 线型的种类

1. 常用线型

常用线型的种类如表 1-14 所示。

表 1-14　线型的种类

线型	名称	电脑线型名称	用途
——————	实线	Continuous	墙体、造型分割、可见轮廓线等
—·—·—·—·	点划线	Center	轴线、中心线、对称线、辅助线
— — — — —	虚线	Dashed	艺术品、立面活动家具、门开启方式
- - - - - - -	细虚线	Dash	灯具回路
—— LED —— LED ——	LED 灯线	LED_LINE	LED 灯带
— R — R —	日光灯线	R_LINE	日光灯
— S — S —	T5 灯管	S_LINE	T4/T5 灯管

2. 线型管理器

电脑中已经加载的线型，如图 1-57 所示。

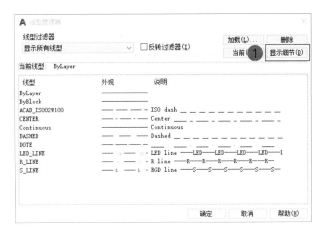

图 1-57　线型管理器

（1）显示细节（D）：进入线型管理器，点击【显示细节（D）】（图 1-57 中❶）弹出对话框，如图 1-58 所示。

图 1-58　【显示细节（D）】对话框

（2）缩放时使用图纸空间单位（U）：勾选【缩放时使用图纸空间单位（U）】（图 1-58 中❷），预防模型空间线型在布局空间中显示错误。

注意：模型空间线型在布局空间出现错误时，输入【PSLTSCALE】，若默认新值为＜1＞，则输入＜0＞；否则，相反操作。

（3）加载/重载线型（图 1-58 中❸）：可以通过电脑预装的线型库加载自己想要的线型，如图 1-59 所示。

1.5　打印样式标准

1.5.1　打印样式的作用

打印样式的作用包括：

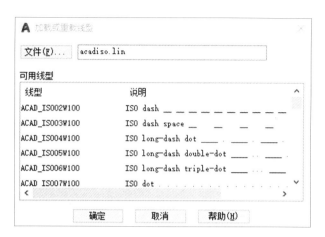

图 1-59 【加载或重载线型】对话框

（1）控制图纸中对象线宽属性的粗细及淡显级别，使图纸更清晰、明了，图面更加美观。

（2）设定不同图幅的打印样式来满足不同图纸的需求。

1.5.2　打印样式的设定

1. 线宽的设定

（1）图纸中的线型有粗线、中线、细线之分，粗线、中线和细线的线宽比例大致为 4：2：1。 每张图纸应根据内容的复杂程度与比例大小，先确定基本线宽，再按照比例设定其他线宽，同一张或同一套图纸内相同比例或不同比例的各种图样应选用相同的线型和线宽。 常用线宽参见表 1-15。

表 1-15　常用线宽

线宽比	线宽组					
b	2.0	1.4	1.0	0.7	0.5	0.35
$0.5b$	1.0	0.7	0.5	0.35	0.25	0.18
$0.25b$	0.5	0.35	0.25	0.18	0.18	0.01
适用图幅	A0、A1		A1	A1、A2	A2	A3、A4

（2）不同的图纸图幅，应设定不同的打印线宽。

因项目内容的复杂程度不同，应选用不同图幅的图纸，设置不同图幅的打印样式。 A0—A2 打印样式因图幅较大，图纸密度较疏，相对线型较粗、淡显较重；A3—A4 打印样式，因图幅较小，图纸密度较密，相对线型较细、淡显较淡。 如：用于指导施工的图纸选用了 A0—A2 的图幅，所以设置 A0—A2 的打印样式；当此图纸使用 A3 打印时，因设置 A0—A2 打印样式线宽较粗，不能清晰表达线型的关系，所以需要另设置 A3—A4 打印样式。

（3）不同的图纸内容，应设定不同的打印线宽。

平面、立面、节点图纸反映内容不同，为使图纸更加美观，应分别设定平面系统打印线宽、立面系统打印线宽、节点大样打印线宽。

2. 打印样式设定的具体操作

在键盘上按下快捷键【Ctrl＋P】，弹出【打印】对话窗口，编辑【打印样式表】，如图 1-60 所示。

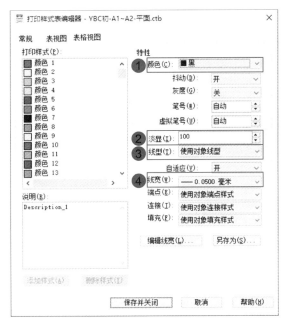

① 颜色：前期设定的图层颜色，设定打印样式时，全部改成黑色，使图纸打印出来统一呈黑色，非真彩色。
② 淡显：根据图纸内容层次关系的需求，部分线型需要设定淡显值，来淡化图纸内容，使图纸信息更加清晰、明确，增强层次感。
③ 线型：参考上一节中提及的线型的设定，根据想表达内容的不同进行设定，如：中心线选用点划线等。
④ 线宽：按照前述线宽设定逻辑，设定不同颜色的线宽。

图 1-60　【打印样式表】编辑

1.5.3　图纸的页面设置

1. 布局的页面设置

（1）布局中页面设置的作用：绘制图纸较多时，为避免每一张图纸的页面重复设置，可以设置一个统一的页面反复应用，避免重复工作及降低出错率。

（2）布局中页面设定：进入布局空间，在相应布局选项卡中点击鼠标右键，打开【页面设置管理器】，如图 1-61 所示。

图 1-61　【页面设置管理器】对话框

① 新建（见图 1-61 中❶）：新建一种页面设置作为一套图纸的统一输出标准，如图 1-62 所示。

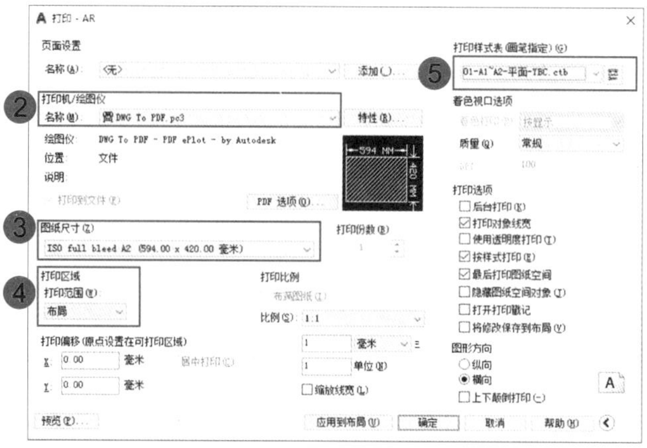

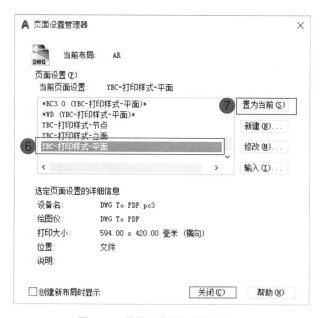

图 1-62　新建页面设置对话框

② 设置打印机名称（见图 1-62 中❷）：项目过大，图纸量多，需要统一打印成 PDF 格式的图纸，方便进行审核和后期修改。

③ 设置图纸尺寸（见图 1-62 中❸）：图纸尺寸选用绘图时选用的图幅大小。

④ 设置打印范围（见图 1-62 中❹）：选用布局作为打印范围可节省选用窗口时间，且可大大提高打印范围的准确性和高效性。 注意：布局图框需要归零设置。

⑤ 选取打印样式表（见图 1-62 中❺）：根据图纸内容和图幅大小，选取前期设定的打印样式，如图 1-63 所示。

图 1-63　前期设定的打印样式选取

⑥ 设置页面打印样式（见图 1-63 中❻）：在布局空间中，选中对应的页面设置打印样式，执行第⑦步。

⑦ 置为当前(见图 1-63 中⑦)：选定设定的页面设置打印样式，设置【置为当前】，即统一的页面设置设定完毕。进入其他布局空间，重复上述操作即可。

2. 图纸集页面统一替代设置

（1）图纸集页面替代设置的作用：因图纸的用途不同，需要打印不同图幅的图纸，如将图纸交付施工单位时需打印蓝图，内部审核图纸时需打印 A3 图纸，为避免重复进行打印设置，可以通过图纸集中的页面打印设置统一替代打印设置。

（2）图纸集页面设置的操作：选中项目图纸集名称，点击鼠标右键选择【发布】、【管理页面设置】，弹出页面设置管理器，如图 1-64 所示。

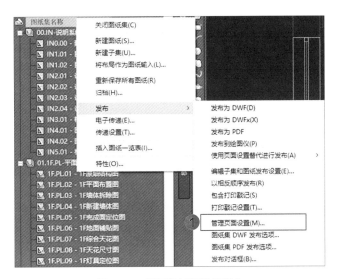

图 1-64　图纸集页面设置操作

① 管理页面设置(见图 1-64 中①)：进入【页面设置管理器】进行设置，如图 1-65 所示。

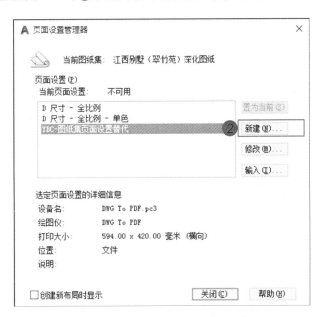

图 1-65　【页面设置管理器】对话框

② 新建（见图 1-65 中❷）：设置出替代的打印样式，如图 1-66 所示。

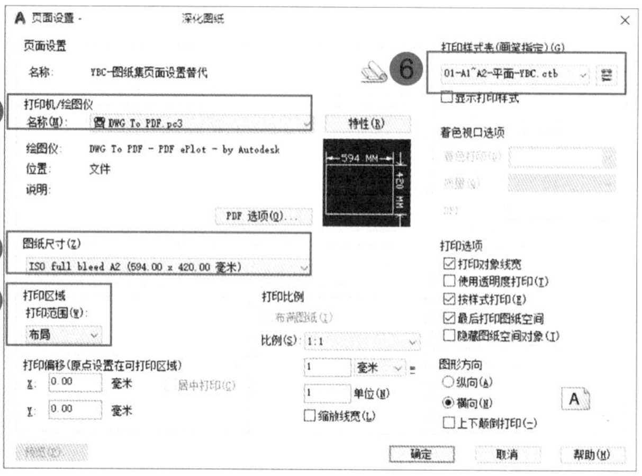

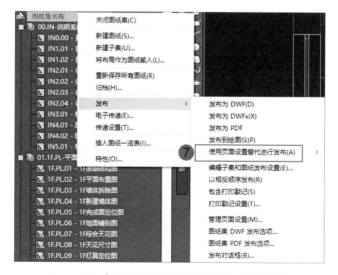

图 1-66　新建页面设置对话框

③ 设置打印机名称（见图 1-66 中❸）：项目过大，图纸量多，我们需要统一打印成 PDF 图纸，方便进行审核和后期修改。

④ 设置图纸尺寸（见图 1-66 中❹）：图纸尺寸选用绘图时选用的图幅大小。

⑤ 设置打印范围（见图 1-66 中❺）：选用布局作为打印范围可节省选用窗口时间，且可大大提高打印范围的准确性和高效性。 注意：布局图框需要归零设置。

⑥ 选取打印样式表（见图 1-66 中❻）：根据图纸内容和图幅大小，选取前期设定的打印样式。

⑦ 选中项目图纸集名称，点击鼠标右键选择【发布】、【使用页面设置替代进行发布（A）】（见图 1-67 中❼），如图 1-67 所示，选中已经设置好的替代页面打印设置，发布 PDF 即可。

图 1-67　【使用页面设置替代进行发布】对话框

1.5.4　打印样式实际应用案例

1. A0—A2 打印样式图纸

如图 1-68 所示。

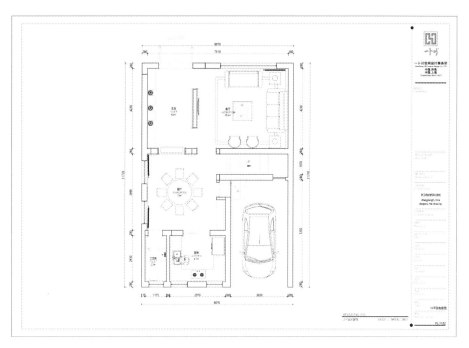

图 1-68　A0—A2 打印样式实际应用案例

2. A3—A4 打印样式图纸

如图 1-69 所示。

图 1-69　A3—A4 打印样式实际应用案例

说明：因书籍编排需要，图 1-68 和图 1-69 所示的图纸进行了缩小，故两种打印样式线型、线宽的区别在书中无法直观显示。

1.5.5 打印样式说明表

平面、立面、大样打印样式的说明，如表 1-16 所示。

表 1-16 打印样式说明表

		A0—A2 打印样式				A3—A4 打印样式		
	色号	线型	线宽	淡显	色号	线型	线宽	淡显
平面打印样式	1	使用对象线型	0.3	60%	1	使用对象线型	0.3	60%
	2	使用对象线型	0.13	100%	2	使用对象线型	0.13	100%
	9	使用对象线型	0.13	100%	9	使用对象线型	0.08	100%
	10	使用对象线型	0.13	100%	10	使用对象线型	0.13	100%
	12	使用对象线型	1	100%	12	使用对象线型	1	100%
	14	使用对象线型	0.13	100%	14	使用对象线型	0.1	100%
	20	使用对象线型	0.13	100%	20	使用对象线型	0.1	100%
	23	使用对象线型	0.13	100%	23	使用对象线型	0.1	100%
	25	使用对象线型	0.13	100%	25	使用对象线型	0.13	60%
	30	使用对象线型	0.1	100%	30	使用对象线型	0.1	100%
	32	使用对象线型	0.18	100%	32	使用对象线型	0.15	100%
	33	使用对象线型	0.08	60%	33	使用对象线型	0.05	60%
	44	使用对象线型	0.13	100%	44	使用对象线型	0.1	100%
	50	使用对象线型	0.13	100%	50	使用对象线型	0.1	100%
	51	使用对象线型	0.13	100%	51	使用对象线型	0.13	100%
	55	使用对象线型	0.13	100%	55	使用对象线型	0.13	100%
	61	使用对象线型	0.13	100%	61	使用对象线型	0.13	100%
	62	使用对象线型	0.08	100%	62	使用对象线型	0.08	100%
	63	使用对象线型	0.13	100%	63	使用对象线型	0.1	100%
	65	使用对象线型	0.13	100%	65	使用对象线型	0.1	100%
	66	使用对象线型	0.15	100%	66	使用对象线型	0.13	100%
	71	使用对象线型	0.13	100%	71	使用对象线型	0.1	100%
	72	使用对象线型	0.25	100%	72	使用对象线型	0.2	100%
	96	使用对象线型	0.08	70%	96	使用对象线型	0.08	70%
	100	使用对象线型	0.15	100%	100	使用对象线型	0.1	100%
	122	使用对象线型	0.13	80%	122	使用对象线型	0.1	80%
	134	使用对象线型	0.08	70%	134	使用对象线型	0.05	70%
	135	使用对象线型	0.13	100%	135	使用对象线型	0.1	100%
	140	使用对象线型	0.05	100%	140	使用对象线型	0.05	100%
	141	使用对象线型	0.08	100%	141	使用对象线型	0.05	100%
	145	使用对象线型	0.13	100%	145	使用对象线型	0.1	100%
	150	使用对象线型	0.13	100%	150	使用对象线型	0.1	100%

（续表）

	A0—A2 打印样式				A3—A4 打印样式			
	色号	线型	线宽	淡显	色号	线型	线宽	淡显
平面打印样式	155	使用对象线型	0.08	100%	155	使用对象线型	0.05	100%
	200	使用对象线型	0.3	100%	200	使用对象线型	0.25	100%
	233	使用对象线型	0.13	80%	233	使用对象线型	0.09	80%
	250	使用对象线型	0.05	60%	250	使用对象线型	0.05	60%
	251	使用对象线型	0.05	70%	251	使用对象线型	0.05	70%
	252	使用对象线型	0.08	80%	252	使用对象线型	0.08	80%
	253	使用对象线型	0.05	60%	253	使用对象线型	0.05	60%
	254	使用对象线型	0.05	40%	254	使用对象线型	0.05	40%
	255	使用对象线型	0.05	100%	255	使用对象线型	0.05	100%
立面打印样式	20	使用对象线型	0.13	60%	20	使用对象线型	0.1	60%
	30	使用对象线型	0.1	100%	30	使用对象线型	0.1	100%
	33	使用对象线型	0.1	60%	33	使用对象线型	0.08	60%
	40	使用对象线型	0.1	100%	40	使用对象线型	0.08	100%
	44	使用对象线型	0.13	100%	44	使用对象线型	0.1	100%
	53	使用对象线型	0.1	60%	53	使用对象线型	0.08	60%
	70	使用对象线型	0.18	100%	70	使用对象线型	0.18	100%
	71	使用对象线型	0.13	100%	71	使用对象线型	0.1	100%
	160	使用对象线型	0.2	100%	160	使用对象线型	0.2	100%
	200	使用对象线型	0.3	100%	200	使用对象线型	0.3	100%
	250	使用对象线型	0.05	60%	250	使用对象线型	0.05	60%
	251	使用对象线型	0.05	70%	251	使用对象线型	0.05	70%
	253	使用对象线型	0.05	60%	253	使用对象线型	0.05	60%
	254	使用对象线型	0.05	40%	254	使用对象线型	0.05	40%
	255	使用对象线型	0.08	100%	255	使用对象线型	0.08	100%
大样打印样式	20	使用对象线型	0.13	60%	20	使用对象线型	0.1	80%
	30	使用对象线型	0.1	80%	30	使用对象线型	0.1	75%
	44	使用对象线型	0.13	100%	44	使用对象线型	0.05	100%
	70	使用对象线型	0.18	100%	70	使用对象线型	0.18	100%
	155	使用对象线型	0.05	80%	155	使用对象线型	0.05	70%
	160	使用对象线型	0.2	100%	160	使用对象线型	0.2	100%
	200	使用对象线型	0.3	100%	200	使用对象线型	0.3	100%
	250	使用对象线型	0.05	60%	250	使用对象线型	0.05	50%
	253	使用对象线型	0.05	60%	253	使用对象线型	0.05	50%
	254	使用对象线型	0.05	40%	254	使用对象线型	0.05	40%

注：1. 表格中没有提及的颜色，线宽均设置为 0.05。

　　2. 此表格实际应用时可以根据项目及公司需要自行调整，以上数据仅供参考。本书打印样式 CTB 文件，可以扫描二维码获取。

扫码关注，发送关键词"打印样式"，免费获取电子资源

1.6 填充图案标准

1.6.1 填充图案的使用

1. CAD 填充图案下载安装使用方法

扫描下方二维码，回复关键词"填充图案"，即可下载 CAD 填充图案。 可将下载的填充图案文件复制到 CAD 安装目录下的 Support 文件夹下，如：C：\Program Files \Autodesk \AutoCAD2019 \Support。

2. 填充图案命名标准

如图 1-70 所示。

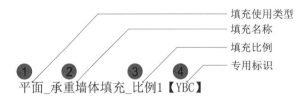

① 填充使用类型：使用类型分为平面、立面、节点三类，根据比例在相应类型图纸中使用。
② 填充名称：填充时查找相应名称进行快速填充。
③ 填充比例：填充比例仅做参考，填充时根据图面所需比例进行调整。
④ 专用标识：如一卜川空间设计事务所采用【YBC】。

图 1-70 填充图案命名标准

扫码关注，发送关键词"填充图案"，免费获取电子资源

1.6.2 填充图案图例对照表

1. 平面类填充图例

如表 1-17 所示。

表 1-17 平面类填充图例

序号	图例	图例说明（填充比例仅供参考）	
1		文件名称	平面_承重墙体填充_比例 1【YBC】
		比例	1
2		文件名称	平面_新建砖砌隔墙_比例 20【YBC】
		比例	20 （根据平面所需比例进行调整）
3		文件名称	平面_新建轻钢龙骨隔墙_比例 20【YBC】
		比例	20 （根据平面所需比例进行调整）
4		文件名称	平面_新建轻质砖隔墙_比例 10【YBC】
		比例	10 （根据平面所需比例进行调整）

（续表）

序号	图例	图例说明（填充比例仅供参考）	
5		文件名称	平面_拆除墙体_比例 30【YBC】
		比例	30　（根据平面所需比例进行调整）
6		文件名称	平面_新建钢构隔墙_比例 20【YBC】
		比例	20　（根据平面所需比例进行调整）
7		文件名称	平面_石材 1_比例 30【YBC】
		比例	30　（根据平面所需比例进行调整）
8		文件名称	平面_石材 2_比例 10【YBC】
		比例	10　（根据平面所需比例进行调整）
9		文件名称	平面_石材 3_比例 15【YBC】
		比例	15　（根据平面所需比例进行调整）
10		文件名称	平面_石材 4_比例 1000【YBC】
		比例	1000　（根据平面所需比例进行调整）
11		文件名称	平面_鹅卵石_比例 20【YBC】
		比例	20　（根据平面所需比例进行调整）
12		文件名称	平面_木地板人字拼_比例 600【YBC】
		比例	600　（根据平面所需比例进行调整）
13		文件名称	平面_木地板拼花_比例 800【YBC】
		比例	800　（根据平面所需比例进行调整）
14		文件名称	平面_木地板_比例 20【YBC】
		比例	20　（根据平面所需比例进行调整）
15		文件名称	平面_地毯_比例 300【YBC】
		比例	300　（根据平面所需比例进行调整）
16		文件名称	平面_防静电地板_比例 500【YBC】
		比例	500　（根据平面所需比例进行调整）
17		文件名称	平面_地胶地板_比例 50【YBC】
		比例	50　（根据平面所需比例进行调整）
18		文件名称	平面_地坪漆_比例 100【YBC】
		比例	100　（根据平面所需比例进行调整）

注：1. 文件名称：填充时查找相应名称进行快速填充。

　　2. 填充比例仅做参考，填充时根据图面所需比例进行调整。

2. 立面类填充图例

如表 1-18 所示。

表 1-18　立面类填充图例

序号	图例	图例说明（填充比例仅供参考）	
1		文件名称	立面_木饰面 1_90 度_比例 600【YBC】
		比例	600　（根据立面所需比例进行调整）

（续表）

序号	图例	图例说明（填充比例仅供参考）	
2		文件名称	立面_木饰面 2_75 度_比例 1000【YBC】
		比例	1000 （根据立面所需比例进行调整）
3		文件名称	立面_镜子玻璃_75 度_比例 10【YBC】
		比例	10 （根据立面所需比例进行调整）
4		文件名称	立面_镜面高光_比例 200【YBC】
		比例	200 （根据立面所需比例进行调整）
5		文件名称	立面_镜面不锈钢_比例 1【YBC】
		比例	1 （根据立面所需比例进行调整）
6		文件名称	立面_金属 45 度_比例 5【YBC】
		比例	5 （根据立面所需比例进行调整）
7		文件名称	立面_塑料亚克力_比例 15【YBC】
		比例	15 （根据立面所需比例进行调整）
8		文件名称	立面_鱼鳞马赛克_比例 300【YBC】
		比例	300 （根据立面所需比例进行调整）
9		文件名称	立面_蜂窝马赛克_比例 300【YBC】
		比例	300 （根据立面所需比例进行调整）
10		文件名称	立面_石材 1_比例 1【YBC】
		比例	1 （根据立面所需比例进行调整）
11		文件名称	立面_石材 2_比例 10【YBC】
		比例	10 （根据立面所需比例进行调整）
12		文件名称	立面_石材 3_比例 800【YBC】
		比例	800 （根据立面所需比例进行调整）
13		文件名称	立面_石材 4_比例 10【YBC】
		比例	10 （根据立面所需比例进行调整）
14		文件名称	立面_编织物_比例 30【YBC】
		比例	30 （根据立面所需比例进行调整）
15		文件名称	立面_乳胶漆_比例 3【YBC】
		比例	3 （根据立面所需比例进行调整）
16		文件名称	立面_软包硬包_比例 10【YBC】
		比例	10 （根据立面所需比例进行调整）
17		文件名称	立面_墙纸墙布_比例 30【YBC】
		比例	30 （根据立面所需比例进行调整）
18		文件名称	立面_钢丝网_比例 200【YBC】
		比例	200 （根据立面所需比例进行调整）
19		文件名称	立面_顶棚内部填充_比例 20【YBC】
		比例	20 （根据立面所需比例进行调整）

3. 剖面类填充图例

如表 1-19 所示。

表 1-19　剖面类填充图例

序号	图例	图例说明（填充比例仅供参考）	
1		文件名称	剖面_钢筋混凝土_比例 15【YBC】
		比例	15　（根据剖面所需比例进行调整）
2		文件名称	剖面_混凝土_比例 5【YBC】
		比例	5　（根据剖面所需比例进行调整）
3		文件名称	剖面_加气混凝土_比例 5【YBC】
		比例	5　（根据剖面所需比例进行调整）
4		文件名称	剖面_细木工板_比例 2【YBC】
		比例	2　（根据剖面所需比例进行调整）
5		文件名称	剖面_胶合板_比例 1【YBC】
		比例	1　（根据剖面所需比例进行调整）
6		文件名称	剖面_玻镁板_比例 1【YBC】
		比例	1　（根据剖面所需比例进行调整）
7		文件名称	剖面_中密度纤维板_比例 1【YBC】
		比例	1　（根据剖面所需比例进行调整）
8		文件名称	剖面_多层板_比例 2【YBC】
		比例	2　（根据剖面所需比例进行调整）
9		文件名称	剖面_木质_比例 10【YBC】
		比例	10　（根据剖面所需比例进行调整）
10		文件名称	剖面_金属_比例 10【YBC】
		比例	10　（根据剖面所需比例进行调整）
11		文件名称	剖面_钢材_比例 10【YBC】
		比例	10　（根据剖面所需比例进行调整）
12		文件名称	剖面_砖墙_比例 5【YBC】
		比例	5　（根据剖面所需比例进行调整）
13		文件名称	剖面_石材_比例 1【YBC】
		比例	1　（根据剖面所需比例进行调整）
14		文件名称	剖面_瓷砖 45 度_比例 1【YBC】
		比例	1　（根据剖面所需比例进行调整）
15		文件名称	剖面_海绵_比例 50【YBC】
		比例	50　（根据剖面所需比例进行调整）
16		文件名称	剖面_玻璃 45 度_比例 30【YBC】
		比例	30　（根据剖面所需比例进行调整）
17		文件名称	剖面_密封胶_比例 20【YBC】
		比例	20　（根据剖面所需比例进行调整）

1.7 图例说明标准

1.7.1 图例的作用

图例是对图纸中出现的相关专业图块进行的解释说明，在施工图绘制过程中可直接调用，以保证图纸图面的统一性、规范性。

本书"图例"电子资源的获取，参见第 7 章"DIY 公司专属绘图环境"。

1.7.2 原始建筑图例的表示及说明

如表 1-20 所示。

表 1-20　原始建筑图例示意及说明

序号	图例	说　　明
1		1. 电梯应注明类型，并绘制出平衡锤的实际位置 2. 观景电梯等特殊类型电梯应参照本图例按实际情况绘制
2		烟道（仅供参考）
3		楼梯及栏杆扶手的形式和梯段踏步数应按实际情况绘制

1.7.3 综合顶棚图例示意及说明

1. 设备风口类

如表 1-21 所示。

表 1-21　设备风口类图例示意及说明

序号	图例	说明	序号	图例	说明
1		侧面送风口	5		条形新风口
2		侧面回风口	6		条形排烟口
3		空调下出风口	7		风机盘管
4		空调下回风口	8		方形出风口

（续表）

序号	图例	说明	序号	图例	说明
9		方形回风口	12	 A.P.	天花检修口
10		圆形出风口	13		排风口
11		圆形回风口	14	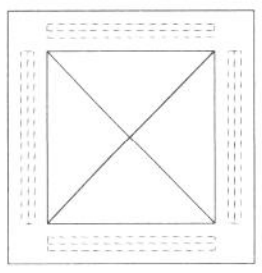	室内卡式吸顶空调机

注：装饰风口面板样式由设计确认，但装饰风口面板尺寸不应小于风口实际尺寸。

2. 消防类

如表 1-22 所示。

表 1-22　消防类图例示意及说明

序号	图例	说明	序号	图例	说明
1	 E	安全出口	6		可燃气体探测器
2		烟雾感应器	7		防火卷帘
3		消防喇叭	8		应急照明灯
4	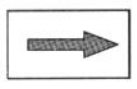	疏散指示（单向）	9	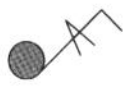	声光报警
5	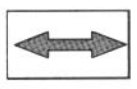	疏散指示（双向）	10		手动报警

3. 监控类

如表 1-23 所示。

表 1-23　监控类图例示意及说明

序号	图例	说明	序号	图例	说明
1		半球吸顶摄像机	3	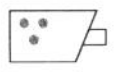	室内彩色固定摄像机
2		电梯轿厢摄像机	4		室内快球摄像机

4. 灯具类

如表 1-24 所示。

表1-24 灯具类图例示意及说明

序号	图例	说明	序号	图例	说明
1	—— LED —— LED ——	暗藏 LED 灯带	9		轨道射灯
2	—— R —— R ——	暗藏 T4/T5 日光灯管	10		浴霸
3	—— S —— S ——	暗藏塑料管灯	11		集成灯
4	R1	嵌入式可调节射灯	12		吸顶灯
5	R2	嵌入式筒灯			
6		可调式筒型射灯	13		工艺吊灯
7		格栅射灯	14		工艺吊灯
8		壁灯			

1.7.4 地面图例示意及说明

如表 1-25 所示。

表1-25 地面图例示意及说明

序号	图例	说明	序号	图例	说明
1		地面起铺点	2		地漏

1.7.5 机电图例示意及说明

1. 平面强弱电点位

如表 1-26 所示。

表1-26 平面强弱电点位图例示意及说明

序号	图例	说明	序号	图例	说明
1	TO	地面网络插座	10		紧急呼叫按钮
2	TO	墙面网络插座	11		单相二极三极地面插座
3	TV	地面电视插座	12		单相二极三极插座
4	TV	墙面电视插座	13		单相安全二极三极插座
5	TP	地面电话插座	14	K	单相安全三极暗插座
6	TP	墙面电话插座	15		空调开关
7	PK	插卡取电面板	16	L	出线口
8	TU	"请即整理"开关	17	LEB	局部等电位接线盒
9	DD	"请勿打扰"显示面板	18		电箱（尺寸及高度待定）

2. 平面开关类

如表 1-27 所示。

表 1-27　平面开关类图例示意及说明

序号	图例	说明	序号	图例	说明
1		单联单控开关	7		单极限时开关
2		双联单控开关	8		多位单极开关
3		三联单控开关	9		单联双控开关
4		双联双控开关	10		调光开关
5		三联双控开关	11		调速开关
6	IR	墙面电话插座	12	S	声光控延时开关

3. 立面机电类

如表 1-28 所示。

表 1-28　立面机电类图例示意及说明

序号	图例	说明	序号	图例	说明
1	J	接线盒	12	DVD	DVD 信号接口
2		双孔插座	13	JD	机顶盒信号接口
3		五孔插座	14		电话接口
4		五孔插座带开关	15		网络接口
5		防水插座	16		电梯呼叫按钮
6	S	音频信号接口	17	C	扬声器接口
7		耳机接口	18		USB 接口
8	LEB	局部等电位接线盒	19		单联开关
9		应急照明灯面板	20		双联开关
10	VGA	VGA 信号接口	21		三联开关
11	VOD	VOD 信号接口	22	B	门铃

（续表）

序号	图例	说明	序号	图例	说明
23	 D	"请勿打扰"开关	28	 CS	电动窗帘开关
24	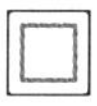 □	门牌指示	29	 ●	紧急呼叫按钮
25	 ▽	插卡取电开关	30	 M	微型自动开关
26	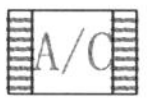 A/C	空调控制开关	31	 ▦	浴霸开关
27	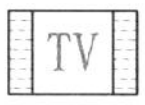 TV	电视控制面板	32	 ◠	变阻调节开关

注：以上图例为单体国标 86 型，集成类面板可根据实际物料进行 1∶1 绘制。

第 2 章

项目编排逻辑 │ ITEM ORCHESTRATION LOGIC

2.1 工作文件组成框架

设计公司在项目立项之始，就应建立一个完整的文件夹系统，进行相关文件的储存与管理。

2.1.1 工作文件储存逻辑

1. 文件储存架构设定目的

工作文件储存架构设定的目的是：

（1）方便查询和管理；

（2）增强流通性。

2. 文件储存原则

文件储存的原则是：

（1）同根同宗；

（2）逻辑清晰；

（3）少而精。

2.1.2 工作文件组成

工作文件由以下几方面组成：

（1）建筑：上游信息获取来源；

（2）模型：空间图纸绘制储存；

（3）布局：图纸输出储存；

（4）参照：借用外部数据参照来源；

（5）支持文件：系统文件储存位置。

2.1.3 工作文件夹目录

工作文件框架由以下目录组成（见图2-1）：

（1）01_Architecture(建筑)；

（2）02_Model(模型)；

（3）03_Layout(布局)；

（4）04_XREF(参照)；

（5）05_Support(支持文件)。

01_Architecture(建筑)　　02_Model(模型)　　03_Layout(布局)　　04_XREF(参照)　　05_Support(支持文件)

（a）工作文件总目录

图2-1　工作文件夹目录（一）

01_ 建筑────该文件夹主要用于存储与建筑相关的文件资料，在相关资料中提取的深化所需信息如下：
1.轴号、轴网；2.墙体类型信息；3.门、窗数据信息；4.楼梯数据；5.管井信息；6.防火分区信息

02_ 结构────该文件夹主要用于存储与建筑结构相关的文件资料，在相关资料中提取的深化所需信息如下：
1.建筑物基本信息；2.楼板厚度信息；3.梁体信息；4.柱体数据信息；5.降板数据信息

03_ 消防────该文件夹主要用于存储与消防相关的文件资料，在相关资料中提取的深化所需信息如下：
1.烟感、喷淋、消防喇叭等点位信息；2.消防栓位置信息；3.排风系统风口尺寸数据信息

04_ 暖通────该文件夹主要用于存储与暖通相关的文件资料，在相关资料中提取的深化所需信息如下：
1.管径尺寸数据信息；2.出风口、排风口、检修口点位信息

05_ 声学────该文件夹主要用于存储与声学相关的文件资料，在相关资料中提取的深化所需信息如下：
1.隔墙材料及厚度信息；2.隔声材料

01_Architecture(建筑)──06_ 光学────该文件夹主要用于存储与光学相关的文件资料，在相关资料中提取的深化所需信息如下：
1.灯光点位信息；2.灯光控制信息；3.灯具选型信息

07_ 智能化────该文件夹主要用于存储与智能化相关的文件资料，在相关资料中提取的深化所需信息如下：
1.智能化设备数据信息；2.智能化设备面板位置信息

08_ 强弱电────该文件夹主要用于存储与强弱电相关的文件资料，在相关资料中提取的深化所需信息如下：
1.强弱电点位信息；2.电气面板信息；3.配电箱位置信息

09_ 给排水────该文件夹主要用于存储与给排水相关的文件资料，在相关资料中提取的深化所需信息如下：
1.给水位点位信息；2.排水位点位信息

10_ 五金顾问────该文件夹主要用于存储与五金相关的文件资料，在相关资料中提取的深化所需信息包括品牌、型号、规格信息

11_ 软装物料────该文件夹主要用于存储与软装物料相关的文件资料，在相关资料中提取的深化所需信息包括软装类型及规格信息

12_ 厨房设备────该文件夹主要用于存储与厨房设备相关的文件资料，在相关资料中提取的深化所需信息如下：
1.厨房设备型号及尺寸数据信息；2.厨房设备功率信息

13_ 专业分包────该文件夹主要用于存储其他专业分包的相关文件资料

（b）01_Architecture(建筑)目录组成

图2-1　工作文件夹目录（二）

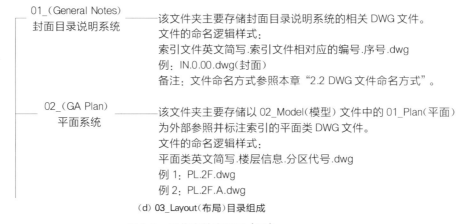

01_Plan
（平面）————该文件夹用于存储平面类未经标注的 DWG 文件。
文件的命名逻辑样式：
室内英文简写.平面类英文简写.楼层信息.分区代号.dwg
室内英文简写：Interior 简写为"I"；
平面类英文简写：Plan 简写为"PL"；
楼层信息：负一楼为"B1F"；
　　　　　一楼为"1F"，依次类推；
分区代号：根据整体面积大小需分区显示或依据消防分区进
　　　　　行编排，按字母 A、B、C、… 命名。
　　　　　例 1：I.PL.2F.dwg
　　　　　例 2：I.PL.2F.A.dwg

02_Model（模型）

02_Elevation
（立面）————该文件夹用于存储立面类未经标注的 DWG 文件。
文件的命名逻辑样式：
室内英文简写.立面类英文简写.楼层信息.分区代号.dwg
室内英文简写.立面类翻译简写.楼层信息.立面索引编号.dwg
立面类英文简写：Elevation 简写为"EL"；
分区代号：根据平面对应的分区代号（A，B，C，…）进行
编排；
立面索引编号：根据平面对应的立面编号（1，2，3，…）进行
编排。
例 1：I.EL.2F.A.dwg
例 2：I.EL.2F.1 ~ 10.dwg

03_Detail
（节点大样）————该文件夹用于存储节点大样类未经标注的 DWG 文件。
文件的命名逻辑样式：
室内英文简写.节点英文简写 + 节点类型编号.内容编号.dwg
节点类英文简写：Detail 简写为"DT"。
例 1：I.DT1.01 ~ 06.dwg（顶棚类节点）
例 2：I.DT2.04 ~ 09.dwg（地面类节点）
例 3：I.DT3.08 ~ 15.dwg（墙面类节点）
例 4：I.DT4.04 ~ 08.dwg（固装类节点／大样）

注：因在绘制项目图纸过程中，03_Layout（布局）文件夹中 DWG 文件会参照 02_Model（模型）文件夹中的 DWG 文件，如果参照文件与被参照文件同名则会出现循环嵌套问题，故 02_Model（模型）文件命名前缀加室内英文 Interior 简写"I"。

（c）02_Model（模型）目录组成

01_（General Notes）
封面目录说明系统————该文件夹主要存储封面目录说明系统的相关 DWG 文件。
文件的命名逻辑样式：
索引文件英文简写.索引文件相对应的编号.序号.dwg
例：IN.0.00.dwg（封面）
备注：文件命名方式参照本章"2.2 DWG 文件命名方式"。

02_（GA Plan）
平面系统————该文件夹主要存储以 02_Model（模型）文件中的 01_Plan（平面）
为外部参照并标注索引的平面类 DWG 文件。
文件的命名逻辑样式：
平面类英文简写.楼层信息.分区代号.dwg
例 1：PL.2F.dwg
例 2：PL.2F.A.dwg

（d）03_Layout（布局）目录组成

图 2-1　工作文件夹目录（三）

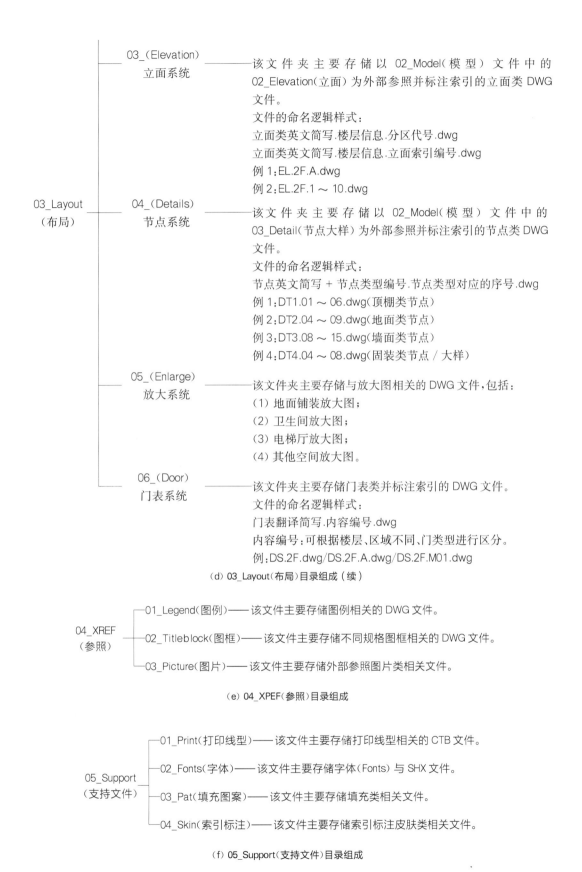

03_（Elevation）
立面系统

该文件夹主要存储以 02_Model（模型）文件中的 02_Elevation（立面）为外部参照并标注索引的立面类 DWG 文件。
文件的命名逻辑样式：
立面类英文简写.楼层信息.分区代号.dwg
立面类英文简写.楼层信息.立面索引编号.dwg
例 1：EL.2F.A.dwg
例 2：EL.2F.1 ~ 10.dwg

03_Layout
（布局）

04_（Details）
节点系统

该文件夹主要存储以 02_Model（模型）文件中的 03_Detail（节点大样）为外部参照并标注索引的节点类 DWG 文件。
文件的命名逻辑样式：
节点英文简写 + 节点类型编号.节点类型对应的序号.dwg
例 1：DT1.01 ~ 06.dwg（顶棚类节点）
例 2：DT2.04 ~ 09.dwg（地面类节点）
例 3：DT3.08 ~ 15.dwg（墙面类节点）
例 4：DT4.04 ~ 08.dwg（固装类节点／大样）

05_（Enlarge）
放大系统

该文件夹主要存储与放大图相关的 DWG 文件，包括：
（1）地面铺装放大图；
（2）卫生间放大图；
（3）电梯厅放大图；
（4）其他空间放大图。

06_（Door）
门表系统

该文件夹主要存储门表类并标注索引的 DWG 文件。
文件的命名逻辑样式：
门表翻译简写.内容编号.dwg
内容编号：可根据楼层、区域不同、门类型进行区分。
例：DS.2F.dwg/DS.2F.A.dwg/DS.2F.M01.dwg

（d）03_Layout（布局）目录组成（续）

04_XREF
（参照）

01_Legend（图例）——该文件主要存储图例相关的 DWG 文件。

02_Titleblock（图框）——该文件主要存储不同规格图框相关的 DWG 文件。

03_Picture（图片）——该文件主要存储外部参照图片类相关文件。

（e）04_XPEF（参照）目录组成

05_Support
（支持文件）

01_Print（打印线型）——该文件主要存储打印线型相关的 CTB 文件。

02_Fonts（字体）——该文件主要存储字体（Fonts）与 SHX 文件。

03_Pat（填充图案）——该文件主要存储填充类相关文件。

04_Skin（索引标注）——该文件主要存储索引标注皮肤类相关文件。

（f）05_Support（支持文件）目录组成

图 2-1　工作文件夹目录（四）

相关文件示例如下：

01_Architecture(建筑)文件夹包含内容如图 2-2 所示。

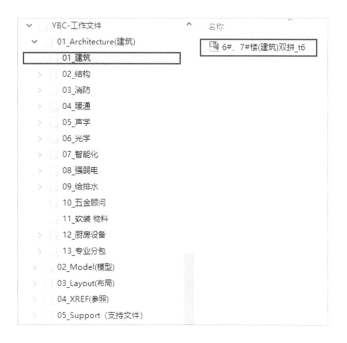

图 2-2　01_Architecture(建筑)文件夹示例

02_Model(模型)文件夹包含内容及 DWG 文件命名样式如图 2-3 所示。

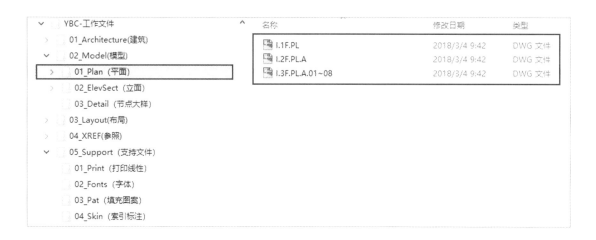

图 2-3　02_Model(模型)文件夹示例

03_Layout(布局)文件夹包含内容及 DWG 文件命名样式如图 2-4 所示。

图 2-4　03_Layout（布局）文件夹示例

04_XREF(参照)文件夹包含内容如图 2-5 所示。

图 2-5　04_XREF（参照）文件夹示例

05_Support（支持文件）文件夹包含内容如图 2-6 所示。

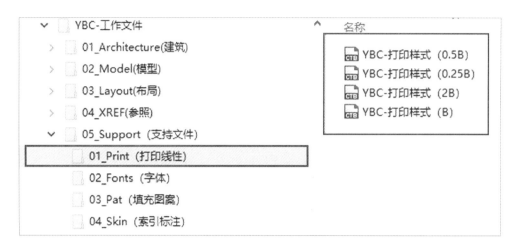

图 2-6　05_Support（支持文件）文件夹示例

2.2　DWG 文件命名方式

2.2.1　封面目录说明系统

封面目录说明系统 DWG 文件命名方式如下：

索引英文简写.索引文件相对应的类型代号.序号

例 1：IN.0.00.dwg

　　　文件名解析：该文件为图纸封面。

例 2：IN.1.01～02.dwg

　　　文件名解析：该 DWG 文件存放图纸目录内容，当前目录中有 2 页图纸。

例 3：IN.2.01～04.dwg

　　　文件名解析：该 DWG 文件存放图纸设计说明内容，当前设计说明中有 4 页图纸。

例 4：IN.3.01～05.dwg

　　　文件名解析：该 DWG 文件存放图纸图例说明内容，当前图例说明中有 5 页图纸。

例 5：IN.4.01～03.dwg

　　　文件名解析：该 DWG 文件存放图纸材料表内容，当前材料表中有 3 页图纸。

例 6：IN.5.01～03.dwg

　　　文件名解析：该 DWG 文件存放图纸装饰材料构造做法表内容，当前装饰材料构造做法表中有 3 页图纸。

说明："索引"英文 Index 简写为"IN"。

总结：由上述可知 IN.1 系统为图纸目录系统，IN.2 系统为设计说明系统，IN.3 系统为图例说明系统，IN.4 系统为材料表说明，IN.5 装饰材料构造做法表系统。

备注：该文件可根据项目要求增加 IN.6.01 等依此类推的相关文件，也可以减少目录说明系统中的相关文件。

2.2.2　平面系统

平面系统 DWG 文件命名方式如下：

（1）平面英文简写.楼层信息

例：PL.2F.dwg

　　文件名解析：2 楼总平面系统图。

（2）平面英文简写.楼层信息.图纸编号

例：PL.2F.01～11.dwg

　　文件名解析：2 楼编号从 01 到 11 的平面系统图。

（3）平面英文简写.楼层信息.分区代号

例：PL.2F.A.dwg

　　文件名解析：2 楼 A 区域平面系统图。

（4）平面英文简写.楼层信息.分区代号.平面图纸编号

例：PL.2F.A.01～08.dwg

　　文件名解析：2 楼 A 区域编号从 01 到 08 的平面系统图。

分区代号：根据整体面积大小需分区显示或依据消防分区进行编排，按字母 A、B、C、…命名。

平面图纸编号与对应的内容如下：

01 - AR(原始建筑图);	02 - FF(平面布置图);	03 - WD(墙体定位图);
04 - FD(完成面尺寸图);	05 - FC(地面铺装图);	06 - RC1.0(综合顶棚布置图);
07 - RC2.0(顶棚尺寸图);	08 - RC3.0(灯具尺寸图);	09 - EM1.0(机电点位图);
10 - EM2.0(给排水点位图);	11 - KP(立面索引图)。	

备注：可根据项目要求增加或减少平面图纸编号对应的内容。

2.2.3　立面系统

立面系统 DWG 文件命名方式如下：

（1）立面英文简写.楼层信息.分区代号

例：EL.2F.A.dwg

　　文件名解析：2 楼 A 区立面图。

（2）立面英文简写.楼层信息.立面索引编号

例：EL.2F.05～13.dwg

　　文件名解析：2 楼编号从 05 到 13 对应的立面图。

（3）立面英文简写.楼层信息.分区代号.立面索引编号

例：EL.2F.A.10～20.dwg

　　文件名解析：2 楼 A 区编号从 10 到 20 对应的立面图。

说明："立面"英文 Elevation 简写为"EL"。

分区代号：根据平面对应的分区代号（A，B，C，…）进行编排。

立面索引编号：根据平面对应的立面编号（1，2，3，…）进行编排。

2.2.4 节点大样系统

节点大样系统 DWG 文件命名方式如下：

节点英文简写 + 节点类型代号.节点类型对应的序号

例：DT1.01 ~ 06.dwg

　　文件名解析：顶棚类节点编号从 01 到 06 共 6 个顶棚节点。

例：DT2.04 ~ 09.dwg

　　文件名解析：地面类节点编号从 04 到 09 共 6 个地面节点。

例：DT3.08 ~ 15.dwg

　　文件名解析：墙面类节点编号从 08 到 15 共 8 个墙面节点。

例：DT4.04 ~ 08.dwg

　　文件名解析：固装大样编号从 04 到 08 共 5 个固装大样。

说明："节点"英文 Detail 简写为"DT"。

总结：由上述可知 DT1 为顶棚类节点，DT2 为地面类节点，DT3 为墙面类节点，DT4 为固装大样。

2.2.5 门表系统

门表系统 DWG 文件命名方式如下：

门表翻译简写.楼层.门类型编号

例：DS.2F.M01 ~ M05.dwg

　　文件名解析：2 楼门表类型有 M01、M02、M03、M04、M05 五类。

备注：根据项目不同，门表类型可作更改。

第 3 章

协同绘图 | **COLLABORATIVE DRAWING**

3.1　协同绘图的概念

协同绘图是协同设计下属的一个流程分支，是指在一个统一绘图标准的前提下，所有相关专业及人员在统一平台进行的流程操作。 协同绘图可以减少各专业之间（以及专业内部）由于沟通不畅、不及时导致的错、漏、碰、缺等问题，真正实现所有图纸单元的唯一性，实现一处修改其他参照位置同步更新，提高绘图效率与质量。

1. 前提条件

协同绘图的实现需要三个前提条件：

（1）协同设计平台；

（2）协同设计系统；

（3）协同设计软件。

2. 优势

协同绘图具有以下优势：

（1）提高交付成果的质量；

（2）推动统一图纸标准的产生与发展；

（3）服务于一线设计人员提高生产效率；

（4）服务于管理者方便地进行项目的深入管理。

3.2　协同设计概念及属性

协同设计的概念源于 CSCW（Computer Supported Cooperation Work），即计算机支持的协同工作，在计算机支持的环境下，一个群体协同完成一项任务。

协同设计（Collaborative Design）是指在计算机的支持下，各成员围绕一个项目，承担相应的部分设计任务，并交互地进行设计工作，最终得到符合要求的设计结果。

协同设计具有五大属性：

（1）分布性：参与协同绘图的人员可能属于同一企业，但是可能在不同部门（这里主要指不同专业部门）。 不同部门又在不同地点，所以协同设计必须在计算机网络的支持下分布进行。 这是协同设计的基本特点。

（2）交互性：在协同设计中人员之间经常进行交互，交互方式可能是实时的，如协同造型、协同标注；也可能是异步的，如文档设计变更流程。 项目人员根据需求采用不同的交互方式。

（3）动态性：在整个协同设计过程中，工作人员工作内容的安排需要根据项目实际展开的过程作出及时准确的调整。 上游信息具有动态属性，所以协同设计也应具有动态属性。

（4）协作性与冲突性：由于协同设计是群体参与的过程，不同人必然会有不同意见，合作过程冲突难免，但是必须要消除分歧，确保项目顺利继续进行，直至项目完美交付。

（5）多样性：就协同深化设计来讲，深化设计是信息的交集和中心，需要协调的专业单位较多，如消防、机电、光学、声学、设计单位、业主单位等。 专业众多，需要协调统一，协同设计就是这些对象组成的有机整体。

3.3　CAD 协同设计宏观解读

1. 协同设计层次解读

对不同类型的企业而言，设计协同的程度和要求不同。 在 CAD 设计领域，概括起来主要包括以下几个层次：

（1）数据共享协同：包括文件传输、图档存储、网络图库等。

（2）信息交流协同：包括消息互发、可视化等。

（3）CAD 平台的协同：这是一种基础协同设计平台。

2. 各专业协同

协同设计不仅仅是室内专业方向的各专业协调，其涵盖行业较多，通过以下相关专业图纸图层命名可以简单了解综合体项目的复杂程度：

建筑：建-符号-楼梯/A－SYMB－STRS；

结构：结-桩-钢筋/S－PILE－RBAR；

给排水：水-给水-深度处理-立管/P－WS－PW－V；

消防：水-消防-市政给水-标识/P－FE－WS－F；

暖通：暖-风管-新风-风口/M－D－FA－DIF；

动力：动-设备-控制线/D－EQPM－S；

电气：电-系统-设备/E－SY－E；

弱电：弱-综合布线-管线/T－CAWL－T；

室内：室-平面-窗帘/I－PLAN－CURTAIN；

景观：景-平面-红线/L－SLTE－PROP；

道路：路-线形-规划中心线路；

桥梁：桥-下部-钢筋图-构造线；

市政给排水：市水-城市污水-管线；

其他专业。

3.4　室内装修 CAD 协同绘图逻辑解析

1. 协同绘图的概念解析

"协同"一词在词典中有如下解释：协调一致；团结统一；协同配合。

当一个项目设计过程中对于施工图深化设计需求量比较大时，以及工作周期较为紧张时，单个个体或者单个专业很难推动完成整个项目施工图的落地深化，这时就需要多个个体或者多个专业在一定的框架基础之上，相互配合，步调一致，合力推进项目展开。

协调一致：在施工图深化专业层面可以理解为，各专业领域在确保设计方案完美落地的前提下，需要相互协调，各专业在施工过程中不能出现施工冲突。 如：顶棚中灯具位置与消防喷淋点位不能重叠；硬装装饰造型与软装对象不能出现矛盾点；灯光与软装不能不匹配等情况。

团结统一：在施工图深化专业层面可以理解为，施工图皮肤标准完全统一，图纸编排逻辑完全统一，专业描述完全统一，工艺做法完全统一等。 不能出现不同人员绘制的图纸放置在项目的整套图纸中有严重的分歧或者对象描述不一致的低级错误，如：A 同事对他负责范围内的图纸中主材 PT－01 的描述为白色乳胶漆，而 B 同事对他负责范围内的图纸中主材 PT－01 的描述为黑色乳胶漆，那么 A 同事的图纸和 B 同事的图纸要整合在一起才是对应项目的完整图纸。下游阶段的专业或者单位在读图识图过程中所有类似这样的问题需在项目一开始时就解决好，否则深化单位要作出二次解释或者二次调整，会大量增加双方的沟通成本。

协同配合：在施工图深化专业层面可以理解为，参与施工图深化的个体对象按照个体的工作经验灵活分配工作内容，相互配合地共同完成一整套图纸的绘制与梳理工作。如：A 同事工作经验比较丰富，可以将项目中重点部分交给该同事进行绘制管控，比如综合顶棚的排布与调整，需要 A 同事在模型空间将相关内容绘制调整到位，而 B 同事是刚刚毕业、新参加工作的大学生，项目实战经验较少，则 B 同事可以通过外部参照 A 同事绘制的图纸作为底图，对底图中的标注类内容进行绘制，如尺寸标注、顶棚高度与材料说明的绘制等工作，从而 A 同事、B 同事共同完成一张完整的综合顶棚图纸。

2. 协同绘图的优势
（1）统一性

一整套规范图纸的绘制不能因为多个人员参与绘制而造成图面以及专业表达出现很大的差异性。协同绘图应该保证整套图纸汇总后，所有图面与专业表达达到完全一致。

统一性在深化专业和图纸图面方面的体现如下：

① 深化专业方面

A. 工艺处理标准统一（如木饰面工艺到底是背条还是成品挂件，是轻钢龙骨找平还是木基层找平等）；

B. 基层板防火等级和规格要求统一（如是否允许采用木质基层）；

C. 各同类主材代码、处理方式、相关参数统一（如卫生间石材防滑处理是抽槽还是酸洗）；

D. 门表统一（数值相临近的门表尺寸应统一为一类门表数据）；

E. 不同材质对接收口方式统一（不同材质对接收口处理时，是碰、是压、是错、是离需要执行统一、标准的处理方式）；

F. 强规强条与 GB 标准参照统一。

② 图纸图面方面

A. 图幅与比例统一；

B. 标注方式统一；

C. 样板文件统一；

D. 排版方式统一；

E. 系统图内容与顺序统一。

（2）高效性

一般的绘图过程，是需要在模型图形绘制完毕以后，才能在布局空间对模型空间图形进行排版与标注。采用协同绘图方式，则可以通过外部参照的形式，实现同时对图形绘制、图形排版、图形标注的操作。例如，A 同事进行某空间 4 个立面的绘制，按照以往的形式是 4 个立面全部绘制完毕后，再进行排版与标注，而协同绘图可以实现 A 同事在绘制完毕 1 号立面以后，B 同事就可以通过外部参照对 1 号立面进行排版与标注；当 B 同事对 1 号立面排版标注完成后，A 同事此时应该已完成 2 号立面的图形绘制工作，B 同事接着就可进行 2 号立面的排版标注，因此工作内容被流水线式处理，效率得到极大提高。但是这样的操作需要一定的技术基础与团队配合能力。

（3）全员性

项目再复杂也有最基本的工作内容，团队再优秀也有新手加入。 如何更好地让团队中每个成员无论专业技能高低，都能参与到项目过程中来？ 这就需要以团队协作方式开展项目的深化设计，能力强的同事可以控制所有的底图部分，比如完成面的推敲与控制，综合顶棚的各专业协调控制等；能力中等的同事可以完成立面底图的绘制、节点大样的绘制等；能力弱的同事可以完成所有图形对象的排版与标注的工作以及图纸集梳理归档等基础性操作。 这样团队中的每个人都可以根据自己的能力全员性地参与到项目中来，这对于团队的梯队性培养是非常重要的一个过程。

3. 协同绘图操作流程

（1）确定项目工程量

以万级平方数以下项目为例，在拿到相关资料以后，项目负责人的工作可以按照以下步骤展开：

① 确定深化红线范围（确定我司深化范围）；

② 确定图纸深度（确定图纸是处于扩初阶段、施工图阶段还是深化施工图阶段）；

③ 防火分区了解；

④ 平面系统分区；平面系统组成架构确定；立面系统工作量与深度确定；节点系统工作量与深度确定；门表图纸工作量确定；放大系统工作量确定。

（2）人员分工

① 根据深化工作量进行人员工作内容分工，举例说明如下：

A 同事负责 1F 平面系统；

B 同事负责 1F 中 1～20 立面绘制，在 B 同事绘制立面时，A 同事需要及时地提供相关底图与数据信息，具体工作内容和顺序由 A 同事与 B 同事自行协商，确保彼此的工作内容不会因为对方工作的滞后而影响当前工作的进展；

C 同事负责 1F 中 21～30 立面绘制，在 C 同事绘制立面时，A 同事需要及时地提供相关底图与数据信息；

D 同事负责 1F 中的顶棚（DT1）类节点与地面（DT2）类节点的绘制；

E 同事负责 1F 中墙面（DT3）类节点与固装（DT4）类节点的绘制。

② 根据团队同事能力进行技术含量分工，举例说明如下：

F 同事负责通过外部参照形式对 A 同事绘制的底图进行排版与标注；

G 同事负责通过外部参照形式对 B 同事绘制的底图进行排版与标注；

H 同事负责通过外部参照形式对 C 同事绘制的底图进行排版与标注；

I 同事负责通过外部参照形式对 D 同事绘制的底图进行排版与标注；

J 同事负责通过外部参照形式对 E 同事绘制的底图进行排版与标注。

备注：以上只是对人员分工方面的逻辑解析，人员为虚构，重点是了解人员分工时的分配逻辑，项目内容可以灵活调整。

（3）明确绘制标准

项目立项后，基础统一性的标准要明确，如图框大小、绘图比例、皮肤标准等属性须统一，图纸深度标准与文件命名方式等须统一。

（4）方案理解与设计答疑汇总

项目分工下发完毕以后，每位同事需要对各自负责的区域进行细致的答疑整理，整理完毕以后整体汇总，再递交给配合深化的上游单位，如图 3-1 所示。

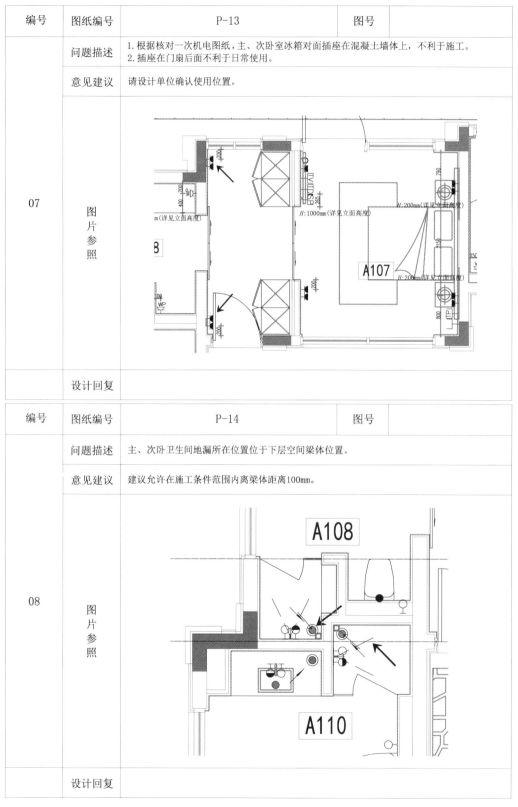

编号	图纸编号	P-13		图号	
07	问题描述	1. 根据核对一次机电图纸，主、次卧室冰箱对面插座在混凝土墙体上，不利于施工。 2. 插座在门扇后面不利于日常使用。			
	意见建议	请设计单位确认使用位置。			
	图片参照				
	设计回复				

编号	图纸编号	P-14		图号	
08	问题描述	主、次卧卫生间地漏所在位置位于下层空间梁体位置。			
	意见建议	建议允许在施工条件范围内离梁体距离100mm。			
	图片参照				
	设计回复				

图3-1　方案理解与设计答疑示例

（5）过程配合控制

团队的过程配合工作有很多，受纸质载体与篇幅的限制，此处简单列举两项可以进行过程配合的工作，以帮助读者重点了解配合的逻辑。

① A 同事在绘制平面顶棚部分内容时，可直接勾勒出顶棚剖面看线，B 同事通过外部参照平面底图，再通过 NCOPY 命令就可直接提取顶棚剖面，也可直接用来组成相关立面图纸。

② E 同事主要对固装类节点进行深化，固装类侧剖面是需要在立面图中显示的，这样 B 同事可以先将该大样的侧剖面图绘制跳过，待 E 同事绘制完毕以后直接调用就可以。

（6）过程监管与控制

项目负责人可以通过共享网盘中的图纸集管理器，及时查阅当前项目的进度，还可以在不影响同事同步绘制图纸的前提下进行图审工作。

（7）图纸汇总

图纸最终全部绘制完毕以后，可通过图纸集自带功能对当前项目所有图纸内容进行统一编排，生成目录，连同封面、目录、说明性文件、图形绘制内容等一同梳理成一套完整的施工图深化图纸。

3.5　室内装修 CAD 协同绘图环境设置

1. 样板文件设置

（1）样板文件作用

手工绘图时期图纸都是印有图框和标题栏的标准图纸，也就是将图纸界线、图框、标题栏等每张图纸上必须具备的内容事先做好，这样既使得图纸规格统一，又可节省绘图者的时间。AutoCAD 也有类似的功能，即样板文件功能。

可针对专业或设计项目的工作特点创建用户化的初始绘图环境，当用户画新图时，就可以在样板图的基础上开始；在一个项目中，所有新图都可以基于同一相关的样板图建立，从而既可减少重复设置绘图环境的时间，提高工作效率，又可以保证专业或者设计项目标准的统一。

（2）样板图与内容设定

AutoCAD 提供了一些样板图形，它们都是以 .dwt 为后缀的图形文件，存放在软件安装路径下的 template 文件夹中。常用的有 ACADISO.dwt 和 ACAD.dwt 文件，但是系统自带的样板文件是"干净"的样板文件，没有标注样式、图层信息等符合自己公司或者当前项目的设置样式，因而需要自己设定专属文件。

样板文件设定内容如下：

① 绘图数据的记数格式和精度：UN 命令设置；

② 绘图区域的范围与图纸的大小：

A. 在布局空间插入对应图幅的图框；

B. 移动图框调整至世界坐标原点(0，0，0)；

③ 预定义图层、线型、线宽、颜色；

④ 定义文字样式、标注样式（参照本书中字体样式、标注样式设定）；

⑤ 皮肤类符号整理（参照本书中皮肤类符号设定）；

⑥ 加载需要使用的打印样式（参照本书中打印样式设定）；

⑦ 布局选项卡环境设定（参照本书中页面布局选项卡设定）。

（3）样板图的创建与使用

① 样板文件创建步骤

按照上述样板图内容要求设定好以后，将当前 DWG 文件另存为 DWT 文件，并保存在 CAD 环境设置的样板文件的默认路径下。

② 样板文件应用

单击新建按钮，选择命名好的 DWT 文件即可开展图纸绘制。 当前文件中已经包含了上述所有内容，无需重新设置，因此可提高工作效率，节约工作时间。

2. 外部参照

（1）外部参照的概念

外部参照就是把一个图形文件附加到当前工作图形中，被插入的图形文件信息并不直接加到当前的图形文件中，当前图形只是记录了引用关系。

插入的参照图形与外部的原参照图形保留着一种"链接"关系，即外部的原参照图形如果发生了改变，被插入到当前图形中的参照图形也将相应地改变。

外部参照适用于正在进行的项目的分工协同合作。

（2）激活外部参照命令的方法

菜单栏：【插入】|【DWG 参照】|选择参照文件|选择参照类型|参照路径选择【相对路径】|指定插入点。

（3）外部参照类型

附加型：采用附加型的外部参照可以看到多层嵌套附着，即如果 B 图中参照了 C 图，那么当 A 图参照 B 图时，在 A 图中既可以看到 B 图，也可以看到 C 图。

覆盖型：采用覆盖型的外部参照则不可以看到多层嵌套附着，即如果在 B 图中覆盖参照了 C 图，那么当 B 图再被 A 图参照时，在 A 图中将看不到 C 图，也就是在 A 图中不再关联 C 图。

（4）外部参照管理器

命令：【XREF】可以对外部文件通过选中对象右击形式进行【附加】、【卸载】、【重载】、【绑定】、【打开】等操作。

（5）外部参照绑定

插入外部参照的操作和插入一个文件作为块的操作看起来很相似，插入后都表现为一个整体，但其实这两者之间有着本质的区别。 因为参照仅仅是插入了一个链接，并没有真正将图形插入当前图形，而插入块则是将外部文件作为块定义保存在当前图形中，割裂了与源文件之间的联系。

当协同设计的过程结束后，宿主文件与外部参照文件不再仅需要这样一种链接关系，因而可以将外部参照直接绑定进来以割裂与源文件的联系，使它成为宿主文件的一部分。 使用【外部参照管理器】中的【绑定】可以完成这样的绑定操作。

外部参照绑定进来后，就已经不依赖源文件的存在而存在了，但是从图层的名称上依然可以知道源文件的名称。

（6）外部参照的在位编辑

和块的特性一样，外部参照也可以进行在位编辑，所谓在位编辑就是指可以在当前文件中直接编辑插入进来的外部参照，保存修改后，参照的源文件也会更新。

激活在位编辑：直接用鼠标双击外部参照对象，或者执行 REFEDIT 命令。

（7）外部参照的访问权限

如果不想别人在位编辑自己的图纸，但又允许别人参照它，那么可以设置外部参照的访问权限。

操作如下：【工具】|【选项】|【打开和保存】|去掉【允许其他用户参照编辑当前图形】复选框，单击【确定】按钮保存设置退出，这样就可以达到禁止他人在位编辑又允许参照自己的图形的目的。

（8）外部参照的特点

利用外部参照技术可以用一组子图来构造复杂的主图。 由于外部参照的子图与主图之间保持的是一种"链接"关系，子图的数据还保留在各自图形中，因此，使用外部参照的主图并不显著增加图形文件的大小，从而节省存储空间。

当每次打开带有外部参照的图形文件时，附加的参照图形反映出参照图形文件的最新版本。 对参照图形文件的任何修改一旦被保存，当前图形就可以立刻从状态行得到更新的气泡通知，而且重载后马上反应出参照图形的变化。 因此，可以实时地了解到项目组其他成员的最新进展。

对于附加的外部参照图形，它被视为一个整体，可以对其进行移动、复制、旋转、剪裁等编辑操作。

对于附加到当前图形文件中的参照文件，也可以直接（而不必回到源图形）对其进行编辑、修改。保存修改后，源参照文件也会更新。 这种工作方式，在 AutoCAD 中称为在位编辑外部参照，适用于项目总体设计人对局部图形的少量设计修改。

一个图形文件中可以引用多个外部参照图形；反之，一个图形文件也可以同时被多个文件作为外部参照引用。

引用的外部参照可以嵌套。 如果图形中附着有外部参照，则在图形作为外部参照附着到其他图形时，也将包含其中的外部参照。

3. 图纸集

（1）图纸集概念解析

在日常图纸绘制过程中，几乎所有的设计都是以项目为中心展开的，无论一个人进行还是多个人同时进行大型项目设计，都需要对项目图纸进行组织和管理。 图纸集可极大地提高整个系统的协同设计功效，使得项目负责人能够快捷地管理图纸。

（2）图纸集的高效性

图纸集的高效性体现在以下几个方面：

① 协同绘图；

② 团队管理；

③ 项目文件管理；

④ 图纸集自动关联；

⑤ 图纸集批量处理。

（3）图纸集实战操作

可参考本书第 7 章内容获取相关电子资源，即可开始图纸集的实战操作。

4. CAD 标准

（1）CAD 标准的概念

在一个项目组中，为了协调各设计人员的工作，必须要有统一的标准，在设计初期一般是采用样板图技术来规范图纸绘制的统一。 如果由于没有使用样板图，或者设计过程中做了一些违背样板图的设置，从而造成各设计成员绘制好的图纸标准不统一，那么为维护图纸标准的一致性，可以在设计收图阶段采用 CAD 标准技术来规范图纸。

所谓 CAD 标准就是一个按照行业标准或者规范建立的 AutoCAD 文件（DWS 文件），包括标准的图层、颜色、线型、文字样式、尺寸样式、表格样式等。

在设计过程中，如果当前图形附着了一个这样的标准文件，在新建图层、线型、文字样式、尺寸样式与标准文件中的不一致而发生冲突时，AutoCAD 状态行就会出现即时的气泡通知，告知与标准冲突，立即执行标准检查，将冲突修复，从而起到监督标准执行的作用。

（2）CAD 标准文件的创建

① 创建含有属于自己的图层样式、文字样式、标注样式等的综合性 DWT 或者 DWG 文件。

② 将创建好的 DWT 或者 DWG 文件另存为 DWS 文件。

（3）附着标准文件并检查标准

① 菜单栏操作：【工具】|【CAD 标准】|【配置】。

② 菜单栏操作：【工具】|【CAD 标准】|【检查】。

③ 选中当前冲突的对象属性，再选择标准对象，然后单击【修复】按钮。

（4）标准的监督执行

标准的监督执行主要依赖于状态栏托盘图标，可以尝试在附着了标准文件的图形中对任何一项图层、标注样式、文字样式、线型进行修改，状态栏托盘图标都会弹出"标准冲突"的气泡通知，如此随时随地监督标准的执行。

5. 链接和嵌入数据（OLE）

（1）OLE 概念解析

链接和嵌入数据（OLE）是 WINDOWS 的技术，英文全称是 Object Link Engine。 对象的链接有点像外部参照，是将其他应用程序产生的文件链接到当前应用程序正在编辑的文档中，是对其他文档中信息的一种引用。 如果修改了原始信息，只需要更新链接即可更新包含 OLE 对象的文档。 也可以将链接设置为自动更新，需要在多个文档中使用同样的信息时可以使用链接对象。

（2）操作说明

菜单栏操作：【插入】|【OLE 对象】。

（3）案例

可在材料表中插入 EXCEL 格式的材料表。

6. 电子传递

（1）电子传递的概念

在协同设计的过程中及后期都会有与异地的设计师进行图形交流的需要，以往都是将绘制好的图形文件（.dwg 文件）发送给对方，对方在自己的计算机上打开图形时会发现字体、插入的外部参照或图片等丢失的情况。 这是由于在发送文件时，只传递了.dwg 文件，忽略了 AutoCAD 关联文件的支持，即字体文件、插入光栅图像、引用的外部参照源文件、打印样式表等，导致上述问题的产生。

因此，需要利用 AutoCAD 电子传递技术，将.dwg 文件连同其关联的全部支持文件一起打包成一个.zip文件包再发送。

（2）电子传递使用方法

① 对当前文件所包含的内容归档：菜单栏依次点击【文件】|【电子传递】|进行相关设置操作|【确定】。

② 对当前文件所属的图纸集内容进行归档：选中对应图纸集名称|【右击】|【电子传递】|进行相关设置操作|【确定】。

第 4 章

项目制图标准 | **PROJECT DRAWING STANDARD**

4.1 INDEX 系统制图标准

4.1.1 封面

1. 封面的作用

封面能准确直观地表达项目名称、地理位置信息及出图日期等信息。

图 4-1　图纸封面示例

2. 封面的内容

封面包含的内容如图 4-1 所示。

❶ 公司 LOGO
❷ 公司中文名称
　　字体：微软雅黑，字高：5，宽度比例：1
❸ 公司英文名称
　　字体：微软雅黑，字高：5，宽度比例：1，首字母大写
❹ 项目中文名称
　　字体：微软雅黑，字高：12，宽度比例：1
❺ 项目英文名称
　　字体：微软雅黑，字高：10，宽度比例：1，首字母大写
❻ 装饰线
　　线宽：0.8
❼ 项目地址
　　字体：微软雅黑，字高：10，宽度比例：1
❽ 室内装饰图纸集
　　字体：微软雅黑，字高：10，宽度比例：1
❾ 室内装饰图纸集英文名称
　　字体：微软雅黑，字高：10，宽度比例：1，首字母大写
❿ 版本编号
　　字体：微软雅黑，字高：5，宽度比例：1
⓫ 出图日期：××××年××月××日
　　字体：微软雅黑，字高：5，宽度比例：1
⓬ 出图日期对应英文
　　字体：微软雅黑，字高：5，宽度比例：1

　　备注：此图纸封面示例为 A2 图幅大小，根据项目可更改为 A0/A1/A3 图幅，当图纸图幅为 A0/A1/A3 时，字体以 A2 图幅为标准等比例缩放。

4.1.2 图纸目录

1. 图纸目录的作用

（1）目录是整套图纸的提炼和浓缩，具有极强的概括性，能快速索引至相关内容详情页。

（2）阅读目录能够提纲挈领地了解全套图纸的内容、图纸编号和图纸的数量，从整体上把握整套图纸的结构布局，清楚地了解整套图纸各层级之间的逻辑关系。

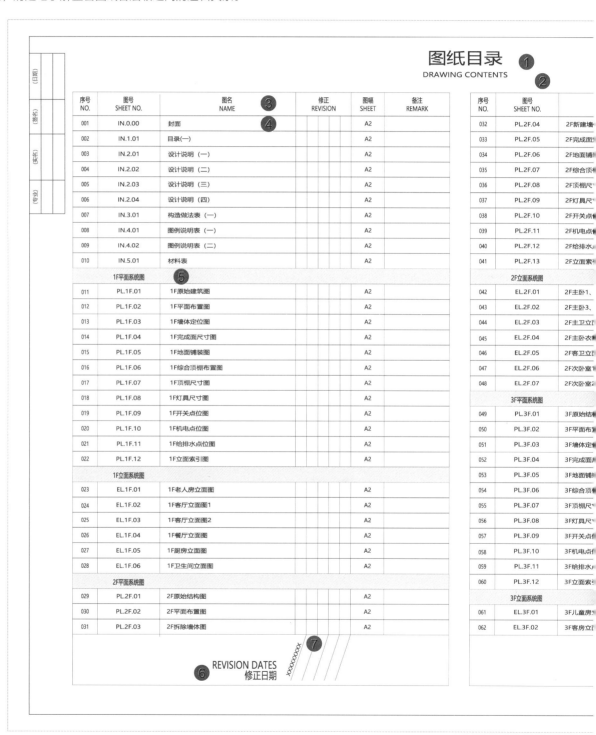

图 4-2　图纸目录示例

（3）通过目录可方便地查找到所需图纸。

2. 图纸目录包含内容

图纸目录包含的内容如图 4-2 所示。

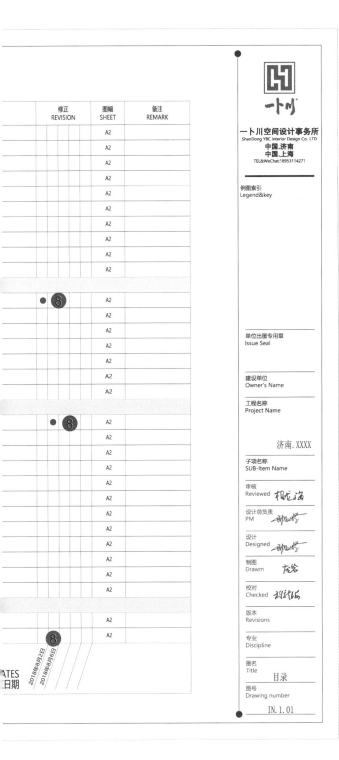

① 图纸中文名称

字体：微软雅黑，字高：7，宽度比例：0.8

② 图纸英文名称

字体：微软雅黑，字高：3，宽度比例：0.8，字母大写

③ 标题栏

字体：微软雅黑，字高：3，宽度比例：0.8

④ 图纸内容

字体：微软雅黑，字高：2.5，宽度比例：0.8，距边距：4

⑤ 标题栏

字体：微软雅黑，字高：3，宽度比例：0.8

填充：253，置于底层

⑥ 修正日期

字体：微软雅黑，字高：4.5，宽度比例：0.8

⑦ 出图日期

此位置为第一次出图日期，一定要确认无误

⑧ 示例：

2018 年 8 月 2 日修改的图纸内容是：2F 主卧 1、2 立面图；

2018 年 8 月 6 日修改的图纸内容是：3F 原始结构图

备注：此图纸目录为 A2 图幅大小，根据项目可更改为 A0/A1/A3 图幅，当图纸图幅为 A0/A1/A3 时，字体以 A2 图幅为标准等比例缩放。

4.1.3 施工图设计说明

1. 施工图设计说明的作用

施工图设计说明有助于了解当前项目概况、设计所参照的规范和标准、施工工艺、材料使用与验收标准，并对本套图纸的识图进行解读。

图4-3 施工图设计说明示例（一）

2. 施工图设计说明包含内容

施工图设计说明包含的内容如图 4-3 所示。

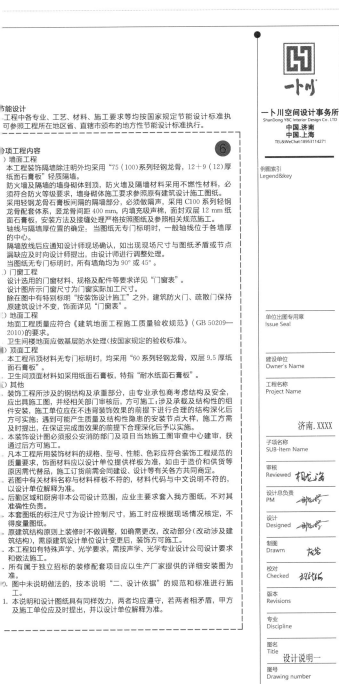

节能设计

工程中各专业、工艺、材料、施工要求等均按国家规定节能设计标准执
可参照工程所在地区省、直辖市颁布的地方性节能设计标准执行。

项工程内容

）墙面工程

·本工程装饰隔墙除注明外均采用"75（100）系列轻钢龙骨，12＋9（12）厚
纸面石膏板"轻质隔墙。

·防火墙及隔墙的墙身砌体到顶，防火墙及隔墙材料采用不燃性材料，必
须符合防火等级要求，墙身砌体施工要求参照原有建筑设计施工图纸。

·采用轻钢龙骨石膏板间隔的隔墙部分，必须做隔声，采用 C100 系列轻钢
龙骨配套体系，竖龙骨间距 400 mm，内填充吸声棉，面封双层 12 mm 纸
面石膏板，安装方法及接缝处理严格按照图纸及参照相关规范施工。

·轴线与隔墙厚处置的确定：当图纸无专门标明时，一般轴线位于各墙厚
的中心。

·隔墙放线后应通知设计师现场确认，如出现现场尺寸与图纸矛盾或节点
漏缺处及时向设计师提出，由设计师进行调整处理。

·当图纸无专门标明时，所有墙角均为 90° 或 45°。

）门窗工程

·设计选用的门窗材料、规格及配件等要求详见"门窗表"。

·施工图所示门窗尺寸为门窗实际加工尺寸。

·除在图中有特别标明"按装饰设计施工"之外，建筑防火门、疏散门保持
原建筑设计不变，饰面详见"门窗表"。

）地面工程

·地面工程质量应符合《建筑地面工程施工质量验收规范》（GB 50209—
2010)的要求。

·卫生间楼地面应做基层防水处理（按国家规定的验收标准）。

）顶面工程

·本工程吊顶材料无专门标明时，均采用"60 系列轻钢龙骨，双层 9.5 厚纸
面石膏板"。

·卫生间顶面材料如采用纸面石膏板，特指"耐水纸面石膏板"。

）其他

·装饰工程所涉及的钢结构及承重部分，由专业承包商考虑结构及安全，
应出具施工图，并经相关部门审核后，方可施工；涉及承载及结构性的组
件安装，施工单位应在不违背装饰效果的前提下进行合理的结构深化后
方可实施；遇到可能产生质量及结构性隐患的安装节点大样，施工方需
及时提出，在保证完成面效果的前提下合理深化后予以实施。

·本装饰设计图必须报公安消防部门及项目当地施工图审查中心审，获
通过后方可施工。

·凡本工程所用装饰材料的规格、型号、性能、色彩应符合装饰工程规范的
质量要求，饰面材料应以设计单位提供样板为准，若因为造价和供货等
原因需代替品，施工订货前需会同建设、设计等有关各方共同商定。

·若图中有关材料名称与材料样板不符的，材料代码与中文说明不符的，
以设计单位解释为准。

·后勤区域和厨房非本公司设计范围，应业主要求套入我方图纸，不对其准
确性负责。

·本套图纸的标注尺寸为设计控制尺寸，施工时应根据现场情况核定，不
得度量图纸。

·原建筑结构原则上装修时不做调整，如确需更改，改动部分（改动涉及建
筑结构），须原建筑设计单位设计变更后，装饰方可施工。

·本工程如有特殊声学、光学要求，需按声学、光学专业设计公司设计要求
和做法施工。

·所有属于独立招标的装修配套项目应以生产厂家提供的详细安装图为
准。

·图中未说明做法的，按本说明"二、设计依据"的规范和标准进行施
工。

·本说明和设计图纸具有同样效力，两者均应遵守，若两者相矛盾，甲方
及施工单位应及时提出，并以设计单位解释为准。

一卜川空间设计事务所
ShanDong YBC Interior Design Co. LTD
中国.济南
中国.上海
TEL&WeChat:18953114271

例图索引
Legend&key

单位出图专用章
Issue Seal

建设单位
Owner's Name

工程名称
Project Name

济南. XXXX

子项名称
SUB-Item Name

审核
Reviewed

设计总负责
PM

设计
Designed

制图
Drawm

校对
Checked

版本
Revisions

专业
Discipline

图名
Title　设计说明一

图号
Drawing number
IN. 2. 01

① 施工图设计说明标题

标题字体：微软雅黑，字高：7，宽度比例：1;

正文字体：微软雅黑，字高：2.5，宽度比例：0.7。

② 整体项目概况，包括：

（1）工程名称；

（2）项目地点；

（3）建设单位；

（4）设计单位；

（5）设计范围。

③ 设计依据

设计所依据的国家相关标准与规范，可增加或减少相应的
内容。

④ 建筑内部装饰装修防火设计

根据建筑类别划分标准，参照《建筑内部装修设计防火规范》
（GB 50222—2017）中对装饰装修材料的相关规定。

⑤ 无障碍设计

执行国家标准《无障碍设计规范》（GB 50763—2012）中的相关
规定。

⑥ 分项工程内容

主要描述相关部位施工工艺，包括：

（1）墙面工程；

（2）门窗工程；

（3）地面工程；

（4）顶面工程；

（5）其他。

备注：此施工设计说明图纸为 A2 图幅大小，根据项目可更
改为 A0/A1/A3 图幅；当图纸图幅为 A0/A1/A3 时，字体以 A2 图
幅为标准等比例缩放。

八、施工中具体参照标准 ①

本工程所有的参照标准均为现行的相关国家标准或行业标准,必须满足中华人民共和国行业标准之建筑装饰工程施工及验收规范。

(一)石材工程

1. 材料

石材本身不得有隐伤、风化等缺陷,清洗石材不得使用钢丝刷或其他工具而破坏其外露表面或在上面留下痕迹,必须使用石材专用防护剂进行六面防护处理。

2. 安装

(1)检查底层或垫层安施妥当,并修饰好。

(2)确定线条、水平图案,并加以保护,防止石材混乱存放。

(3)在底、垫层达到其初凝状态时施放石材。

(4)用浮飘法安放石材并将之压以均匀平面固定。

(5)令灰浆至少养护 24 h 方可施加填缝料。

(6)用勾缝灰浆填缝,填孔隙,用工具将表面加工成平头接合。

(7)石材铺贴前,承建商必须依据现场尺寸,提供石材放样图,并得到业主和设计师审批、认可,没有注明的石材密封接缝均采用密缝。

3. 清洁

(1)在完成勾缝和填缝以后及在这些材料施放和硬化之后,应清洁有尘土的表面,所用的溶液不得以损于石材、接缝材料或相邻表面。

(2)在清洁过程中应使用非金属工具。

4. 石材加工

(1)将石材加工成所需要的样板尺寸、厚度和形状,准确切割,保证尺寸符合设计要求。

(2)准确塑造特殊型、镶边和外露边缘,并且进行修饰以与相邻表面相配。

(3)提供的砂应是干净、坚硬的硅质材料。

(4)所用粘结材料的品种、掺合比例应符合设计要求,并有产品合格证。

(二)木制品(木作)

1. 材料

材料应用最好之类型自然生长的木料,必须经过烘干或自然干燥后才能使用,没有虫蛀、松散或腐朽或其他缺点,锯成方形,并且不会翘曲、爆裂及其他因为处理不当而引起的缺点。胶合板按不同材料选用进口或国产产品,但必须达到 AAA 要求。承建商应在开工前提供材料和终饰样板且经筹建和设计师认可批准方能使用。

2. 防火防腐处理

(1)所有基层木材应满足防火要求,涂达到防火要求和阻燃时间厚度的本地消防大队同意使用的防火涂料。

(2)承建商要在实际施工前呈送料涂料给筹建处批准方可开始涂刷。

(3)所有基层木材应用至易潮湿的空间均须涂上三层防腐涂料。

(4)考虑到节能环保、防火、防腐要求,以及木材基层易潮湿变形,原则上应尽量少用木材基层,尽可能采用轻钢龙骨或钢架基层。

3. 制作工艺及安装

(1)尺寸

①所有装饰用的木材均严格按图纸施工,凡原设计节点不明之处需补充设计图,经设计师同意后实施。

②所有尺寸必须在工地核实,若图样或规格与实际工地有任何偏差,应立即通知设计师。

(2)装饰

所有完工时在外制木作工艺表面,除特殊注明处,都应该按设计做饰面。

(3)终饰

当采用自然终饰或者指定为染色、打白漆,或油漆被指定为终饰时,相连木板在形式、颜色和纹理上要相互协调。

(4)收缩度

所有木工制品所用之木材,均应经过干燥并保证制品的收缩度不会损害其强度和装饰品之外观,也不应引起相邻材料和结构的破坏。

(5)装配

承建商应完成所有必要的开榫眼、接榫、开槽,配合做舌榫嵌入、榫舌接合和其他的正确接合之必要工作,提供所有金属板、螺钉、铁钉和其他室内设计要求的或者顺利进行规定的木工工作所需的装配件。

(6)接合

①木制品须严格按照图样的说明制作,在没有特别标明的地□合,应按该接合之公认的形式完成。胶接法适用于需要□合的地方。所有胶合处应用交叉舌榫或其他加固法。

②所有铁钉头打进去并加上油灰,胶合表面接触地方用胶水接□触表面必须用锯或刨进行终饰。实板的表面需要用胶水接□方,必须用砂纸轻打磨光。

③有待接合之表面必须保持清洁,不肮脏,没有灰尘、锯灰、□其他污染。

④胶合地方必须给予足够压力以保持粘牢,并且胶水凝固条件□胶水制造商之说明而进行。

(7)划线

所有踢脚板、框缘、平板和其他木制品必须准确划线以配□现场达成应有的紧密配合。

(8)镶嵌细木工工作

在细木工制品规定要镶嵌的地方,应跟随其周边的工作完成□入加工。

(9)清洁

除特别指出的终饰之外,承建商应将有关木工制品加以清洁□持完好状态。所有柜子内部装饰,包括活动层板应涂上二度以上□其光滑,且根据设计要求进行必要的补色等工艺。

(10)木材、夹板成型架框

①一般用木材成架安装于天花板上时,应确保所有部件牢固及□且不得影响其他管线(风管、喷淋管等)走向。依照设计图纸□于顶棚。

②全部木作顶棚均要涂上三层本地消防大队批准使用的防火涂□

(三)装饰防火胶板

防火胶板的粘结剂应使用与防火胶板配套使用的品牌,并遵守□明。

(四)装修五金

所有五金器具必须防止生锈和沾染,使用前应提供样品,征得筹□设计师同意。完成工作后所有五金器具都应擦油、清洗、磨光,保证□作,所有钥匙必须清楚地贴上标签。

(五)金属覆盖板工程

1. 材料

承建商应根据图纸所标品种、颜色,由供应商提供样板,征得□及筹建处同意。

2. 安装

金属板必须可以承受本身的荷载,而不会产生任何损害性或永久□变形。所有金属表面覆盖板及配件符合国家《建筑装饰装修工程质□收规范》(GB 50210—2013)要求及有关标准或规范。

(1)金属饰面板的品种、质量、颜色、花型、线条应符合设计要求□有产品合格证。

(2)墙体骨架如采用轻钢龙骨时,其规格、形状符合设计要求,易□的部分进行防锈处理。

(3)墙体材料为纸面石膏板时,安装时纵、横接缝应拉开 5~8 mm□

(4)金属饰面板安装,宜采用抽芯铝铆钉,中间必须垫卷胶垫圈。□铝铆钉间距控制在 100~150 mm 为宜。

(5)安装突出墙面的窗台、窗套凸线等部位的金属饰面时,裁接□准确,边角整齐光滑,搭接尺寸及方向应正确。

(6)板材安装时严禁采用对接。搭接长度应符合设计要求,不得□现象。

(7)外饰面板安装时应挂线施工,做到表面平整、垂直,线条通顺清□

(8)阴阳角宜采用预制角装饰板安装,角板与大面搭接方向应与□向一致,严禁逆向安装。

(9)保温材料的品种、填充密度应符合设计要求,并应填塞饱满,□

(六)玻璃工程

1. 材料

提供样板并在安装切割之前送交筹建处及设计师同意。所有镜子□要留全边。室内安装玻璃要用毡制条子,颜色要与周围材质相配□按图纸所示。

图 4-3　施工图设计说明示例(二)

制作工艺及安装
（1）准确地把所有玻璃切割成适当的尺寸，安装槽要清洁、无灰尘。所有螺钉或其他固定部件都不能在槽中突出。所有框架的调整将在安装玻璃之前进行。所有密封剂作业表面平整光滑，与其他相邻材料无交叉污染。玻璃工程应在框、扇校正和五金件安装完毕后，以及框、扇最后一遍涂料前进行。

（2）中庭的围护结构安装钢化玻璃时，应用卡紧螺钉或压条镶嵌固定。玻璃与围护结构的金属框相接处，应衬橡胶垫。安装玻璃隔断时，磨砂玻璃的磨砂面应向室内。

玻璃的基本要求
（1）落地玻璃屏风的厚度最小为 12 mm，它们必须能够抵受预定 2.5 kPa 风压力或吸力。
（2）玻璃必须顾及温差应力和视觉歪曲的效果。
（3）用作玻璃门和栏杆之透明强化玻璃必须符合 GB4871 规格的产品质量。
（4）玻璃必须结构完整，无破坏性的伤痕、针孔、尖角或不平直的边缘。
（5）玻璃的最大许用面积应符合《建筑玻璃应用技术规程》（JGJ113）的规定。门玻璃面积不论大小均应采用安全玻璃，并符合厚度要求。
（6）疏散通道两侧的成品玻璃隔墙必须选用耐火极限不小于 1 h 的防火玻璃。

油漆工程
本施工图中未标明之油漆公共空间均用聚酯漆十度左右，终饰半哑除公共空间外，其余均用半哑光漆六度。
本施工图所有未标明之墙面、平面、顶面涂料均采用材料表所注明之涂度。油漆工程的等级和品质应符合设计要求和现行有关产品国家标准的。

（1）没有完全干透，或环境有尘埃时，不能进行操作。
（2）对所有表面之洞、裂缝和其他不足之处应先修整好，再进行油漆。
（3）要保证每道油漆工序的质量，要求涂刷均匀，防止漏刷、过厚、流淌等瑕疵。
（4）在原先之油漆涂层结硬并打磨后，再进行下一道工序。
（5）在油漆之前应先拆卸所有五金器具，并且在油漆后安回原处，保证五金器具不受污染。上油漆前应先进行油漆小色板的封样，在征得筹建处和设计师同意后方可大面积施工。

吊顶工程工作范围
3 kg 以上的重型灯具、电扇及其他重型设备严禁安装在吊顶工程的龙骨上。
吊顶的灯具、烟感、喷淋头、风篦子、检修口等设备的位置应在符合各相关专业规范前提下合理美观，与饰面板的交接应吻合严密。
吊顶标高以现场实际为准，尽量做至最高；卫生间顶面材料如采用纸面石膏板，特指"耐水纸面石膏板"。
（1）顶棚悬挂部分，包括支撑照明和音响设备所需要的支撑物、框架或其他装置。
（2）悬挂该系统所需要的吊钩和其他附件。
（3）边缘修饰，间隔等。
（4）顶棚板材。
（5）照明装置。
（6）中央空气调节处理装置。
（7）音响系统。
（8）防火系统。
高度和规范
（1）装修设计之顶棚高度已考虑各种管道安装后之可能条件，但如在施工过程中发现与其他专业设计发生矛盾时，应首先考虑更改管道，保证顶棚高度，如确无法解决，应与设计师协商处理。
（2）所有纸面石膏板顶棚超过 100 m² 或长度超过 15 m 范围的，应考虑伸缩缝，板接缝、阴阳角均需用 80～120 mm 宽的确凉布封贴两层，以防开裂，嵌缝采用专用腻子。
（3）检修口的位置根据现场的实际需要，提出暗检修口设置位置，由设计单位确定后方可施工。
材料

一卜川
一卜川空间设计事务所
ShanDong YBC Interior Design Co. LTD
中国.济南
中国.上海
TEL&WeChat:18953114271

例图索引
Legend&key

单位出图专用章
Issue Seal

建设单位
Owner's Name

工程名称
Project Name

济南. XXXX

子项名称
SUB-Item Name

审核
Reviewed

设计总负责
PM

设计
Designed

制图
Drawm

校对
Checked

版本
Revisions

专业
Discipline

图名
Title　设计说明二

图号
Drawing number　IN.2.02

① 施工中具体参照标准
本工程所有的参照标准均为现行的相关国家标准或行业标准。

内容包括：
（1）石材工程；
（2）木制品；
（3）装饰防火胶板；
（4）装饰五金；
（5）金属覆盖板工程；
（6）玻璃工程；
（7）油漆工程；
（8）吊顶工程工作范围。

施工图设计说明 (三)

（1）装修设计之顶棚高度已考虑各种管道安装后之可能条件，吊顶工程所选用材料的品种、规格、颜色以及基层构造、固定方法应符合规范及设计要求。

（2）装修设计之顶棚高度已考虑各种管道安装后之可能条件，所有在天花平面上暴露之构件，布局均按照综合平面图进行。吊顶龙骨在运输安装时，不得扔摔、碰撞。

（3）各类面板不应有气泡、起皮、裂纹、缺角、污垢和图案不完整等缺陷，表面应平整，边缘应整齐，色泽应统一。

（4）紧固件宜采用镀锌制品，预埋的木件应作防腐处理，凡固定铝材必须采用不锈钢紧固件。

6. 安装

（1）龙骨安装

① 安装龙骨的基体质量，应符合国家标准 JC/T 803—2007 之规定。

② 主龙骨起点间距，应按设计推荐系列选择，中间部分应起拱，金属龙骨起拱高度应不小于房间短向跨度的 1/200，主龙骨安装后应及时校正其位置和标高。

③ 次龙骨应紧贴龙骨安装。当用自攻螺钉安装板材时，板材的接缝处，必须安装在宽度不小于 40 mm 的次龙骨上。

④ 全面校正主、次龙骨的位置及水平度。连接件应错位安装，主龙骨应目测无明显弯曲，通长次龙骨连接处的对接错位偏差不得超过 2 mm。

⑤ 吊杆长度超过 1500 mm 时，吊顶内应做反向支撑或钢架转换器。

（2）吊顶封板和面板安装前的准备工作应符合下列规定：

① 在楼板中按设计要求设置预埋件或吊杆。

② 吊顶内的通风、水电管道等隐蔽工程已安装完毕。消防系统安装并试压完毕。

③ 吊顶内的灯槽、斜撑、剪刀撑等，应根据工程情况适当布置。

④ 轻型灯具应吊在主龙骨或附加龙骨上，重型灯具或其他装饰件不得与吊顶龙骨连结，应另设吊钩，并做吊挂拉拔试验，确保安装安全。

⑤ 所有相关专业的信息点定位应该按照整齐、理性的原则，以专业施工图及装修施工图的定位为准，如有不符或遗漏，应及时通知专业设计单位，装修施工单位必须给予积极配合，做好放线定位开孔工作，由设计单位确定后才能施工。

⑥ 所有可见信息点的面板表面颜色应与相邻装修饰面颜色一致。

（3）板材安装

纸面石膏板的安装，应符合下列规定：

① 纸面石膏板的长边应沿纵向次龙骨铺设。

② 自攻螺钉与纸面石膏板距离：面纸包封的板边以 10～15 mm 为宜，切割的板边以 15～20 mm 为宜。

③ 钉距以 150～170 mm 为宜，螺钉应与板面垂直且埋入板面 0.5～1.0 mm，并不使纸面破损。钉眼应作防锈处理并用石膏腻子抹平。

④ 拌制石膏腻子应用不含有害物质的洁净水。

矿棉板的安装，应符合下列规定：

① 施工现场湿度过大时不宜安装。

② 安装时，板上不得安置其他材料，防止板材受压变形。提供完整的顶棚材料组件，这些组件应达到政府法规所规定之防火要求。

九、装饰材料

（一）本工程选用的装修材料及产品，应按设计要求提供相应规格、品种、颜色、质量的材料和产品，并必须符合国家标准规定；由施工单位提供材料样板及相应的检测报告，经建设方、设计单位、监理单位确认后进行封样并据此进行施工验收；进场材料应有法定文字的质量合格证明文件、规格、型号及性能的检测报告，对重要材料应有复检报告。

（二）本工程所采用的主要材料质量要求应符合《建筑装饰装修行业最新标准法规汇编》及国家现行标准的规定；建筑装饰装修材料应符合国家有关建筑装饰装修材料有害物质限量标准的规范要求。

（三）本工程所选用的内装修、隔声材料必须符合消防规范，并具有国家及当地消防部门的许可证。

（四）装修材料应按设计要求进行防火、防锈、防腐和防虫处理。

（五）优先使用节能、环保、可改进室内空气质量及可重复、循环再生使用的产品和材料，严禁使用国家及本工程所在的省（市）明令淘汰的产品和材料。

（六）装饰材料有害物质排放限量的参照标准

为了预防和控制建筑装饰材料产生的室内环境污染，使本设计的建筑装饰工程符合新颁布的国家标准《民用建筑工程室内环境污染控制规范》（GB 50325—2010），2013 年 6 月局部修订）的要求，下列物资必须符合相应的国家强制性标准。

1. 建筑主体材料、装饰材料

花岗石、大理石、建筑（卫生）陶瓷、石膏制品、水泥与水泥制品、砖瓦、混凝土、混凝土预制构件、砌块、墙体保温材料、工业废渣、掺工业废渣的建筑材料及各种新型墙体材料等，必须符合《建筑材料放射性核素限量》（GB 6566—2010）。

2. 人造板（胶合板、纤维板、刨花板）及其制品

必须符合《人造板及其制品中甲醛释放限量》（GB 18580—2001）。

3. 室内装修用水性墙面涂料

必须符合《内墙涂料中有害物质限量》（GB 18582—2008）。

4. 室内装修用溶剂型木器（以有机物作为溶剂）的涂料

必须符合《溶剂型木器涂料中有害物质限量》（GB 18581—2009）。

5. 室内装修的胶粘剂产品

必须符合《胶粘剂中有害物质限量》（GB 18583—2008）。

6. 纸为基材的壁纸

必须符合《壁纸中有害物的限量》（GB 18585—2001）。

7. 聚氯乙烯卷材地板

必须符合《聚氯乙烯卷材地板中有害物的限量》（GB 18586—2001）。

8. 地毯、地毯衬垫及地毯胶粘剂

必须符合《地毯、地毯衬垫及地毯胶粘剂有害物质释放限量》（GB 18587—2001）。

9. 室内用水性阻燃剂、防水剂、防腐剂等水性处理剂

必须符合《水性处理剂有害物的限量》（GB 50325—2010）。

10. 各类木家具产品

必须符合《木家具中有害物的限量》（GB 18584—2001）。

11. 若国家颁布最新相关技术规范，须以最新规范为准。

（七）验收

民用建筑工程验收时必须进行室内环境污染物浓度检测，其限量应符合下表的规定。

污染物	一类民用建筑工程	二类民用建筑工程
氡（Bq/m³）	≤200	≤400
甲醛（mg/m³）	≤0.08	≤0.1
苯（mg/m³）	≤0.09	≤0.09
氨（mg/m³）	≤0.2	≤0.2
TVOC（mg/m³）	≤0.5	≤0.6

十、其他

（一）本工程除设计有特殊要求外，其他各种工艺、材料均按国家规定为准。

（二）装修施工时，不得损伤结构构件，不得破坏混凝土结构构件的保护层，不得损伤混凝土构件的受力钢筋。

（三）用作龙骨或预埋隐藏钢结构，表面不低于 St2 级，涂刷防锈漆三度（不含钢除外）；如遇特殊要求，可改为镀锌或热镀锌钢材。

（四）所有涂料全部采用无机乳胶漆。

（五）家具、隔断等需做防火处理。

（六）进行油漆工程之前，先进行油漆色板封样，征得设计师同意后方可大面积施工。

（七）凡本工程所用装饰材料的规格、型号、性能、色彩应符合装饰工程对的质量要求，施工订货前会同建设、设计等有关各方共同确定。

図 4-3　施工图设计说明示例（三）

（八）本装饰设计图必须报当地公安消防部门检审，获通过后方可施工。
（九）本工程装饰如对原建筑结构、荷载变动，需由原结构设计单位结构设计
　　　人员复核、调整、确认满足原结构设计荷载后方可施工。
（十）本套施工图包括室内装饰施工的所有图纸中标注为木皮饰面装饰板均应
　　　为专业工厂加工的饰面板且为现场安装。
（十一）本套施工图包括室内装饰施工的所有图纸中无专门注明时，家具、软
　　　　饰、灯具照明、弱电由专业公司深化设计。
（十二）装饰工程施工中做好与设备工种协调配合工作，在保证装饰效果的前
　　　　提下空调风口、消防喷淋等位置做到均衡布置，个别设备在影响整体
　　　　效果时做适当调整。
（十三）本套施工图包括室内装饰施工的所有图纸中无专门注明时，对涉及的
　　　　声学、光学、防尘、防辐射等特殊工艺由专业公司深化设计。
（十四）承担本装饰工程的施工企业应具备相应的资质，有相应有效的质量管
　　　　理体系。施工单位应按审批的施工组织设计及专项施工方案施工，
　　　　并对施工全过程实行质量控制。
（十五）应严格按图施工，未经设计许可，施工中不可随意修改设计。施工中
　　　　如发现图纸不详时，应及时与设计单位沟通。
（十六）施工单位现场深化设计时，对原设计的变更或补充，均需得到设计师
　　　　签字认可，必要时需要建设方和监理方的书面认可。

① 装饰材料

　　（1）所用材料根据相关规范规定。

　　（2）验收标准符合相关规范规定。

② 其他

　　补充其他相关内容。

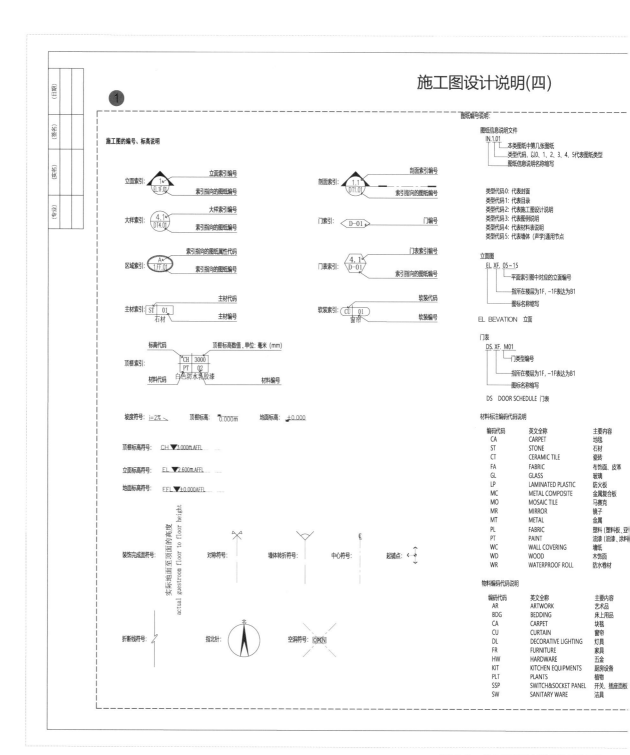

施工图设计说明(四)

施工图的编号、标高说明

立面索引: 立面索引编号 / 索引指向的图纸编号

大样索引: 大样索引编号 / 索引指向的图纸编号

区域索引: 索引指向的图纸属性代码 / 索引指向的图纸编号

主材索引: ST 01 主材代码 / 主材编号 / 石材

剖面索引: 剖面索引编号 / 索引指向的图纸编号

门索引: D-01 门编号

门表索引: 门表索引编号 / 索引指向的图纸编号

软装索引: CU 01 软装代码 / 软装编号 / 窗帘

顶棚索引: 标高代码 CH 3000 顶棚标高数值,单位:毫米(mm) / PT 02 / 材料代码 白色防水乳胶漆 材料编号

坡度符号: i=2% 顶棚标高: 0.000m 地面标高: ±0.000

顶棚标高符号: CH ▼3.000m.AFFL

立面标高符号: EL ▼2.600m.AFFL

地面标高符号: FFL ±0.000AFFL

装饰完成面符号: 实际地面至顶面的高度 actual guestroom floor to floor height

对称符号: 墙体转折符号: 中心符号: 起捕点:

折断线符号: 指北针: 北 空洞符号: OPEN

图纸编号说明:

图纸信息说明文件
IN.1.01
本类图纸中第几张图纸
类型代码,以0、1、2、3、4、5代表图纸类型
图纸信息说明名称缩写

类型代码0: 代表封面
类型代码1: 代表目录
类型代码2: 代表施工图设计说明
类型代码3: 代表图例说明
类型代码4: 代表材料表说明
类型代码5: 代表墙体(声学)通用节点

立面图
EL.XF.05~15
平面索引图中对应的立面编号
指示所在楼层为1F、-1F表达为B1
图标名称缩写

EL. BEVATION 立面

门表
DS.XF.M01
门类型编号
指示所在楼层为1F、-1F表达为B1
图标名称缩写

DS DOOR SCHEDULE 门表

材料标注编码代码说明

编码代码	英文全称	主要内容
CA	CARPET	地毯
ST	STONE	石材
CT	CERAMIC TILE	瓷砖
FA	FABRIC	布饰面、皮革
GL	GLASS	玻璃
LP	LAMINATED PLASTIC	防火板
MC	METAL COMPOSITE	金属复合板
MO	MOSAIC TILE	马赛克
MR	MIRROR	镜子
MT	METAL	金属
PL	FABRIC	塑料(塑料板、亚
PT	PAINT	油漆(油漆、涂料
WC	WALL COVERING	墙纸
WD	WOOD	木饰面
WR	WATERPROOF ROLL	防水卷材

物料编码代码说明

编码代码	英文全称	主要内容
AR	ARTWORK	艺术品
BDG	BEDDING	床上用品
CA	CARPET	块毯
CU	CURTAIN	窗帘
DL	DECORATIVE LIGHTING	灯具
FR	FURNITURE	家具
HW	HARDWARE	五金
KIT	KITCHEN EQUIPMENTS	厨房设备
PLT	PLANTS	植物
SSP	SWITCH&SOCKET PANEL	开关、插座面板
SW	SANITARY WARE	洁具

图4-3 施工图设计说明示例(四)

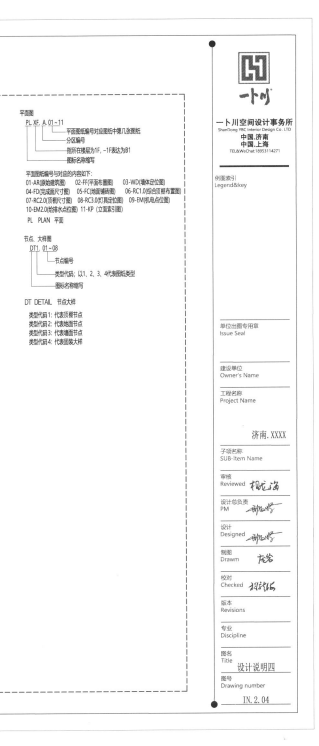

1 施工图中的索引符号

根据该项目施工图中运用到的索引符号及图纸编号进行解析说明。

备注：此施工图设计说明为 A2～A3 图幅大小，根据项目可更改为 A1～A0 图幅，相对应的索引符号及字体大小参照本书 1.3 节"皮肤标准"更改。

4.1.4 装饰材料构造做法表

1. 装饰材料构造做法表的作用

装饰材料构造做法表有助于对当前项目不同施工区域工艺进行快速预算与检索，同时为预算部门提供相关信息。

❶ 图纸名称

标题字体：微软雅黑，字高：7，宽度比例：0.8；

正文字体：宋体，字高：2.5，宽度比例：1。

❷ 构造做法类型标题栏

可分为：

(1) 新建墙体类型；

(2) 顶面材料类型；

(3) 地面材料类型；

(4) 墙面材料类型；

(5) 踢脚线材料类型；

(6) 暗藏灯槽造型做法；

(7) 检修口造型做法；

(8) 固定装饰造型做法。

注：1. 构造做法表可根据项目具体情况增加或减少相应内容。

2. 此装饰材料构造做法表为 A2 图幅大小，根据项目可更改为 A0／A1／A3 图幅，当图纸图幅为 A0／A1／A3 时，字体以 A2 图幅为标准等比例缩放。

装饰材料构造做法表 ❶

新增装饰隔墙构造做法 ❷

编号	名称	构造做法	适用位置
隔墙1	加气混凝土轻质砌块	新砌 200 厚加气混凝土轻质砌块墙体，应严格遵照规范要求添加构造柱及过梁。 30 厚抹灰层。 隔声量为 FSTC 50 的墙	详见建筑资料平面图
隔墙2	混凝土砖	新砌 200 厚混凝土砖墙体，应严格遵照规范要求添加构造柱及过梁。 30 厚抹灰层。 隔声量为 FSTC 50 的墙	所有卫生间隔墙及常遇水空间的墙体
隔墙3	轻钢龙骨双面轻质不燃板墙	新砌 75 系列轻钢龙骨双面石膏板墙体，应严格遵照所选品牌的施工规范。所有附件均为同一品牌，中间满填防火吸声棉，隔声量为 FSTC 50 的墙。墙中敷设的强弱电走线管必须为带接地的镀锌钢管	详见建筑资料平面图
隔墙4	钢结构墙	钢结构墙必须满足建筑结构规范。 垂直方向采用槽钢与上下楼板锚固（5 m 以内采用 10 号槽钢，5～10 m 内采用 15 号槽钢，高于 10 m 须由结构工程师定）。 水平龙骨为 L50×4 角钢与垂直龙骨水平连接（高度按照面材高度定）	详见建筑资料平面图

吊顶构造做法

棚1	轻质不燃板（美加板、双纸面镁板）（涂料面层）	钢筋混凝土楼板 吊顶距离结构楼板、梁底≤1500 时，用 M8 膨胀螺栓连镀锌吊杆，间距 900×900；吊顶距离结构楼板、梁底>1500 时，加向角钢转换层，双向角钢间距 900 吊牢。 60 系列上人轻钢龙骨骨架，主龙骨中距 900，次龙骨中距 400。 双层 6+9 厚轻质不燃板，专用自攻螺钉拧牢。 孔眼用腻子填平（防锈），阴、阳角及板接缝处分别贴专用封缝带。 刷涂料三遍（一底、二面漆）	详见反射顶棚平面图
棚2	轻质不燃板（美加板、双纸面镁板）（防水涂料面层）	钢筋混凝土楼板 吊顶距离结构楼板、梁底≤1500 时，用 M8 膨胀螺栓连镀锌吊杆，间距 900×900；吊顶距离结构楼板、梁底>1500 时，加向角钢转换层，双向角钢间距 900 吊牢。 60 系列上人轻钢龙骨骨架，主龙骨中距 900，次龙骨中距 400。 双层 6+9 厚轻质不燃板，专用自攻螺钉拧牢。 孔眼用腻子填平（防锈），阴、阳角及板接缝处分别贴专用封缝带。 刷涂料三遍（一底、二面漆）	所有卫生间隔墙及常遇水空间的顶棚
棚3	木饰面（硝基漆）	钢筋混凝土楼板 吊顶距离结构楼板、梁底≤1500 时，用 M8 膨胀螺栓连镀锌吊杆，间距 900×900；吊顶距离结构楼板、梁底>1500 时，加向角钢转换层，双向角钢间距 900 吊牢。 60 系列上人轻钢龙骨骨架，主龙骨中距 900，次龙骨中距 400。 12 厚阻燃夹板，背面刷防火漆，专用自攻螺钉拧牢，孔眼用腻子填平（防锈）。 面贴 3.6 厚木饰面，面喷进口品牌硝基哑光清漆，漆厚为 0.6 mm	详见反射综合顶棚图
棚6	隐框玻璃类天花	钢筋混凝土楼板 吊顶距离结构楼板、梁底≤1500 时，用 M8 膨胀螺栓连镀锌吊杆，间距 900×900；吊顶距离结构楼板、梁底>1500 时，加向角钢转换层，双向角钢间距 900 吊牢。 配套不锈钢螺栓连接隐框玻璃件，用中性密封结构硅胶安装玻璃，玻璃胶填密擦缝	详见反射综合顶棚图

地面构造做法

地1	复合板地面（70 mm 厚）	钢筋混凝土楼板 10 厚弹性隔声层 "ENKASONIC ES"； 25 厚 C20 混凝土垫层（中间布 φ4@双向 100 钢筋网）； 20 厚 1：3 水泥砂浆找平，铺珍珠棉防潮层； 15 厚复合木地板（注意收边及伸缩处理构造材料）	详见地面铺装图
地2	石材地面（80 mm 厚）	钢筋混凝土楼板 10 厚弹性隔声层 "ENKASONIC ES"； 25 厚 C20 混凝土垫层（中间布 φ4@双向 100 钢筋网），20 厚 1：3 水泥砂浆找平； 5 厚高分子益胶泥（PA-L 型）； 20 厚石板铺实拍平，填缝剂擦缝（铺贴 8～12 m 应根据地材分缝设置伸缩缝）	详见地面铺装图
地3	石材地面（100 mm 厚）	钢筋混凝土楼板 10 厚弹性隔声层 "ENKASONIC ES"； 45 厚 C20 混凝土垫层（中间布 φ6@双向 100 钢筋网）； 20 厚 1：3 水泥砂浆抹平，1%～2%找坡，坡向地漏； 5 厚高分子益胶泥（PA-A 型、PA-C 型）； 与墙面防水层有机连接，向门口外做 300 宽； 20 厚石板铺实拍平，填缝剂擦缝（铺贴 8～12 m 应根据地材分缝设置伸缩缝）	所有卫生间隔墙及常遇水空间的地面

左侧竖栏：（日期）（签名）（专业）

图 4-4 装饰材料构造做法表示例

2. 装饰材料构造做法表包含内容

装饰材料构造做法表包含的内容如图 4-4 所示。

面构造做法			
干挂软包布(皮)饰面板(80 mm 厚)	加气混凝土砌块，30 厚抹灰层，隔声量为 FSTC 50 的墙		详见各区立面图
	纵向固定挂件与墙面锚固； 干挂软包布(皮)饰面板 [12 厚阻燃夹板基层，6 厚高密度阻燃海绵，扣布(皮)饰面]； 每块板两侧边缘纵向固定挂件，每侧均匀固定 4 付挂件，将饰面板通过挂件挂在墙上		
木饰面(24 mm 厚)	加气混凝土砌块，30 厚抹灰层，隔声量为 FSTC 50 的墙		详见各区立面图
	9 厚轻质不燃板垫条，12 厚阻燃夹板基层； 面贴 3.6 厚阻燃木饰面(注意实木收口线的应用)		
干挂石材饰面(100 mm 厚)	加气混凝土砌块，30 厚抹灰层，隔声量为 FSTC 50 的墙		详见各区立面图
	遇到轻质砖墙时，采用穿墙螺栓及钢板双面锚接； 8 号镀锌槽钢、L50×4 角钢钢架龙骨与墙面锚固，水平高度按石材高度，竖向间距为 400 和 600 mm，留门洞处做钢架加强处理； 按石材板高度安装配套水平不锈钢挂件及调整水平垂直度； 25 厚石材板用云石胶固定不锈钢挂件； 填缝剂擦缝		
乳胶漆饰面(轻质不燃板基层)(21 mm 厚)	加气混凝土砌块，30 厚抹灰层，隔声量为 FSTC 50 的墙		详见各区立面图
	9 厚轻质不燃板垫条，专用自攻螺钉拧牢； 12 厚轻质不燃板基层，专用自攻螺钉拧牢； 孔眼用腻子填平(防锈)，阳、阳角及板接缝处分别贴专用封缝带； 刷涂料三遍(一底、二面漆)		
玻璃饰面(30 mm 厚)	加气混凝土砌块，30 厚抹灰层，隔声量为 FSTC 50 的墙		详见各区立面图
	9 厚轻质不燃板垫条； 12 厚阻燃夹板，背面刷防火漆，专用自攻螺钉拧牢，孔眼用腻子填平(防锈)； 面贴 8 厚玻璃饰面(包括所需配件)		
构造做法			
石材踢脚	加气混凝土砌块，30 厚抹灰层，隔声量为 FSTC 50 的墙		详见各区节点图
	25 厚石材踢脚(高度根据立面图)用水泥铺贴； 填缝剂擦缝		
木饰踢脚	加气混凝土砌块，30 厚抹灰层，隔声量为 FSTC 50 的墙		详见各区节点图
	20 厚实木踢脚(高度根据立面图)用专用胶水粘贴		
金属踢脚	加气混凝土砌块，30 厚抹灰层，隔声量为 FSTC 50 的墙		详见各区节点图
	12 厚阻燃夹板，面封 2.0 厚(高度根据立面图)金属材质(详见材料表)		
灯槽构造做法			
(通用)	灯槽飘板及反边的龙骨均为 60 系列上人轻钢龙骨骨架，与其相邻顶棚为同一龙骨系统的延伸； 灯槽内水平面铺 6 厚轻质不燃板，垂直面板 12 厚轻质不燃板，专用自攻螺钉拧牢； 孔眼用腻子填平(防锈)，阳、阳角及板接缝处分别贴专用封缝带； 刷涂料三遍(一底、二面漆)； 表面材质做法均参见相应的吊顶构造做法		详见各区顶棚节点图
口构造做法			
(通用)	所有检修口结构均为成品金属件，规格及定位均参见各层综合顶棚图； 表面材质做法均参见相应的吊顶构造做法		详见反射综合顶棚图
台构造做法			
石材饰面	所有固定台垂直龙骨为 L50×4@500 角钢架，水平龙骨为 L50×4 角钢，与垂直龙骨水平连接，面焊 5 厚花纹钢板，垂直面焊 φ1@50 双向钢丝网； 用专业粘合剂将 20 厚石材饰面与钢板粘平		详见各区节点图
木饰面	所有固定台垂直龙骨为 L50×4@500 角钢架，水平龙骨为 L50×4 角钢，与垂直龙骨水平连接，面封 6+9 厚阻燃夹板，用 φ5 锥尾螺钉拧牢沉头； 面贴 3.6 厚木饰面板，面喷进口品牌硝基哑光清漆，漆厚为 0.6		详见各区节点图

. 表中各种饰面材料品种、颜色、规格见图纸及材料表，各种基层料及配件未注明型号或厚度等尺寸规格的详见图纸。
. 表中各种装修做法及工艺要求均按现行《建筑装饰工程施工及验收规范》(GB 50210—2001)。
. "☐" 内表示土建已完成。
. 表中数据以毫米(mm)为单位。
. 表中所有木质基层，必须做阻燃浸泡处理，确保防火等级达到 B1 级以上，并做防腐、防虫、防蛀处理，同时确保环保规范要求。
. 表中所有轻质不燃板，墙面采用美纹纸，顶棚采用双面纸镂空。
. 表中所标厚度为单一面材做法厚度，如在同一高度的平面上有两种以上面材，以其中最厚的装饰层做法为参照，将其他面材基层加厚，确保其完成面高度统一。
. 所有石材在铺贴前采用美国 JSC 石材防护剂做好六面防浸透处理。
. 所有钢结构为镀锌处理(不锈钢除外)。
0. 所有隔墙注意结构加强附件的设置。
1. 所有室内水景除规范做法外，须在防水材料面上安装 2.0 厚 316 不锈钢水池内胆，再做饰面。

（右侧图签栏）

例图索引
Legend&key

一卜川空間設計事務所
ShanDong YBC Interior Design Co. LTD
中国·濟南
中国·上海
TEL&WeChat:18953114271

单位出图专用章
Issue Seal

建设单位
Owner's Name

工程名称
Project Name

济南. XXXX

子项名称
SUB-Item Name

审核
Reviewed

设计总负责
PM

设计
Designed

制图
Drawn

校对
Checked

版本
Revisions

专业
Discipline

图名
Title
装饰材料构造做法表

图号
Drawing number

IN. 3. 01

4.1.5 图例说明表

1. 图例说明的作用

图例是对图纸中出现的相关专业图块进行的解释说明，在施工图绘制过程中可直接调用，以保证图纸图面的统一性、规范性。

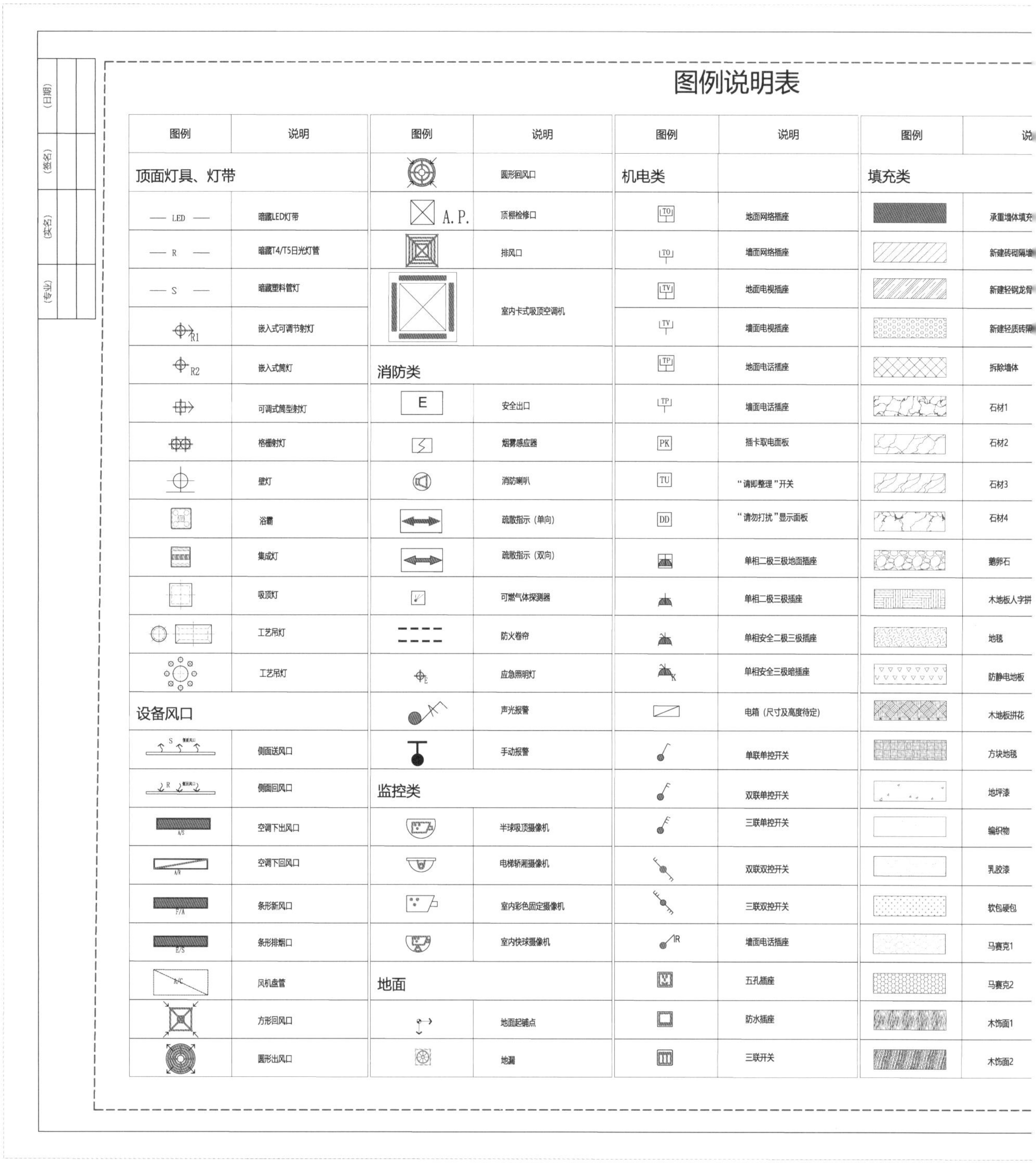

图 4-5　图例说明表示例

2. 图例说明表包含内容

图例说明表包含的内容如图 4-5 所示。

🔘 **图例说明表**

  1. 顶棚类

  包括灯具、消防、风口、监控等。

  2. 地面布置类

  包括起铺点、地漏等。

  3. 机电类

  包括强电、弱电（平面），插座、开关面板等（立面）。

  4. 填充类

  包括平面、立面、剖面填充类型，以及相对应的填充说明。

注：1. 图例说明表可根据项目内容增加或减少相应图例。

     2. 此图例说明表为 A2 图幅大小，根据项目可更改为 A0／A1／A3 图幅，当图

       纸图幅为 A0／A1／A3 时，字体以 A2 图幅为标准等比例缩放。

4.1.6 材料表

1. 材料表的作用

材料表概括整个项目所用的材料类型、对应编号、防火规范、工艺要求及各个装饰材料分别使用的位置信息，保证图纸图面的统一性、规范性。

（日期） （签名） （实名） （专业）

材料表 1

材料编号 No.	材料名称 DESCRIPTION	耐火等级 FIRE RATING	2 位置 POSITION	品类代码 CATEGORY	备注 REMARK
石材 (STONE) 3					
ST-01	意大利灰大理石	A	4 门廊、二楼起居室、一楼客厅	供应商对应材料编号	A
ST-02	金镶玉大理石波打线	A	门廊、二楼起居室、一楼客厅	供应商对应材料编号	A
ST-03	云多拉灰大理石	A	一楼客厅	供应商对应材料编号	B
ST-04	条纹石纹大理石	A	二楼起居室墙面	供应商对应材料编号	B
ST-05	鱼肚白大理石	A	厨房地面石材	供应商对应材料编号	B
ST-06	大花白大理石	A	厨房墙面石材	供应商对应材料编号	B
ST-07	索菲特金石材	A	卫生间地面石材	供应商对应材料编号	B
ST-08	葡萄紫大理石	A	卫生间墙面石材	供应商对应材料编号	B
ST-09	成品防滑拉槽石材	A	卫生间淋浴区地面	供应商对应材料编号	S
ST-10	门槛石	A	全房	供应商对应材料编号	A
ST-11	窗台石	A	全房	供应商对应材料编号	A
木地板 (WOOD FLOOR)					
WF-01	实木地板	B_2	二楼次卧室、二楼主卧室	供应商对应材料编号	
WF-02	实木地板	B_2	三楼女儿房、三楼卧室	供应商对应材料编号	
皮革 (FABRIC)					
FA-01	米色硬包	B_2	门廊	供应商对应材料编号	
FA-02	暖灰色硬包	B_2	二楼起居室	供应商对应材料编号	
FA-03	布艺硬包	B_2	二楼主卧室、二楼次卧室	供应商对应材料编号	
FA-04	粉色硬包	B_2	三楼女儿房	供应商对应材料编号	
FA-05	暖黄色硬包	B_2	三楼卧室	供应商对应材料编号	
金属 (METAL)					
MT-01	古铜拉丝不锈钢	A	门廊、一楼客厅、二楼起居室	供应商对应材料编号	拉丝
木饰面 (WOOD)					
WD-01	胡桃木饰面	B_2	一楼客厅、二楼起居室	供应商对应材料编号	
WD-02	胡桃木饰面	B_2	二楼次卧室、二楼主卧室	供应商对应材料编号	
WD-03	胡桃木饰面	B_2	三楼女儿房、三楼卧室	供应商对应材料编号	
WD-04	胡桃木饰面踢脚线	B_2	全房	供应商对应材料编号	
墙纸 (WALL COVERING)					
WC-01	米色壁纸	B_2	一楼客厅、二楼起居室	供应商对应材料编号	
WC-02	白色壁纸	B_2	二楼次卧室、二楼主卧室	供应商对应材料编号	
WC-03	粉白色壁纸	B_2	三楼女儿房、三楼卧室	供应商对应材料编号	
镜面 (GLASS)					
GL-01	灰镜	A	门廊	供应商对应材料编号	
GL-02	银镜	A	卫生间	供应商对应材料编号	

材料编号 No.	材料名称 DESCRIPTION	耐火等 FIRE RA
门 (DOOR)		
DR-01	成品定制木门	B
DR-02	成品定制衣柜门	B
DR-03	成品定制木门	B
DR-04	成品定制移门	B
漆 (PAINT)		
PT-01	水性无机涂料（白色）	A
PT-02	水性无机涂料（灰色）	A

备注：石材处理工艺代码说明：A—深色；B—浅色；C—斧剁面；D—5X5凹槽；F—荔枝面；H—哑光面；L—蜂窝铝板复合石材；S—防滑面。玻璃处理工艺

图 4-6 材料表示例

2. 材料表包含内容

材料表包含的内容如图 4-6 所示。

① 图纸名称

字体：微软雅黑，字高：7，宽度比例：0.8

② 标题栏

包括：

(1) 材料编号；

(2) 材料名称；

(3) 耐火等级：建筑材料燃烧性能；

(4) 位置信息；

(5) 品类代码：供应商提供的材料编号；

(6) 备注：工艺说明。

字体：微软雅黑，字高：3，宽度比例：0.8

③ 材料类型分类栏

字体：微软雅黑，字高：3，宽度比例：0.8

填充：250，置于底层

④ 图纸内容

字体：微软雅黑，字高：2.5，宽度比例：0.8

常见装修材料等级规定：

(1) 装修材料的燃烧性能等级应按现行国家标准《建筑材料及制品燃烧性能分级》(GB 8624)的有关规定，经检测确定。

(2) 安装在金属龙骨上燃烧性能达到 B₁ 级的纸面石膏板、矿棉吸声板，可作为 A 级装修材料使用。

(3) 小于 300 g／m³ 的纸质、布质壁纸，可直接粘贴在 A 级基材上作为 B₁ 级装修材料使用。

(4) 施涂于 A 级基材上的无机装修涂料，可作为 A 级装修材料使用；施涂于 A 级基材上，湿涂覆比小于 1.5 kg／m³，且涂层干膜厚度不大于 1.0 mm 的有机装饰涂料，可作为 B₁ 级装修材料使用。

(5) 当使用多层装修材料时，各层装修材料的燃烧性能等级均符合本规范的规定。复合型装修材料的燃烧性能等级应进行整体检测确定。

注：1. 新规中乳胶漆不算 A 级材料，故在施工图标注时改为水性无机涂料。

2. 材料表可根据项目具体情况增加或减少相对应内容。

3. 此图材料表为 A2 图幅大小，根据项目可更改为 A0／A1／A3 图幅，当图纸图幅为 A0／A1／A3 时，字体以 A2 图幅为标准等比例缩放。

4.1.7 墙体通用节点

1. 墙体通用节点的作用

墙体通用节点图纸对当前项目不同施工区域的墙体进行工艺解析，这些墙体须满足相关消防及声学要求。

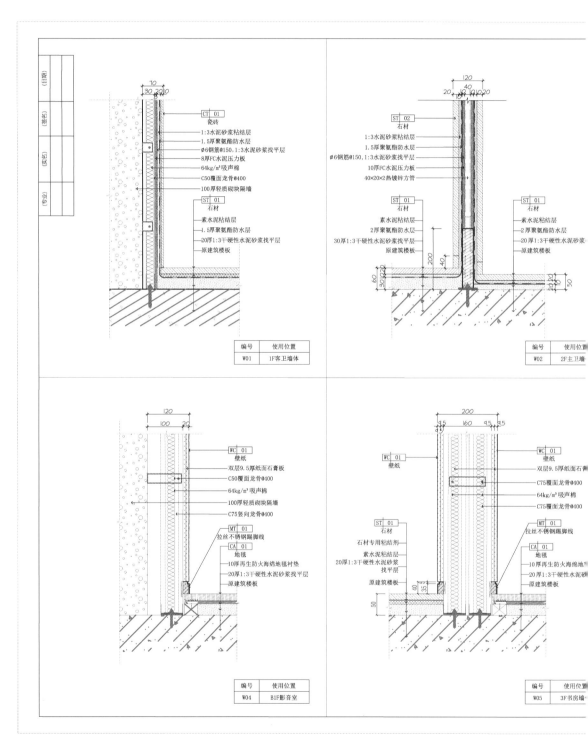

图4-7　墙体通用节点示例

2. 墙体通用节点包含内容

如图 4-7 所示。

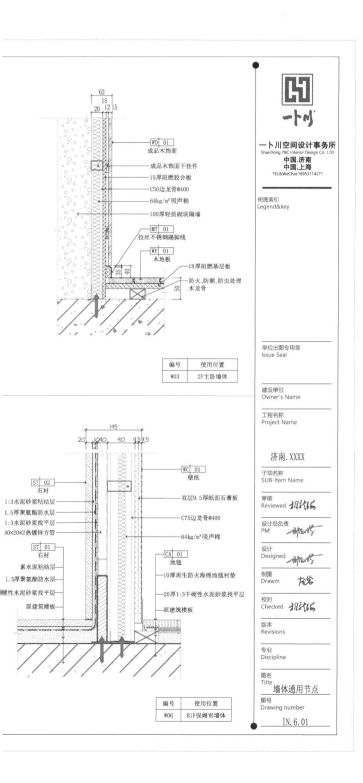

注：　1. 墙体通用节点可根据项目具体情况增加或减少相应
　　　　　内容。

　　　　2. 墙体类型及工艺尺寸要求须满足相关标准，以此图为
　　　　　依据对平面中墙体定位进行二次优化。

4.1.8 材料表附件：防火规范

以下表格数据根据《建筑内部装修设计防火规范》(GB 50222—2017)编写。

1. 燃烧性能等级(表4-1)

表4-1 装修材料燃烧性能等级

等级	装修材料燃烧性能	等级	装修材料燃烧性能
A	不燃性	B_2	可燃性
B_1	难燃性	B_3	易燃性

2. 单层、多层民用建筑内部各部位装修材料的燃烧性能等级(表4-2)

表4-2 单层、多层民用建筑内部各部位装修材料的燃烧性能等级

序号	建筑物及场所	建筑规模、性质	顶棚	墙面	地面	隔断	固定家具	装饰织物 窗帘	装饰织物 帷幕	其他装修装饰材料
1	候机楼的候机大厅、贵宾候机室、售票厅、商店、餐饮场所等	—	A	A	B_1	B_1	B_1	B_1	—	B_1
2	汽车站、火车站、轮船客运站的候车(船)室、商店、餐饮场所等	建筑面积＞10000 m²	A	A	B_1	B_1	B_1	B_1	—	B_2
		建筑面积≤10000 m²	A	B_1	B_1	B_1	B_1	B_1	—	B_2
3	观众厅、会议厅、多功能厅、等候厅等	每个厅建筑面积＞400 m²	A	A	B_1	B_1	B_1	B_1	B_1	B_1
		每个厅建筑面积≤400 m²	A	B_1	B_1	B_1	B_1	B_1	B_1	B_2
4	体育馆	＞3000 座位	A	A	B_1	B_1	B_1	B_1	B_1	B_2
		≤3000 座位	A	B_1	B_1	B_1	B_2	B_2	B_1	B_2
5	商店的营业厅	每层建筑面积＞1500 m²或总建筑面积＞3000 m²	A	B_1	B_1	B_1	B_1	B_1	—	B_2
		每层建筑面积≤1500 m²或总建筑面积≤3000 m²	A	B_1	B_1	B_1	B_2	B_1	—	—
6	宾馆、饭店的客房及公共活动用房等	设置送回风道(管)的集中空气调节系统	A	B_1	B_1	B_1	B_2	B_2	—	B_2
		其他	B_1	B_1	B_2	B_2	B_2	B_2	—	—
7	养老院、托儿所、幼儿园的居住及活动场所	—	A	A	B_1	B_1	B_2	B_1	—	B_2
8	医院的病房区、诊疗区、手术区	—	A	A	B_1	B_1	B_2	B_1	—	B_2
9	教学场所、教学实验场所	—	A	B_1	B_2	B_2	B_2	B_2	B_2	B_2
10	纪念馆、展览馆、博物馆、图书馆、档案馆、资料馆等的公众活动场所	—	A	B_1	B_1	B_1	B_2	B_1	—	B_2

（续表）

序号	建筑物及场所	建筑规模、性质	装修材料燃烧性能等级							
			顶棚	墙面	地面	隔断	固定家具	装饰织物		其他装修装饰材料
								窗帘	帷幕	
11	存放文物、纪念展览物品、重要图书、档案、资料的场所	—	A	A	B_1	B_1	B_2	B_1	—	B_2
12	歌舞娱乐游艺场所	—	A	B_1	B_1	B_1	B_1	B_1	B_1	B_1
13	A、B 级电子信息系统机房及装有重要机器、仪器的房间	—	A	A	B_1	B_1	B_1	B_1	B_1	B_1
14	餐饮场所	营业面积＞100 m²	A	B_1	B_1	B_1	B_2	B_1	—	B_2
		营业面积≤100 m²	B_1	B_1	B_1	B_1	B_2	B_1	—	B_2
15	办公场所	设置送回风道（管）的集中空气调节系统	A	B_1	B_1	B_1	B_2	B_2	—	B_2
		其他	B_1	B_1	B_2	B_2	B_2	—	—	—
16	其他公共场所	—	B_1	B_1	B_2	B_2	B_2	—	—	—
17	住宅	—	B_1	B_1	B_1	B_1	B_2	B_2	—	B_2

3. 高层民用建筑内部各部位装修材料的燃烧性能等级（表 4-3）

表 4-3　高层民用建筑内部各部位装修材料的燃烧性能等级

序号	建筑物及场所	建筑规模、性质	装修材料燃烧性能等级									
			顶棚	墙面	地面	隔断	固定家具	装饰织物				其他装修装饰材料
								窗帘	帷幕	床罩	家具包布	
1	候机楼的候机大厅、贵宾候机室、售票厅、商店、餐饮场所等	—	A	A	B_1	B_1	B_1	B_1	—	—	—	B_1
2	汽车站、火车站、轮船客运站的候车（船）室、商店、餐饮场所等	建筑面积＞10000 m²	A	A	B_1	B_1	B_1	B_1	—	—	—	B_2
		建筑面积≤10000 m²	A	B_1	B_1	B_1	B_1	B_1	—	—	—	B_2
3	观众厅、会议厅、多功能厅、等候厅等	每个厅建筑面积＞400 m²	A	A	B_1	B_1	B_1	B_1	—	B_1	B_1	
		每个厅建筑面积≤400 m²	A	B_1	B_1	B_1	B_1	B_1	—	B_1	B_1	
4	商店的营业厅	每层建筑面积＞1500 m² 或总建筑面积＞3000 m²	A	B_1	B_1	B_1	B_1	B_1	—	B_2	B_1	
		每层建筑面积≤1500 m² 或总建筑面积≤3000 m²	A	B_1	B_1	B_1	B_2	B_1	—	B_2	B_2	
5	宾馆、饭店的客房及公共活动用房等	一类建筑	A	B_1	B_1	B_1	B_1	—	B_1	B_2	B_1	
		二类建筑	A	B_1	B_1	B_1	B_1	—	B_2	B_2	B_2	
6	养老院、托儿所、幼儿园的居住及活动场所	—	A	A	B_1	B_1	B_1	—	B_2	B_2	B_1	

（续表）

序号	建筑物及场所	建筑规模、性质	装修材料燃烧性能等级									
			顶棚	墙面	地面	隔断	固定家具	窗帘	帷幕	床罩	家具包布	其他装修装饰材料
								装饰织物				
7	医院的病房区、诊疗区、手术区	—	A	A	B_1	B_1	B_2	B_1	B_1	—	B_2	B_1
8	教学场所、教学实验场所	—	A	B_1	B_2	B_2	B_2	B_1	B_1	—	B_1	B_2
9	纪念馆、展览馆、博物馆、图书馆、档案馆、资料馆等的公众活动场所	一类建筑	A	B_1	B_1	B_1	B_2	B_1	B_1	—	B_1	B_1
		二类建筑	A	B_1	B_1	B_1	B_2	B_1	B_2	—	B_2	B_2
10	存放文物、纪念展览物品、重要图书、档案、资料的场所	—	A	A	B_1	B_1	B_2	B_1	—	—	—	B_2
11	歌舞娱乐游艺场所	—	A	B_1	B_1	B_1	B_1	B_1	B_1	B_1	B_1	B_1
12	A、B级电子信息系统机房及装有重要机器、仪器的房间	—	A	A	B_1	B_1	B_1	B_1	—	—	B_1	B_1
13	餐饮场所	—	A	B_1	B_1	B_1	B_2	B_1	B_1	—	B_1	B_2
14	办公场所	一类建筑	A	B_1	B_1	B_1	B_2	B_1	B_1	—	B_1	B_1
		二类建筑	B_1	B_1	B_1	B_2	B_2	B_2	B_2	—	B_2	B_2
15	电信楼、财贸金融楼、邮政楼、广播电视楼、电力调度楼、防灾指挥调度楼	一类建筑	A	A	B_1	B_1	B_1	B_1	B_1	—	B_1	B_1
		二类建筑	A	B_1	B_2	B_2	B_2	B_1	B_2	—	B_2	B_2
16	其他公共场所	—	A	B_1	B_1	B_1	B_2	B_1	B_2	B_2	B_2	B_2
17	住宅	—	A	B_1	B_1	B_1	B_2	B_1	—	—	B_1	B_1

4. 地下民用建筑内部各部位装修材料的燃烧性能等级（表4-4）

表4-4　地下民用建筑内部各部位装修材料的燃烧性能等级

序号	建筑物及场所	装修材料燃烧性能等级						
		顶棚	墙面	地面	隔断	固定家具	装饰织物	其他装修装饰材料
1	观众厅、会议厅、多功能厅、等候厅等，商店的营业厅	A	A	A	B_1	B_1	B_1	B_2
2	宾馆、饭店的客房及公共活动用房等	A	B_1	B_1	B_1	B_1	B_1	B_2
3	医院的诊疗区、手术区	A	A	B_1	B_1	B_1	B_1	B_2
4	教学场所、教学实验场所	A	A	B_1	B_2	B_2	B_1	B_2
5	纪念馆、展览馆、博物馆、图书馆、档案馆、资料馆等的公众活动场所	A	A	B_1	B_1	B_1	B_1	B_1
6	存放文物、纪念展览物品、重要图书、档案、资料的场所	A	A	A	A	A	B_1	B_1
7	歌舞娱乐游艺场所	A	A	B_1	B_1	B_1	B_1	B_1

（续表）

序号	建筑物及场所	装修材料燃烧性能等级						
		顶棚	墙面	地面	隔断	固定家具	装饰织物	其他装修装饰材料
8	A、B级电子信息系统机房及装有重要机器、仪器的房间	A	A	B_1	B_1	B_1	B_1	B_1
9	餐饮场所	A	A	A	B_1	B_1	B_1	B_2
10	办公场所	A	B_1	B_1	B_1	B_1	B_2	B_2
11	其他公共场所	A	B_1	B_1	B_2	B_2	B_2	B_2
12	汽车库、修车库	A	A	B_1	A	A	—	—

注：地下民用建筑系指单层、多层、高层民用建筑的地下部分，单独建造在地下的民用建筑以及平战结合的地下人防工程。

4.2　平面系统制图标准

4.2.1　室内平面图的概念及作用

1. 概念

假想用一个水平剖切平面沿门窗洞的位置将房屋剖开成剖切面，从上向下投射在水平投影面上所得到的图样，即为平面图。

2. 作用

室内装饰设计中的平面图主要用于表现建筑的平面形状、建筑的构造状况（墙体、柱子、楼梯、台阶、门窗的位置等）、室内的平面关系和室内的交通流线关系，以及室内主要物体的位置和地面的装修情况等。

4.2.2　室内平面系统图解析

1. 原始结构图（详见图 4-8）

（1）作用：表达当前项目原建筑信息，作为装饰图纸叠图参照依据。

（2）内容组成：

① 建筑细部尺寸；

② 建筑层高及楼梯尺寸；

③ 门、窗及洞口详细数据；

④ 承重墙、普通墙体及梁柱相关数据。

2. 平面布置图（详见图 4-9）

（1）作用：表达出完整的平面布置内容全貌，以及各区域之间的相互连接关系。

（2）内容组成：

① 空间布局；

② 各空间面积；

③ 软装内信息及相关规格数据；

④ 墙体信息；

⑤ 墙体立面造型线。

3. 墙体定位图（详见图4-10）

（1）作用： 对空间中墙体的拆除、新砌墙数据及材质等进行详细说明，为施工单位现场放线及施工提供依据。

（2）内容组成：

① 各空间墙体详细尺寸；

② 墙体信息及工艺做法。

4. 完成面尺寸图（详见图4-11）

（1）作用： 通过完成面能初步了解空间中相关立面造型轮廓，对完成面进行详细数据标注，为相关施工单位提供施工数据依据。

（2）内容组成：

① 装饰完成面尺寸；

② 固装尺寸；

③ 墙体立面造型线。

5. 地面铺装图（详见图4-12）

（1）作用： 地面铺装图对空间地面标高关系进行说明，并对空间中地面材质及造型尺寸进行详细的标注说明。

（2）内容组成：

① 各空间地面材料名称及尺寸；

② 各种材料的铺贴方式及起铺点；

③ 各空间的地面标高及坡度；

④ 湿区空间要标出防水分割线。

6. 综合顶棚图（详见图4-13）

（1）作用：表达设计方案中所有顶棚造型、灯具、消防及暖通设备点位，综合各专业相关图纸进行叠图参照，检验是否与装饰图纸有冲突。

（2）内容组成：

① 各空间顶棚材料名称及标高；

② 灯具与顶棚造型的关系；

③ 消防相关点位与灯具及顶棚造型的关系；

④ 暖通相关点位与灯具及顶棚造型的关系。

7. 顶棚造型尺寸图（图 4-14）

（1）作用： 顶棚尺寸图与墙体定位图相似，是设计方案中顶棚造型的施工尺寸依据。

（2）内容组成：

① 各空间顶棚的剖切、轮廓线；

② 各空间的顶棚详细尺寸。

8. 顶棚灯具尺寸图（图 4-15）

（1）作用： 表达顶棚中各灯具的位置信息。

（2）内容组成：

① 各空间灯具定位的详细尺寸；

② 表示灯具的型号及类型。

9. 机电点位图（图 4-16）

（1）作用： 对各空间中各机电末端点位进行标注说明（应由电气工程师提供相关数据参考）。

（2）内容组成：

① 面板的类型；

② 各种数据点面板的位置。

10. 开关点位图（图 4-17）

（1）作用： 详尽表达各空间中开关面板的位置信息（应由电气工程师或灯具顾问提供控制方案）。

（2）内容组成：

① 各空间灯具的开关定位；

② 开关点位高度及尺寸。

11. 立面索引图（图 4-18）

（1）作用： 当前平面所对应立面图形通过索引符号索引至该立面图形所在的图纸页码，大样及门表通过索引符号索引至大样及门表所在的图纸页码，方便图纸使用查阅。

（2）内容组成：

① 立面索引编号；

② 大样索引；

③ 门表索引。

12. 墙面材质索引图

（1）概念： 对立面造型简单或无造型的空间立面进行立面材质及数据描述。

（2）内容组成： 各空间墙面不同材质的信息。

【原始结构图】图面综合解析

原始结构图图面表达内容：

（1）表达出建筑的平面结构内容，绘出隔墙位置和空间横向与竖向构件及管井位置等。

（2）表达出建筑轴号、轴线及尺寸。

（3）表达出建筑标高。

【原始结构图】深化思维延伸

原始结构图识图、叠图：

（1）读取当前项目内梁体、柱结构信息，详见图示和下表。

（2）叠图（认真核对所有梁、喷淋、消防、新风管道、空调管道与装饰造型是否有冲突）。

梁体类型	代号	序号
连梁	LL	××
连梁（对角暗撑配筋）	LL（JC）	××
连梁（交叉斜筋配筋）	LL（JX）	××
连梁（集中对角斜筋配筋）	LL（DX）	××
暗梁	AL	××
边框梁	BKL	××

柱编号

柱类型	代号	序号
框架柱	KZ	××
框支柱	KZZ	××
芯柱	XZ	××
梁上柱	LZ	××
剪力墙上柱	QZ	××

梁编号

梁类型	代号	序号	跨数及是否带有悬挑
楼层框架梁	KL	××	（××）、（××A）或（××B）
屋面框架梁	WKL	××	（××）、（××A）或（××B）
框支梁	KZL	××	（××）、（××A）或（××B）
非框架梁	L	××	（××）、（××A）或（××B）
悬挑梁	XL	××	
井字梁	JZL	××	（××）、（××A）或（××B）

注：（××A）为一端有悬挑，（××B）为两端有悬挑，悬挑不计跨数，为梁结构施工图集内对梁规范的标注解释。

例如：KL.7(5A)表示第7号框架梁，5跨，一端有悬挑；

L.9(7B)表示第9号非框架梁，7跨，两端有悬挑。

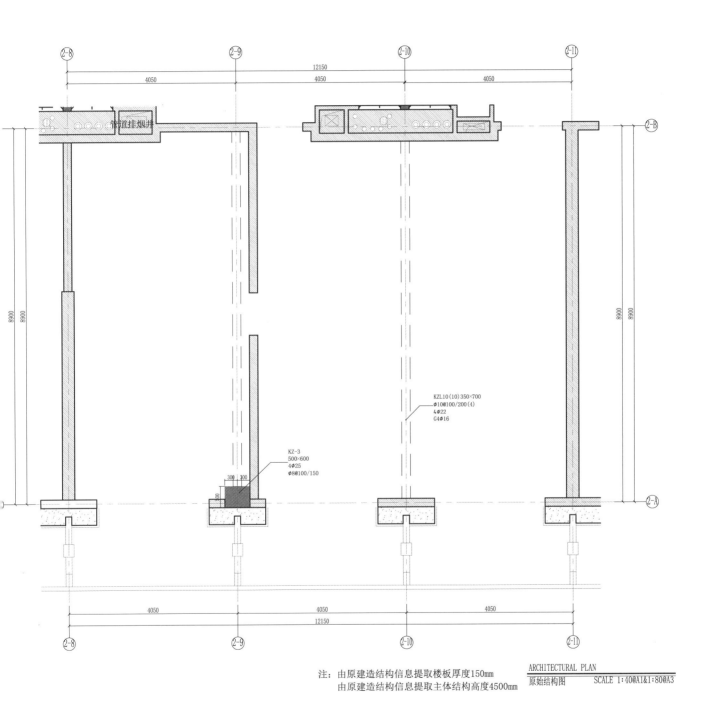

注：由原建造结构信息提取楼板厚度150mm
由原建造结构信息提取主体结构高度4500mm

ARCHITECTURAL PLAN
原始结构图　　　　SCALE 1:40@A1&1:80@A3

图 4-8　原始结构图解析及示例

【平面布置图】图面表达内容解析

一、平面布置图图面表达内容

1. FF（家具布置图）：显示的图层为 BS、DS、FF（FC 根据需求控制是否显示）。

2. 表达出该区域名称、区域编号、空间指引符号。

3. 卫生间须表达出洗手盆龙头、浴缸龙头、花洒、电话机、放大镜、纸巾盒、毛巾杆、地漏等的位置。

4. 表达出隔墙、隔断、固定家具、固定构件、活动家具、窗帘。

5. 表达出该区域详细的功能内容及文字注释。

6. 表达出绿化植物及陈列图例。

7. 表达出电器、灯光灯饰的图例。

8. 注明装饰地面的标高关系（高低台）。

9. 表达出建筑轴号及轴线尺寸。

二、平面布置图细节解析

1. 表达出完整的平面布置内容全貌，以及各区域之间的连接关系，应精细、精准地推敲与表达完成面。

2. 活动家具精美表达（图层与细节颜色控制），控制主次关系，拉开层次。

（1）家具轮廓使用图层颜色 BYLAYER；

（2）内部细节线条使用颜色＝250＃。

3. 活动家具遮罩控制。

（1）控制好遮罩所在图层；

（2）控制好遮罩前后顺序。

4. 表达出固装类型及标高关系：①到顶（交叉线）；②半高（单斜线）；③悬空（虚线：DASHED）。

5. 表达建筑轴号及轴号间的建筑尺寸，详见：本书 1.3.4 节中的"11. 轴号符号"。

6. 表达各功能的区域位置及说明，详见：本书 1.3.7 节中"空间文字说明"、"功能文字说明"解析。

三、图面排版要求

❶ 轴号与尺寸标注的距离为 15、7、7 mm（布局单位），版面应整洁规范，尺寸数字不能盖住轴线。

❷ 同一侧的索引标注应在一条水平或垂直线上，且标注全面具体，并配合软装、五金及洁具一览表表达当前项目所对应的四大软装项目相关数据。

❸ 区域名称尽量避开家具，使空间说明清晰、明了。

❹ 中心线符号用来表达图纸中某造型与空间家具中心对齐关系。

❺ 门、门扇、固装等开启闭合应无碰撞。

❻ 功能区域名称与功能性文字说明须表达清楚。

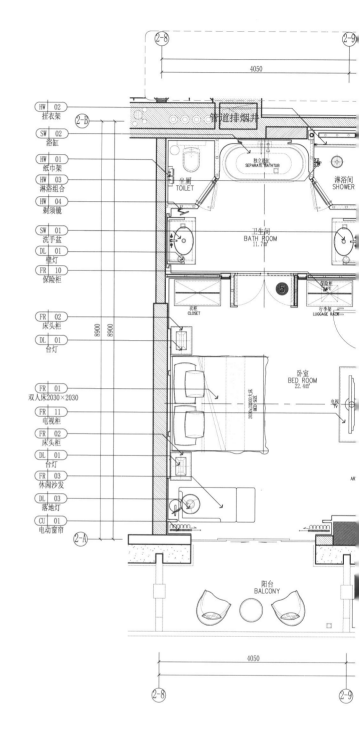

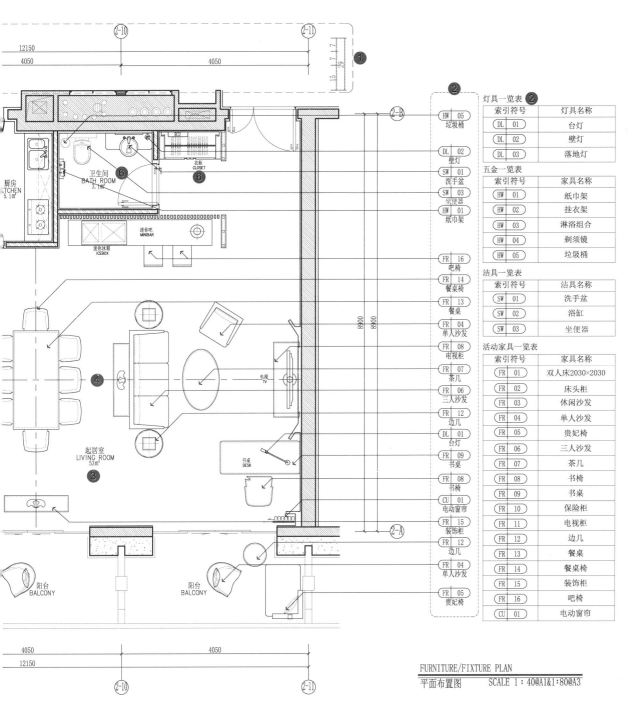

灯具一览表 ②	
索引符号	灯具名称
DL 01	台灯
DL 02	壁灯
DL 03	落地灯

五金一览表	
索引符号	家具名称
HW 01	纸巾架
HW 02	挂衣架
HW 03	淋浴组合
HW 04	剃须镜
HW 05	垃圾桶

洁具一览表	
索引符号	洁具名称
SW 01	洗手盆
SW 02	浴缸
SW 03	坐便器

活动家具一览表	
索引符号	家具名称
FR 01	双人床2030×2030
FR 02	床头柜
FR 03	休闲沙发
FR 04	单人沙发
FR 05	贵妃椅
FR 06	三人沙发
FR 07	茶几
FR 08	书椅
FR 09	书桌
FR 10	保险柜
FR 11	电视柜
FR 12	边几
FR 13	餐桌
FR 14	餐桌椅
FR 15	装饰柜
FR 16	吧椅
CU 01	电动窗帘

FURNITURE/FIXTURE PLAN

平面布置图　　　　SCALE 1：40@A1&1：80@A3

注：因项目不同，相关表达内容也有所不同，如餐饮类还应表达包厢数量及就餐人数，此处不一一举例说明，实际应用可根据项目要求自行调整。

图4-9　平面布置图解析（一）

【平面布置图】相关标准解析

一、《住宅设计规范》(GB50096)规定 ❶

住宅厨房使用面积不应小于 3.5 m²，这个使用面积不应包含管井和通风道面积。

二、《住宅卫生间模数协调标准》(JGJ／T 263—2012)规定 ❷

1. 住宅卫生间内部空间净尺寸应是基本模数的倍数。

2. 当需要对卫生间内部布局进行分割时，可插入分模数 M／2(50 mm)或 M／5(20 mm)。

3. 卫生间室内装饰地面至顶棚的净高度不应小于 2200 mm。

4. 卫生间门窗尺寸、位置和开启方式应方便使用，并满足卫生间设备安装和使用最小空间要求。

(1) 单侧厕所隔间至对面墙面的净距：当采用内开门时，不应小于 1.30 m；当采用外开门时，不应小于 1.10 m。

(2) 双侧厕所隔间之间的净距：当采用内开门时，不应小于 1.3 m；当采用外开门时，不应小于 1.1 m。

(3) 内开的厕所隔间平面尺寸不应小于 0.90 m×1.4 m；并列小便池的中心距离不应小于 0.65 m。

(4) 家庭中发生事故最多的地方为卫生间，所以设计时应充分考虑安全因素(防滑、防磕碰、阳角处理等)。

(5) 厕所和浴室隔间平面尺寸见下表。

类别	平面尺寸(宽度×深度)(m)
外开门的厕所隔间	0.90 × 1.20
内开门的厕所隔间	0.90 × 1.40
医院患者专用厕所隔间	1.10 × 1.40
无障碍厕所隔间	1.00 × 2.00
外开门淋浴隔间	1.00 × 1.20
内设更衣凳的淋浴隔间	0.90 × 1.20
无障碍专用浴室隔间	盆浴(门扇向外开启)2.00 × 2.25
	淋浴(门扇向外开启)1.50 × 2.35

5. 《城市道路和建筑物无障碍设计规范》(JGJ 50—2001)规定：

公共厕所内无障碍设施与设计应符合坐便器高度为 0.45 m，两侧设高 0.60 m 水平抓杆，在墙面一侧设高 1.3 m 的垂直抓杆。

三、《民用建筑设计通则》(GB 50352—2005)关于栏杆的规定 ❸

阳台、外廊、室内回廊、内天井、上人屋面及室外楼梯等临空处应设置防护栏杆。临空高度在 24 m 以下时，栏杆高度不应低于 1.05 m；临空高度在 24 m 以上时(包括中高层住宅)，栏杆高度不应低于 1.10 m。栏杆高度应从楼梯地面至栏杆扶手顶面垂直高度计算(注：为防止高空坠物，栏杆离地面或屋面 100 mm 高度内不应留空)。

四、《民用建筑设计通则》(GB 50352—2005)无障碍设计规定

1. 无障碍通道的宽度应符合下列规定：

(1) 室内走道不应小于 1.20 m，人流较多或较集中的大型公共建筑的室内走道宽度不应小于 1.80 m。

(2) 室外通道不宜小于 1.50 m。

2. 无障碍通道应符合下列规定：

(1) 无障碍通道上有高差时，应设置轮椅坡道。

(2) 无障碍通道应连续，其地面应平整、防滑、反光小或无反光，并不宜设置厚地毯。

3. 门的无障碍设计应符合下列规定：

(1) 不应采用力度大的弹簧门，并不宜采用弹簧门、玻璃门；当采用玻璃门时，应有醒目的提示标志。

(2) 自动门开启后通行净宽不应小于 1.00 m。

(3) 在门扇内外应预留有直径不小于 1.50 m 的轮椅回转空间。

五、酒店管理公司技术规范

1. 五星级酒店内外装饰应采用高档材料，符合环保要求，工艺精致，整体氛围协调，风格突出。

2. 五星级酒店标准客房入户门的最低要求为：900 mm 宽、2.1 m 高、45 mm 厚的实心木门，带有着色的或木纹层压面板。根据相关法规确定防火等级系数，不得小于 15 min。

3. 五星级酒店设计中布草间的滑槽必须能够直接连通洗衣房。

4. 五星级酒店应有标准间(大床房、双床房)、残疾人客房、一种以上规格的套房(包括至少 4 个开间的豪华套房)，套房布局合理。

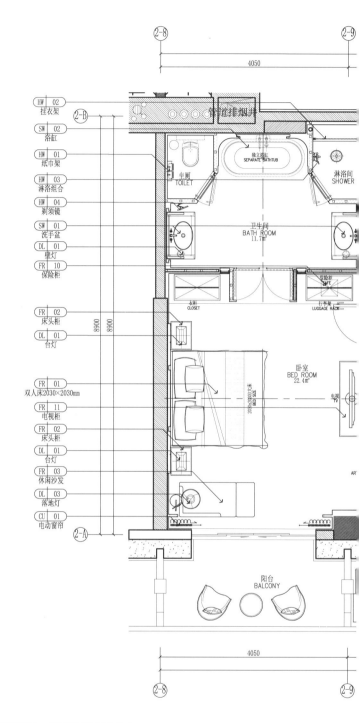

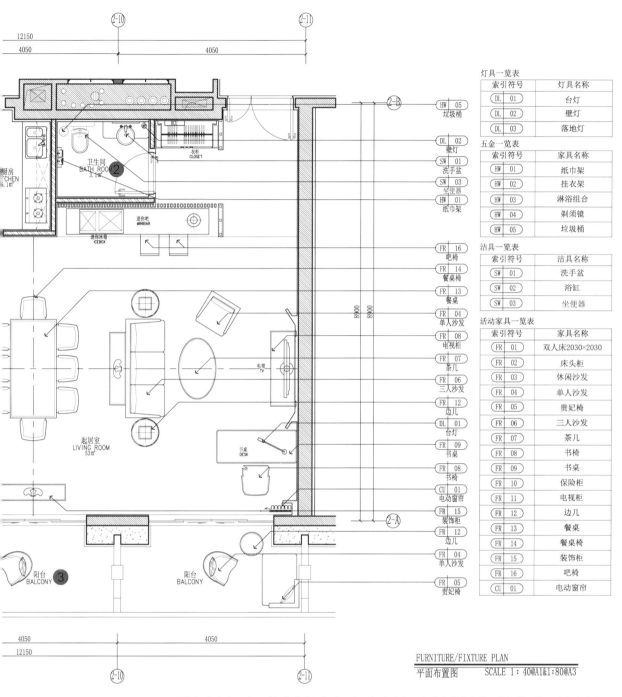

灯具一览表

索引符号		灯具名称
DL	01	台灯
DL	02	壁灯
DL	03	落地灯

五金一览表

索引符号		家具名称
HW	01	纸巾架
HW	02	挂衣架
HW	03	淋浴组合
HW	04	剃须镜
HW	05	垃圾桶

洁具一览表

索引符号		洁具名称
SW	01	洗手盆
SW	02	浴缸
SW	03	坐便器

活动家具一览表

索引符号		家具名称
FR	01	双人床2030×2030
FR	02	床头柜
FR	03	休闲沙发
FR	04	单人沙发
FR	05	贵妃椅
FR	06	三人沙发
FR	07	茶几
FR	08	书椅
FR	09	书桌
FR	10	保险柜
FR	11	电视柜
FR	12	边几
FR	13	餐桌
FR	14	餐桌椅
FR	15	装饰柜
FR	16	吧椅
CU	01	电动窗帘

FURNITURE/FIXTURE PLAN
平面布置图　　　　SCALE 1：40@A1&1：80@A3

　　5. 五星级酒店应有至少一种规格的电源插座，电源插座应有两个以上供宾客使用的插位，位置方便宾客使用，并可提供插座转换器。

　　6. 五星级酒店的休闲泳池（现有建筑、休闲市场）：最小尺寸必须为 150 m²。

　　7. 五星级酒店应有至少 40 间（套）可供出租的客房。

　　8. 五星级酒店泳池周围岸边四周区域最小为 1.5 m 宽，每平方米水面要设置 3 m² 的岸边区域。

　　9. 五星级酒店的公共电梯厅和电梯轿厢两排对立的电梯之间的间距至少要有 4.5 m。

　　注：以上酒店管理公司技术规范摘录自某国际知名酒店管理公司的内部规范要求，仅供参考，酒店管理公司不同，相对规范也会有所不同，具体可参考相应酒店管理公司的规范要求。除酒店管理公司外，物业管理公司也有自己的相关规范，在设计及深化施工时需参考相关规范和标准。

图 4-9　平面布置图解析（二）

【平面布置图】深化思维延伸

1. 应包含整体平面动线关系、功能需求并结合相关设计规范。

2. 软装是否配套齐全、布置合理、使用便利，能否满足当前项目所对应的功能需求。

3. 门 ①

入户门一般宜为双开子母门，套房门宽度一般不小于 1500 mm，较大开启扇宽度不小于 900 mm，五星级酒店标准客房入户门的最低要求为：900 mm 宽、2100 mm 高、45 mm 厚的实心木门，带有着色的或木纹层压面板。根据相关法规确定防火等级系数，故不得小于 15 min。房间单门净宽度一般不小于 900 mm。

4. 迷你吧 ②

（1）迷你吧需满足休闲、饮水、洽谈等功能，设备（茶水壶、咖啡机、小冰箱等）摆放需考虑设备使用是否会影响装饰面，如茶水壶热气对墙面及顶面的影响，台面考虑材质使用及防水止水处理。迷你吧冰箱需考虑冰箱规格尺寸及安装的位置，冰箱应置于通风、避阳、干燥和远离热源的地方。在安装时，如果地面不平稳又潮湿时，可用薄金属片垫起，不能用橡皮垫（冰箱的四个金属腿起支撑作用，同时担负地线职能。因为冰箱内一般都存放含水量较多的食品，由于冰箱内温度不断变化，水分就会蒸发，冰箱内湿度很大，容易使冰箱漏电，并产生感应电流，如果冰箱的腿直接与地面接触，产生的感应电流便可导入大地，从而增强冰箱使用的安全性。但是冰箱下如果垫了橡皮垫，橡皮垫是绝缘物体，电流便不能流入大地，如果冰箱漏电，就易使人触电）。故深化过程中应综合考量对象属性、特点、安全等问题，以保证项目综合落地。

（2）迷你吧所使用到的高脚杯、水杯等物品，需与酒店管理公司及设计师进行对接以获取相关信息，保证项目综合落地。

（3）迷你吧电源点位需高于台面 100 mm，整齐排列，避免插头尾部受阻无法正常使用，需综合考量使用等问题，从而保证功能使用与美观。

5. 电视机 ③

电视机需考虑规格尺寸及安装、散热，包括电视机背后有无防噪声及隔声等问题，以保证电视满足安装、散热、隔声等要求。

6. 书桌 ④

书桌工作区设计时应注意椅子与书桌的比例关系，保证书桌与椅子的整体协调性。书桌工作区需考虑电源点位布控，可将机电点位安装于书桌中，连接美观且实用；也可将机电点位定位至墙面，电源点位需高于桌面 100 mm，以保证功能使用与美观（相关数据应从酒店管理公司获取）。

7. 布草要求 ⑤

卧室床面需考虑布草完成面尺寸与床头柜比例关系，以保证舒适和美观。

8. 窗帘 ⑥

根据项目要求、窗帘完全遮光等要求，进行深化解析。需注意幕墙地台与窗帘盒、沙发、窗帘的关系。所有与卧室连接的房间，如主卫生间、客厅、更衣间等均不能向卧室内漏光，可以考虑使用 S 弯轨道与卷帘槽设计。窗帘盒宽度与高度一般控制在 200～250 mm，窗帘搭接处需进行重叠处理，不小于 150 mm，且搭接口方向需考虑床头位置与床头反方向，窗帘盒遮光板应方便拆卸，窗帘下沿考虑安装铅坠，以保证窗帘垂直、不漏光。

9. 卫生间 ⑦

（1）因卫生间的污浊空气和水蒸气长时间停留于室内会影响人体舒适度，所以卫生间应配有良好的无噪声、暗装的排风设备，以除去卫生间内的污浊空气，并调节温度、湿度，以保证卫生间温、湿度与客房无明显差异。

（2）公共厕所无障碍设施与设计应符合人体工程学尺寸要求，坐便器高度应为 0.45 m，两侧应设高 0.6 m 水平抓杆，在墙面一侧应设高 1.3 m 的垂直抓杆。

应有 110 V／220 不间断电源插座、电话副机，配有吹风机，24 h 供应冷、热水，水龙头冷热标示清晰，应配有应急呼叫设施。卫生间因涉及水电共用，为预防触电，应预留等电位。

10. 淋浴间深化解析 ⑧

（1）淋浴间内净尺寸应考虑人体工程学要求，满足双臂活动距离要求，以保证该空间可正常使用。淋浴间装饰净尺寸最小为：1000 mm × 1000 mm。

（2）淋浴间内为保证空气流通，门与顶面之间需预留 200～300 mm。

（3）卫生间综合布局可考虑干湿分区，以保证卫生间内干净整洁，并在淋浴间隔断处考虑做止水坎。

（4）淋浴间门抓手为：内为竖向、外为横向。

11. 设备检修

深化过程中需考虑设备检修及检修口处的装饰性，应与空间整体协调，以保证整体美观整洁。若前期未能考虑到检修口预留，则现场实施时临时添加检修口会影响整体装饰效果及统一性。电动窗帘、灯带、空调等都需预留检修口。

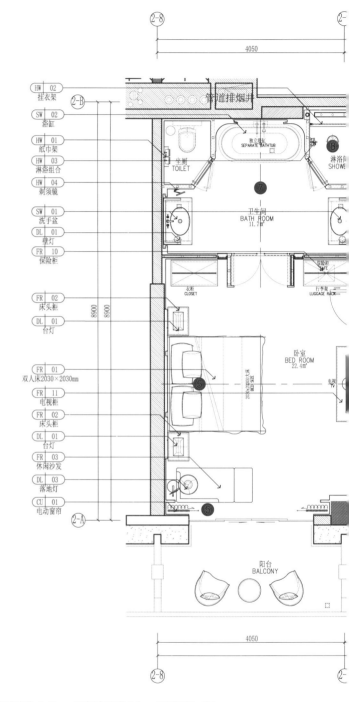

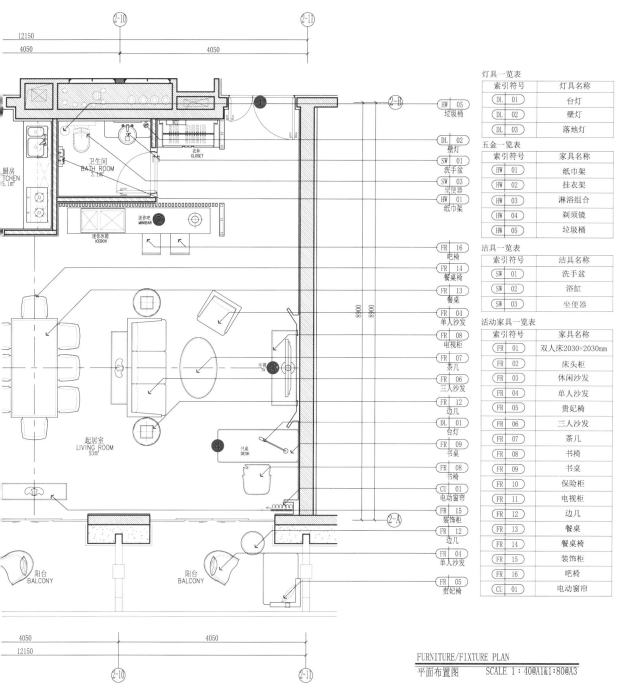

灯具一览表

索引符号		灯具名称
DL	01	台灯
DL	02	壁灯
DL	03	落地灯

五金一览表

索引符号		家具名称
HW	01	纸巾架
HW	02	挂衣架
HW	03	淋浴组合
HW	04	剃须镜
HW	05	垃圾桶

洁具一览表

索引符号		洁具名称
SW	01	洗手盆
SW	02	浴缸
SW	03	坐便器

活动家具一览表

索引符号		家具名称
FR	01	双人床2030×2030mm
FR	02	床头柜
FR	03	休闲沙发
FR	04	单人沙发
FR	05	贵妃椅
FR	06	三人沙发
FR	07	茶几
FR	08	书椅
FR	09	书桌
FR	10	保险柜
FR	11	电视柜
FR	12	边几
FR	13	餐桌
FR	14	餐桌椅
FR	15	装饰柜
FR	16	吧椅
CU	01	电动窗帘

FURNITURE/FIXTURE PLAN

平面布置图　　　　SCALE 1：40@A1&1：80@A3

12. 智能化设备

智能化需结合设计提资、智能化点位和酒店管理公司的资料提交给机电专业，由机电专业配合智能化设备厂家进行深化，完成后提取智能化信息与装饰图纸进行叠图整合优化，避免出现观感质量通病。

13. 五金顾问

通过品牌型号获取相关数据，以保证项目综合落地。

14. 物料表

提供物料表后可根据物料内容进行末端定位，避免后期施工返工，以保证项目精准地按照设计方案施工落地，如核对洁具的规格、材质、龙头位置、开孔规格、安装及检修方式、使用区域及供应商/品牌是否一致。

注：因项目不同，相关表达内容也有所不同，以上内容仅供参考，实际应用可根据项目要求自行进行深化解析。

图 4-9　平面布置图解析（三）

【墙体定位图】图面表达内容解析

一、墙体定位图图面表达内容

1. WD(墙体定位图): 显示的图层为 BS;

2. 墙体类型及墙体做法一览表;

3. 门洞符号及门洞尺寸一览表;

4. 墙体拆改尺寸标注;

5. 各空间主控线;

6. 轴线。

二、墙体细节解析

1. 拆除墙体与新建墙体可以在一张图中, 但是如果有重叠区域则需要分成两张图纸, 一张为拆除墙体图(拆除墙体基于原始结构进行拆改绘制和标注), 一张为新建墙体图(新建墙体基于设计平面图绘制和标注)。

2. 新建墙体与拆除墙体填充图案应参照图例说明表, 并在本页进行填充图例说明及相对应的墙体材料和工艺做法说明。

3. 对空间中所有洞口进行索引标注, 并结合门洞尺寸一览表说明当前空间内的门洞尺寸。

4. 数据标注使用内部标注样式, 并且严格按照横平竖直的方式进行整体标注(称之为 X、 Y 轴坐标), 不允许进行环绕标注。

5. 表达暖通管线需穿过各区域的平面位置, 定位预留洞口尺寸, 文字标明预留洞口高度。

6. 表达消防管线需穿过各区域的平面位置, 定位预留洞口尺寸, 文字标明预留洞口高度。

三、图面排版要求

❶ 轴号与尺寸标注的距离为 15、7、7(mm)(布局单位), 版面须整洁规范, 尺寸不能盖住轴线。

❷ 尺寸标注应保持在一条水平或垂直线上, 且标注全面具体, 使图面清晰、明了。

❸ 尺寸标注需结合轴线与主控线进行关联标注, 使其更加准确。

❹ 通过墙体图例结合构造做法表, 对当前墙体工艺做法进行解析。

❺ 对当前图纸中的门洞进行归类整理, 并结合门洞尺寸一览表, 表达门洞详细信息。

❻ 针对当前项目内管道走向预留穿墙孔管套, 使后期设备安装管道独立, 不受建筑伸缩影响。

注: 因项目不同, 相关表达内容也有所不同, 例如, 项目内隔墙类型过多时, 可进行墙体编码, 并配合墙体构造做法表进行工艺材料做法解析。 以上内容仅供参考, 实际应用可根据项目要求自行调整。

隔墙做法图例 ❹

图 例	墙体做法说明
W-01	砌块隔墙采用 600 mm × 300 mm × 200 mm 立砌, 通过水泥逐块逐层上下块之间竖缝错开 1/2 粘合成为墙体, 配以钢筋 φ2 加固。 双面抹灰 15 mm 厚
W-02	镀锌钢方管 50 mm × 50 mm × 3 mm@400 mm, 楼板至结构顶(M10 胀栓天地固定, 满填防火隔声岩棉 120 kg/m³; 地面做 C20 地垄墙一道, 宽度同隔墙, 高度 300 mm), 双面双层9.5 mm 厚水泥压力板, 双层粗细钢挂网(镀锌钢网 φ5 mm, 孔径 80 mm × 80 mm), 镀锌钢网 φ0.6 mm、孔径 100 mm, 20 mm 厚水泥砂浆抹灰层(内掺建筑粘结胶); 2 遍聚氨酯涂料防水, 地面上翻 300 mm, 10 mm 厚水泥砂浆保护层, 腻子找平, 面层刷乳胶漆
W-03	镀锌钢方管 50 mm × 50 mm × 3 mm@400 mm, 楼板至结构顶(M10 胀栓天地固定, 满填防火隔声岩棉 120 kg/m³; 地面做 C20 地垄墙一道, 宽度同隔墙, 高度 300 mm), 面层为木饰面/石材

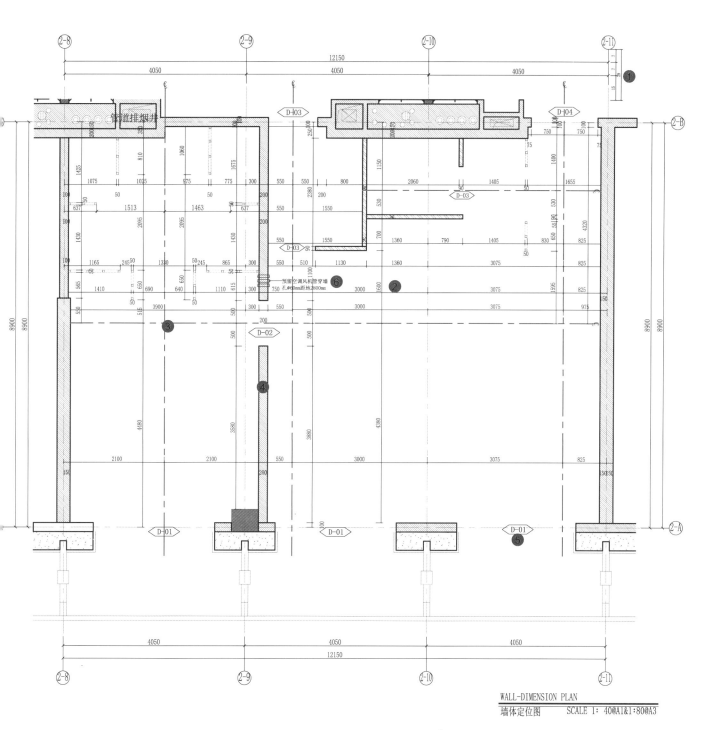

WALL-DIMENSION PLAN

墙体定位图　　　SCALE 1：40@A1&1：80@A3

门洞尺寸一览表 ❺

索引符号	门洞尺寸（宽×高）(mm)
D-01	2700×2400
D-02	1000×2200
D-03	1060×2200
D-04	1500×2200

图 4-10　墙体定位图解析（一）

【墙体定位图】相关标准解析

一、《住宅建筑规范》（GB 50368—2005）

住宅建筑的耐火等级应划分为一、二、三、四级，其构件的燃烧性能和耐火极限不应低于下表规定。

住宅建筑构件的燃烧性能和耐火极限

构件名称		耐火等级（h）			
		一级	二级	三级	四级
墙	防火墙	不燃性 3.00	不燃性 3.00	不燃性 3.00	不燃性 3.00
	非承重外墙、疏散走道两侧的隔墙	不燃性 1.00	不燃性 1.00	不燃性 0.75	不燃性 0.75
	楼梯间的墙、电梯井的墙、住宅单元之间的墙、住宅分户墙、承重墙	不燃性 2.00	不燃性 2.00	不燃性 1.50	不燃性 1.00
	房间隔墙	不燃性 0.75	不燃性 0.50	不燃性 0.50	不燃性 0.25

二、国家建筑标准图集（J111～114）《内隔墙建筑结构》（2012 年合订本）（轻钢龙骨）

1. 轻钢龙骨：①竖向 C 型龙骨：C50、C75、C100、C150，厚度 $T=0.6／0.8$ mm，竖向常规排列，@400 mm。②U 型龙骨（天地龙骨）：U50、U75、U100、U150，厚度 $T=0.6$、0.8 mm。③通贯龙骨：U38×12，厚度 $T=1.0$ mm。

2. 门、窗等位置设计，不得改变内隔墙竖龙骨定位尺寸，应设附加龙骨进行调整。

3. 高低 3000 mm 以下用一根贯穿，超过 3000 mm，每隔 1200 mm 设置一根贯穿龙骨，有特殊使用要求可向供应商咨询。当墙体高度≥3000 mm 时，横龙骨应根据要求或设计作用处理。

4. 轻钢龙骨两侧面板水平拼缝应错开，龙骨一侧的内、外两层石膏板的水平拼缝不得重合，平形接头设置在外层面板的水平拼缝处。

5. 自攻螺钉排布：自攻螺钉距石膏板边缘不得小于 5 mm，石膏板拼接预留嵌缝不得低于 3 mm，自攻螺钉排布间距为 150～200 mm，根据项目要求进行调整（自攻螺钉沉头处理：涂刷防锈漆）。

6. 轻钢龙骨与墙体连接应设不小于 5 mm 厚的隔声减震胶垫。

7. 轻钢龙骨内填防火隔声岩棉，以满足消防要求及声学要求。

注：详尽说明可查阅国家建筑标准图集（J111～114）《内隔墙建筑结构》（2012 年合订本）相关标注。

三、砌块

1. 新建隔墙均砌筑到梁、楼板底，在门洞口两侧应设置包框柱或构造柱，具体做法参照图集 12SG614-1，新建隔墙采用强度等级 MU3.0 的轻集料混凝土（加气混凝土）砌块，墙厚均为 150 mm（根据区域划分确定墙厚）。地面或防潮层以上砌体应用不小于 MB5 的混合砂浆砌筑，与隔墙连接的钢筋混凝土墙柱，应在墙体位置，按墙的构造要求除预留窗台板、过梁、圈梁外，应沿墙柱高每隔 500～600 mm（砌体模数化）插 2φ6 预埋筋，伸入墙柱内不小于 180 mm，伸入墙体 1000 mm 及 1/5 墙长（抗震设防烈度为 8 度，使全长贯通）。

2. 非承重墙门及设备预留洞，其洞口顶部需设钢筋混凝土过梁，过梁伸入两边支座 250 mm，门洞边 300 mm 范围内砌体，应采用实心砌块，如采用空心砌块，必须用强度等级 Cb15 的混凝土填实。

3. 二次结构砌筑要求：门洞口两侧应设置抱框柱或构造柱，具体做法参照图集 12SG614-1；大堂、宴会厅及宴会前厅墙高超过 4000 m 处应在门洞设 200 mm 高水平通长系梁；门洞上部墙体超过 2000 mm 再加设中距＜2000 mm 水平系梁，梁高 200 mm。

4. 不宜在砌体墙中穿行暗线或预留、开凿沟槽，无法避免时，应采取措施，如可采用开槽砌块，需留意沟槽实心砌体或墙体中增设便于暗线敷设的构造柱等。

隔墙做法图例

图例	墙体做法说明
W-01	砌块隔墙采用 600 mm×300 mm×200 mm 立砌，通过水泥逐块逐层上下块之间竖缝错开 1/2 粘合成为墙体，配以钢筋 φ2 加固。双面抹灰 15 mm 厚
W-02	镀锌钢方管 50 mm×50 mm×3 mm@400 mm，楼板至结构顶（M10 胀栓天地固定，满填防火隔声岩棉 120 kg／m³；地面做 C20 地垄墙一道，宽度同隔墙，高度 300 mm），双面双层9.5 mm 厚水泥压力板，双层粗细钢挂网（镀锌钢网 φ5，孔径 80 mm×80 mm），镀锌钢网 φ0.6 mm、孔径 100 mm，20 mm 厚水泥砂浆抹灰层（内掺建筑粘结胶）；2 遍聚氨酯涂料防水，地面上翻 300 mm，10 mm 厚水泥砂浆保护层，腻子找平，面层刷乳胶漆
400　400　W-03	镀锌钢方管 50 mm×50 mm×3 mm@400 mm，楼板至结构顶（M10 胀栓天地固定，满填防火隔声岩棉 120 kg／m³；地面做 C20 地垄墙一道，宽度同隔墙，高度 300 mm），面层为木饰面／石材

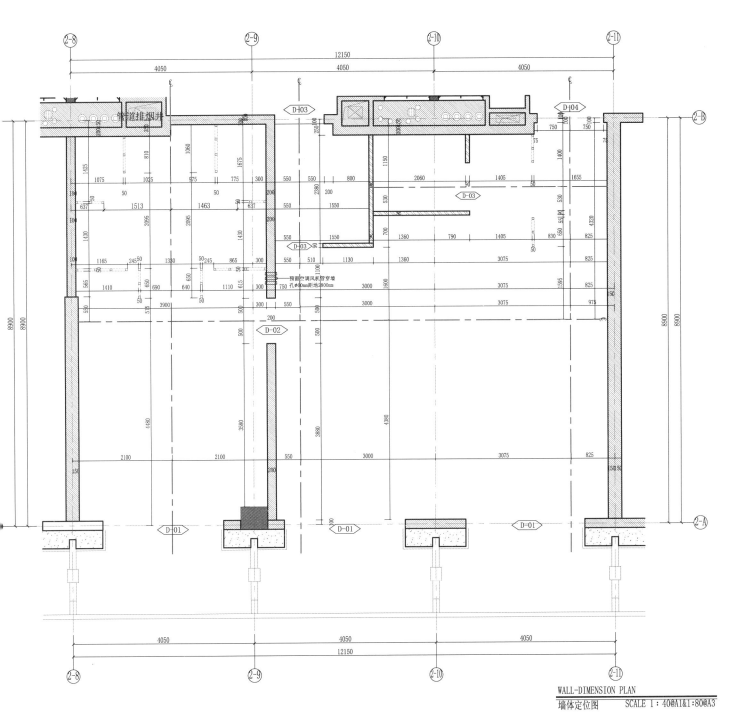

WALL-DIMENSION PLAN
墙体定位图   SCALE 1：40@A1&1：80@A3

门洞尺寸一览表

索引符号	门洞尺寸（宽×高）(mm)
D-01	2700 × 2400
D-02	1000 × 2200
D-03	1060 × 2200
D-04	1500 × 2200

图 4-10   墙体定位图解析（二）

【墙体定位图】深化思维解析

一、墙体分隔

对当前项目进行分析，墙体隔断对应空间内功能需求不同，所对应墙体也会有所不同，需从多方面进行解析，并结合相关专业进行多方协调落地。

例如卫生间湿区，为防止楼板与墙体接缝处的渗漏，需从楼板上做地梁及防水处理。又如隔墙，需通过高度及墙体完成面材料，进行墙体承重能力分析，从而确定墙体厚度（如酒店大堂有面 5 m 高墙体，墙面石材若采用湿贴会产生安全隐患，故采用干挂安装，此处隔墙直接使用钢构隔墙即可）。再如隔墙门洞窗洞处，考虑开关闭合导致墙体变形开裂，为避免墙体变形需进行加固处理，如砌块墙门洞处需添加过梁，使门洞上方砌块不会因建筑重量而产生变形。

二、防火分区

1. 防火分区是指用防火墙、楼板、防火门或防火卷帘分隔的区域，可以将火灾限制在一定的局部区域内（一定时间内），不使火势蔓延，当然防火分区的隔断同样也会对烟气起到隔断作用。在建筑物内采用划分防火分区这一措施，可以在建筑物发生火灾时，有效地把火势控制在一定的范围内，减少火灾损失，同时可以为人员安全疏散、消防扑救提供有利条件。详见下表，详尽说明见《建筑设计防火规范》（GB 50016—2014）。

不同耐火等级建筑的允许建筑高度或层数、防火分区最大允许建筑面积

名称	耐火等级	允许建筑高度或层数	防火分区的最大允许建筑面积（m²）	备注
高层民用建筑	一、二级	按 GB 50016 5.1.1 条确定	1500	对于体育馆、剧场的观众厅，防火分区的最大允许建筑面积可适当添加
单、多层民用建筑	一、二级	按 GB 50016 5.1.1 条确定	2500	
	三级	5 层	1200	
	四级	2 层	600	
地下室或半地下室建筑（室）	一级		500	设备用房的防火分区最大允许建筑面积不应大于 1000 m²

2. 防火墙根据项目要求查阅相关防火规范，从而获取墙体材质及墙体厚度。

三、声学隔声要求

1. 声学顾问提供墙体节点隔声要求、墙体材料及工艺做法，从中提取信息，进行墙体相关数据深化。

2. 不同功能空间隔声要求有所不同，相关规范可参考《国家建筑标准设计图集 80J931 建筑隔声与吸声构造》及相关企业技术规范。

场所		噪声标准 NC	墙体隔声等级 RW + C		隔墙类型选型
四星级及以上酒店	客房、套房	35	客房间分户隔墙	≥50 dB	墙体节点及工艺做法
			客房与走廊隔墙	≥48 dB	墙体节点及工艺做法
			客房与管井间隔墙	≥45 dB	墙体节点及工艺做法
			走廊与管井间隔墙	≥45 dB	墙体节点及工艺做法
	会议中心	40	会议室之间隔墙	≥45 dB	墙体节点及工艺做法
			会议室与走廊隔墙	≥45 dB	墙体节点及工艺做法
	餐厅、宴会厅（中餐、特色餐）	50	会议室之间隔墙	≥45 dB	墙体节点及工艺做法
			会议室与走廊隔墙	≥45 dB	墙体节点及工艺做法
	移动隔断（宴会厅、会议厅、多功能厅）	—	—	—	详见移动隔断隔声做法
	会所（KTV）	25	KTV 包厢之间隔墙	≥50 dB	详见 KTV 隔声做法
			KTV 包厢与走廊隔墙	≥50 dB	
三星级酒店	客房区	40	客房间分户隔墙	≥45 dB	墙体节点及工艺做法
			客房与走廊、管井间隔墙	≥45 dB	墙体节点及工艺做法
			走廊与管井间隔墙	≥45 dB	墙体节点及工艺做法

注：上表为某知名国际酒店隔声技术规范，仅供参考。实际应用可根据项目类型，查阅相关规范要求。

隔墙做法图例

图例	墙体做法说明
W-01	砌块隔墙采用 600 mm×300 mm×200 mm 立砌，通过水泥逐块逐层上下块之间竖缝错开 1/2 粘合成为墙体，配以钢筋 φ2 加固。双面抹灰 15 mm 厚
W-02	镀锌钢方管 50 mm×50 mm×3 mm@400 mm，楼板至结构顶（M10 胀栓天地固定，满填防火隔声岩棉 120 kg/m³；地面做 C20 地垄墙一道，宽度同隔墙，高度 300 mm），双面双层 9.5 mm 厚水泥压力板，双层粗细钢挂网（镀锌钢网 φ5 mm，孔径 80 mm×80 mm），镀锌钢网 φ0.6 mm，孔径 100 mm，20 mm 厚水泥砂浆抹灰层（内掺建筑粘结胶）；2 遍聚氨酯涂料防水，地面上翻 300 mm，10 mm 厚水泥砂浆保护层，腻子找平，面层刷乳胶漆
W-03	镀锌钢方管 50 mm×50 mm×3 mm@400 mm，楼板至结构顶（M10 胀栓天地固定，满填防火隔声岩棉 120 kg/m³；地面做 C20 地垄墙一道，宽度同隔墙，高度 300 mm），面层为木饰面／石材

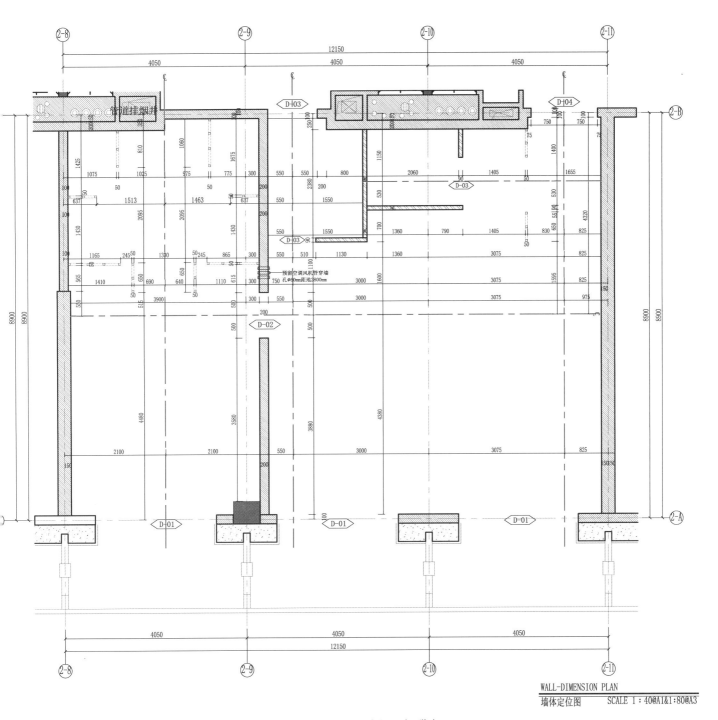

WALL-DIMENSION PLAN
墙体定位图　　　　SCALE 1：40@A1&1：80@A3

门洞尺寸一览表

索引符号	门洞尺寸（宽×高）（mm）
D-01	2700 × 2400
D-02	1000 × 2200
D-03	1060 × 2200
D-04	1500 × 2200

图 4-10　墙体定位图解析（三）

【完成面尺寸图】图面表达内容解析

一、完成面尺寸图图面表达内容

1. FD(完成面尺寸图)：显示的图层为 BS、DS；

2. 完成面尺寸；

3. 轴线。

二、完成面细节解析

1. 用于现场放线尺寸依据。

2. 用于表示造型收口搭接关系。

三、图面排版要求

❶ 轴号与尺寸标注的距离为 15、7、7(mm)(布局单位)，版面整洁规范，尺寸不能盖住轴线。

❷ 尺寸标注应在一条水平或垂直线上，且标注全面具体，使图面清晰、明了。

注：因图面限制无法将所有造型数据一一体现，应参照节点相关图纸进行细部数据提取。

因项目不同，相关表达内容也有所不同，以上内容仅供参考，读者可根据项目要求自行调整。

【完成面尺寸图】相关标准解析

一、《住宅设计规范》(GB50096)

住宅厨房使用面积不应小于 3.5 m²，这个使用面积不应包含管井和通风道面积。

二、《住宅卫生间模数协调标准》(JGJ／T 263—2012)

1. 住宅卫生间内部空间净尺寸应是基本模数的倍数。

2. 当需要对卫生间内部布局进行分割时，可插入分模数 M／2(50 mm)或 M／5(20 mm)。

3. 卫生间室内装饰地面至顶棚的净高度不应小于 2200 mm。

4. 卫生间门窗尺寸、位置和开启方式应满足使用方便的要求，并满足卫生间设备安装和使用最小空间要求。

(1) 单侧厕所隔间至对面墙面的净距：当采用内开门时，不应小于 1.30 m；当采用外开门时，不应小于 1.10 m。

(2) 双侧厕所隔间之间的净距：当采用内开门时，不应小于 1.3 m；当采用外开门时，不应小于 1.1 m。

(3) 内开的厕所隔间平面尺寸不应小于 0.9 m×1.4 m；并列小便池的中心距离不应小于 0.65 m。

(4) 家庭中发生事故最多的地方为卫生间，所以设计时应充分考虑安全因素(防滑、防磕碰、阳角处理等)。

(5) 厕所和浴室隔间平面尺寸，见下表。

类别	平面尺寸(宽度×深度)(m)
外开门的厕所隔间	0.90×1.20
内开门的厕所隔间	0.90×1.40
医院患者专用厕所隔间	1.10×1.40
无障碍厕所隔间	1.00×2.00
外开门淋浴隔间	1.00×1.20
内设更衣凳的淋浴隔间	0.90×1.20
无障碍专用浴室隔间	盆浴(门扇向外开启)2.00×2.25
	淋浴(门扇向外开启)1.50×2.35

5.《城市道路和建筑物无障碍设计规范》(JGJ 50—2001)

规定：公共厕所无障碍设施设计应符合坐便器高度为 0.45 m，两侧应设高 0.6 m 水平抓杆，在墙面一侧应设高 1.3 m 的垂直抓杆的要求。

三、《民用建筑设计通则》(GB 50352—2005)关于栏杆的规定

规定：阳台、外廊、室内回廊、内天井、上人屋面及室外楼梯等临空处应设置防护栏杆。临空高度在 24 m 以下时，栏杆高度不应低于 1.05 m；临空高度在 24 m 以上(包括中高层住宅)时，栏杆高度不应低于 1.10 m。栏杆高度应从楼梯地面至栏杆扶手顶面以垂直高度计算(注：为防止高空坠物，栏杆离地面或屋面 100 mm 高度内不应留空)。

四、《民用建筑设计通则》(GB 50352—2005)无障碍设计规定

1. 无障碍通道的宽度应符合下列规定：

(1) 室内走道不应小于 1.20 m，人流较多或较集中的大型公共建筑的室内走道宽度不应小于 1.80 m；

(2) 室外通道不宜小于 1.50 m。

2. 无障碍通道应符合下列规定：

(1) 无障碍道上有高差时，应设置轮椅坡道；

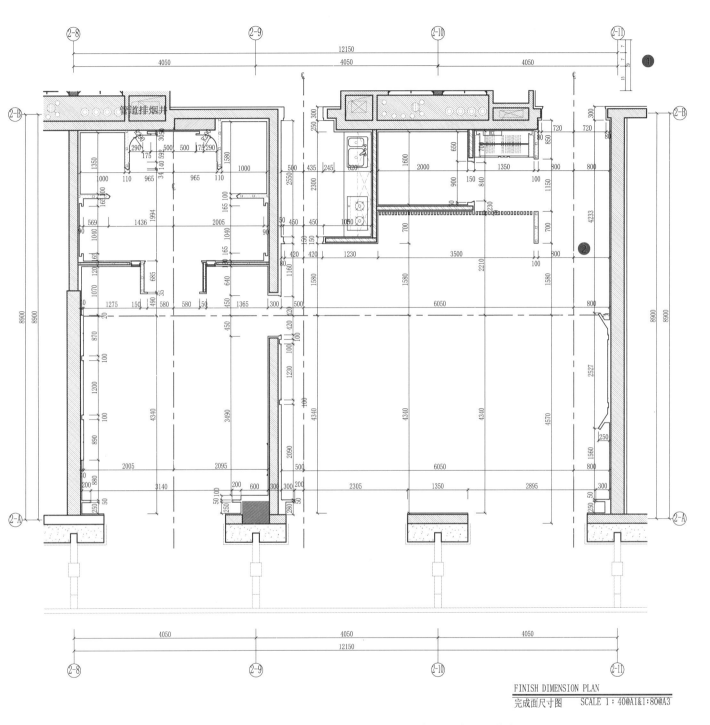

FINISH DIMENSION PLAN
完成面尺寸图　　　SCALE 1：40@A1&1：80@A3

（2）无障碍通道应连续，其地面应平整、防滑、反光小或无反光，并不宜设置厚地毯。

3. 门的无障碍设计应符合下列规定：

（1）不应采用力度大的弹簧门，并不宜采用弹簧门、玻璃门；当采用玻璃门时，应有醒目的提示标志；

（2）自动门开启后通行净宽不应小于 1.00 m；

（3）在门扇内外应预留有直径不小于 1.50 m 的轮椅回转空间。

注：此处相关内容不一一进行讲解，读者可查阅相关规范对项目进行综合把控。

图 4-11　完成面尺寸图解析（一）

<h2 style="text-align:center">【完成面尺寸图】深化思维解析</h2>

一、完成面解析

完成面是根据材料规格、工艺要求及设计师的设计意图完成的一项综合性较强的工作内容，是深化设计中不可或缺的环节，非常检验一个深化设计人员的能力与经验。

二、材料和工艺做法要求

根据项目要求、防火规范及成本预算确定基层选材及工艺做法。不同功能区域基层材料也会有所不同，如卫生间湿区应采用耐潮防水基层做法。

1. 基层材料：若使用全轻钢龙骨基层，需获取轻钢龙骨尺寸规格，如使用 C50×19×0.6 覆面龙骨搭配 U 形蝴蝶卡及 φ6 膨胀螺栓，最小尺寸为 35 mm；然后根据现场平整度预估找平层间距为 20 mm；再添加饰面基层板，此处采用 12 mm 厚胶合板；饰面板为 15 mm 厚木饰面，木饰面采用 12 mm 厚成品挂件，此处完成面推算为：35 mm（基层最小间距）+ 20 mm（找平层间距，此处为变量，根据现场实际情况调控）+ 12 mm（基层胶合板）+ 12 mm（成品木饰面挂件）+ 15 mm（饰面板）= 94 mm（最终完成面）。此处只是举例，读者需根据项目灵活变通进行推敲。

2. 防火规范：如当前项目防火规范等级要求为 A 级，则应使用达到相关规范要求等级的基层材料，如胶合板表面涂覆一级防火涂料时，可作为 B_1 级装修材料使用，而当前项目防火等级要求为 A 级，故此处不能使用胶合板，可使用轻钢龙骨搭配玻镁板作为基层材料。此处不进行一一说明，读者可根据防火规范调整和选用基层材料。

三、造型关系

1. 根据设计方案勾勒出造型层次关系，且对造型进行优化处理，以保证造型比例协调。造型关系需考虑居中、冲齐等关系，以及出墙尺寸的把控。

2. 如门洞处单边有造型而另一边没有造型则需考虑门洞处冲齐关系，门口交接需冲齐垂直在同一完成面下，以保证门可以正常安装且美观，开关闭合无障碍。

四、综合信息

1. 综合信息需对完成面进行综合把控，如：材质搭接、材料特性、不同材质碰撞综合点位、末端点位检修及施工难度，施工难度会影响施工进度，施工进度越慢，人工成本相对越高。

2. 材质搭接：根据不同材质的特性及变形系数等综合考量进行搭接错位，且搭接收口应尽量收于阴角，以保证造型美观整洁。

3. 材质碰撞：材质的特性及变形系数不同，材质之间的碰撞处理也有所不同，如木饰面与木饰面碰撞，需考虑木饰面受空气湿度的影响产生的变形及热胀冷缩伸缩性等，故木饰面碰撞搭接处需预留伸缩缝。

4. 末端点位：完成面推算需综合考量，如承重墙体处需进行管线定位，且承重墙体不能进行开槽，此时需对完成面进行推算，以保证末端线盒及管线预埋进完成面内，使装饰效果美观整洁。

备注：完成面图纸是对当前项目内容涵盖比较多的，完成面的推算及把控能够体现深化设计师的综合能力，以及深化设计师对材质特性、施工工艺、综合材料的全面性了解。因此处多为深化人员对施工经验、材料规格及材料特性等的掌握，故不能一一进行讲解，实际应用可根据自身能力进行针对性学习，如缺少施工工艺经验则可多去工地进行考察学习。

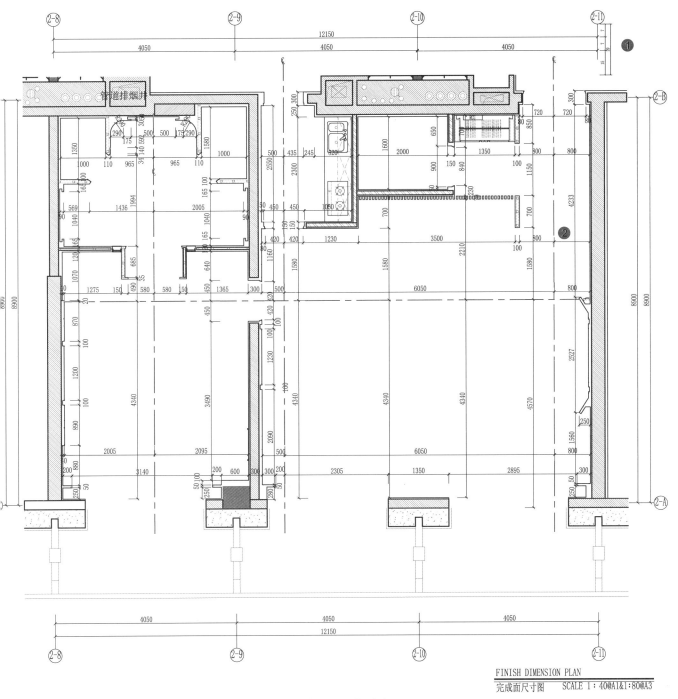

FINISH DIMENSION PLAN
完成面尺寸图　　SCALE 1：40@A1&1：80@A3

图 4-11　完成面尺寸图解析（二）

【地面铺装图】图面表达内容解析

一、 地面铺装图图面表达内容

1. FC(地面铺装图)：显示的图层为 BS、DS、FC(根据要求灵活运用 FF)；

2. 地面铺贴尺寸；

3. 地面铺贴材质填充；

4. 材质分隔线；

5. 地漏；

6. 坡度符号；

7. 地面材质索引；

8. 地面节点索引符号；

9. 地面标高符号；

10. 地面洁具；

11. 地面铺贴起止符；

12. 活动家具。

二、 地面铺贴细节解析

1. 表达出各区域地面材料及不同材料交接关系(用填充区分)。

2. 表达出各区域地面材料分割线及拼花样式施工排版图(不需标尺寸)。

3. 表达出各区域主要地面材料编号。

4. 注明地坪标高关系。

5. 表达出建筑轴号及轴线尺寸。

6. 卫生间尺寸较多时可通过区域索引放大进行详细信息表达。

三、 图面排版要求

① 轴号与尺寸标注的距离为 15、7、7(mm)(布局单位)，版面整洁规范尺寸不能盖住轴线。

② 尺寸标注应水平或垂直在一条线上，且标注全面具体，使图面清晰、明了。

③ 同一侧的主材索引标注应在一条水平或垂直线上，且标注全面具体。

④ 标高尺寸应避开尺寸标注，不让其重叠，使空间说明清晰、明了。

⑤ 通过地漏确定排水点位。

⑥ 通过坡度符号确定地面铺贴找坡方向。

⑦ 通过洁具地面显示定位排水点位。

注： 因项目不同，相关表达内容和表达方式也会有所不同，以上内容仅供参考，实际应用可根据项目要求自行进行调整。

【地面铺装图】相关规范标准

一、《民用建筑设计通则》(GB 50352—2005)

1. 除有特殊使用要求外，楼地面应满足平整、耐磨、不起尘、防滑、防污染、隔声、易于清洁等要求。

2. 厕浴间、厨房等受水或非腐蚀性液体经常浸湿的楼地面，应采用防水、防滑类面层，且应低于相邻楼地面，并设排水坡坡向地漏；厕浴间和有防水要求的建筑地面必须设置防水隔离层；楼层结构必须采用现浇混凝土或整块预制混凝土板，混凝土强度等级不应小于 C20；楼板四周除门洞外，应做混凝土翻边，其高度不应小于 120 mm。

3. 经常有水流淌的楼地面应低于相邻楼地面或设门槛等挡水设施，且应有排水措施，其楼地面采用不吸水、易冲洗、防滑的面层材料，并应设置防水隔离层。

4. 存放食品、食料、种子或药物等的房间，所存放物品与楼地面直接接触时，严禁采用有毒性的材料作为楼地面，材料的毒性应经有关卫生防疫部门鉴定。 存放吸味较强的食物时，应防止采用散发异味的楼地面材料。

二、《建筑内部装修设计防火规范》(GB 50222—2017)

单层、多层民用建筑室内楼(地)面装修材料的燃烧性能等级参考前述表 4-2，高层民用建筑室内楼(地)面装修材料燃烧性能等级参考前述表 4-3。

注： 相关规范此处不一一进行解读，实际应用可根据项目要求查阅相关标准。

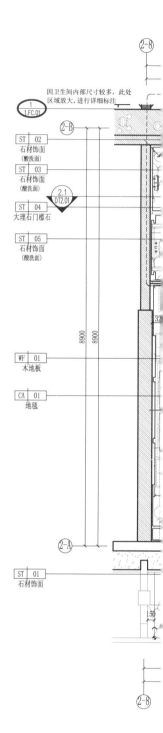

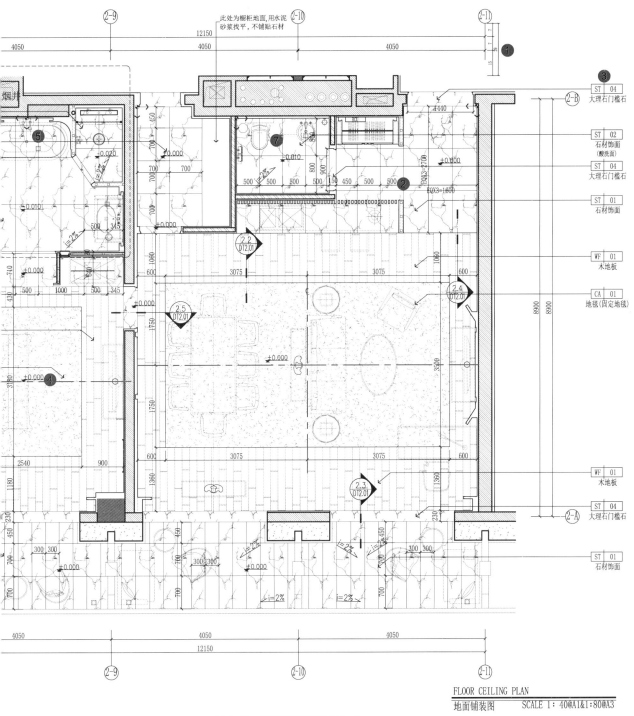

FLOOR CEILING PLAN
地面铺装图　　　SCALE 1：40@A1&1：80@A3

图 4-12　地面铺装图解析（一）

【地面铺装图】深化思维解析

一、地面铺装图解析

地面铺装需根据项目类型进行综合考量，如：当前空间功能需求，配套设备，地暖、暖通、强弱电等管线的设置，是否存在回填层，以及装饰完成面的材质是否满足当前空间需求。

二、装饰完成面

1. 地面完成面尺寸是否满足相关材料施工工艺要求：考虑到施工要求的严谨性，对图纸有着能够指导现场施工的高标准要求，所以要求平面铺装图纸对地面完成面进行综合施工经验预估，确保现场施工有据可依，工人收到图纸明确内容，可以提高施工效率。

2. 地面饰面选材及施工工艺需针对不同功能空间进行调整。以防静电地板为例：防静电地板又叫导电地板，由于人们行走时鞋子会和地板摩擦产生静电，带电的离子会在地板表面对空气中的灰尘产生吸引，对于电脑机房、电子厂房等单位会造成一定的影响，因此作以下考量：

（1）使安装简单化，并为以后设备配置的改变和扩充提供较大的灵活性。

（2）机房内设备可在防静电地板下进行自由的电气连接，便于敷设和维护，使机房整洁美观。

（3）防静电地板可以保护各种电缆、电线、数据线及插座，使其不受损坏。

（4）机房可以利用地板下空间作为空调的静压风库，获得满意的气流组织。无论计算机设备安装在什么位置，都可以通过防静电活动地板的风口得到调节的空气等。

注：此处只是举例，读者可根据项目要求、成本预算及装饰面材料进行综合考量，从而使项目落地更加全面，不影响功能使用及后期检修。

3. 经常有水流淌的楼地面应低于相邻楼地面或设门槛等挡水设施，且应有排水措施，其楼地面应采用不吸水、易冲洗、防滑的面层材料，应设置防水隔离层，并应设置排水坡度。

三、地面设备层

1. 强弱电等电气管线

当地面预埋电气管道时，需确定电气管线的管径尺寸，以及地面回填后的尺寸是否能够满足地面设定尺寸。

2. 地暖

若地面需要铺设地暖，需考虑地暖结构层的厚度、立面图中赋予的地面层厚度是否满足，若不满足要及时调整。

3. 电气设备

地灯需要考虑灯具的尺寸、型号是否满足地面完成面厚度要求，若不满足，须考虑更换灯具类型或增加地面层厚度。

四、铺贴层

1. 回填层

室内空间回填，包括轻集料、卫生间陶粒回填以及其他施工要求的回填方式，应考虑造价及大面积区域回填的重量，根据楼板的承重或者回填之后地材的样式来选择回填的基层材料。

2. 防水层

经常有水流淌的楼地面应低于相邻楼地面或设门槛等挡水设施，且应有排水措施，其楼地面应采用不吸水、易冲洗、防滑的面层材料，应设置防水隔离层，并应设置排水坡度。

3. 二次排水

地面地漏为一次排水，石材下地漏为二次排水。因为卫生间排水一般是通过地漏排出，但是也有水会从地砖直接渗进沉箱，日复一日，沉箱里的水就会越来越多，如果做了二次排水，就能将沉箱积水排出去。

（1）砂灰层排水

卫生间防水层和地砖之间的水泥砂浆层称为砂灰层。卫生间的地砖拼缝处会有水渗漏进砂灰层，砂灰层下面为防水层，砂灰层中的水若不能排出，长时间积水会产生异味、滋生细菌，严重时会引发相邻墙体返潮，造成乳胶漆脱落。因此防水层应沿房间找坡至排水口，让渗透到砂灰层的水沿找平坡度通过二次排水排走，不会一直堰积在砂灰层，从而使卫生间干净整洁，不会因砂灰层中积水时间过长后产生异味和滋生细菌。

（2）回填层底部排水

可在竖向主排管贴近下沉空间底部的位置，由上向下斜45°开一个小孔，用于水沿地砖缝隙渗漏进沉箱空间，有积水产生时，便于排走。

（3）同层排水

卫生间的地砖拼缝处会有水渗漏进下面的砂灰层，为防止渗水一直停留在砂灰层而产生异味及细菌，可在地漏排水处预留间隙，使渗水从地漏间隙处排出。防水层找坡度的时候，地漏处位置为最低点，使渗透到砂灰层的水聚集到地漏处排出，在排水口的位置注意防水修补，防止水渗漏。

注：因各项目内容、成本预算及施工规范要求有所不同，实际应根据所接触项目类型，综合项目成本及施工规范要求进行深化。

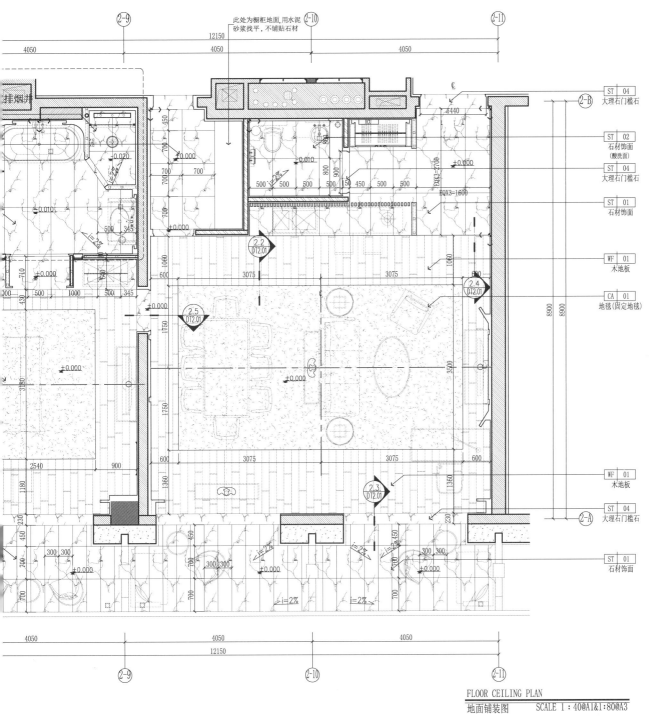

此处为橱柜地面,用水泥
砂浆找平,不铺贴石材

ST 04
大理石门槛石

ST 02
石材饰面
(酸洗面)

ST 04
大理石门槛石

ST 01
石材饰面

WF 01
木地板

CA 01
地毯(固定地毯)

WF 01
木地板

ST 04
大理石门槛石

ST 01
石材饰面

FLOOR CEILING PLAN
地面铺装图　　　SCALE 1:40@A1&1:80@A3

图 4-12　地面铺装图解析(二)

【综合顶棚布置图】图面表达内容解析

一、综合顶棚布置图图面表达内容

1. RC（综合顶棚布置）：显示的图层为 BS、DS、RC（FF 根据需求控制是否显示）；

2. 灯具类型及灯具图例一览表；

3. 消防设施及消防图例一览表；

4. 顶棚平视造型线；

5. 风机出风回风点位；

6. 主控线；

7. 检修口；

8. 顶棚材料标高索引；

9. 活动家具。

二、顶棚细节解析

1. 表达各分区编号、所有顶棚上的灯位、装饰及其他细节（不注尺寸），根据项目不同重新编订图例说明并使用外部参照调用。

2. 表达出风口、检修口、烟感、温感、喷淋、广播、投影仪等设备安装内容（视具体情况而定）。

3. 表达各顶棚的标高关系。

4. 表达出各空间顶棚主要材料。

5. 表达出门、窗洞口的位置。

6. 表达出建筑轴号及轴线尺寸。

三、图面排版要求

❶ 轴号与尺寸标注的距离为 15、7、7 布局单位（mm），使版面整洁规范，尺寸不能盖住轴线。

❷ 通过灯具图例一览表对当前图中灯具信息进行解析。

❸ 通过消防图例一览表对当前图中消防信息进行解析。

❹ 通过主控线对灯具消防进行对齐定位，使装饰效果美观整洁。

❺ 通过灯具编号准确了解灯具信息。

❻ 同一侧的顶棚材料索引标注应在一条水平或垂直线上，且标注全面具体。

❼ 顶棚中表示出顶棚造型剖线，清晰、明了地分析顶面与墙面造型关系。

注：因项目不同，相关表达内容也有所不同，以上内容仅供参考，实际应用可根据项目要求自行调整。

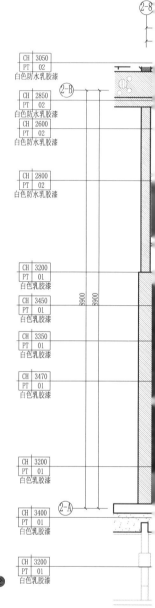

编号（CODE）	名称（NAME）	功率（POWER）	说明（EXPLAIN） ❺
R1	嵌入式筒灯	6.5 W	MR16 LED 6.5 W 24°　12 V
R1c	嵌入式防水筒灯	6.5 W	MR16 LED 6.5 W 24°　12 V
R1a	嵌入式筒灯	6.5 W	MR16 LED 6.5 W 12°　12 V
R2	嵌入式可调筒灯	6.5 W	MR16 LED 6.5 W 24°　12 V
R3	嵌入式筒灯	50 W	MR16 50 W 24°　12 V
R4	嵌入式可调筒灯	50 W	MR16 50 W 24°　12 V
R4a	嵌入式可调筒灯	35 W	MR16 35 W 10°　12 V
L1a	线形灯带	12 W／m	LED 12 W／m 2700 K 12 V
L2a	线形灯带	5 W／m	LED 5 W／m 2700 K 12 V
N1	夜灯	5 W／m	LED 5 W／m 2700 K 12 V
P1	吊灯	100 W	预留 100 W
D1	台灯	60 W	预留 60 W
D2	台灯	60 W	预留 60 W
D3	台灯	60 W	预留 60 W
D4	落地灯	60 W	预留 60 W

图例说明	
⌒	可调角度射灯
○	筒灯
✳	喷淋头（暗装，带装饰盖）
⌑	喷淋头（侧装）
☒	烟感（带蜂鸣器）
⑩	扬声器（暗藏顶棚内）
©	门铃蜂鸣器（暗藏顶棚）
✿	吊灯

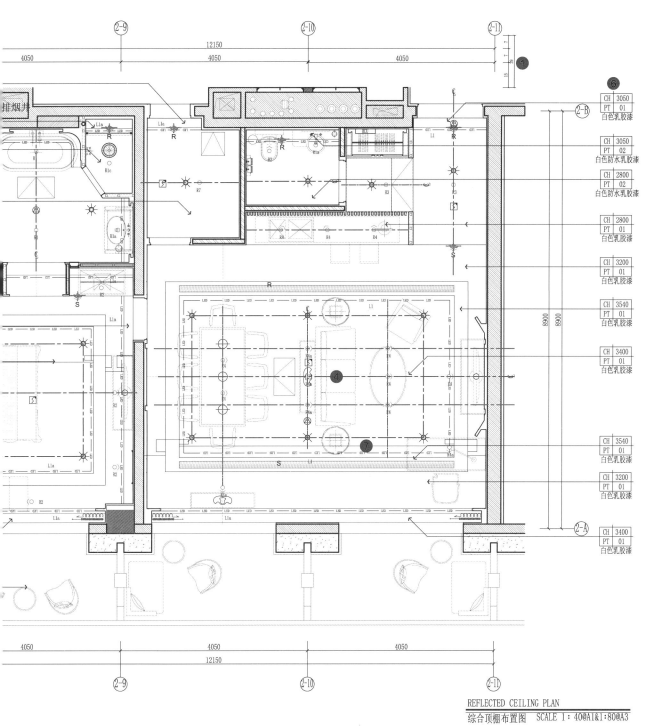

CH	3050
PT	01
白色乳胶漆	

CH	3050
PT	02
白色防水乳胶漆	

CH	2800
PT	02
白色防水乳胶漆	

CH	2800
PT	01
白色乳胶漆	

CH	3200
PT	01
白色乳胶漆	

CH	3540
PT	01
白色乳胶漆	

CH	3400
PT	01
白色乳胶漆	

CH	3540
PT	01
白色乳胶漆	

CH	3200
PT	01
白色乳胶漆	

CH	3400
PT	01
白色乳胶漆	

REFLECTED CEILING PLAN

综合顶棚布置图　SCALE 1：40@A1&1：80@A3

图 4-13　综合顶棚布置图解析（一）

【综合顶棚布置图】相关规范

一、综合顶棚

综合顶棚图需综合各专业(暖通、消防、机电、灯光)进行合图,检测各专业设备点位是否有冲突,如有冲突需综合各专业进行协调优化;需将喷淋、烟感、灯具、消防喇叭等相关信息合进综合顶棚图中进行排版,排版需考虑"对齐"、"对线",以保证各专业符合相关规范要求: ①消防喷淋间距需符合防火规范要求;②烟感需根据空间面积符合检查范围要求;③灯具及背景音乐需满足灯光要求及声学要求;④各专业点位交错间距符合要求。

1. 消防喷淋头安装间距

(1) 喷淋头安装间距一般为直径 3600 mm,半径 1800 mm。

(2) 喷淋头最大保护面积为 12.5 m²。

(3) 喷淋头距墙不能小于 300 mm。

(4) 当喷淋头与吊顶距离大于 800 mm,且吊顶内有可燃物时需使用上下喷。

玻璃球消防喷淋头工作原理: 消防喷淋头上玻璃球内的红色液体是一种对热极其敏感的物质,当火灾发生、温度上升至极限值时,红色液体将迅速膨胀,胀裂玻璃球,球座、密封件失去支撑后被水流冲脱,从而开始喷水灭火。

当顶棚中设备运行产生热量时需调整消防喷淋头与设备间距或提升消防喷淋头耐温等级,从而使消防喷淋头不受空间常规环境影响。

2. 烟感、温感的安装间距要求及规范

(1) 烟感安装间距一般为直径 15 m,半径 7.5 m,温感安装间距一般为直径 10 m,半径 5 m。

(2) 设有走道时烟感按 15 m 的间距设置,温感按 10 m 间距设置。

(3) 探测器至墙壁、梁边的水平距离不应小于 500 mm。

(4) 探测器周围 500 mm,不应有遮挡物。

(5) 探测器至空调送风口边的水平距离不应小于 1500 mm,至多孔送风顶棚孔口的水平距离不应小于 500 mm。

(6) 烟感与顶棚中设备间距:

① 烟感与消防喷淋间距不应小于 300 mm。

② 烟感与防火门、防火卷帘的间距,一般为 1000~2000 mm。

烟感的内部采用离子式烟雾传感技术,通过监测烟雾的浓度来实现火灾防范。

详尽说明可查阅相关规范(GB 50116—2013)。

3. 灯具安装间距

(1) 烟感与灯具间距最小为 300 mm,如是高温光源,灯具水平间距不应小于 500 mm。

(2) 烟感与暗藏扬声器间距不应小于 300 mm。

(3) 喷淋与灯具中心间距不小于 300 mm,如灯具规格较大,需另行考虑。

(4) 结合声学顾问及灯光顾问要求,满足场景灯光及声学需求。

综合上述,在遵守规范要求的前提下,进行优化调整,不影响观感效果。

二、轻钢龙骨纸面石膏板吊顶规范

1. 龙骨规格及技术要求

轻钢龙骨纸面石膏板吊顶系统是由龙骨、配件、饰面板等组成的系统,根据是否需要进入吊顶内检修的要求分为上人与不上人两种。

上人顶棚: 吊顶的吊杆采用 φ8 钢筋吊杆或 M8 全牙吊杆,上人承载龙骨(主龙骨)规格为: 50×15／16×24／60×27(mm)(建议使用后两者)。

不上人顶棚: 吊顶的吊杆通常采用 φ6 钢筋吊杆或 M6 全牙吊杆,承载龙骨(主龙骨)规格为:38×12／50×20／60×27(mm)。

次龙骨规格为: 50×20／60×27／50×19(mm)等,根据实际项目情况可选择用 C50、C60 系列龙骨,吊筋间距900～1200mm。 一般情况下主龙骨吊杆之间距离应小于等于 1000mm,所有轻钢龙骨转角处采用扇形／L形／三角形铁皮结合铆钉与覆面龙骨固定,覆面龙骨转角处需做斜撑加固。

当采用 9.5 mm 厚纸面石膏板做面板时,次龙骨的间距不得超过 450 mm。 采用双层纸面石膏板作为面板时,次龙骨的间距不得超过 600 mm。 面积较大的吊顶宜采用 12 mm 厚纸面石膏板。 石膏板吊顶检修口宜选用工业成品,所有洞口四周均应设有次龙骨或附加龙骨。 如采用双层石膏板吊顶构造时,上、下层石膏板应错缝布置,石膏板搭接处刷与周围同色乳胶漆,以达到良好的刚度。

2. 设备末端安装

重量小于 1 kg 的筒灯、石英射灯等设施可直接安装在轻钢龙骨石膏板吊顶饰面板上;重量小于 3 kg 的灯具等设施应安装在次龙骨上;重量超过 3 kg 的灯具、吊扇、空调等或者会产生震颤的设施,应直接吊挂在建筑承重结构上。

龙骨排布宜与空调的送回风口、灯具、烟感、喷淋头、检修口、广播喇叭等设备的位置错开,不应切断主龙骨。 若必须切断主龙骨,一定要采取加强补救措施,如设置转换层、加强龙骨等。

3. 施工注意事项

(1) 吊点位置应根据施工设计图纸在室内顶部结构下确定。 主龙骨端头吊点距主龙骨边端部应小于 200 mm。 吊杆与室内顶部结构的连接应牢固、安全;吊杆应与结构中的预埋件焊接或后置紧固连接。

(2) 对面积较大的吊顶,宜每隔 12 m 在主龙骨上部垂直方向上焊接一道横卧主龙骨,焊接点处应涂刷防锈漆,以加强承载龙骨(主龙骨)侧向稳定性和吊顶整体性。

(3) 石膏板上开洞口的四边,应有次龙骨或横撑龙骨作为附加龙骨。

(4) 板材(纸面石膏板、水泥加压平板、硅酸钙板)安装,应先将板材就位,然后用防锈自攻螺钉将板材与横撑龙骨固定。 自攻螺钉中距不得大于 200 mm,距石膏板边应为 10～15 mm。

(5) 纸面石膏板的面积大于 100 m² 时,纵、横方向每 12～18 m 距离处宜做伸缩缝处理。

注: 此处不进行一一说明,实际应用可根据项目要求及规范要求自行调整优化。

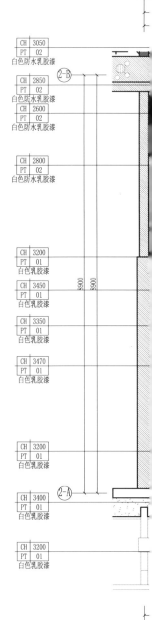

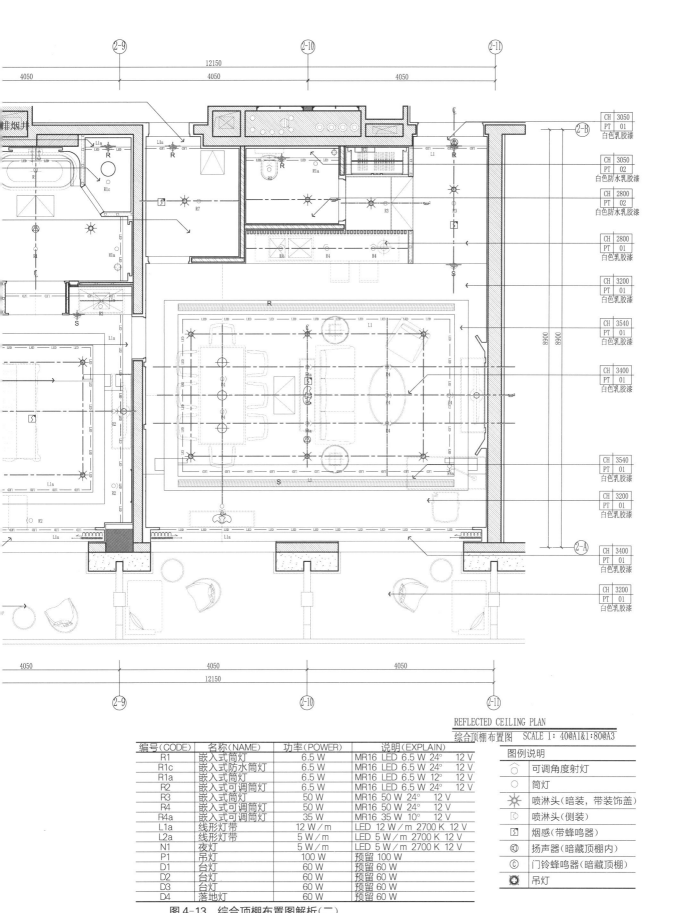

REFLECTED CEILING PLAN
综合顶棚布置图　SCALE 1：40@A1&1:80@A3

编号（CODE）	名称（NAME）	功率（POWER）	说明（EXPLAIN）
R1	嵌入式筒灯	6.5 W	MR16 LED 6.5 W 24° 12 V
R1c	嵌入式防水筒灯	6.5 W	MR16 LED 6.5 W 24° 12 V
R1a	嵌入式筒灯	6.5 W	MR16 LED 6.5 W 12° 12 V
R2	嵌入式可调筒灯	6.5 W	MR16 LED 6.5 W 24° 12 V
R3	嵌入式筒灯	50 W	MR16 50 W 24° 12 V
R4	嵌入式可调筒灯	50 W	MR16 50 W 24° 12 V
R4a	嵌入式可调筒灯	35 W	MR16 35 W 10° 12 V
L1a	线形灯带	12 W／m	LED 12 W／m 2700 K 12 V
L2a	线形灯带	5 W／m	LED 5 W／m 2700 K 12 V
N1	夜灯	5 W／m	LED 5 W／m 2700 K 12 V
P1	吊灯	100 W	预留 100 W
D1	台灯	60 W	预留 60 W
D2	台灯	60 W	预留 60 W
D3	台灯	60 W	预留 60 W
D4	落地灯	60 W	预留 60 W

图例说明

◠	可调角度射灯
○	筒灯
✳	喷淋头（暗装，带装饰盖）
▷	喷淋头（侧装）
▨	烟感（带蜂鸣器）
⦿	扬声器（暗藏顶棚内）
ⓒ	门铃蜂鸣器（暗藏顶棚）
✿	吊灯

图 4-13　综合顶棚布置图解析（二）

【综合顶棚布置图】深化思维解析

一、综合顶棚布置图

综合顶棚布置图是指导顶棚设计造型的施工、造型标高、材料、节点详图信息的图纸。应重点关注顶棚造型与墙面、地面造型关系，天花造型投影线的关系，天花标高关系，天花灯具选型与基层龙骨的穿插关系，四大软装投影线与天花之间的关系，检修口、强弱电点位相互之间的关系，天花整体索引，天花图例说明，机电图例说明等。

二、结构层

1. 现场勘查梁体信息是否与图纸中的梁体有差别。

2. 检查装饰图纸与原建筑图纸中梁体信息是否有差别。

3. 吊顶层中常含有大量设备，设备层加上梁体高度会直接影响空间的垂直距离，故综合顶棚布置图中需对原结构信息进行叠图（此处控制图层显示获取梁体结构信息），并检测造型是否与梁体发生冲突。如有问题需及时改正，避免现场施工后出现返工、造成工程造价的增加。

三、设备层

1. 顶棚中会有大量的内部设备，如消防设备、机电设备、暖通设备、智能设备、新风、音响及其他特殊项目要求的置于顶棚内部或者表面的设备等。要考虑顶棚内设备的综合管控，注意设备之间的冲撞点。会产生噪声的顶棚内部设备要进行隔声封堵。当设备总体高度影响整体空间标高时，应进行合理调整。

2. 综合顶棚图需综合各专业（暖通、消防、机电、灯光）进行合图，检测各专业设备点位是否有冲突和重叠，如有冲突需综合各专业进行协调优化，需将喷淋、烟感、灯具、消防喇叭等相关信息合进综合顶棚图中进行排版，排版需考虑"对齐"、"对线"，以保证各专业符合相关规范要求：①消防喷淋间距需符合防火规范要求；②灯具及背景音乐需满足灯光要求及声学要求；③烟感需根据空间面积符合保护半径、各专业点位交错间距要求。

注：大功率电气设备的排布应结合消防规范一同考虑。

四、装饰层

1. 吊顶造型相对来说都是对称的，空间的墙面造型也是相对对称的，所以当顶棚造型与墙面造型同时呈现时，两者之间应相互检测装饰造型是否美观。

2. 当吊顶和墙面两种材料交接较难达到一个水平看线时，需考虑顶棚与墙面造型应采取有效方式防止出现感官质量通病。如：石材同吊顶交接收口，两者做离缝处理，防止感官质量通病；用顶棚投影线与完成面检测冲突，避免造型不美观、严重返工的现象。

3. 当空间内使用大型吊灯时应考虑空间内标高可采用多大规格尺寸的吊灯，是否影响动线关系；当灯具超过 3 kg 时，需对灯具、悬挂装饰等进行加固处理，若悬挂物体过重，需综合考虑采用独立悬挂，以保证不对顶棚造型造成破坏。

4. 顶棚造型需考虑热胀冷缩现象，当顶棚的跨度达到 10 m 时，需设置一道伸缩缝，来缓解因地域环境及物质内部结构变化所产生的物体变形导致石膏板断裂。顶棚内部结构也存在热胀冷缩现象，所以设置的伸缩缝内部结构也是整体断开的。伸缩缝要求美观，保持装饰效果一致性。

5. 深化过程中需考虑设备检修口预留及检修口处的装饰性，应与空间整体协调，以保证整体美观整洁。

若前期未能考虑到检修口预留，则现场实施时临时添加检修口会影响整体装饰效果及统一性。

电动窗帘、灯带、空调等都需预留检修口。

注：因项目内容不同，成本预算及施工规范要求也有所不同，故实际应用应根据所接触项目类型综合项目成本及施工规范要求进行深化。

编号（CODE）	名称（NAME）	功率（POWER）	说明（EXPLAIN）
R1	嵌入式筒灯	6.5 W	MR16 LED 6.5 W 24°　12 V
R1c	嵌入式防水筒灯	6.5 W	MR16 LED 6.5 W 24°　12 V
R1a	嵌入式筒灯	6.5 W	MR16 LED 6.5 W 12°　12 V
R2	嵌入式可调筒灯	6.5 W	MR16 LED 6.5 W 24°　12 V
R3	嵌入式筒灯	50 W	MR16 50 W 24°　12 V
R4	嵌入式可调筒灯	50 W	MR16 50 W 24°　12 V
R4a	嵌入式可调筒灯	35 W	MR16 35 W 10°　12 V
L1a	线形灯带	12 W/m	LED 12 W/m 2700 K 12 V
L2a	线形灯带	5 W/m	LED 5 W/m 2700 K 12 V
N1	夜灯	5 W/m	LED 5 W/m 2700 K 12 V
P1	吊灯	100 W	预留 100 W
D1	台灯	60 W	预留 60 W
D2	台灯	60 W	预留 60 W
D3	台灯	60 W	预留 60 W
D4	落地灯	60 W	预留 60 W

图例说明

图例	说明
⌒	可调角度射灯
○	筒灯
✳	喷淋头（暗装，带装饰盖）
▷	喷淋头（侧装）
⊠	烟感（带蜂鸣器）
◎	扬声器（暗藏顶棚内）
©	门铃蜂鸣器（暗藏顶棚）
✿	吊灯

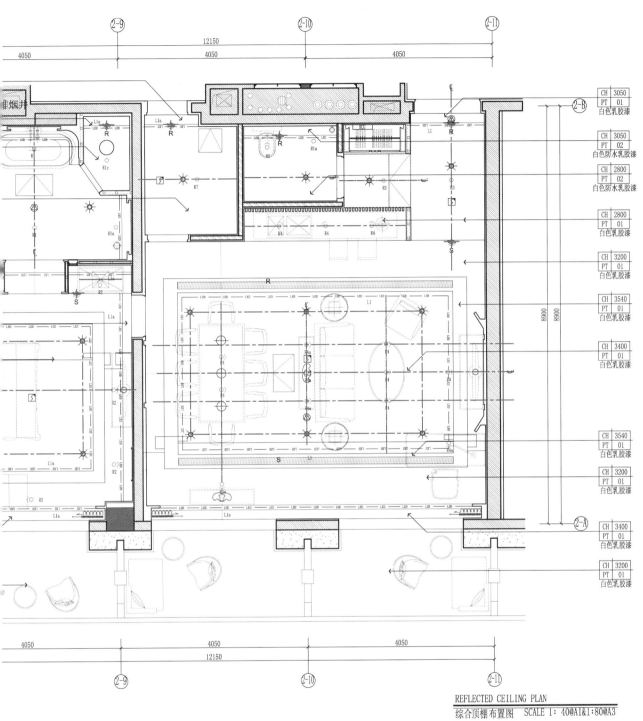

REFLECTED CEILING PLAN
综合顶棚布置图　　SCALE 1：40@A1&1：80@A3

图 4-13　综合顶棚布置图解析（三）

【顶棚造型尺寸图】综合解析

一、 顶棚造型尺寸图图面表达内容

1. RC（综合顶棚布置）： 显示的图层为 BS、DS、RC；

2. 灯具类型及灯具图例一览表；

3. 顶棚平视造型线；

4. 风机出风回风点位；

5. 检修口；

6. 顶棚造型尺寸；

7. 节点剖切索引。

二、 顶棚细节解析

1. 表达各分区编号、所有顶棚上的灯位、装饰及其他（标注尺寸）。 根据项目不同重新编订图例说明，并使用外部参照调用。

2. 表达出风口、检修口等设备安装内容（视具体情况而定）。

3. 表达出门、窗洞口的位置。

4. 表达出建筑轴号及轴线尺寸。

三、 图面排版要求

❶ 轴号与尺寸标注的距离为 15、7、7 布局单位（mm），使版面整洁、规范，尺寸不能盖住轴线。

❷ 通过检修口及风口的定位了解设备是否与顶棚造型冲突。

❸ 尺寸标注应在一条水平或垂直线上，且标注全面具体。

❹ 顶棚中表示出顶棚造型剖线，清晰、明了地分析顶面与墙面造型关系。

四、 顶棚造型尺寸图深化思维延伸

对顶棚尺寸进行标注也是对综合顶棚的二次审核优化过程，不能盲目进行单一的尺寸标注，需对综合顶棚造型进行二次综合解析（机电点位、四大软装、精装造型之间的呼应关系），以保证设计落地品质，进一步核对、完善顶棚造型标注尺寸，方便指导施工，如细节尺寸需参照对应节点图，从而能够指导现场施工，达到设计全案落地。

注： 因项目不同，相关表达内容也有所不同，以上内容仅供参考，实际应用可根据项目要求自行调整。

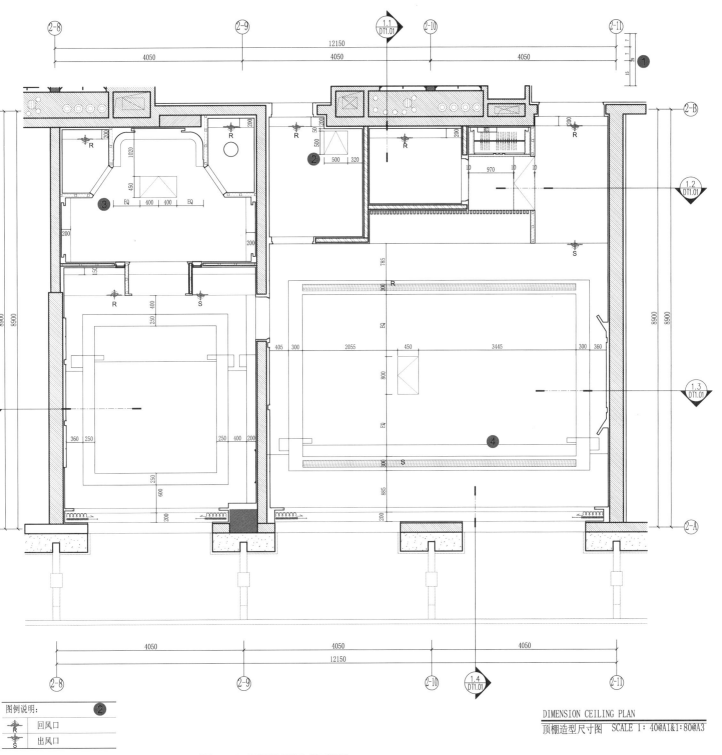

DIMENSION CEILING PLAN

顶棚造型尺寸图　SCALE 1：40@A1&1：80@A3

图例说明：

| R | 回风口 |
| S | 出风口 |

图 4-14　顶棚造型尺寸图解析

【顶棚灯具尺寸图】综合解析

一、 顶棚灯具尺寸图图面表达内容

1. RC(顶棚灯具尺寸图)：显示的图层为 BS、DS、RC；

2. 灯具类型及灯具图例一览表；

3. 消防设施及消防图例一览表；

4. 顶棚平视造型线；

5. 风机出风回风点位；

6. 主控线；

7. 检修口；

8. 顶棚灯具尺寸。

二、 顶棚细节解析

1. 表达各分区编号、所有顶棚上的灯位、装饰及其他(标注尺寸)，根据项目不同重新编订图例说明，并使用外部参照调用。

2. 表达出风口、检修口等设备安装内容(视具体情况而定)。

3. 表达出门、窗洞口的位置。

4. 表达出建筑轴号及轴线尺寸。

三、 图面排版要求

① 轴号与尺寸标注的距离为 15、7、7 布局单位(mm)，使版面整洁、规范，尺寸不能盖住轴线。

② 通过灯具图例一览表对当前图中灯具信息进行解析。

③ 通过消防图例一览表对当前图中消防信息进行解析。

④ 通过主控线对灯具进行对齐定位，使装饰效果美观整洁。

⑤ 通过灯具编号准确了解灯具信息。

⑥ 顶棚中表示出顶棚造型剖线，清晰、明了地分析顶面与墙面造型关系。

⑦ 灯具尺寸标注应在一条水平或垂直线上，且标注全面具体。

四、 顶棚灯具尺寸图深化思维延伸

对顶棚灯具尺寸进行标注也是对综合顶棚的二次审核优化过程，不能盲目进行单一的尺寸标注，需对综合顶棚进行二次综合解析(机电点位、四大软装、精装造型之间的呼应关系)，以保证设计落地品质；进一步核对、完善顶棚灯具、消防、机电等标注尺寸，对各专业图纸整合优化调整，以方便指导施工。

注：因项目不同，相关表达内容也有所不同，以上内容仅供参考，实际应用可根据项目要求自行调整。

编号(CODE)	名称(NAME)	功率(POWER)	说明(EXPLAIN) ⑤
R1	嵌入式筒灯	6.5 W	MR16 LED 6.5 W 24° 12 V
R1c	嵌入式防水筒灯	6.5 W	MR16 LED 6.5 W 24° 12 V
R1a	嵌入式筒灯	6.5 W	MR16 LED 6.5 W 12° 12 V
R2	嵌入式可调筒灯	6.5 W	MR16 LED 6.5 W 24° 12 V
R3	嵌入式筒灯	50 W	MR16 50 W 24° 12 V
R4	嵌入式可调筒灯	50 W	MR16 50 W 24° 12 V
R4a	嵌入式可调筒灯	35 W	MR16 35 W 10° 12 V
L1a	线形灯带	12 W/m	LED 12 W/m 2700 K 12 V
L2a	线形灯带	5 W/m	LED 5 W/m 2700 K 12 V
N1	夜灯	5 W/m	LED 5 W/m 2700 K 12 V
P1	吊灯	100 W	预留 100 W
D1	台灯	60 W	预留 60 W
D2	台灯	60 W	预留 60 W
D3	台灯	60 W	预留 60 W
D4	落地灯	60 W	预留 60 W

图例说明	
⌒	可调角度射灯 ②
○	筒灯
✳	喷淋头(暗装，带装饰盖)
⟿	喷淋头(侧装) ③
⊠	烟感(带蜂鸣器)
⊙	扬声器(暗藏顶棚内)
ⓒ	门铃蜂鸣器(暗藏顶棚)
✺	吊灯

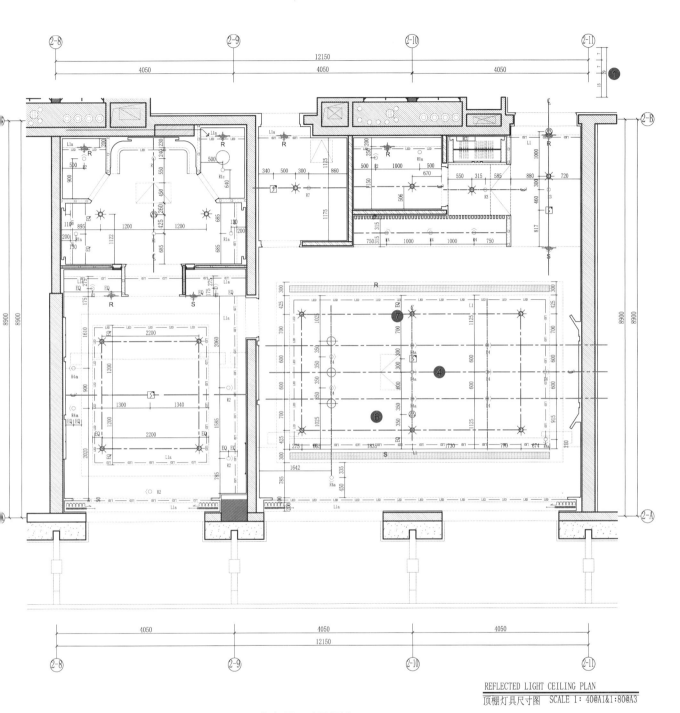

REFLECTED LIGHT CEILING PLAN
顶棚灯具尺寸图　SCALE 1：40@A1&1：80@A3

图 4-15　顶棚灯具尺寸图解析

【机电点位图】综合解析

一、机电点位图图面表达内容

1. EM（机电点位图）：显示的图层为 BS、DS、FF、EM；

2. 机电图例及机电图例一览表；

3. 机电图例索引标注。

二、机电点位图细节解析

1. 所有机电点位的高度定位都需以中心标注。

2. 机电末端点位的精准定位需详见立面图标注，若涉及与家具衔接需提前与业主、专业厂家对接，以便于合理、美观、精准定位。

三、图面排版要求

❶ 轴号与尺寸标注的距离为 15、7、7 布局单位（mm），使版面整洁、规范，尺寸不能盖住轴线。

❷ 同一侧的索引标注应在一条水平或垂直线上，且标注全面具体。

❸ 通过机电图例及机电图例一览表，获取机电信息。

四、机电定位图深化思维解析

1. 机电点位由多专业协调进行，如强电内容主要是插座、预留电源、开关、配电箱等，其中插座和预留电源需根据功能需求放置，需要注意的是须充分了解项目设备提资和需求，并协调相对应项目管理公司提供设备选型表及各功能区内所需设备规格尺寸（如迷你吧就会配置烤箱、咖啡机、暖碟机、嵌入式酒柜等设备），预留空间，相应的电源也要根据设备说明预留到准确的位置。

2. 所有机电末端点位需考虑整体顶棚造型分隔、墙面造型分割、地面、四大软装的相互关系。

3. 本示例机电点位图平面只是显示机电末端点位，机电系统图可参照二次机电深化图（此处读者可根据项目类型自行调整处理）。

注：项目不同，项目管理公司及不同的机电设计单位对机电的要求不尽一致，以上内容为仅供参考，实际应用可根据项目要求自行调整。

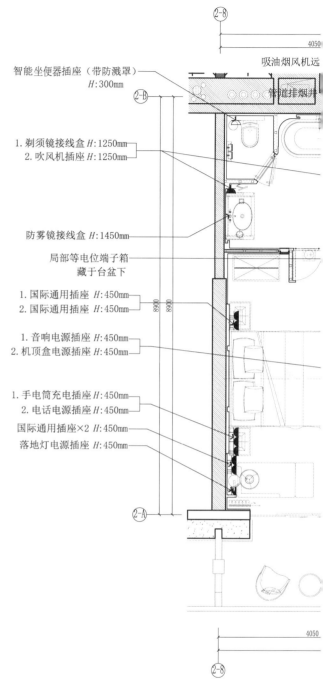

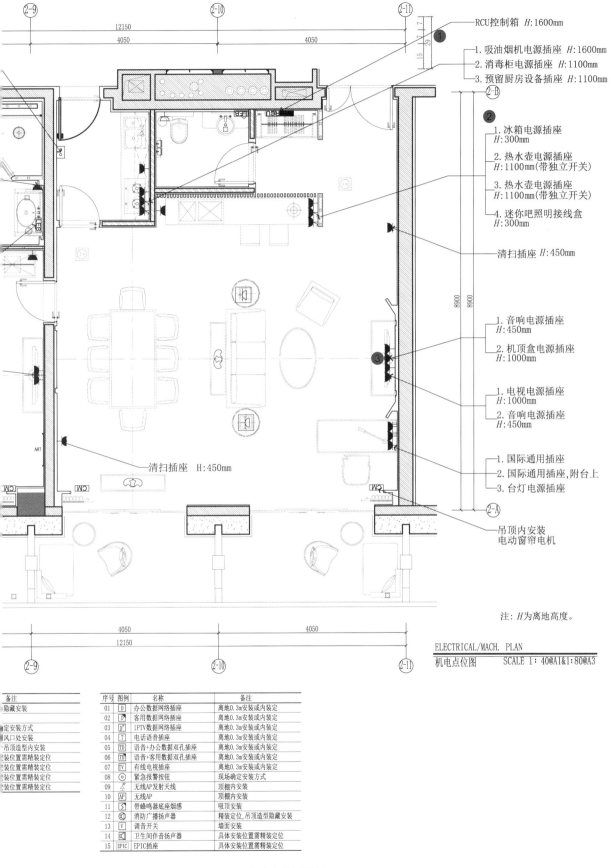

RCU控制箱 *H*:1600mm

1.吸油烟机电源插座 *H*:1600mm
2.消毒柜电源插座 *H*:1100mm
3.预留厨房设备插座 *H*:1100mm

1.冰箱电源插座
H:300mm
2.热水壶电源插座
H:1100mm(带独立开关)
3.热水壶电源插座
H:1100mm(带独立开关)
4.迷你吧照明接线盒
H:300mm

清扫插座 *H*:450mm

1.音响电源插座
H:450mm
2.机顶盒电源插座
H:1000mm

1.电视电源插座
H:1000mm
2.音响电源插座
H:450mm

1.国际通用插座
2.国际通用插座,附台上
3.台灯电源插座

吊顶内安装
电动窗帘电机

清扫插座 *H*:450mm

注: *H*为离地高度。

ELECTRICAL/MACH. PLAN
机电点位图   SCALE 1: 40@A1&1:80@A3

序号	图例	名称	备注
01	D	办公数据网络插座	离地0.3m安装或内装定
02	D	客用数据网络插座	离地0.3m安装或内装定
03	D	IPTV数据网络插座	离地0.3m安装或内装定
04	T	电话语音插座	离地0.3m安装或内装定
05	TD	语音+办公数据双孔插座	离地0.3m安装或内装定
06	TD	语音+客用数据双孔插座	离地0.3m安装或内装定
07	TV	有线电视插座	离地0.3m安装或内装定
08	⊙	紧急报警按钮	现场确定安装方式
09		无线AP发射天线	顶棚内安装
10	AP	无线AP	顶棚内安装
11	S	带蜂鸣底座烟感	吸顶安装
12	⊙	消防广播扬声器	精装定位,吊顶造型隐藏安装
13	V	调音开关	墙面安装
14		卫生间伴音扬声器	具体安装位置需精装定位
15	EPIC	EPIC插座	具体安装位置需精装定位

（部分表格左侧）

备注
隐藏安装
定安装方式
风口处安装
吊顶造型内安装
装位置需精装定位
装位置需精装定位
装位置需精装定位

图 4-16 机电点位图解析

【开关点位图】综合解析

一、开关点位图图面表达内容

1. EM(机电点位图): 显示的图层为 BS、DS、FF、EM;

2. 机电图例及机电图例一览表;

3. 机电图例索引标注。

二、开关点位图细节解析

1. 所有开关点位的高度定位都需以中心标注。

2. 开关点位的精准定位需详见立面图标注, 涉及与家具衔接需提前与业主、专业厂家对接, 以便于合理、美观、精准定位。

三、图面排版要求

❶ 轴号与尺寸标注的距离为 15、7、7 布局单位(mm), 使版面整洁、规范, 尺寸不能盖住轴线。

❷ 同一侧的索引标注应在一条水平或垂直线上, 且标注全面具体。

❸ 通过机电图例及机电图例一览表, 获取开关信息。

四、开关点位图深化思维解析

开关点位是由灯光专业和电气专业进行协调出图, 并由精装专业进行协调调整, 防止墙面造型及分割重叠影响美观, 以保证装饰效果和项目综合落地。

注: 项目不同, 项目管理公司及不同的机电设计单位对机电的要求会不同, 以上内容仅供参考, 实际应用可根据项目要求自行调整。

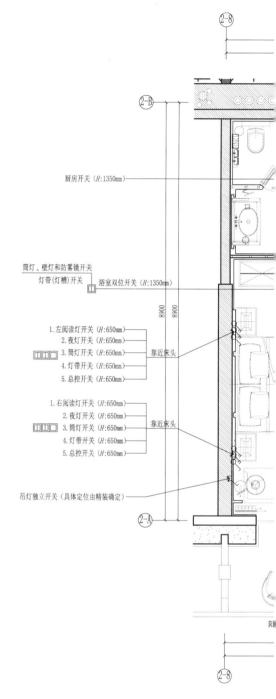

序号	图例	名称	备注
01	RCU	RCU控制箱	衣柜内隐藏安装
02	FCU	空调机	
03		门磁报警开关	现场确定安装方式
04	T	温感	空调回风口处安装
05	C	门铃蜂鸣器	隐藏于吊顶造型内安装
06		插卡取电开关	具体安装位置需精装定位
07		单键开关面板	具体安装位置需精装定位
08		双键开关面板	具体安装位置需精装定位
09		温控器	具体安装位置需精装定位

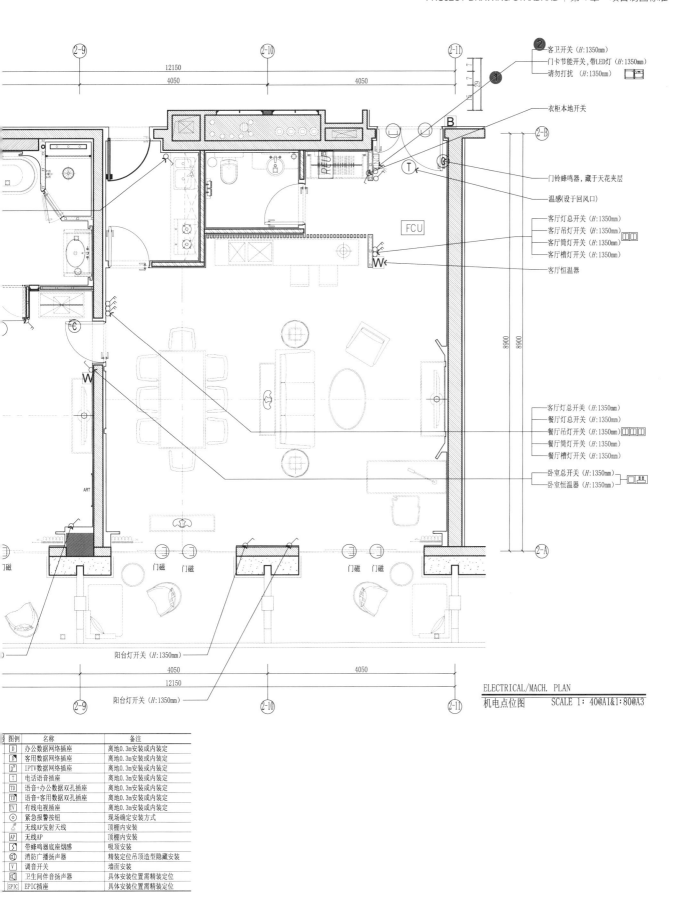

客卫开关（H:1350mm）
门卡节能开关，带LED灯（H:1350mm）
请勿打扰（H:1350mm）

衣柜本地开关

门铃蜂鸣器，藏于天花夹层

温感(设于回风口)

客厅灯总开关（H:1350mm）
客厅吊灯开关（H:1350mm）
客厅筒灯开关（H:1350mm）
客厅槽灯开关（H:1350mm）

客厅恒温器

客厅灯总开关（H:1350mm）
餐厅灯总开关（H:1350mm）
餐厅吊灯开关（H:1350mm）
餐厅筒灯开关（H:1350mm）
餐厅槽灯开关（H:1350mm）

卧室总开关（H:1350mm）
卧室恒温器（H:1350mm）

阳台灯开关（H:1350mm）

阳台灯开关（H:1350mm）

ELECTRICAL/MACH. PLAN
机电点位图　　　　SCALE 1：40@A1&1：80@A3

图例	名称	备注
D	办公数据网络插座	离地0.3m安装或内装定
D	客用数据网络插座	离地0.3m安装或内装定
D	IPTV数据网络插座	离地0.3m安装或内装定
T	电话语音插座	离地0.3m安装或内装定
TD	语音+办公数据双孔插座	离地0.3m安装或内装定
TD	语音+客用数据双孔插座	离地0.3m安装或内装定
TV	有线电视插座	离地0.3m安装或内装定
⊙	紧急报警按钮	现场确定安装方式
	无线AP发射天线	顶棚内安装
AP	无线AP	顶棚内安装
	带蜂鸣器底座烟感	吸顶安装
	消防广播扬声器	精装定位吊顶造型隐藏安装
V	调音开关	墙面安装
	卫生间伴音扬声器	具体安装位置需精装定位
EPIC	EPIC插座	具体安装位置需精装定位

图 4-17　开关点位图解析

【立面索引图】综合解析

一、 立面索引图图面表达内容

1. KP(立面索引图)：显示的图层为 BS、DS、FF；

2. 立面索引符号；

3. 大样索引符号(根据图面内容灵活运用)；

4. 门表索引符号(根据图面内容灵活运用)。

二、 立面索引图细节解析

1. 立面索引图内部信息全部淡显。

2. 表达出立面索引符号索引至立面图。

3. 表达出大样索引符号索引至大样图。

4. 表达出门表索引符号索引至门表图。

以上所述需根据图面复杂程度灵活运用。

三、 图面排版要求

❶ 轴号与尺寸标注的距离为 15、7、7(mm)布局单位，使版面整洁、规范，尺寸不能盖住轴线。

❷ 同一侧的立面索引应水平或垂直在一条线上，且索引清晰、明了。

❸ 门表索引需放置在门洞中心处，表达清晰、明了。

❹ 大样索引应在一条水平或垂直线上，且索引清晰、明了。

四、 立面索引图深化思维解析

索引图是将当前图纸中的平面图形索引至当前图形的详图及图形所在图纸编号。

注：项目不同，所表达内容也会有所不同，以上内容仅供参考，实际应用可根据项目要求自行调整。

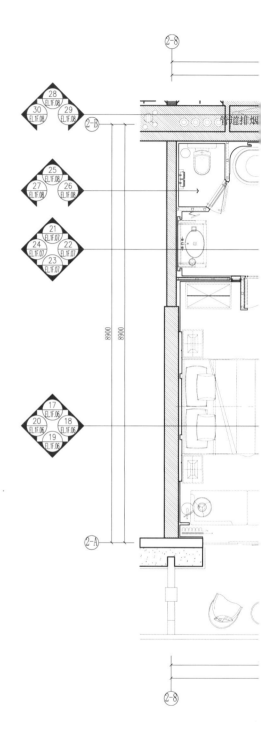

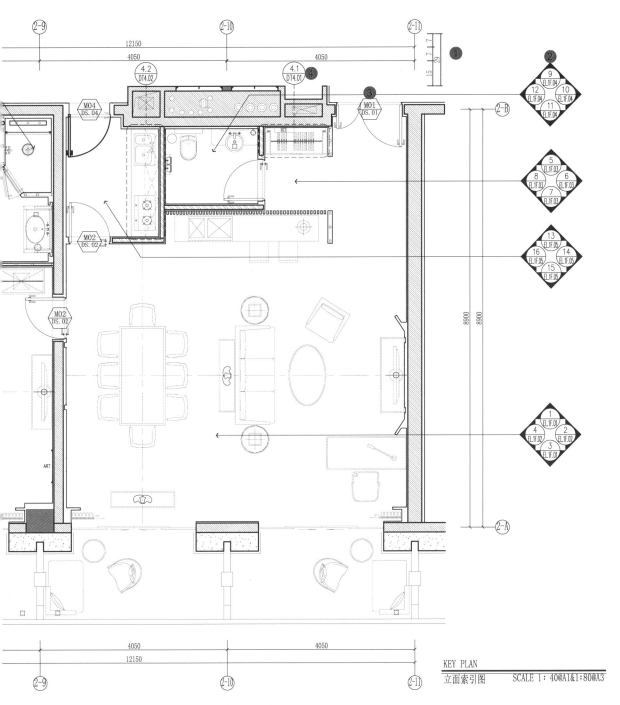

KEY PLAN
立面索引图　　　SCALE 1：40@A1&1：80@A3

图 4-18　立面索引图解析

4.3 立面系统制图标准

4.3.1 室内立面图的概念及作用

1. 概念

室内立面图是将室内墙面、造型按照立面索引符号的指向，向平行于墙面的垂直投影面作正投影而绘制。立面图中不考虑因剖视所形成的空间距离叠合和围合断面体内容的表达。

2. 作用

室内立面图用于指导墙面、立面造型分割等相关尺寸与材质描述等内容，施工单位将按照图纸内容完成项目概算、项目施工等过程的信息提取。

4.3.2 室内立面图的表现内容及深化思路

1. 土建、结构、幕墙以及二次墙体的信息

（1）原土建、结构、幕墙信息提取

① 原土建墙体信息：立面图纸中左右两侧墙体材质与墙体尺寸应与原土建墙体信息相匹配。

② 原结构信息：立面图纸中楼板厚度、楼板沉降、梁体尺寸与位置、建筑结构伸缩缝等，应与原结构图纸中相关信息匹配。

③ 幕墙信息：立面图纸中准确表达出幕墙与楼板的相对位置关系，并在立面图中对顶棚与幕墙、地面与幕墙的收口关系进行细致的轮廓表达。

（2）二次墙体信息提取

① 从声学顾问提供的图纸中了解相关墙体的声学要求、墙体材质类型、隔声材料、防火材料填充、面层封堵要求等相关信息。该信息在平面系统图相关墙体定位中已经深化完成，所以在立面绘制时做好继承与检验工作即可。

② 保证立面墙体类型及填充图案与平面系统中对该墙体的表达完全一致。

③ 专业解析当前墙体是否位于防火分区边界位置，是否达到国标要求的防火等级，墙体是否砌筑至原建筑楼板或梁底位置，设备管线穿越墙体对防火封堵的要求，对于超高墙体的构造柱与圈梁位置的控制，分析以上信息后，思考如何在立面图纸中或其他相关专项图纸中进行图形表达与语言描述。

④ 对于地导墙的高度以及边界定位等信息进行优先考虑，方便后期节点图纸信息直接提取与应用。立面图阶段对其解析可以精准控制完成面的落地。

2. 地面信息

（1）地面设备层

① 强弱电等电气管线：当地面预埋电气管道时，需确定电气管线的管径尺寸，且地面回填后的尺寸是否能够满足地面设定尺寸。

② 地暖：若地面需要铺设地暖，需考虑地暖的结构层厚度、立面图中赋予的地面厚度是否满足，若不满足需及时调整。

③ 暖通（主要体现地送风情况）：通常情况通过暖通公司提供专业的暖通图纸进行合图，了解暖通

设备的型号、规格、性能等相关信息，核实地面完成面尺寸是否符合要求。

④ 电气设备：立面图中的地面厚度是否满足地灯的尺寸，若不满足须考虑更换灯具类型或增加地面高度。

（2）回填层

室内空间回填：包括轻集料、卫生间陶粒回填等施工要求的回填方式，回填应考虑项目成本预算及大面积区域回填的重量，应考虑楼板的承重或者回填之后地材的样式来选择回填的基层材料。

（3）装饰层

① 地面完成面尺寸是否满足相关材料施工工艺要求：考虑到施工要求的严谨性，对图纸有着能够指导现场施工的高标准要求，所以要求立面图纸中的地面完成面尺寸能够符合施工结束后地面的完成面尺寸，确保现场施工有据可依，工人收到图纸明确内容，从而提高施工效率。

② 经常有水流淌的楼地面应低于相邻楼地面或设门槛等挡水设施，且应有排水措施，其楼地面应采用不吸水、易冲洗、防滑的面层材料，应设置防水隔离层，并应设置排水坡度。

3. 顶面信息

（1）结构层

① 现场勘查梁体信息是否与图纸中的梁体有差别。

② 检查装饰图纸中的梁体信息与原建筑图纸中梁体信息是否有差别。

③ 吊顶层中含有大量设备，设备层加上梁体高度会直接影响空间的垂直距离，故立面图中应表现出梁体信息，预估相关设备数据，并检测造型是否与梁体发生冲突；如有问题需及时改正，避免现场施工后出现返工现象，造成工程造价的增加。

（2）设备层

顶棚中会设置大量的内部设备，例如消防设备、机电设备、暖通设备、智能设备、新风、音响及其他特殊项目要求的置于顶棚内部或者表面的设备等。要考虑顶棚内设备的综合管控，注意设备之间是否有碰撞。易产生噪声的顶棚内部设备要进行隔声封堵。当设备总体高度影响顶棚内部空间时，应进行合理调整。

（3）吊顶层

顶棚完成面线是吊顶装饰完成线，立面图对于剖面的表示，可以让现场工人及施工班组快速了解设计的意图及造型。

（4）装饰层

顶棚上常安装大量的灯具，照明类型从功能上大致分为重点照明、直接照明、间接照明。根据不同的照明效果，灯具也是多种多样。注意事项如下：

① 大型吊灯应考虑空间的标高适合使用多高的吊灯。

② 直接照明应考虑项目的特点，对布置的距离做出相应的改变。

④ 考虑到装饰的美观性，应考虑是否做内嵌式或者内凹式的灯具。

⑤ 重点照明要求在立面图中对艺术品或者其他饰品的灯具进行点对点的精确定位，保证艺术品获得良好的灯照效果。

注：对于大功率电气设备的排布，应结合消防规范一同考虑。

（5）衔接层

顶面与墙面造型有着相互检测的关系。

① 一般吊顶造型相对来说都是对称的，空间的墙面造型也是相对对称的，所以当顶棚造型与墙面造型同时呈现时，应直观地对比它们是否对中，从而达到美观的效果。

② 当吊顶和墙面两种材料交接较难达到一个水平看线时，需考虑对天花与墙面造型采取有效措施，防止出现感官质量通病。 例如： 石材同吊顶交接收口，两者做离缝处理，防止感官质量通病；用立面图细致检测冲突，避免造型不美观及严重返工的现象。

（6）其他

① 物质存在热胀冷缩的现象，所以顶棚的跨度达到 10 m 时，需设置一道顶棚伸缩缝，来缓解因地域环境及物质内部结构的变化所导致的物体变形，如出现石膏板断裂。 顶棚内部结构也存在热胀冷缩现象，所以设置伸缩缝的内部结构也是整体断开的。 伸缩缝要求美观，且与装饰效果保持一致。

上述是从施工经验中总结出来的，《12J502-2　内装修　室内吊顶》第 13 页的 5.7 条明确说明： 当纸面石膏板吊顶面积大于 100 m² 时，纵、横方向每 12～18 m 距离处宜做伸缩缝处理。 遇到建筑变形缝处时，吊顶宜根据建筑变形量设计变形缝尺寸及构造。

《施工员一本通》第 233 页注明：跨度大于 15 m 的吊顶，应在主龙骨上每隔 15 m 加一道大龙骨，并垂直于主龙骨焊接固定。

② 应检测防火卷帘与挡烟垂壁在立面中与顶棚及墙面造型的关系。

4. 剖切墙体及完成面信息

（1）剖切墙面厚度与平面图中相对应墙体厚度一致，且填充图案一致。

（2）墙面完成面尺寸要与平面图中相对应墙体完成面尺寸一致。

5. 门、窗信息

（1）门

① 消防门

原建筑的普通防火门通常会影响整体空间的装饰风格及空间色彩，所以一般可以采用满足消防标准的防火装饰材料对消防门进行装饰，达到装饰风格同空间风格一致；或者重新划分消防分区，避免普通消防门对于空间装饰效果的影响。

② 隐形门

隐形门颜色要与墙面色彩保持一致；考虑隐形门的变形系数，应注意边框处理；隐形门的开启方式主要有推拉式和平开式，平开式是在隐形门内侧安装把手，合页隐蔽、复位安装。

③ 普通门

立面图中的门表信息应与厂家及时沟通，做到全面对接及现场完全落地。 文字表述要清晰，木纹纹理或者油漆的颜色需要立面图来表现，可以清楚表现材质之间的转换，最终达到从下单及生产到现场落地的精准把控。

（2）窗

① 建筑窗

A. 检查是否与现场实际窗户尺寸、规格、材料相符。 因项目不同或装饰需求可能会更换。

B. 立面图中顶棚吊顶与窗户连接处看是否有梁体导致顶棚与窗户最高点在同一看线上，可做层级（类似于窗帘盒）避免吊顶直接与窗户平行连接固定。

C. 考虑建筑窗是否与吊顶造型冲突，若冲突则及时提出解决方案。

② 幕墙

幕墙多为铝制品，立面图中应能表现出幕墙与顶棚的材质交接收口关系，顶棚与幕墙和窗帘三者的关系；幕墙与地面收口关系；幕墙与新建隔墙的收口关系。

6. 墙面立面造型信息

（1）墙面造型分隔

① 立面造型能够表现墙面的造型样式、纹理、比例、模数关系等，与顶棚的灯具对中、对线的检测、不同材质的收口应进行清晰的轮廓表现。

② 分析各材质之间的关系，排版确认符合材料的模数。

（2）造型内部材质分割

① 造型内部材质分割优化：对单个造型内部不同材质进行模块化处理及细分，使立面造型落地性更强。

② 单项装饰材料的具体类型、规格、颜色：通过方案了解单项装饰材料的具体类型、规格及颜色，方便物料表的整理及材料标注。

③ 材质填充分类：对于相同材质填充保持一致，对于不同材质填充进行区分。

（3）造型材质、尺寸、收口等关系

① 当主材分割尺寸大于厂家生产规格时，需要对主材进行分割、排版。如：造型为木饰面时，造型分割后宽度数据为 1300 mm，但木饰面规格为 1220 × 2400 mm，所以需同设计方协商是否优化造型尺寸。

② 主材分割排版应考虑运输、损耗、人工、生产等方面的费用，尽可能节约成本，使利益最大化。

（4）墙体转折关系

① 墙面造型若在立面中有墙体转折，应考虑造型收口是否合理。

② 应考虑收口方式及材料是否满足装饰性的设计要求。

③ 若转折墙体有造型、异形墙体，则需绘制立面展开图，包括转角处收口的方式及优化。

④ 应考虑现场墙体满足墙面造型所需的基层做法。

（5）装饰隔断

① 隔断考虑属于活动隔断还是固定隔断，查看尺寸及材质。

② 应考虑在立面上与顶棚顶面是否存在高差，且与顶棚的收口是否美观。

（6）立面灯具

① 考虑立面灯具规格尺寸与墙面造型的关系，是否居中、对称、美观。

② 考虑同类型灯具的型号、安装高度等是否一致。

（7）检修

当墙面设有设备检修口时，考虑检修口与墙面造型的关系，是否隐蔽处理，做到不破坏造型美观。

7. 机电信息

（1）通过电气工程师提供的强弱电图纸获取该项目的机电点位信息，与深化图纸叠图。 因平面图纸中无法系统地体现出立面造型，故无法检验出机电点位与立面造型的关系，因此在立面图纸中需要详细检验，并做出解决方案，及时调整。

（2）机电与立面造型的位置关系：如上所述，平面图中无法详细体现立面造型关系，故强弱电排布具体体现在立面图纸当中。

A. 强弱电面板高度若正好处于造型装饰线上，则应及时调节，避免造成观感质量问题，影响美观。

B. 强弱电并列安装时面板之间应等距或不留缝，若面板尺寸不统一，下口应齐平处理。

C. 强弱电在不影响使用的情况下，尽量隐蔽，在造型墙面或者柱面一定要居中分布。

D. 同功能级别强弱电面板高度应保持一致，如：电视机强弱电面板在不同空间的高度要保持一致。

8. 轴号轴线

通过原建筑图纸中提供的轴号轴网信息，了解图形的相对位置，从图纸中提取出来这一步骤在平面系统图纸的原始结构图中已经完成，立面图纸参照平面图纸中轴号轴网信息进行提取和检验即可。

9. 尺寸标注

（1）内部细节尺寸标注

标注于图内的主要装饰造型的分割及定位尺寸，应考虑标注的尺寸是否能够清晰表达造型的尺寸关系。

（2）主轮廓尺寸标注

主轮廓尺寸标注于图形外部，主要标注空间的分割及空间的总尺寸及立面高度等，应考虑标注是否准确，与平面系统图中的空间尺寸标注是否一致。

10. 活动家具等陈设品

（1）家具类（活动家具、固定家具）

活动家具因图纸目的不同，在图纸中表现方式不同，深化图纸中的表达主要起到示意、表达位置的作用，不用于施工依据时，活动家具用虚线显示，防止与墙面造型线条混淆。 固定家具因需要现场定制，作为施工的指导，故用实线体现。

（2）装饰艺术品

因装饰艺术品类属于软装类物体，故在施工图纸中只起到示意、表达位置的作用，故用虚线体现。

11. 文字材料索引

（1）墙面装饰材料的类型、规格、颜色及工艺：通过材料索引得知立面造型的材质等相关信息，便于施工单位理解项目，将图纸作为依据进行施工指导，故材料相关信息要准确、清晰。

（2）造型材质较多，材料标注较多的排列方法：

① 当材质较多时，若平行进行材料索引则图面编排不开，可进行竖向叠加等距编排标注；

② 当材料标注正处于造型分割处时，为避免与造型线混淆，将材料标注引线稍稍倾斜标注即可；

③ 遵循就近标注原则，避免通贯标注。 因为当通贯标注时，引线会贯穿整个图形，易与造型线混淆，造成错误信息传达。

12. 立面标高

（1）顶棚完成面标高

顶棚标高是相对于地面完成面的相对标高，当空间出现跌级顶棚造型时，需清楚标明各层级的顶棚标高。

（2）地面完成面标高

地面标高是以地面装饰完成后的高度为 ± 0.000（单位：m）的相对标高。 当出现两空间地面高度不一时，应清楚标明高度，避免施工错误。

13. 特殊符号

（1）折断线

当出现图形过大且内容重复时，可用折断线进行图形修剪，力求页面整齐，内容丰富。 当图形过大无法完整放置图框时，也可进行折断排版。

（2）转角符号

当墙体有转折时，需使用转角符号表达该墙体的转折角度，使施工单位明确空间转折关系，避免错误理解。

14. 文字备注

（1）立面空间有垭口时，需用文字清楚标明通往的空间区域。

（2）空间有石材、瓷砖排版时，若不清楚是否与实际尺寸吻合，则需标明"以现场实际尺寸为准"。

（3）当涉及其他专业分包、非深化范围的内容时，需注明"由专业分包进行优化"字样。

15. 剖切节点索引符号、图名、图号及图幅比例

（1）节点索引符号

立面图纸中需体现剖切节点的位置，故索引逻辑前后需准确。

（2）图名、图号及图幅比例

图名、图号及图幅比例等体现图纸图形的基本信息，应考虑图名是否正确、图号索引是否准确、图幅比例是否统一、查看图纸人员是否能够一目了然。

4.3.3　室内立面图的绘制

1. 立面图绘制方法

（1）室内装饰立面图可按顺时针方向绘制，或按照功能区域中顺时针方向绘制。 应选取具有代表性的墙面绘制，通常无造型、无重要工艺的墙面不需绘制立面图。

（2）空间中有两个相同立面时，一般只需绘制一个立面即可，但需要在图中用文字说明（如参照××立面图号的内容）。

（3）当空间墙体过长，按照既定的图幅和比例不能将整体图形置于图框内时，可以截成两段，在截

断处添加折断符号，两段图形用虚线首尾相接。

（4）当墙面有门洞并且通过门洞可透视到其他空间时，立面图纸只需绘制该空间墙面上的物体，所透视到的其他空间物体无需绘制。

（5）平面呈弧形或异形的室内空间，立面图形可以将一些连续立面展开成一个立面绘制，但应在图纸中进行文字说明。

2. 立面图制图标准

（1）立面图层及线型：根据立面图分粗、中、细线原理，按照本书第1章中【图层标准】进行图层分类，使图纸内容更具层次感。 例如，立面外轮廓线为装饰完成面，即装饰材料的外轮廓线，用【立面造型中线】图层、粗实线表示；造型内部分隔，用【立面造型细线】图层、中实线表示；门窗开启方式等可用【立面造型细线】图层、虚线表示；立面活动家具及活动艺术品陈设应用【立面家具】图层、虚线表示等。

（2）填充：造型材质分类填充；新建墙体填充与平面新建墙体信息保持一致。

（3）绘制内容：软装、艺术品、电器等陈设品的投影，所画的陈设品的摆放位置应与平面布置图设计位置相对应。 还应根据实物大小采用与图样统一的比例绘制。 另外，室内立面图因是指导墙面施工的图纸，故如（1）所述陈设品在立面图中用虚线表示。

（4）定位轴号、轴线：室内立面图中的轴号和轴线应与平面图相对应。

（5）尺寸标注：尺寸标注分为立面标高标注、主轮廓标注及造型内部细节尺寸标注；标注样式分为外部标注和内部标注。

① 外部标注用于标注立面标高、主轮廓标注等，为左侧及下方标注一至两道竖向及水平方向尺寸以及楼地面、顶棚等装饰标高。

② 内部标注用于标注造型内部细节尺寸，为图形内标注主要装饰造型的分割及定位尺寸；若标注过密，需交错标注，防止数据重叠。

（6）地面完成面标高及顶棚造型标高：地面完成面为相对标高±0.000（单位：m），顶棚造型标高为相对标高。

（7）立面空间划分文字说明：绘制室内立面图纸时有的空间并非封闭空间，存在空间相互贯通的情况（如过廊和大堂），所以需要在空间分割处标明通往某某空间。

（8）机电及机电图例：表示出立面上的灯饰、开关、插座、通信、网络、电话等机电信息，且标明图例。

（9）墙体材质文字索引：图纸中所有材料应用主材索引符号清楚标明材料代码及编号，参见本书1.3节"皮肤标准"。

材料索引分为上、下方向标注，避免通贯标注，否则易与墙面造型分割线混淆，造成图纸信息提供错误。 上方标注，距离由墙体向上偏移14个单位；下方标注，距离外部标注最下方向下偏移7个单位。 若出现跌级材料标注，依次向下偏移10个单位即可。

注：因标注需要，有时材料标注引线会与墙体造型线重叠，为避免混淆，引线稍稍倾斜标注即可。

（10）剖切索引：剖切方向、范围应准确，且剖切索引图号前后逻辑清晰，索引正确。

（11）立面索引与平面索引应前后呼应并关联：室内立面图纸中标注的立面索引应与平面图中的立

面索引相对应，立面即可以索引至索引平面，平面也可以索引至索引立面，且与平面布置图上的立面索引符号编号一致，立面索引符号决定室内立面图全部的识读方向。

（12）立面图纸命名：室内空间立面图应根据该空间所处楼层位置及名称来确定图纸名称，且与平面布置图上的空间名称一致。

（13）图幅及比例：室内立面图可根据其空间尺寸及所表达内容的深度来确定比例，可用比例为 1∶20、1∶30、1∶40、1∶50、1∶60，常用比例为 1∶30、1∶40。

4.3.4　室内立面图纸排版

1. 立面图纸排版示范

如图 4-19、图 4-20 所示。

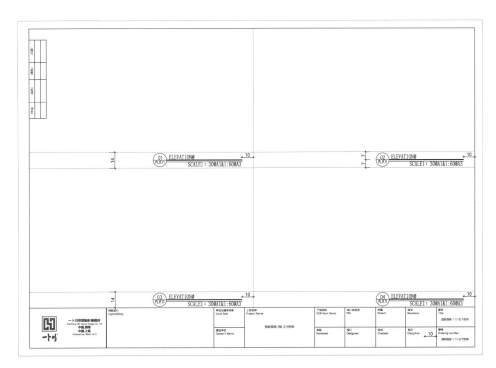

图 4-19　横面图幅立面图排版示范

2. 立面图纸视口设置

为使图纸页面美观、整齐，清晰体现图纸内容，加快绘图速度，图纸图面上应进行排版编排。

（1）在布局空间【REC】框选出图框中绘图范围，在矩形中按照 1∶1 分隔立面图形范围（一张图纸中体现的立面数量取决于图形比例及图形大小），通常情况下，一张立面图纸绘制 4 个立面，如图 4-21 所示。

（2）键盘输入【Ctrl＋C】复制图 4-21 布局空间中的【绘图范围矩形】❶ 到模型空间中，根据图形大小设定合适的比例，选择矩形【SC】进行比例放大至设定的比例，如视口比例定为 1∶30，【SC】将放大 30 倍，如图 4-22 所示。

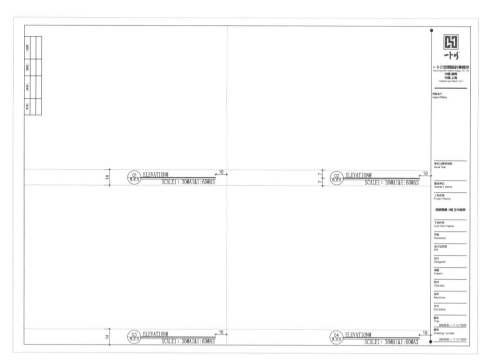

图 4-20　竖面图幅立面图排版示范

❶ 绘图范围矩形：一张立面图纸可视情况放置立面图形，示范案例将按照 4 个立面为一张立面图纸讲解，上图中矩形绘制尺寸在图 4-19、图 4-20 中详细标明

图 4-21　立面图形绘图范围

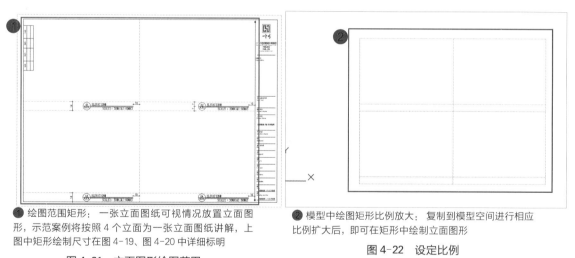

❷ 模型中绘图矩形比例放大：复制到模型空间进行相应比例扩大后，即可在矩形中绘制立面图形

图 4-22　设定比例

（3）输入【VIEW】进入视图管理器，进行视口设置，如图 4-23 所示。

（4）输入【视图名称】，框选边界设定，确定即可，如图 4-24 所示。

（5）进入布局空间，【MV】框选图 4-21 中的【绘图范围矩形】❶的范围，进入【MV】视口，点击【俯视】，进入【自定义模型视图】，选择已建的视图即可，如图 4-25 所示。

注：视图设置完毕，点击右下方小锁图标，进行视图上锁，避免误操作

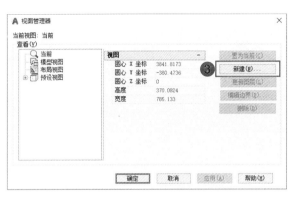

❸ 新建视图：点击【新建】，新建视图

图 4-23　视口设置

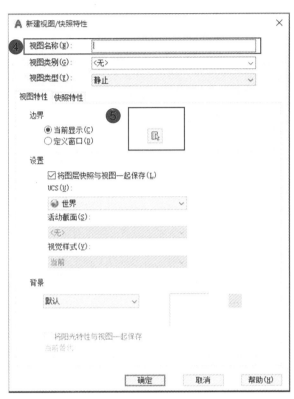

❹ 视图名称：设置该立面的图名，后期进行视口替代时便于确认

❺ 设定边界范围：点击图中❺框选的按钮框选【绘制图形矩形框】即可

图 4-24　新建视图操作

❻ 设定已建视图：进入【MV】视口，点击【俯视】，选择【自定义模型视图】，选择已建视图，立面图纸中视图即设置完毕

图 4-25　设定新建视图

4.3.5　立面图图纸示例

1. 立面图示例一

如图 4-26 所示，立面图图面表达内容解析如下：

❶ 材料索引标注：即立面材料索引标注，注意同类材料标注文字说明是否统一，编号是否同物料表一致。

规范标注：索引标注通常分为上、下两个方向进行标注。上方标注于原楼板向上偏移 14 个单位，进行双层标注时，再次向上偏移 10 个单位；下方标注于数据标注向下偏移 7 个单位，双层标注同上方标注，再次向下偏移 10 个单位；标注原则为就近原则，避免贯穿标注，如图 4-26 中所示尺寸标注。

注意：规范标注为笔者在长期绘图过程中总结出的规范绘图习惯，读者可酌情修改，其目的是使图纸更加整齐、简洁。

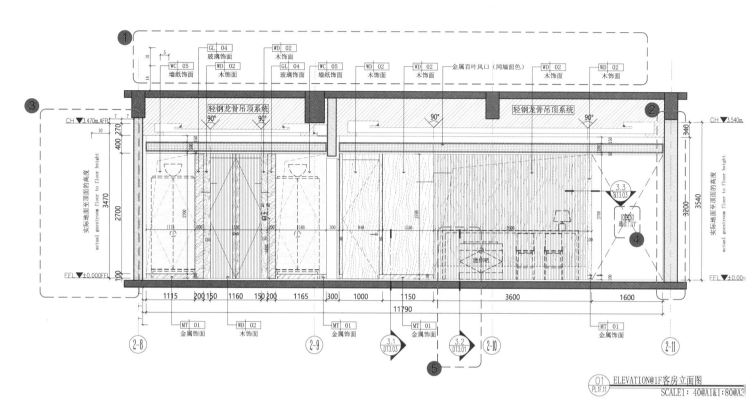

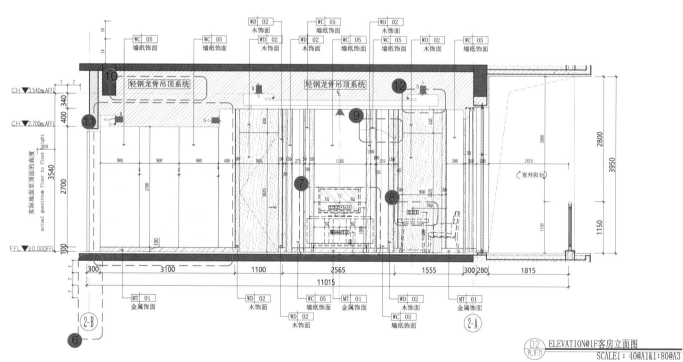

图4-26 立面图示例一

❷ 墙体填充：注意墙体填充图案与平面系统图中墙体定位中的填充图案是否一致。

❸ 尺寸标注及立面标高：尺寸标注分为外部标注和内部标注。外部标注的标注样式为【01.YBC - 外部标注 3.0】，进行大尺寸标注，于楼板偏移 7 个单位，双层标注再次偏移 7 个单位。注意：偏移 7 个单位是指布局空间中，若在模型空间使用 7 乘以布局中设定的比例（如：图纸比例为 1∶40，则偏移数值 = 7 × 40 = 280）。内部标注的标注样式为【03.YBC - 内部标注 2.0】，进行造型分割标注，标注原则为清晰表达造型关系；若尺寸较小，数值重叠，需引出标注，避免错误。分级标高分别标注顶棚分级标高、立面分级标高和地面分级标高，顶棚分级标高标注空间中立面吊顶造型的最高点及最低点，且查看数据是否与平面系统图纸中顶棚标高数据一致；立面分级标高标注立面造型中重点造型高度；地面分级标高以地面完成面为相对标高 ± 0.000。注意：当一个立面中出现两个空间时，需要左右两边分别进行竖向立面尺寸标注及标高表示。

❹ 空间划分文字说明：当遇到垭口等非闭合空间，使用【空洞符号】，并标明通往空间名称；如图 4-26 中❹所示。

❺ 墙体剖切索引：节点分为顶棚、地面、墙体、固装，分别用 1、2、3、4 来表示，故剖切符号编号 3.2 代表墙体节点中编号排序为 2 的剖切节点；DT3.01 代表墙体节点图纸中页码为 DT3.01 的图纸；剖切方向通常为横向和竖向，故注意剖切方向是否正确；详见本书 1.3 节【皮肤标准】对剖切符号的详细解析。

❻ 轴号、轴线标注：根据平面系统图中建筑图纸提供的轴网信息，进行立面轴号标注；轴线选择【CENTER】线型，注意比例设置。

❼ 活动家具：立面图纸中活动家具选择【DASHED】线型表示，起到示意作用。

❽ 机电及机电尺寸标注：平面图系统中机电设施因位于墙体中无法体现立面造型，故机电具体尺寸在立面图中表示。机电尺寸横向标注：机电位于造型面上时，居中均分布置；与家具或物体有联系时，需增加辅助线，再进行尺寸标注；不居中尺寸标注时，标明基准点进行偏移布置。机电尺寸纵向标注：常规标法为地面完成面至机电面板中线标注；同一类型或用途标高要保持一致。

❾ 立面造型剖线示意：如图 4-26 中❾所示，墙体立面造型可通过剖线形式准确表达出来，避免看图人员错误理解造型；立面剖线应准确，可直接用于造型剖切轮廓参考绘制节点。

❿ 轻钢龙骨吊顶系统：用于立面图纸中，表示吊顶系统为轻钢龙骨系统。

⓫ 填充：立面图纸中造型同材质填充需一致。

⓬ 顶面造型及机电：立面图纸中根据项目不同，顶面信息表达有所不同；若无特殊要求，立面中顶部造型线用轮廓线表示即可；轮廓线两边造型需连线，查看吊顶是否交圈；顶棚中表示新风设备等的位置，应查看是否与造型有冲突。

2. 立面图示例二

（1）立面图图面表达内容解析（图 4-27）

❶ 图名：由所在位置与空间名称组成，如 1F 客房立面图。

❷ 图幅、比例：立面常用比例为 1∶30、1∶40，可根据不同项目调整比例。

图 4-27 中 1∶40@A1 & 1∶80@A3 表示在 A1 图纸中图形比例为 1∶40；当打印 A3 图纸时，图形比例变为 1∶80。

❸ 图层与线型：按照本书 1.4 节"图层标准"绘制图形，天花轮廓线选用【立面造型粗线】；地面完成面选用【地面完成面】；立面造型根据跌级关系，线形分为粗、中、细线，合理运用【立面造型粗

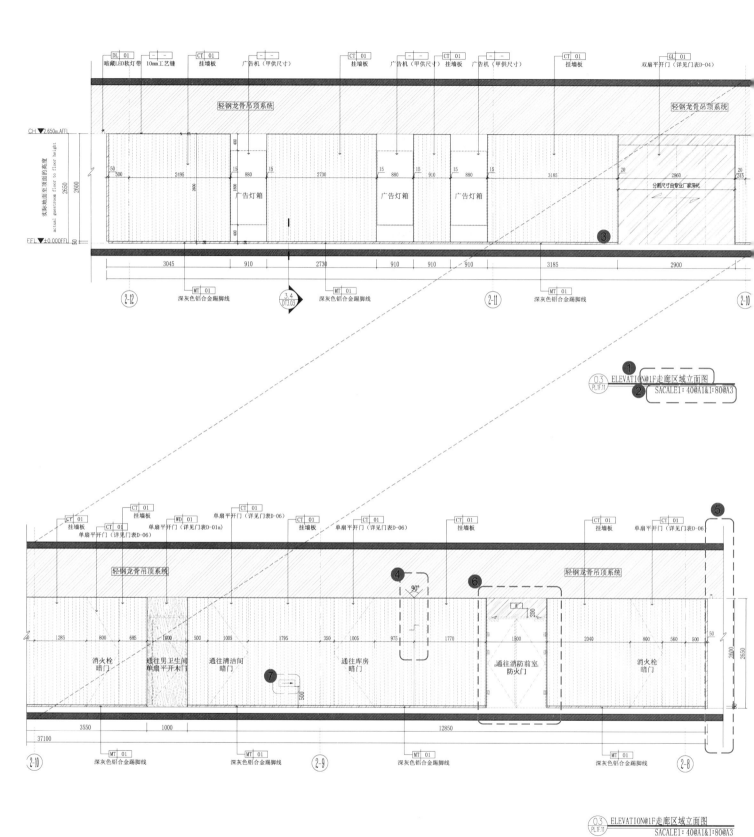

图4-27 立面图示例二

线】、【立面造型中线】、【立面造型细线】；活动家具及艺术品等选用相应图层虚线表示；具体内容查看本书 1.4 节"图层标准"详细解析。

❹ 转角符号及度数：当墙体有转折时，需用【墙体转折符号】进行度数标注，且清楚标明进退关系，如图 4-27 中❹所示。

❺ 折断符号：当图形过大，图纸图幅无法将图形完整置于图框内时，可以将图形截成两段，上下排版，在截断处添加折断符号，两段首尾相接。

（2）立面图相关标准解析

❻ 防火门：防火门的耐火等级分为甲级、乙级、丙级，应查看立面图纸中的防火门是否满足项目的防火要求；注意把控防火门与墙面造型的关系，以及防火门的尺寸大小是否满足消防标准。

❼ 消防应急照明及疏散指示标志：

① 消防应急灯自身规格：260 mm × 250 mm × 50 mm；消防疏散指示标志自身规格：380 mm × 150 mm × 20 mm。

② 疏散指示标志的安装规定：安全出口指示牌的安装高度一般为门上方 0.2 m，疏散指示灯的安装高度是 1 m 以下、0.3 m 以上的墙上。高度都是以标志牌的下边缘至地面的高度。疏散指示标志应设置在疏散走道及其转角处距地面高度 1.0 m 以下的墙面或地面上。

③ 消防应急标志灯（以下简称标志灯）的安装规定：

A. 标志灯在顶部安装时，不宜吸顶安装，灯具上边与顶棚距离宜大于 0.2 m，底边距地面距离宜在 2.0 ~ 3.0 m 之间。

B. 标志灯严禁安装在门扇上。顶棚高度低于 2.0 m 时，宜安装在门的两侧，但不能被门遮挡。标志表面应迎面对向疏散方向。

C. 标志灯低位安装在疏散走道及其转角处时，应安装在距地面（楼面）1 m 以下的墙上，标志表面应与墙面平行且凸出墙面不应大于 20 mm，凸出墙面的部分不应有尖锐角及伸出的固定件，安装距离不应大于 10 m。疏散走道内高位安装标志灯时，两个标志灯间距离不应大于 20 m（人防工程不大于10 m）。

D. 标志灯安装在地面上时，标志灯表面应与地面平行，与地面高度差不宜大于 3 mm，与地面接触边缘不宜大于 1 mm。

E. 楼梯间内指示楼层的标志灯宜安装在本层墙上。地上首层与地下室合用楼梯时，指示出口的标志灯应安装在首层出口内侧。

F. 在人员密集的大型室内公共场所的疏散走道和主要疏散线路上设置的保持视觉连续的标志灯在安装时，标志灯箭头指示方向或导向光流动方向与疏散方向一致。

④ 与装饰造型的关系：注意指示牌的安装高度与立面造型关系，指示牌是否处在两种材质交接处，若是则需进行优化处理。

3. 立面图示例三（图 4-28）

立面图图面深化思路解析如下：

❶ 吊顶尺寸检验：根据建筑图纸提供的相关信息，了解梁体的相关信息，包括梁宽、梁高等，以及平面系统综合顶棚图中的机电、灯具、标高信息等，通过预估吊顶相关设备层数据，检验顶棚完成面至上层原结构楼板的距离是否满足。

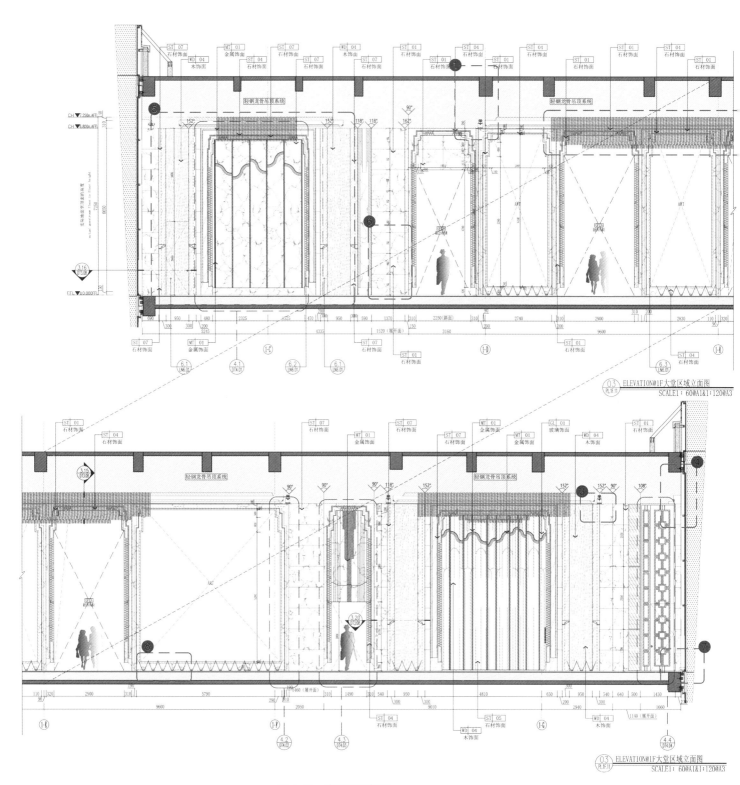

图 4-28　立面图示例三

延伸：

（1）空间吊顶面积较大时，注意进行伸缩缝处理，且内部主、副龙骨及设备等均需断开，避免晃动造成顶面开裂。

（2）在防火卷帘与吊顶交接处，注意内部封板处理，若未做处理，会影响整体观感，造成观感质量通病。

❷ 大型吊灯思考：空间选用大型吊灯时，需考虑空间的标高是否满足，是否会影响到正常走动；选择吊灯规格时应考虑采取吊顶减震措施，避免吊灯晃动引发吊顶层晃动，造成顶部造型开裂等现象（如考虑独立悬挂系统等方法）；需考虑照明亮度是否满足。

延伸：

当空间吊顶为大型吊顶造型时，需用钢架进行反向支撑加固处理，避免吊灯受风力影响左右晃动，造成顶面开裂。

❸ 吊顶灯具：顶部灯具应考虑到装饰的美观性，考虑是否做内嵌式或内凹式的灯具；若对墙面造型进行重点照明时，应考虑灯具规格、照度及照明角度等；注意吊顶、墙面或其他部位灯槽造型内的暗藏灯管是否外露，根据不同型号灯具，考虑是否加深灯槽尺寸，或者考虑安装透光片等；当灯槽深度不允许加深时，可用 LED 灯带代替 T5 灯管。

❹ 幕墙与顶棚收口：感官上，考虑将幕墙型材颜色做成与吊顶颜色一致，保持空间风格及色调一致；结构上，考虑幕墙与顶棚的收口关系，做错缝或离缝处理；隔声上，幕墙与吊顶内及与楼板连接处做隔声处理，按照国家标准进行施工；光线上，为避免窗帘上方出现漏光现象，吊顶时在窗帘盒与幕墙中间加一道挡板，避免光线通过窗帘轨道位置透露出来；施工上，当吊顶较长时，幕墙与吊顶之间的垂板进行黑色乳胶漆喷涂处理。

❺ 吊顶造型与墙面造型关系：通常情况下，为达到空间造型美观，吊顶造型与墙面造型对称关系应保持一致。

❻ 墙面石材

（1）石材排版思路：

① 考虑石材与墙面造型的模数关系，合理划分尺寸。

② 考虑墙面机电点位的分布，避免机电面板与石材分缝冲突，影响美观。

③ 考虑石材与门或者造型的交接处，使石材分缝与物体或造型冲缝。

（2）石材与吊顶面交接处收口位置处理：石材墙面与吊顶交接收口，由于是交叉施工作业，精度往往难以控制，导致部分阴角不顺直，两种材料或转角处的饰面容易开裂。对于此种问题可以采取以下四种预防措施：

① 留空设置：对高度较高（一般 6 m 以上）、施工面积较大的石材墙面，在石材顶端与吊顶间留出 20 mm 左右的间隙，同时石材顶端正面做 2 mm×2 mm 的 45° 内倒角，克服石材爆边缺陷，同时交接面缺陷被隐藏。

② 对于高度较低的石材墙面，正面做 8 mm×8 mm 的裁口，或做 5 mm×5 mm 的 45° 倒角，这样可克服石材爆边缺陷，同时交接面缺陷被隐藏。

③ 对于墙面不太高的石材，吊顶周边设置叠级或凹槽（和原设计方沟通），墙面石材直接置顶，同时墙面顶端石材正面做 2 mm×2 mm 的 45° 倒角。

④ 对于在吊顶上留凹槽处理方式，还可以定制成品石膏线，或定制铝合金型材的成品线条。

（3）石材与地面收口位置：石材与地面石材拼角处避免朝天缝，影响美观。地面与墙、柱面石材结合处，地面石材可以加宽 10 mm 左右；或者先铺地面后安装墙面石材，或将地面石材伸入墙面，以此来避免出现朝天缝。

（4）墙面造型石材可能出现的问题：

① 石材水平 U 形缝拼缝位置不合理，造成两块石材的接缝在视线内较明显，影响装饰效果。在石材墙面干挂过程中，目前有两种工艺缝制作方案，一种是 U 形缝，一种是 V 形缝；石材排版过程中，按 1.5 m 为界线，以下部分采用下块石材开槽，以上部分采用上块石材开槽，这样人的视线只能看到原石材的阴角，因而可把两块石材相接的接缝阴角规避掉。

② 石材（或墙砖）在拼接处出现小黑洞。为避免此现象，前期策划应考虑拼接角度，图纸深化下单时应考虑到位（内切 45° 左右）。阴角采用搭接式，也可保证通缝。

③ 由于深化不到位或安装顺序颠倒，导致墙面凹凸面（或毛面）石材与其他材料交接处产生空隙。故应注意深化细节、安装顺序，同时注意控制垂直度及尺寸偏差。也可考虑采取凹凸面（或毛面）石材留工艺缝做裁口等措施，避免后期出现质量通病。

④ 前期深化不到位，未考虑线条收口问题，可能导致石材弧度线条和门套线交接处无法收口。故需要做好前期深化排版工作，关注收口，特殊部位须做到 1：1 打样，确保施工依据准确。

❼ 幕墙与地面收口：幕墙与地面收口采用楼板上下钢板封堵，中间添加隔声岩棉处理；为防止窗帘出现地面处漏光现象，可进行起地台处理（注意地台与地面材质交接，避免出现朝天缝现象）。

❽ 地灯：考虑到灯具的型号、规格等，检验立面图中地面完成面尺寸是否满足，若不满足同设计方协调更换灯具或者调整地面完成面尺寸。

4. 立面图示例四

立面图图面深化思路解析如下（图 4-29）：

❶ 活动隔断：根据高隔断的高度来选择内部的承重件；根据隔声及项目要求选择厚度；高隔断使用的材料要符合规范要求。活动高隔断与顶棚收口位置，一般采用顶棚做凹槽，将滑动组件嵌于凹槽内部，感官上以两种材质收口于阴角处，高隔断上方吊顶内部需要做隔声处理。

❷ 大型隔断：大型隔断为超常规尺寸的装饰屏风，一般为现场组装，因高度要求，常规木质基层不能满足施工及防火要求，故基层基本为钢架结构。钢结构顶天立地固定，需考虑与顶棚交接处的收口关系，可以将顶棚做凹槽，隔断上方置于凹槽内部；或者顶棚与隔断交接处做离缝 10 mm×10 mm 处理，乳胶漆收口收于阴角，做 5 mm×5 mm 工艺缝处理，保证现场制作的隔断完成面与地面形成顺直的角。因超大尺寸，故需划分模数，厂家加工后，运输至场地进行现场施工（划分模数需考虑运输、人工等成本）。

❸ 墙面木饰面

（1）材质排列板块思路：

① 同石材排版相似，需考虑木饰面与墙面造型的模数关系，应按系统性、整体性要求去排列，合理划分尺寸。在非模数情况下可调整排版方式。

② 应考虑木饰面排版尺寸是否与木饰面规格冲突，常规木饰面规格为 2.4 m 或 3.0 m，故单块板长度不得超过 2.4 m，如必须超长，需与加工单位联系，但超长木饰面往往会使成本增加。

③ 考虑运输、人工等因素，合理划分尺寸规格，最大程度降低成本。

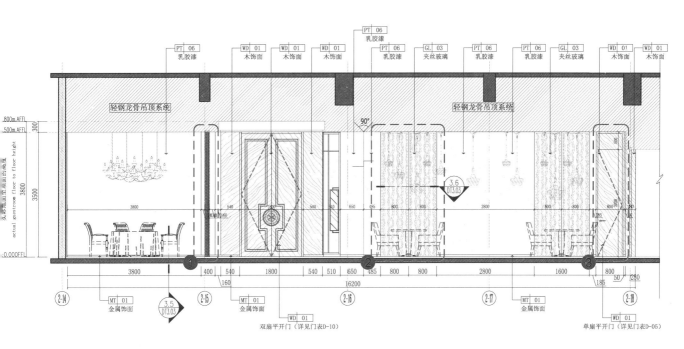

图 4-29　立面图示例四

④ 考虑墙面机电面板与木饰面造型的关系，避免面板处于木饰面收口处而影响造型美观。

⑤ 考虑墙面造型转角处理和收口关系。

（2）木饰面与顶部收口关系：当木饰面与顶棚顶面交接时，可在下单时将木饰面多下 10 mm，顶棚顶住木饰面 10 mm；或者将顶棚与木饰面收口处留 10 mm×10 mm 工艺缝处理。

（3）木饰面与其他材质收口关系：

① 木饰面与木饰面阳角收口时，可做海棠角处理、阳角一侧留工艺缝处理（留工艺缝一侧尽可能避开主饰面）。

② 木饰面与石材阴角收口时，考虑木饰面因热胀冷缩其变形系数大于石材，故以木饰面收石材，交界处石材做 5 mm×10 mm 凹口，木饰面探进凹口，从而避免因木质材料的伸缩性导致的变形以及采用留凹口的阴影处理方法来解决两种材质收口不顺直的现象；当木饰面与石材平行收口时，可采用木饰面平接留缝处理（工艺缝为 5 mm×5 mm 即可），或采用高低差收口处理，石材收入木饰面后留出 5 mm。

③ 木饰面与墙纸收口时，与墙纸相交一侧木饰面侧边留 5 mm×5 mm 的工艺缝，壁纸收于工艺缝内，有效解决壁纸不顺直及翘边的现象。

④ 木饰面与玻璃、镜子收口时，木饰面与玻璃进行离缝处理，且木饰面较玻璃凸出 5 mm，使层次关系更加明确。

❹ 银镜：银镜若深化不到位会出现很多质量通病，所以银镜收口等细节是前期深化需要注意的内容。当银镜和不锈钢收口条做成整体成品时，若两者之间留置缝隙过大，会导致露底现象，可将银镜先行安装后，根据实际情况调整不锈钢收口条宽度，解决不锈钢与镜面留缝过大问题。

延伸：

① 注意机电面板的排版是否处于银镜位置，若处于银镜位置，应尽可能进行调整，避免后期受力不均造成镜面破裂问题。

② 当银镜进行密拼处理时，为避免使用阶段周边出现自裂及破损现象，在密拼时留 0.5 mm 缝隙（预留材料热胀冷缩的空间），根据拼镜颜色，基层板涂刷成拼镜的接近色。

4.4 节点系统制图标准

4.4.1 概述

很多室内设计从业人员都存在无法顺利、规范地绘制出一个标准节点的通病，究其根本是因为对工艺不了解，施工现场接触比较少，规范标准了解较少造成的。通过本书的学习虽可获得节点施工图绘制的基本知识和技巧，但是更需要从不断的工作中积累经验，方可绘制出较为标准的节点施工图。

由于项目种类繁多，标准要求各有不同，现场条件变化较多，所以本书只能做一个精要讲解。笔者根据多年工作经验推导出一套工艺解析逻辑导图，虽不能完全概括所有工艺节点，但也近八成，故而与读者分享，希望读者通过该思维模型进行更深一步的学习，举一反三。

工艺做法追其根、溯起源就是力学原理解析，工艺做法中的力学可以概括为两大类：

（1）物理力学：表面能被破坏且可修复的对象可以通过物理力学对其进行固定，物理力学所需介质包括榫卯、钉类等。

（2）化学力学：表面不能被破坏的对象可以通过化学力学进行固定，化学力学所需介质包括结构胶、AB 胶、白乳胶等胶体类。

例如：完成面为不锈钢——→不能被破坏——→化学力——→结构胶——→木质板——→能被破坏——→物理力——→钉子类——→木质基层/轻钢龙骨基层

根据力学原理进行的工艺分析如图 4-30 所示。

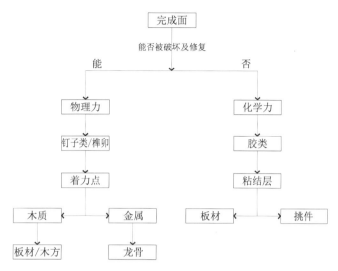

图 4-30　根据力学原理进行的工艺分析

如完成面是乳胶漆、石材、不锈钢、镜面，则工艺分析如图 4-31 所示。

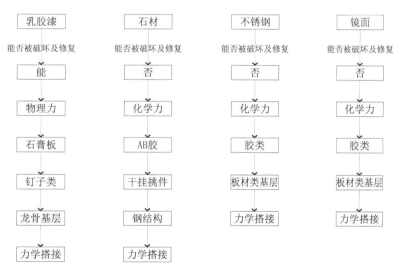

图 4-31　各类完成面的工艺分析

4.4.2　顶棚类节点解析

1. 顶棚节点系统图面解析

（1）完成面层级（图 4-32 中❶）

完成面数据主要是继承原设计方案的造型尺寸，在此基础上推理工艺标准落地性及相关专业衔接时的协调性。当设计要求与工艺要求或者各专业要求有冲突时，需进行设计答疑。通过多方协调统一，最终确定出装饰完成面的造型关系及细节处理方式。这个过程极为重要，同时也是体现深化人员专业水平的一个重要环节。

（2）基层材料层级（图4-32中❷）

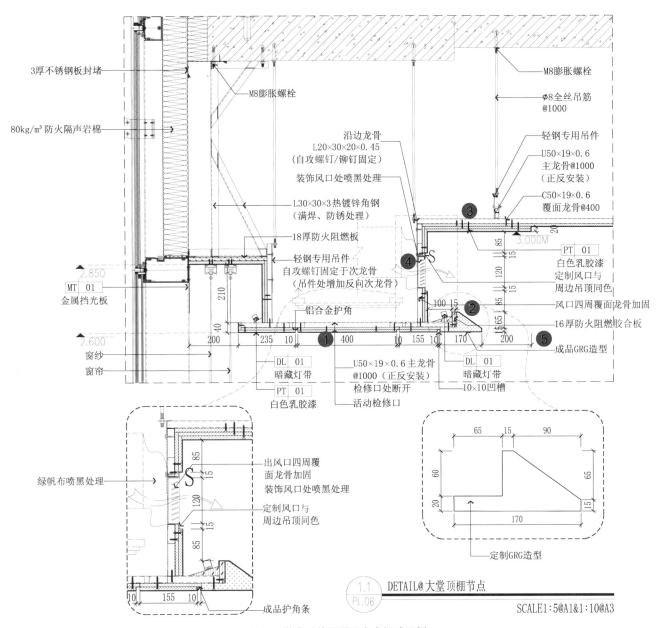

图4-32　节点系统图图面内容组成示例

根据完成面的尺寸及完成面的材料向内推理完成面材质依附的基层材料对象及其相关尺寸规格与固定方式。此环节一个重要的内容是，对于防火等级要求、材料成本、人工成本等多方考量进行优化或替代。建议在此优化环节把握以下几个原则：

①能定制则定制。原因有二，其一现在人工成本较高，其二，人工施工后观感质量会较定制差一些。

②能集成加工，则集成加工。主要体现在不锈钢、木饰面、艺术玻璃等材质两两混合或者多个材质混合时，会出现不同材质收口问题，像这样的问题应交付给一个厂家集中完成，避免多种材质衔接收

口在现场完成，否则后期隐患大。 当然这样的处理方式会使成本提高，且作为项目管理人员应有风险管控意识及责任规避意识（如返工等问题）。

③ 同质择其优。 在满足规范设计要求的前提下，可以进行材质优化替代，如异形天花造型可以定制 GRG 来进行替代。

（3）龙骨连接层级（图 4-32 中❸）

一般从防火等级要求出发，很少使用木质龙骨，普遍使用轻钢龙骨系统。 根据空间高度及检修吊顶可分上人吊顶和不上人吊顶。 主要区分在配件系统的规格，对于吊顶高度较高的空间应设置反向支撑或转换层，有些空间需设置检修马道，以上内容均应在龙骨连接层体现或考虑在内。

（4）相关设备及检修层级（图 4-32 中❹）

这个层级属于深化过程层级，不会在图面上显示出来，主要用于检查消防烟道、暖通管道、强弱电桥架、消防水管道等相关专业在吊顶空间各个专业之间、各专业与装饰之间的碰撞关系等问题。

（5）图面标注层级（图 4-32 中❺）

数据标注： 详细标注出该项目装饰完成面造型尺寸，避免尺寸漏标、重叠等现象。

索引标注： 标注该项目装饰完成面装饰材料及对应的编号、标高符号。

文字标注： 标注所有基层材料及使用规格、龙骨系统及龙骨规格、支撑和连接材料及构件、配件之间的相互关系和相关注意事项。

2. 天花节点系统图纸图面标准

（1）显示对应的图层

完成面： 放置的图层为 DT-粗线；

基层材料： 放置的图层为 DT-中线；

龙骨系统： 放置的图层为 DT-细线；

材质填充系列： 放置的图层为 DT-节点材料填充；

墙体： 放置的图层为 DT-节点墙体线；

墙体填充： 放置的图层为 DT-节点墙体填充。

（2）图形排版标注

① 比例参考设定： 完成面尺寸为 4000 mm 左右时，比例为 1：15；

完成面尺寸为 2000 mm 左右时，比例为 1：10；

完成面尺寸为 500～600 mm 时，比例为 1：4；

完成面尺寸为 180 mm 左右时，比例为 1：2；

完成面尺寸为 80 mm 左右时，比例为 1：1。

② 标注

A. 数据标注： 详细标注出该项目装饰完成面造型尺寸，以 X、Y 轴方向进行标注，避免出现重叠现象。

B. 索引标注： 标注该项目装饰完成面装饰材料及对应的编号、标高符号。

C. 文字说明： 标注所有基层材料及使用规格、龙骨系统及龙骨规格、支撑和连接材料及构件、配件之间的相互关系。

注：标注索引符号参照本书 1.3 节"皮肤标准"。

3. 顶棚节点系统图纸深度解析

（1）扩初图

只需要表达完成面装饰材料造型关系，标注出完成面造型尺寸、完成面高度、材料索引文字说明，如图 4-33 所示。

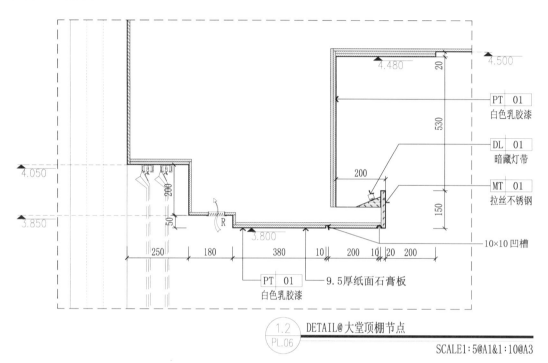

图 4-33　顶棚节点扩初图示例

（2）施工图

需要表达完成面装饰材料造型关系、基层材料、龙骨搭接关系，标注出完成面造型尺寸、完成面高度、材料索引文字及说明，如图 4-34 所示。

（3）深化图

在施工图绘制的基础上增加优化处理，如质量通病、加固、收口、观感等方面问题解析，同时对于构件及工艺说明应更具体、更详尽、更规范、更标准，如图 4-35 所示。

4. 顶棚类节点深化过程推导

（1）提取原设计方案勾勒出的完成面造型及装饰材料相关信息，该案例中（图 4-36）完成面材料有乳胶漆、不锈钢。 由以上信息可知，乳胶漆完成面可采用石膏板作为基层材料。 为了避免不锈钢装饰面出现不顺直、涟漪等现象，可采用木质板材作为基层。

（2）该案例中装饰完成面有 10 mm × 10 mm 凹槽工艺缝，以此可推断出可用双层 9.5 mm 厚纸面石膏板，为了避免凹槽不顺直、施工等问题可采用"U"形铝条。 由此可推导出图 4-37。

（3）由于石膏板可直接固定在轻钢龙骨上，故使用轻钢龙骨。 由此可推导出图 4-38。

（4）根据轻钢龙骨使用规范，可知龙骨搭接关系，但图 4-38 所示节点图偏于理想化。

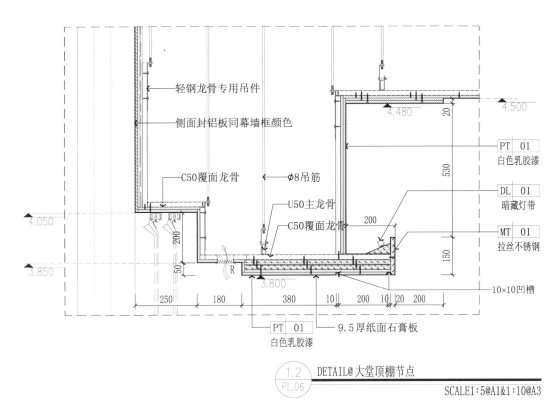

轻钢龙骨专用吊件

侧面封铝板同幕墙框颜色

C50覆面龙骨

φ8吊筋

U50主龙骨

C50覆面龙骨

4.050

200

50

4.500

4.480

20

PT | 01
白色乳胶漆

530

DL | 01
暗藏灯带

200

MT | 01
拉丝不锈钢

150

10×10凹槽

3.850

3.800

R

250　180　　380　10　200 10 20 200

PT | 01
白色乳胶漆

9.5厚纸面石膏板

1.2
PL.06　DETAIL@大堂顶棚节点

SCALE1:5@A1&1:10@A3

图 4-34　顶棚节点施工图示例

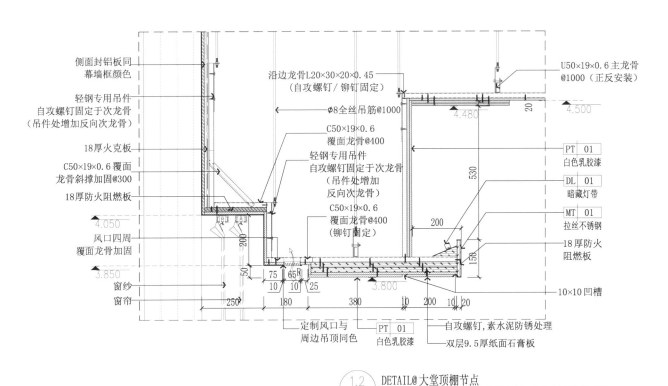

侧面封铝板同
幕墙框颜色

轻钢专用吊件
自攻螺钉固定于次龙骨
（吊件处增加反向次龙骨）

18厚火克板

C50×19×0.6覆面
龙骨斜撑加固@300

18厚防火阻燃板

沿边龙骨L20×30×20×0.45
（自攻螺钉/铆钉固定）

φ8全丝吊筋@1000

C50×19×0.6
覆面龙骨@400

轻钢专用吊件
自攻螺钉固定于次龙骨
（吊件处增加
反向次龙骨）

C50×19×0.6
覆面龙骨@400
（铆钉固定）

U50×19×0.6主龙骨
@1000（正反安装）

4.480

20

4.500

PT | 01
白色乳胶漆

530

DL | 01
暗藏灯带

200

MT | 01
拉丝不锈钢

18厚防火
阻燃板

150

4.050

200

风口四周
覆面龙骨加固

3.850

窗纱

窗帘

50

75 65 R

10 10 25

250　180　　380　10　200 10 20

3.800

10×10凹槽

定制风口与
周边吊顶同色

PT | 01
白色乳胶漆

自攻螺钉，素水泥防锈处理

双层9.5厚纸面石膏板

1.2
PL.06　DETAIL@大堂顶棚节点

SCALE1:5@A1&1:10@A3

图 4-35　顶棚节点深化图示例

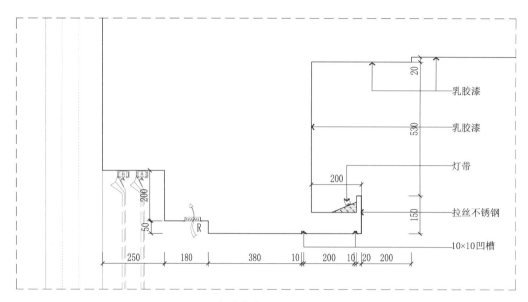

图 4-36 顶棚类节点深化过程推导示例（一）

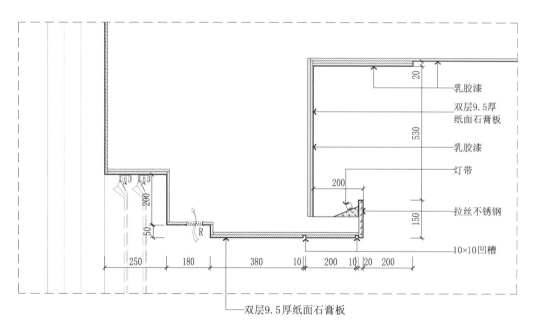

图 4-37 顶棚类节点深化过程推导示例（二）

根据原始设计方案可知，❶处造型尺寸过小，若按图中编排龙骨进行施工，则施工时由于尺寸过小，龙骨折边难以控制，不方便施工，从而费时费工。由于完成面造型尺寸回风口处为 50 mm，单层石膏板以 10 mm 计算，所以两者相差 40 mm 的跌级关系，因此可使用双层 18 mm 厚木质基层。

（5）窗帘盒上方没有考虑承重问题，窗帘重量及窗帘使用过程中会形成向下的拉力，会导致吊顶处龙骨应力变形而形成质量隐患，所以此节点应加以优化，如图 4-39 所示。

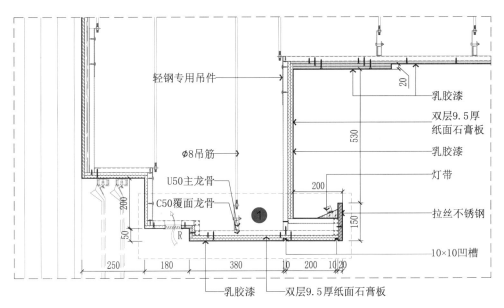

图 4-38　顶棚类节点深化过程推导示例（三）

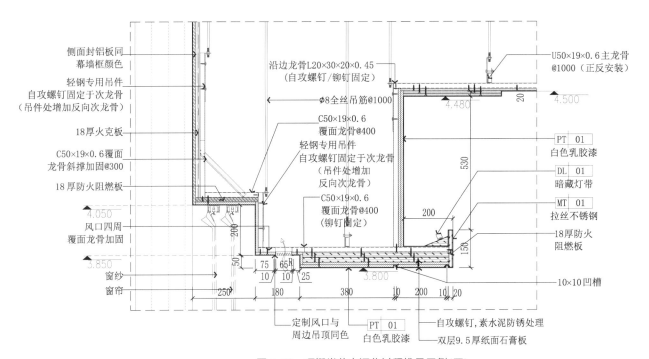

图 4-39　顶棚类节点深化过程推导示例（四）

由以上信息可知，绘制深化施工图时，首先根据原设计方案勾勒出完成面造型，由完成面装饰材料
推导出基层材料，由基层材料和该项目要求确定龙骨材质。 根据吊顶规范标准，绘制节点时，还应从
龙骨使用标准、收口关系、安全隐患、质量通病、观感等方面综合考虑。

5. 顶棚类节点制图标准样板（图4-40）

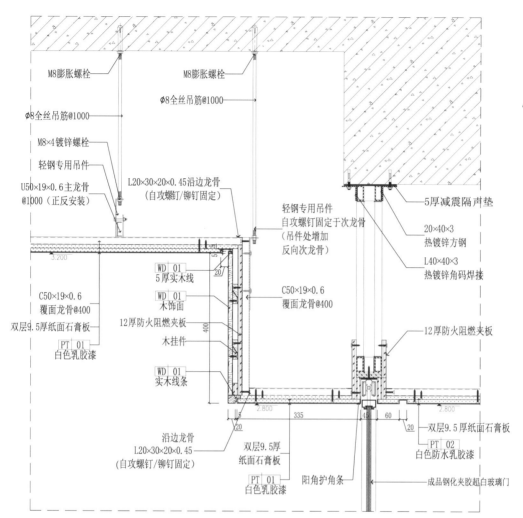

DETAIL@ 卫生间与客房顶棚节点
SCALE1：2@A1&1：1@A3

（a）

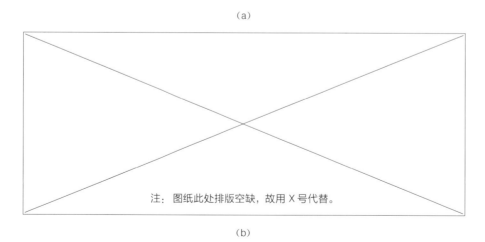

注：图纸此处排版空缺，故用X号代替。

（b）

图4-40 顶棚类

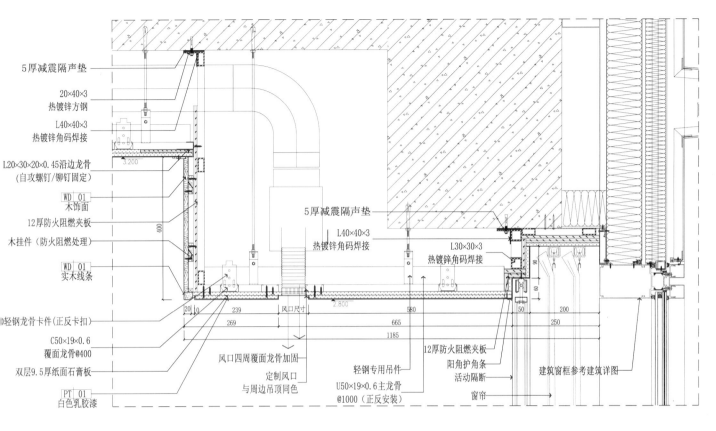

5厚减震隔声垫

20×40×3
热镀锌方钢

L40×40×3
热镀锌角码焊接

L20×30×20×0.45沿边龙骨
(自攻螺钉/铆钉固定)

WD 01
木饰面

12厚防火阻燃夹板

木挂件(防火阻燃处理)

WD 01
实木线条

轻钢龙骨卡件(正反卡扣)

C50×19×0.6
覆面龙骨@400

双层9.5厚纸面石膏板

PT 01
白色乳胶漆

5厚减震隔声垫

L40×40×3
热镀锌角码焊接

L30×30×3
热镀锌角码焊接

风口四周覆面龙骨加固

定制风口
与周边吊顶同色

轻钢专用吊件

U50×19×0.6主龙骨
@1000(正反安装)

12厚防火阻燃夹板

阳角护角条

活动隔断

窗帘

建筑窗框参考建筑详图

1.2 DETAIL@ 总统套房顶棚节点
D11.01 SCALE1：2@A1&1：1@A3

(c)

φ8全丝吊筋@1000

轻钢专用吊件

U50×19×0.6主龙骨
@1000(正反安装)

C50×19×0.6
覆面龙骨@400

L20×30×20×0.45收边龙骨
平头钻尾螺钉固定

8号镀锌槽钢

120×250热镀锌钢板预埋件

M8膨胀螺栓

热镀锌槽钢连接件

L50×50×3
热镀锌角码焊接

热镀锌干挂挑件

双层9.5厚
纸面石膏板
白色乳胶漆

PT 01

ST 01
20厚石材

定制风口
与周边吊顶同色

风口四周覆面龙骨加固

φ8全丝吊筋@1000

轻钢专用吊件
自攻螺钉固定于次龙骨
(吊件处增加反向次龙骨)

C50×19×0.6
覆面龙骨@400

沿边龙骨
L20×30×20×0.45
(自攻螺钉/铆钉固定)

阳角护角条

双层9.5厚纸面石膏板

PT 01
白色乳胶漆

1.3 DETAIL@ 石材与顶棚节点
D11.01 SCALE1：2@A1&1：1@A3

(d)

标准样板

171

4.4.3 地面类节点解析

1. 地面节点系统图面解析

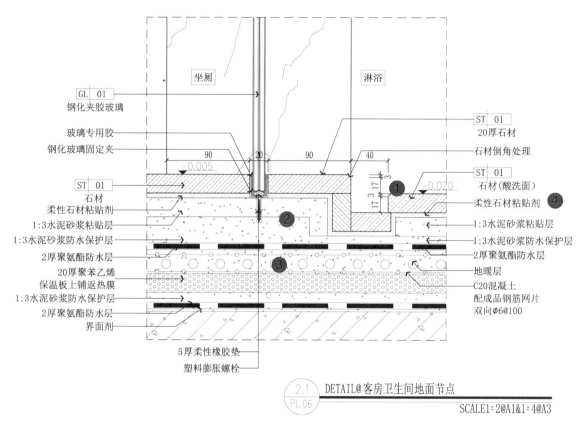

图4-41 地面节点系统图面内容组成示意

（1）完成面层级（图4-41中❶）

完成面数据主要是继承原设计方案的造型尺寸，在此基础上推理工艺标准落地性及相关专业衔接时的协调性。 当设计要求与工艺要求或者各专业要求有冲突时，需进行设计答疑。 通过多方协调统一，最终确定装饰完成面的造型关系及细节处理方式。 这个过程极为重要，同时也是体现深化人员专业水平的一个重要环节。

（2）粘结材料基层层级（图4-41中❷）

根据完成面的尺寸及完成面的材料，向内推理完成面材质依附的基层材料对象及其相关规范要求。

（3）相关设备层级（图4-41中❸）

主要用于检查在地面完成面以下的相关设备，如暖气管道、空调管道、强弱电桥架等各个专业之间、各专业与装饰之间的碰撞关系等问题。

（4）图面标注层级（图4-41中❹）

数据标注： 详细标注出该项目装饰完成面造型尺寸，避免尺寸漏标、重叠等现象。

索引标注： 标注该项目装饰完成面装饰材料及对应的编号、标高符号。

文字标注： 标注所有基层材料及工艺说明。

2. 地面节点系统图纸图面标准

（1）显示对应的图层

完成面：放置的图层为 DT-粗线；

基层材料：放置的图层为 DT-中线；

相关设备：放置的图层为 DT-细线；

材质填充系列：放置的图层为 DT-节点材料填充；

墙体：放置的图层为 DT-节点墙体线；

墙体填充：放置的图层为 DT-节点墙体填充。

（2）图形排版标注

① 比例设定：完成面尺寸为 4000 mm 左右时，比例为 1∶15；

　　　　　　　完成面尺寸为 2000 mm 左右时，比例为 1∶10；

　　　　　　　完成面尺寸为 500～600 mm 时，比例为 1∶4；

　　　　　　　完成面尺寸为 180 mm 左右时，比例为 1∶2；

　　　　　　　完成面尺寸为 80 mm 左右时，比例为 1∶1。

② 标注：

A. 数据标注：详细标注出该项目装饰完成面造型尺寸，以 X、Y 轴方向进行标注，避免出现重叠现象。

B. 索引标注：标注该项目装饰完成面装饰材料及对应的编号、标高符号、坡度标注。

C. 文字说明：标注所有基层材料及工艺说明。

注：标注索引符号参照本书 1.3 节"皮肤标准"。

3. 地面节点系统图纸深度解析

（1）扩初图

只需要表达完成面装饰材料造型关系，标注出完成面造型尺寸、完成面高度、材料索引文字说明，如图 4-42 所示。

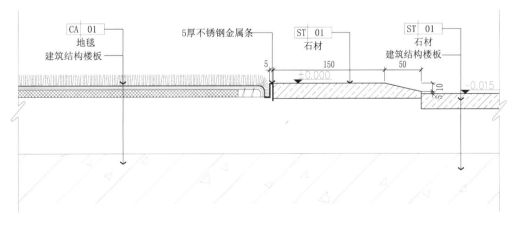

图 4-42　地面节点扩初图示例

（2）施工图

需要表达完成面装饰材料造型关系、基层材料及工艺说明，如图 4-43 所示。

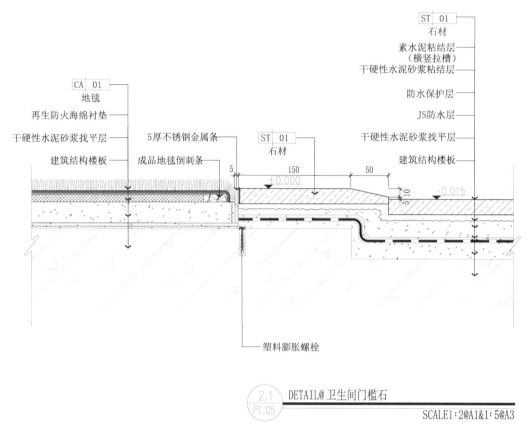

图 4-43　地面节点施工图示例

（3）深化图

① 深化图的一个很大的特点就是将专业顾问的资料落实到图纸中。例如：依据声学顾问要求在地坪增加一层隔声膜。

② 深化图在施工图绘制的基础上增加优化处理措施，如针对质量通病、加固、收口、观感等方面问题进行解析，同时对于构件及工艺说明应更具体、更详尽、更规范、更标准，如图 4-44 所示。

4. 地面类节点深化过程推导

（1）以图 4-45 所示为例，由原设计信息可知，该节点表示的区域在卫生间门槛石与卧室空间地面的衔接处，由此可知卫生间地面需要增加防水，卫生间门槛石处应增加地梁，防止水渗透到房间。

（2）根据地毯施工工艺规范要求可知：基层表面平整，有不平处需水泥砂浆找平；倒刺条沿地面周边和柱脚的四周嵌钉，板上小钉应倾角向墙面板，与墙板有适当空隙，便于地毯掩边。由上述可推导出如图 4-46 所示节点图。

（3）此处节点过于理想化，从质量通病、加固、收口、观感等方面考虑，图 4-46 中不锈钢收口条不易施工固定，门槛石处大理石直角边后期容易出现破裂、绊脚、溢水等问题，所以这几处需要优化处理，如图 4-47 所示。

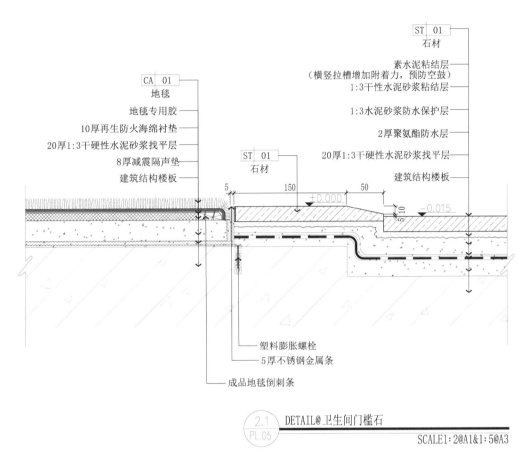

CA　01
地毯

地毯专用胶
10厚再生防火海绵衬垫
20厚1:3干硬性水泥砂浆找平层
8厚减震隔声垫
建筑结构楼板

ST　01
石材

ST　01
石材

素水泥粘结层
（横竖拉槽增加附着力，预防空鼓）
1:3干性水泥砂浆粘结层
1:3水泥砂浆防水保护层
2厚聚氨酯防水层
20厚1:3干硬性水泥砂浆找平层
建筑结构楼板

5
150
±0.000
50
−0.015

塑料膨胀螺栓
5厚不锈钢金属条
成品地毯倒刺条

2.1
PL.05
DETAIL@卫生间门槛石

SCALE1:2@A1&1:5@A3

图 4-44　地面节点深化图示例

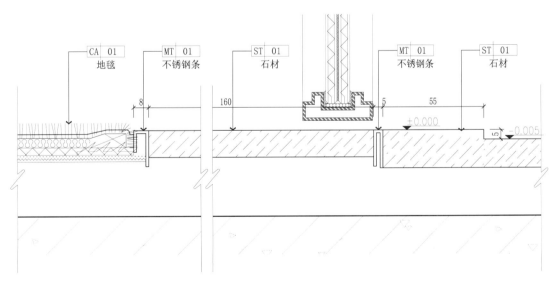

CA　01
地毯

MT　01
不锈钢条

ST　01
石材

MT　01
不锈钢条

ST　01
石材

8
160
5
55
±0.000
−0.005

图 4-45　地面类节点深化过程推导示例（一）

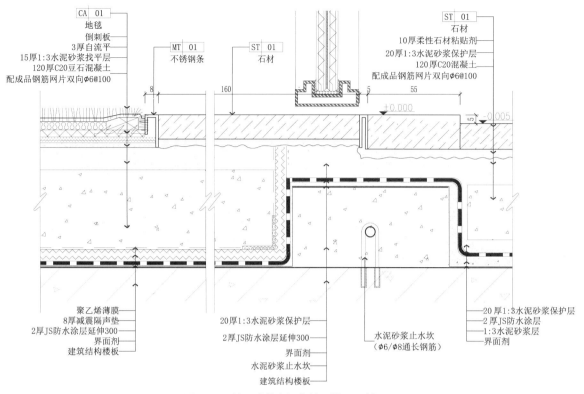

图 4-46　地面类节点深化过程推导示例（二）

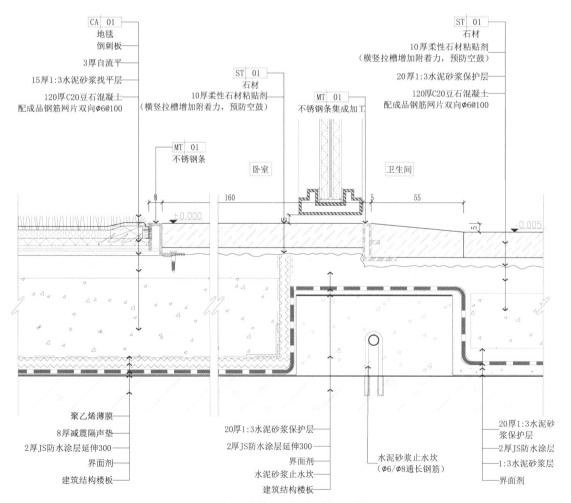

图 4-47　地面类节点深化过程推导示例（三）

（4）由以上信息可知，绘制深化节点时，首先应分析该节点的空间位置信息，判断出是否需要防水措施，根据原设计方案勾勒出完成面造型，由完成面装饰材料推导出粘结基层材料。

（5）深化地面节点时，可从收口（如不锈钢集成加工处理）、质量通病、观感等多方面加以考虑。

5. 地面类节点制图标准样板

地面类节点制图标准样板如图 4-48 所示。

4.4.4　墙面类节点解析

1. 墙面节点系统图面解析

（1）完成面层级（图 4-49 中❶）

完成面数据主要是继承原设计方案的造型尺寸，在此基础上推理工艺标准落地性及相关专业衔接时的协调性。 当设计要求与工艺要求或者各专业要求有冲突时，需进行设计答疑。 通过多方协调统一，最终确定装饰完成面的造型关系及细节处理方式。 这个过程极为重要，同时也是体现深化人员专业水平的一个重要环节。

（2）基层材料层级（图 4-49 中❷）

根据完成面的尺寸及完成面的材料向内推理完成面材质依附的基层材料对象及其相关规范要求。

（3）龙骨搭接层级（图 4-49 中❸）

根据完成面造型尺寸判断满足完成面条件下确定使用的内部搭接材料及相关规格，一般从防火要求出发很少使用木质龙骨结构，普遍使用轻钢龙骨和钢结构。

（4）图面标注层级（图 4-49 中❹）

数据标注： 详细标注出该项目装饰完成面造型尺寸，避免尺寸漏标、重叠等现象。

索引标注： 标注该项目装饰完成面装饰材料及对应的编号。

文字标注： 标注所有基层材料及使用规格、龙骨系统及龙骨规格、支撑和连接材料及构件、配件之间的相互关系和相关注意事项。

2. 墙面节点系统图纸图面标准

（1）显示对应的图层

完成面： 放置的图层为 DT－粗线；

基层材料： 放置的图层为 DT－中线；

龙骨系统： 放置的图层为 DT－细线；

材质填充系列： 放置的图层为 DT－节点材料填充；

墙体： 放置的图层为 DT－节点墙体线；

墙体填充： 放置的图层为 DT－节点墙体填充。

（2）图形排版标注

① 比例设定： 完成面尺寸为 4000 mm 左右时，比例为 1∶15；

完成面尺寸为 2000 mm 左右时，比例为 1∶10；

完成面尺寸为 500～600 mm 时，比例为 1∶4；

完成面尺寸为 180 mm 左右时，比例为 1∶2；

完成面尺寸为 80 mm 左右时，比例为 1∶1。

扫码关注，发送关键
"地面制图样板"，
免费获取电子资源

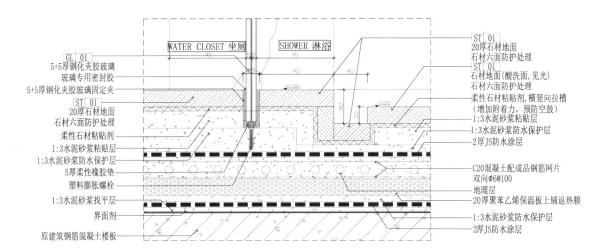

GL 01
5+5厚钢化夹胶玻璃
玻璃专用密封胶
5+5厚钢化夹胶玻璃固定夹
ST 01
20厚石材地面
石材六面防护处理
柔性石材粘贴剂
1:3水泥砂浆粘贴层
1:3水泥砂浆防水保护层
5厚柔性橡胶垫
塑料膨胀螺栓
1:3水泥砂浆找平层
界面剂
原建筑钢筋混凝土楼板

WATER CLOSET 坐厕　　SHOWER 淋浴

ST 01
20厚石材地面
石材六面防护处理
ST 01
石材地面(酸洗面,见光)
石材六面防护处理
柔性石材粘贴剂,横竖向拉槽
(增加附着力,预防空鼓)
1:3水泥砂浆粘贴层
1:3水泥砂浆防水保护层
2厚JS防水涂层

C20混凝土配成品钢筋网片
双向φ6@100
地暖层
20厚聚苯乙烯保温板上铺返热膜
1:3水泥砂浆防水保护层
2厚JS防水涂层

淋浴间地漏排水槽
SCALE1：2@A1&1：4@A3

(a)

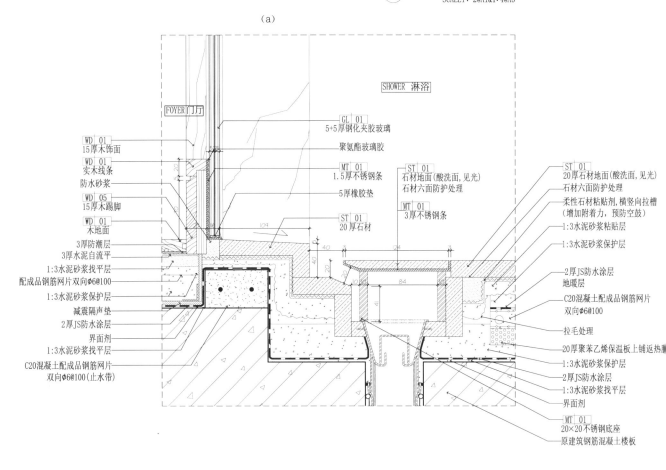

FOYER 门厅

SHOWER 淋浴

WD 01
15厚木饰面
WD 01
实木线条
防水砂浆
WD 05
15厚木踢脚
WD 01
木地面
3厚防潮层
3厚水泥自流平
1:3水泥砂浆找平层
配成品钢筋网片双向φ6@100
1:3水泥砂浆保护层
减震隔声垫
2厚JS防水涂层
界面剂
1:3水泥砂浆找平层
C20混凝土配成品钢筋网片
双向φ6@100(止水带)

GL 01
5+5厚钢化夹胶玻璃
聚氨酯玻璃胶
MT 01
1.5厚不锈钢条
5厚橡胶垫
ST 01
20厚石材
ST 01
石材地面(酸洗面,见光)
石材六面防护处理
MT 01
3厚不锈钢条

ST 01
20厚石材地面(酸洗面,见光)
石材六面防护处理
柔性石材粘贴剂,横竖向拉槽
(增加附着力,预防空鼓)
1:3水泥砂浆粘贴层
1:3水泥砂浆保护层
2厚JS防水涂层
地暖层
C20混凝土配成品钢筋网片
双向φ6@100
拉毛处理
20厚聚苯乙烯保温板上铺返热膜
1:3水泥砂浆保护层
2厚JS防水涂层
1:3水泥砂浆找平层
界面剂
MT 01
20×20不锈钢底座
原建筑钢筋混凝土楼板

淋浴间暗藏地漏
SCALE1：2@A1&1：4@A3

(b)

图 4-48 地

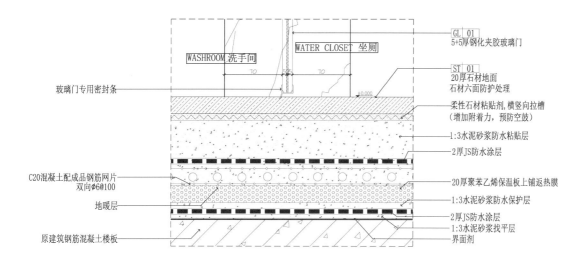

玻璃门专用密封条

C20混凝土配成品钢筋网片
双向φ6@100

地暖层

原建筑钢筋混凝土楼板

GL 01
5+5厚钢化夹胶玻璃门

ST 01
20厚石材地面
石材六面防护处理

柔性石材粘贴剂,横竖向拉槽
(增加附着力,预防空鼓)

1:3水泥砂浆防水粘贴层

2厚JS防水涂层

20厚聚苯乙烯保温板上铺返热膜

1:3水泥砂浆防水保护层

2厚JS防水涂层

1:3水泥砂浆找平层

界面剂

2.2
PL.06　DETAIL@　　　干湿区
SCALE1:2@A1&1:4@A3

（c）

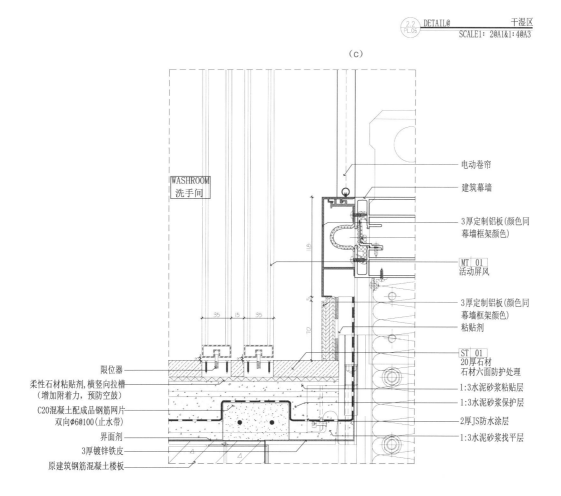

电动卷帘

建筑幕墙

3厚定制铝板(颜色同
幕墙框架颜色)

MT 01
活动屏风

3厚定制铝板(颜色同
幕墙框架颜色)

粘贴剂

ST 01
20厚石材
石材六面防护处理

1:3水泥砂浆粘贴层

1:3水泥砂浆保护层

2厚JS防水涂层

1:3水泥砂浆找平层

限位器

柔性石材粘贴剂,横竖向拉槽
(增加附着力,预防空鼓)

C20混凝土配成品钢筋网片
双向φ6@100(止水带)

界面剂

3厚镀锌铁皮

原建筑钢筋混凝土楼板

2.4
PL.06　DETAIL@　　　石材与幕墙
SCALE1:2@A1&1:4@A3

（d）

▍图标准样板

179

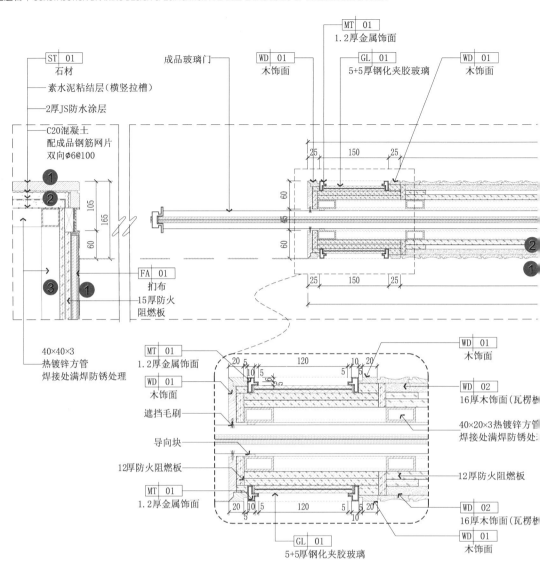

图 4-49 墙面

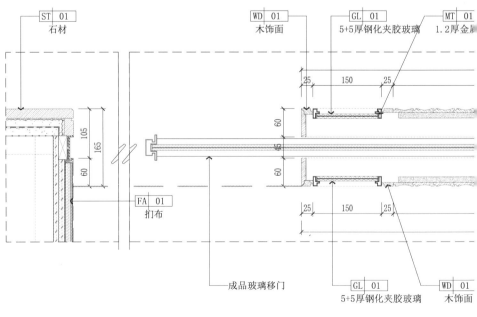

图 4-50 墙面

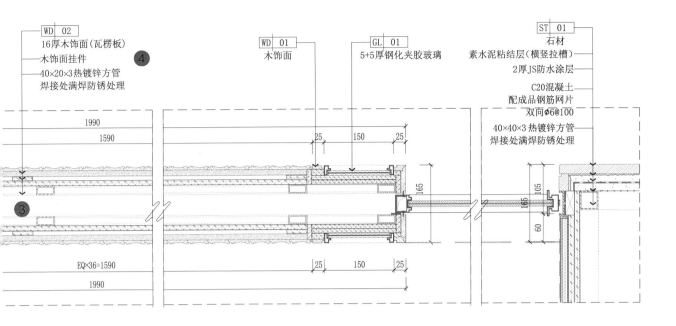

WD 02
16厚木饰面(瓦楞板)
木饰面挂件
40×20×3热镀锌方管
焊接处满焊防锈处理

④

③

WD 01
木饰面

GL 01
5+5厚钢化夹胶玻璃

ST 01
石材
素水泥粘结层(横竖拉槽)
2厚JS防水涂层
C20混凝土
配成品钢筋网片
双向φ6@100
40×40×3热镀锌方管
焊接处满焊防锈处理

1990
1590
EQ×36=1590
1990
25 150 25
165
105
165
60

3.1
EL.06
DETAIL@暗藏移门隔墙墙面节点

SCALE1:4@A1&1:8@A3

内容组成示例

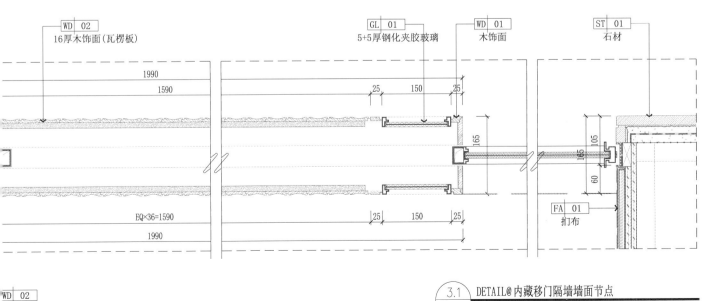

WD 02
16厚木饰面(瓦楞板)

GL 01
5+5厚钢化夹胶玻璃

WD 01
木饰面

ST 01
石材

1990
1590
EQ×36=1590
1990
25 150 25
165
105
165
60

FA 01
扪布

3.1
EL.06
DETAIL@内藏移门隔墙墙面节点

SCALE1:4@A1&1:8@A3

WD 02
厚木饰面(瓦楞板)

图示例

181

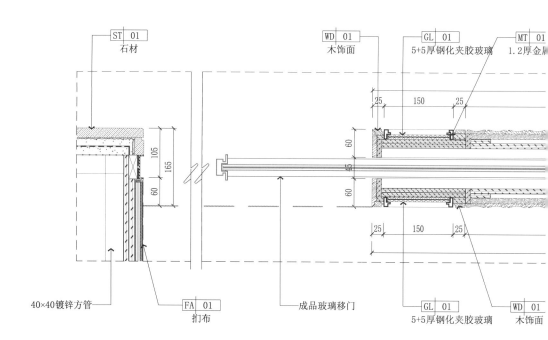

图 4-51　墙面

② 标注

数据标注：详细标注出该项目装饰完成面造型尺寸，以 X、Y 轴方向进行标注，避免出现重叠现象。

索引标注：标注该项目装饰完成面装饰材料及对应的编号、标高符号。

文字说明：标注所有基层材料及使用规格、龙骨系统及龙骨规格、支撑和连接材料及构件、配件之间的相互关系。

注：标注索引符号参照本书 1.3 节"皮肤标准"。

3. 墙面节点系统图纸深度解析

（1）扩初图：只需要表达完成面装饰材料造型关系，标注出完成面造型尺寸、材料索引文字说明，如图 4-50 所示。

（2）施工图：需要表达完成面装饰材料造型关系、基层材料、龙骨搭接关系，标注出完成面造型尺寸、材料索引文字及说明，如图 4-51 所示。

（3）深化图：在施工图绘制的基础上增加优化处理措施，如针对质量通病、加固、收口、观感等方面问题进行解析，同时对于构件及工艺说明应更具体、更详尽、更规范、更标准，如图 4-52 所示。

4. 墙面类节点深化过程推导

（1）如图 4-53 所示，提取原设计方案勾勒出的完成面造型及装饰材料相关信息，该案例中完成面材料有木饰面、扪布、玻璃、不锈钢。由以上信息可知，装饰完成面均可采用木质基层作为基层材料。

（2）根据空间位置信息确定装饰完成面为石材处是否需要采取防水措施，并确认石材固定方式。该项目石材位于卫生间处，所以墙面采用湿贴的方式并做防水处理。

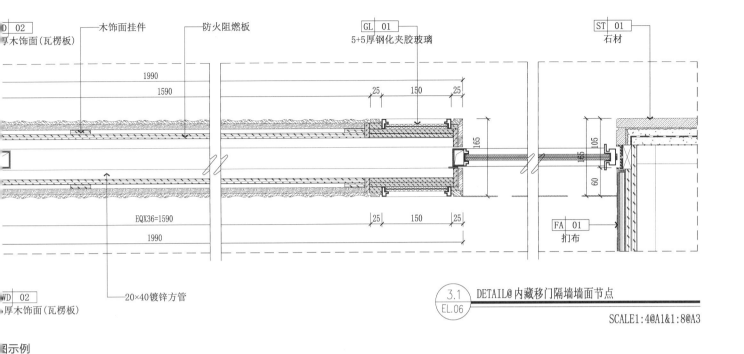

D 02
厚木饰面（瓦楞板）

木饰面挂件

防火阻燃板

GL 01
5+5厚钢化夹胶玻璃

ST 01
石材

1990

1590

25　150　25

165

105

EQX36=1590

1990

25　150　25

60

FA 01
扪布

WD 02
厚木饰面（瓦楞板）

20×40镀锌方管

3.1 / EL.06　DETAIL@ 内藏移门隔墙墙面节点

SCALE1：4@A1&1：8@A3

图示例

（3）由该项目可知，装饰完成面为木饰面，为了不破坏造型、避免后期脱落、不牢固等现象，木饰面采用干挂件的方式固定在木质基层上。

（4）该案例中装饰完成面有不锈钢造型，建议采用集成加工或者成品定制。 由此可推导出图 4-54。

（5）该案例节点为内嵌移门隔墙墙面造型节点，为了避免安全隐患、解决承重等问题，故采用钢结构作为龙骨基层搭接。 根据装饰完成面单面尺寸为 60 mm，装饰完成面为 16 mm 厚木饰面，镀锌方管采用 20 mm×40 mm×3 mm，由此可推算出使用的干挂件为 12 mm 厚、木质基层为 12 mm 厚。 由此可推导出图 4-55。

（6）由以上信息可知，绘制节点时，首先根据原设计方案提取出完成面造型，由完成面装饰材料推导出基层材料，由基层材料和完成面确定的尺寸确定使用龙骨搭接材质及规格。

（7）在深化设计的过程中，需要从施工角度审视是否方便施工、收口关系、安全隐患、质量通病、观感等问题并加以优化。

（8）由此处深化节点可知： 阳角木饰面收口处采用成品定制的方式，避免木饰面阳角收口处出现崩边的现象；木饰面与玻璃两种材质交接时采用不锈钢造型收口；不锈钢与木饰面收口时采用凹槽的方式处理，从观感角度使表面看起来更加顺直；不锈钢条则采用成品定制的方式折边造型，避免单边弯曲会出现翘边等现象。

（9）为了解决漏光问题，隔墙内壁处作喷黑处理。

5. 墙面类节点制图标准样板

如图 4-56、图 4-57 所示。

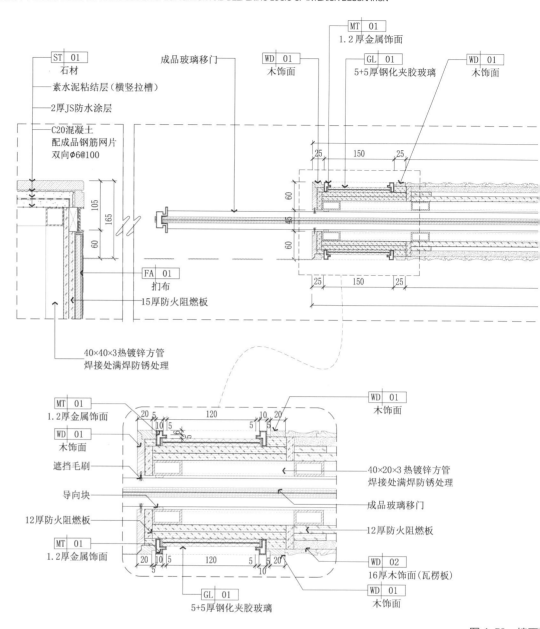

图 4-52　墙面

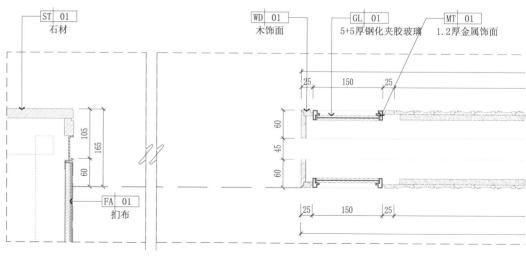

图 4-53　墙面类

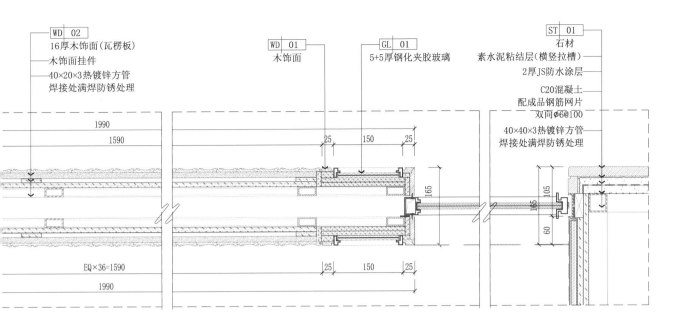

WD 02
16厚木饰面（瓦楞板）
木饰面挂件
40×20×3热镀锌方管
焊接处满焊防锈处理

WD 01
木饰面

GL 01
5+5厚钢化夹胶玻璃

ST 01
石材
素水泥粘结层（横竖拉槽）
2厚JS防水涂层
C20混凝土
配成品钢筋网片
双向φ6@100
40×40×3热镀锌方管
焊接处满焊防锈处理

1990
1590
EQ×36=1590
1990

25　150　25
25　150　25

165

105
60
165

3.1
EL.06
DETAIL@内藏移门隔墙墙面节点

SCALE1:4@A1&1:8@A3

图示例

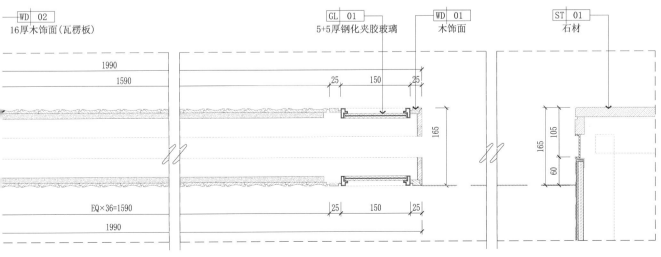

WD 02
16厚木饰面（瓦楞板）

GL 01
5+5厚钢化夹胶玻璃

WD 01
木饰面

ST 01
石材

1990
1590
EQ×36=1590
1990

25　150　25
25　150　25

165

105
60
165

过程推导示例（一）

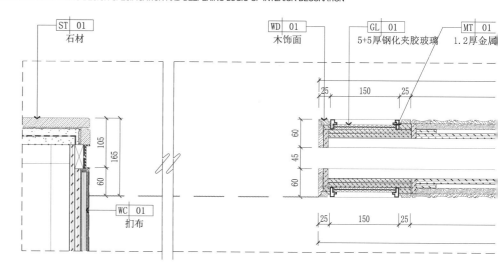

图 4-54　墙面类

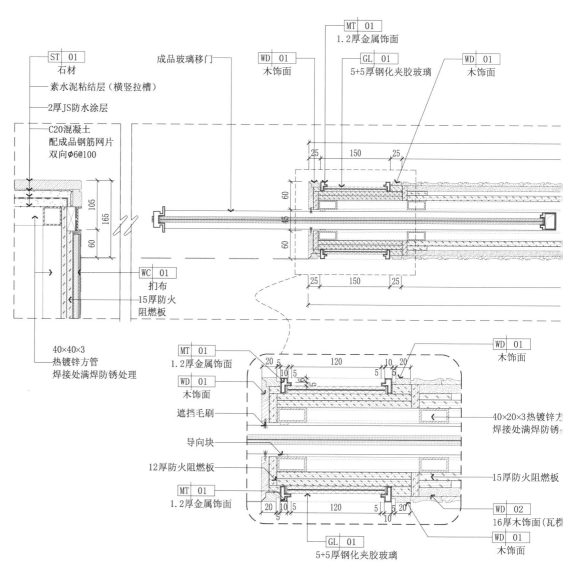

图 4-55　墙面类

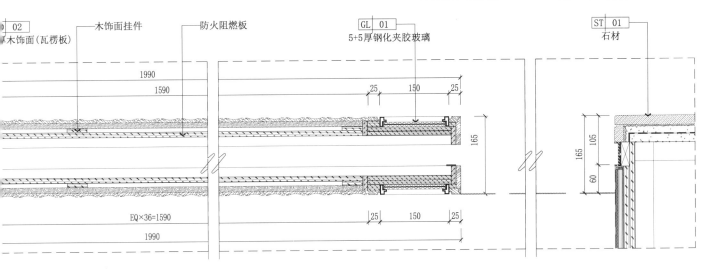

木饰面(瓦楞板)　木饰面挂件　防火阻燃板　GL│01　5+5厚钢化夹胶玻璃　ST│01　石材

02

1990
1590
25　150　25
165
165　105
60

EQ×36=1590
25　150　25
1990

■程推导示例(二)

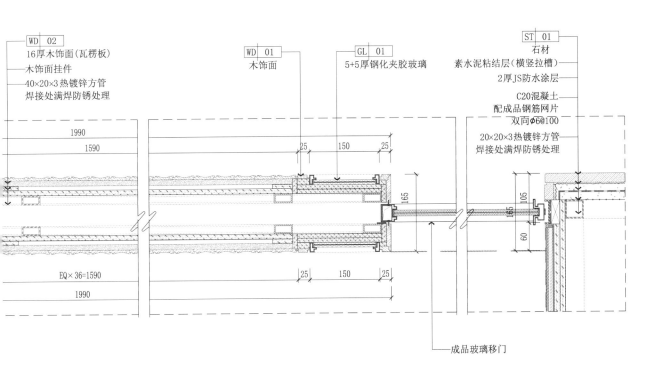

WD│02
16厚木饰面(瓦楞板)
木饰面挂件
40×20×3热镀锌方管
焊接处满焊防锈处理

WD│01
木饰面

GL│01
5+5厚钢化夹胶玻璃

ST│01
石材
素水泥粘结层(横竖拉槽)
2厚JS防水涂层
C20混凝土
配成品钢筋网片
双向ϕ6@100
20×20×3热镀锌方管
焊接处满焊防锈处理

1990
1590
25　150　25
165
165　105
60

EQ×36=1590
25　150　25
1990

成品玻璃移门

过程推导示例(三)

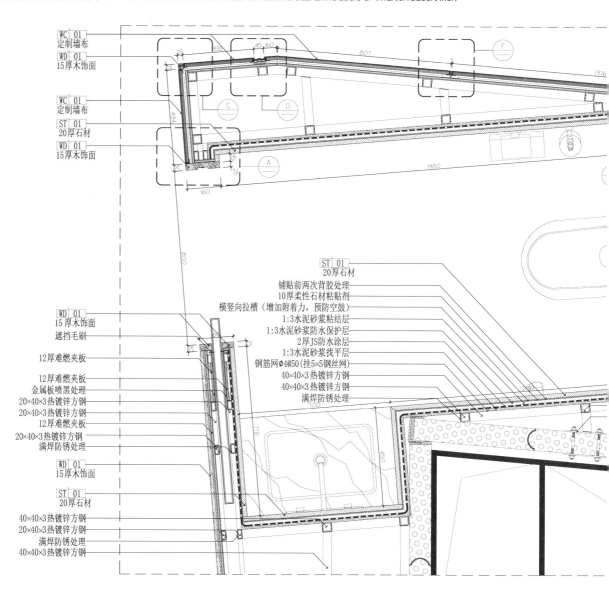

WC 01
定制墙布

WD 01
15厚木饰面

WC 01
定制墙布

ST 01
20厚石材

WD 01
15厚木饰面

ST 01
20厚石材
铺贴前两次背胶处理
10厚柔性石材粘贴剂
横竖向拉槽（增加附着力，预防空鼓）
1:3水泥砂浆粘结层
1:3水泥砂浆防水保护层
2厚JS防水涂层
1:3水泥砂浆找平层
钢筋网φ4@50(挂5×5钢丝网)
40×40×3热镀锌方钢
40×40×3热镀锌方钢
满焊防锈处理

WD 01
15厚木饰面
遮挡毛刷

12厚难燃夹板

12厚难燃夹板
金属板喷黑处理
20×40×3热镀锌方钢
20×40×3热镀锌方钢
12厚难燃夹板
20×40×3热镀锌方钢
满焊防锈处理

WD 01
15厚木饰面

ST 01
20厚石材
40×40×3热镀锌方钢
20×40×3热镀锌方钢
满焊防锈处理
40×40×3热镀锌方钢

(a)

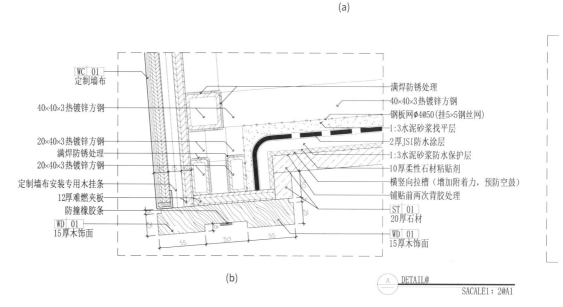

WC 01
定制墙布

40×40×3热镀锌方钢

20×40×3热镀锌方钢
满焊防锈处理
20×40×3热镀锌方钢
定制墙布安装专用木挂条
12厚难燃夹板
防撞橡胶条

WD 01
15厚木饰面

满焊防锈处理
40×40×3热镀锌方钢
钢板网φ4@50(挂5×5钢丝网)
1:3水泥砂浆找平层
2厚JSI防水涂层
1:3水泥砂浆防水保护层
10厚柔性石材粘贴剂
横竖向拉槽（增加附着力，预防空鼓）
铺贴前两次背胶处理

ST 01
20厚石材

WD 01
15厚木饰面

(b)

A DETAIL@
SACALE1：2@A1

图4-56 墙面

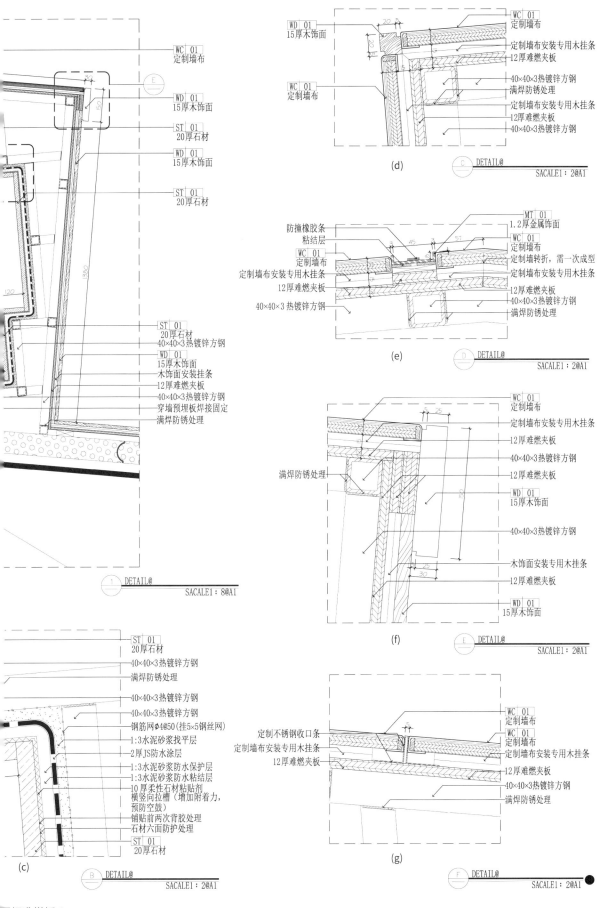

WC 01
定制墙布

WD 01
15厚木饰面

ST 01
20厚石材

WD 01
15厚木饰面

ST 01
20厚石材

ST 01
20厚石材
40×40×3热镀锌方钢
WD 01
15厚木饰面
木饰面安装挂条
12厚难燃夹板
40×40×3热镀锌方钢
穿墙预埋板焊接固定
满焊防锈处理

1　DETAIL@
SACALE1：8@A1

WD 01
15厚木饰面

WC 01
定制墙布

WC 01
定制墙布

C　DETAIL@
SACALE1：2@A1
(d)

WC 01
定制墙布
定制墙布安装专用木挂条
12厚难燃夹板
40×40×3热镀锌方钢
满焊防锈处理
定制墙布安装专用木挂条
12厚难燃夹板
40×40×3热镀锌方钢

防撞橡胶条
粘结层
WC 01
定制墙布
定制墙布安装专用木挂条
12厚难燃夹板
40×40×3热镀锌方钢

MT 01
1.2厚金属饰面
WC 01
定制墙布
定制墙布转折，需一次成型
定制墙布安装专用木挂条
12厚难燃夹板
40×40×3热镀锌方钢
满焊防锈处理

D　DETAIL@
SACALE1：2@A1
(e)

WC 01
定制墙布
定制墙布安装专用木挂条
12厚难燃夹板
40×40×3热镀锌方钢
12厚难燃夹板
WD 01
15厚木饰面
40×40×3热镀锌方钢
木饰面安装专用木挂条
12厚难燃夹板
WD 01
15厚木饰面

满焊防锈处理

E　DETAIL@
SACALE1：2@A1
(f)

ST 01
20厚石材
40×40×3热镀锌方钢
满焊防锈处理
40×40×3热镀锌方钢
40×40×3热镀锌方钢
钢筋网φ4@50(挂5×5钢丝网)
1:3水泥砂浆找平层
2厚JS防水涂层
1:3水泥砂浆防水保护层
1:3水泥砂浆防水粘贴层
10厚柔性石材粘贴剂
横竖向拉槽（增加附着力，预防空鼓）
铺贴前两次背胶处理
石材六面防护处理
ST 01
20厚石材

(c)

B　DETAIL@
SACALE1：2@A1

WC 01
定制墙布
WC 01
定制墙布
定制墙布安装专用木挂条
12厚难燃夹板
40×40×3热镀锌方钢
满焊防锈处理
定制不锈钢收口条
定制墙布安装专用木挂条
12厚难燃夹板

(g)

F　DETAIL@
SACALE1：2@A1

图标准样板 A

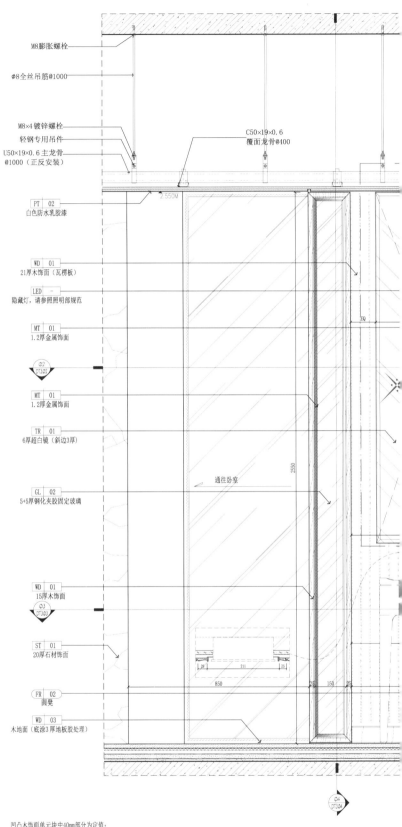

图 4-57　墙面类

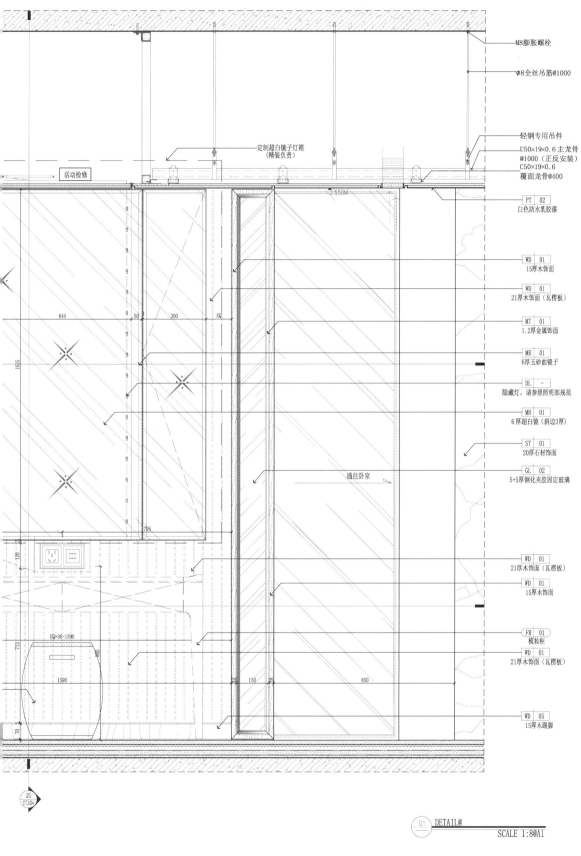

M8膨胀螺栓

Φ8全丝吊筋@1000

轻钢专用吊件
U50×19×0.6主龙骨
@1000（正反安装）
C50×19×0.6
覆面龙骨@400

| PT | 02 |
白色防水乳胶漆

| WD | 01 |
15厚木饰面

| WD | 01 |
21厚木饰面（瓦楞板）

| MT | 01 |
1.2厚金属饰面

| MR | 01 |
6厚玉砂面镜子

| DL | — |
隐藏灯，请参照照明部规范

| MR | 01 |
6厚超白镜（斜边3厚）

| ST | 01 |
20厚石材饰面

| GL | 02 |
5+5厚钢化夹胶固定玻璃

| WD | 01 |
21厚木饰面（瓦楞板）

| WD | 01 |
15厚木饰面

| FR | 01 |
梳妆柜

| WD | 01 |
21厚木饰面（瓦楞板）

| WD | 05 |
15厚木踢脚

定制超白镜子灯箱
（精装负责）

活动检修

2.550M

通往卧室

644　　50　　300　　EQ

1625

795

120

713　80

EQ×36=1590

1590

70

25　150　25　　　850

05
DTJ-04

01　DETAIL@
SCALE 1:8@A1

标准样板 B（一）

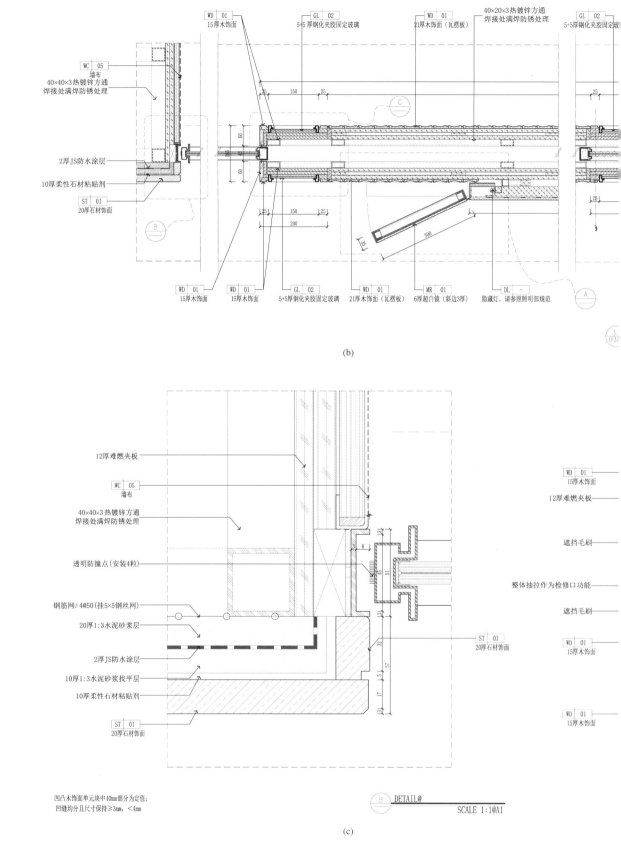

(b)

(c)

凹凸木饰面单元块中40mm部分为定值；
凹缝均分且尺寸保持≥3mm，<4mm

图 4-57　墙面类

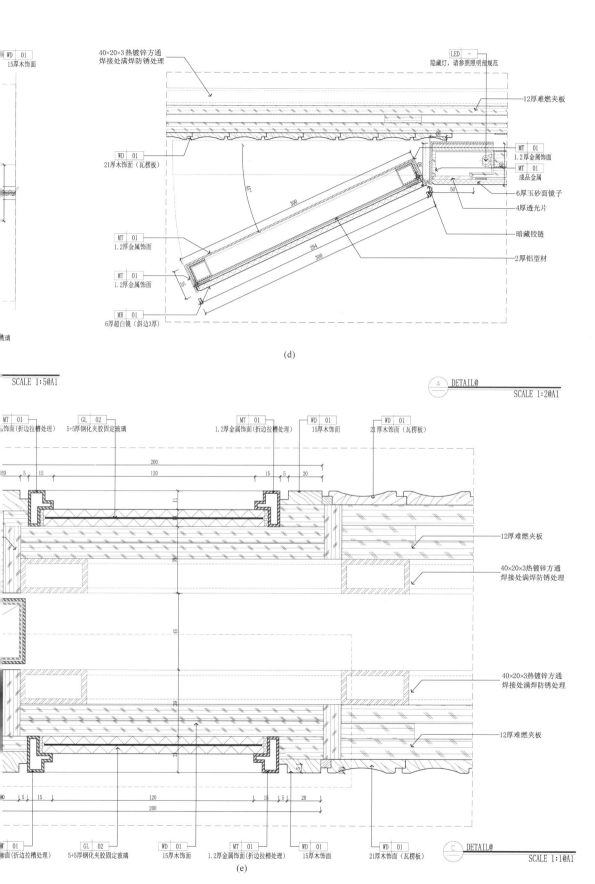

WD 01
15厚木饰面

40×20×3热镀锌方通
焊接处满焊防锈处理

LED －
隐藏灯，请参照照明细部规范

12厚难燃夹板

WD 01
21厚木饰面（瓦楞板）

MT 01
1.2金属饰面

MT 01
成品金属

MT 01
1.2厚金属饰面

6厚玉砂面镜子

4厚透光片

暗藏铰链

2厚铝型材

MT 01
1.2厚金属饰面

MR 01
6厚超白镜（斜边3厚）

玻璃

(d)

SCALE 1:5@A1

A DETAIL@
SCALE 1:2@A1

MT 01
饰面(折边拉槽处理)

GL 02
5+5厚钢化夹胶固定玻璃

MT 01
1.2金属饰面(折边拉槽处理)

WD 01
15厚木饰面

WD 01
21厚木饰面（瓦楞板）

12厚难燃夹板

40×20×3热镀锌方通
焊接处满焊防锈处理

40×20×3热镀锌方通
焊接处满焊防锈处理

12厚难燃夹板

MT 01
饰面(折边拉槽处理)

GL 02
5+5厚钢化夹胶固定玻璃

WD 01
15厚木饰面

MT 01
1.2厚金属饰面(折边拉槽处理)

WD 01
15厚木饰面

WD 01
21厚木饰面（瓦楞板）

C DETAIL@
SCALE 1:1@A1

(e)

准样板 B(二)

193

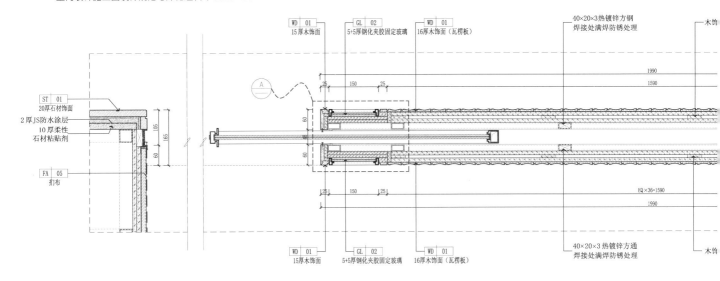

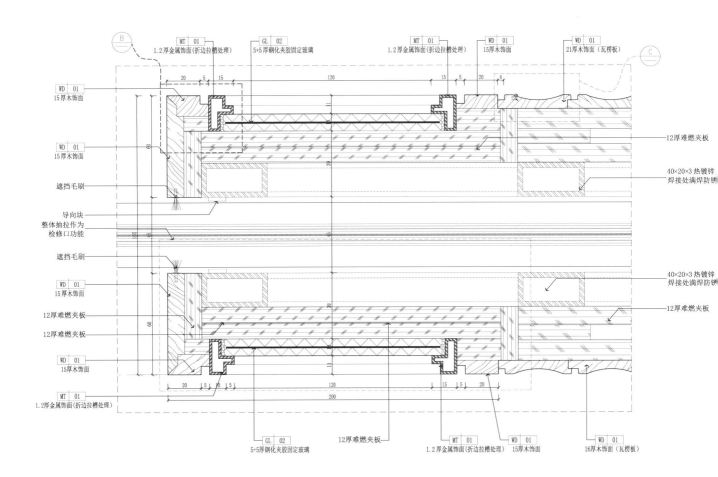

凹凸木饰面单元块中40mm部分为定值:
凹缝均分且尺寸保持≥3mm,<4mm

(g)

图4-57 墙面

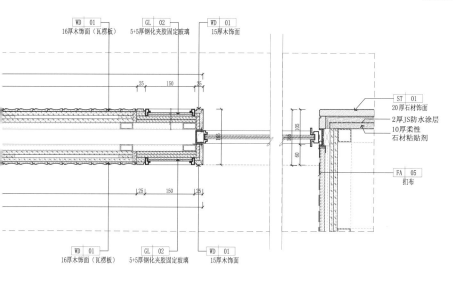

WD ｜ 01
16厚木饰面（瓦楞板）

GL ｜ 02
5+5厚钢化夹胶固定玻璃

WD ｜ 01
15厚木饰面

ST ｜ 01
20厚石材饰面
2厚JS防水涂层
10厚柔性
石材粘贴剂

FA ｜ 05
扣布

WD ｜ 01
16厚木饰面（瓦楞板）

GL ｜ 02
5+5厚钢化夹胶固定玻璃

WD ｜ 01
15厚木饰面

03　DETAIL@
SCALE 1:5@A1

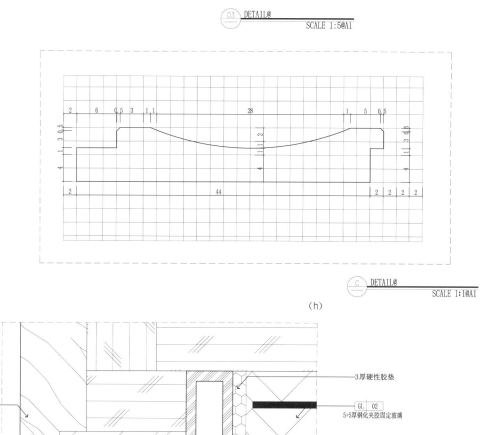

C　DETAIL@
SCALE 1:1@A1

（h）

3厚硬性胶垫

GL ｜ 02
5+5厚钢化夹胶固定玻璃

WD ｜ 01
15厚木饰面

MT ｜ 01
1.2厚金属饰面(折边拉槽处理)

WD ｜ 01
15厚木饰面

B　DETAIL@
SCALE 1:1@A1

（i）

准样板 B（三）

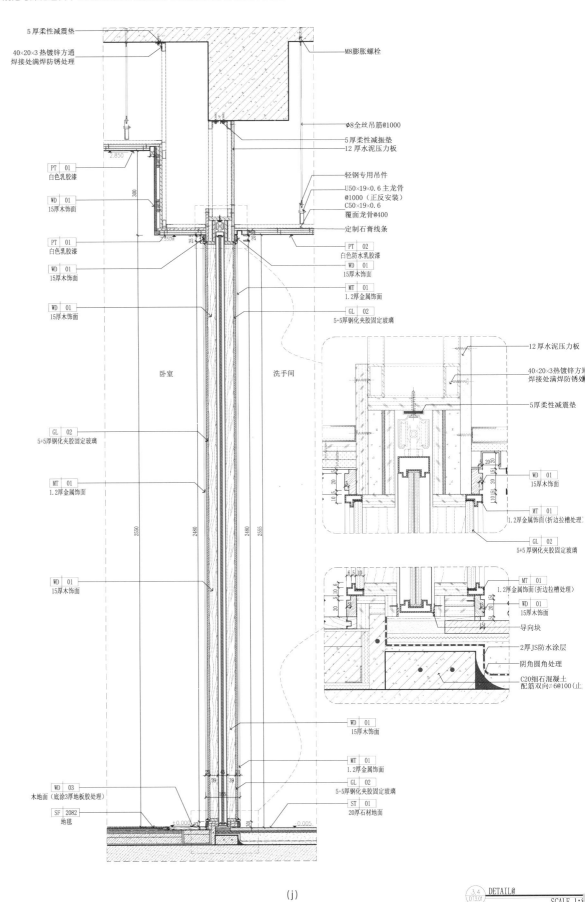

5厚柔性减震垫

40×20×3热镀锌方通
焊接处满焊防锈处理

M8膨胀螺栓

Φ8全丝吊筋@1000

5厚柔性减振垫
12厚水泥压力板

轻钢专用吊件
U50×19×0.6主龙骨
@1000（正反安装）
C50×19×0.6
覆面龙骨@400

定制石膏线条

| PT | 01 |
白色乳胶漆

| WD | 01 |
15厚木饰面

| PT | 01 |
白色乳胶漆

| WD | 01 |
15厚木饰面

| WD | 01 |
15厚木饰面

卧室

洗手间

| PT | 02 |
白色防水乳胶漆

| WD | 01 |
15厚木饰面

| MT | 01 |
1.2厚金属饰面

| GL | 02 |
5-5厚钢化夹胶固定玻璃

12厚水泥压力板

40×20×3热镀锌方通
焊接处满焊防锈处理

5厚柔性减震垫

| WD | 01 |
15厚木饰面

| MT | 01 |
1.2厚金属饰面(折边拉槽处理)

| GL | 02 |
5+5厚钢化夹胶固定玻璃

| GL | 02 |
5+5厚钢化夹胶固定玻璃

| MT | 01 |
1.2厚金属饰面

| WD | 01 |
15厚木饰面

| MT | 01 |
1.2厚金属饰面(折边拉槽处理)

| WD | 01 |
15厚木饰面

导向块

2厚JS防水涂层

阴角圆角处理

C20细石混凝土
配筋双向Φ6@100(止)

| WD | 01 |
15厚木饰面

| MT | 01 |
1.2厚金属饰面

| GL | 02 |
5-5厚钢化夹胶固定玻璃

| ST | 01 |
20厚石材地面

| WD | 03 |
木地面（底涂3厚地板胶处理）

| SF | 2082 |
地毯

(j)

DETAIL@

SCALE 1:8

图4-57 墙面类

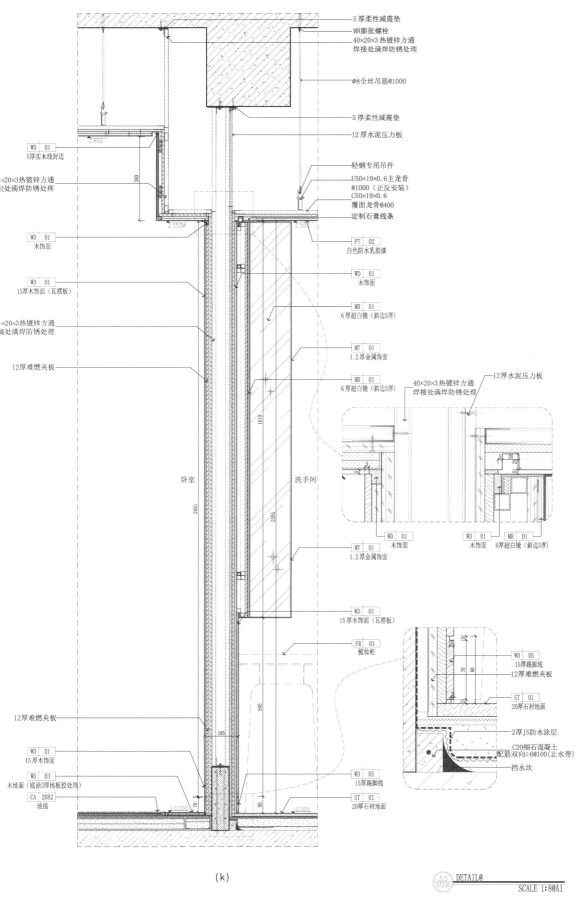

| 5厚柔性减震垫 |
| M8膨胀螺栓 |
| 40×20×3热镀锌方通 焊接处满焊防锈处理 |
| φ8全丝吊筋@1000 |
| 5厚柔性减震垫 |
| 12厚水泥压力板 |
| 轻钢专用吊件 |
| U50×19×0.6主龙骨 @1000（正反安装） C50×19×0.6 |
| 覆面龙骨@400 |
| 定制石膏线条 |

WD	01
5实木线封边

×20×3热镀锌方通
处满焊防锈处理

WD	01
木饰面

PT	02
白色防水乳胶漆

WD	01
15厚木饰面（瓦楞板）

WD	01
木饰面

×20×3热镀锌方通
处满焊防锈处理

MR	01
6厚超白镜（斜边3厚）

12厚难燃夹板

MT	01
1.2厚金属饰面

MR	01
6厚超白镜（斜边3厚）

40×20×3热镀锌方通
焊接处满焊防锈处理

12厚水泥压力板

卧室

洗手间

WD	01
木饰面

WD	01	MR	01
木饰面		6厚超白镜（斜边3厚）

MT	01
1.2厚金属饰面

WD	01
15厚木饰面（瓦楞板）

FR	01
梳妆柜

WD	05
15厚踢脚线

12厚难燃夹板

ST	01
20厚石材地面

2厚JS防水涂层

C20细石混凝土
配筋双向φ6@100（止水带）

挡水坎

12厚难燃夹板

WD	01
15厚木饰面

WD	03
木地面（底涂3厚地板胶处理）

CA	2082
地毯

WD	05
15厚踢脚线

ST	01
20厚石材地面

(k)

DETAIL@

SCALE 1:8@A1

标准样板 B（四）

4.4.5 固装类节点解析

参见图 4-58。

扫码关注，发送关键词
"固装制图样板"，免费获取电子资源

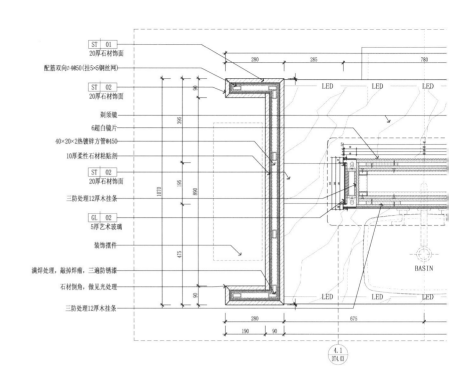

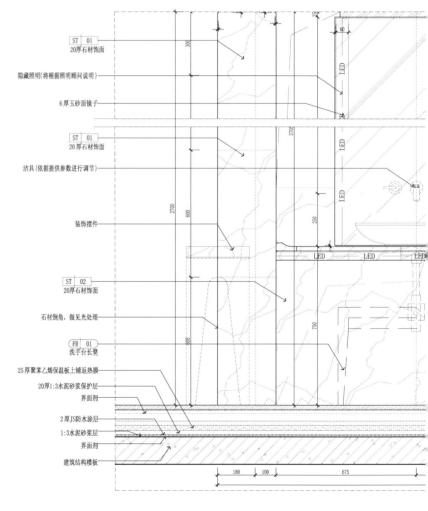

图 4-58 固装

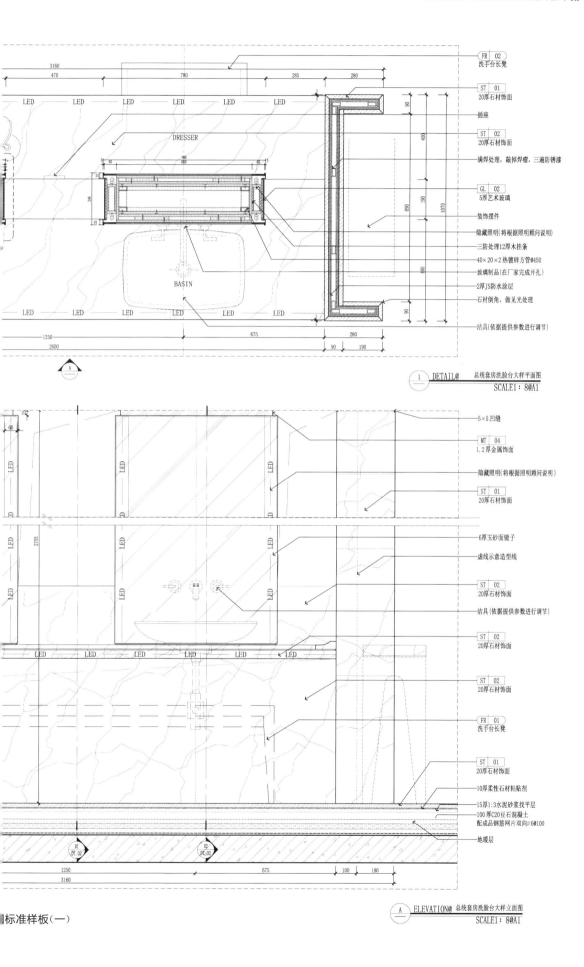

FR 02
洗手台长凳

ST 01
20厚石材饰面

插座

ST 02
20厚石材饰面

满焊处理，敲掉焊瘤，三遍防锈漆

GL 02
5厚艺术玻璃

装饰摆件

隐藏照明(将根据照明顾问说明)

三防处理12厚木挂条

40×20×2热镀锌方管@450

玻璃制品(在厂家完成开孔)

2厚JS防水涂层

石材倒角，做见光处理

洁具(依据提供参数进行调节)

DRESSER

BASIN

3160
470　　780　　285　　280
90
400
890　　1070
880
90

80　　780　　80
680
246

1250
2600
675　　280
90　　190

A

1　DETAIL@　总统套房洗脸台大样平面图
SCALE1：8@A1

5×5凹缝

MT 04
1.2厚金属饰面

隐藏照明(将根据照明顾问说明)

ST 01
20厚石材饰面

6厚玉砂面镜子

虚线示意造型线

ST 02
20厚石材饰面

洁具(依据提供参数进行调节)

ST 02
20厚石材饰面

ST 02
20厚石材饰面

FR 01
洗手台长凳

ST 01
20厚石材饰面

10厚柔性石材粘贴剂

15厚1:3水泥砂浆找平层

100厚C20豆石混凝土
配成品钢筋网片双向Ø6@100

地暖层

2705

LED LED LED LED LED LED

01
DT.02
02
DTL-02

1250
3160
675　　100　　180

A　ELEVATION@　总统套房洗脸台大样立面图
SCALE1：8@A1

标准样板（一）

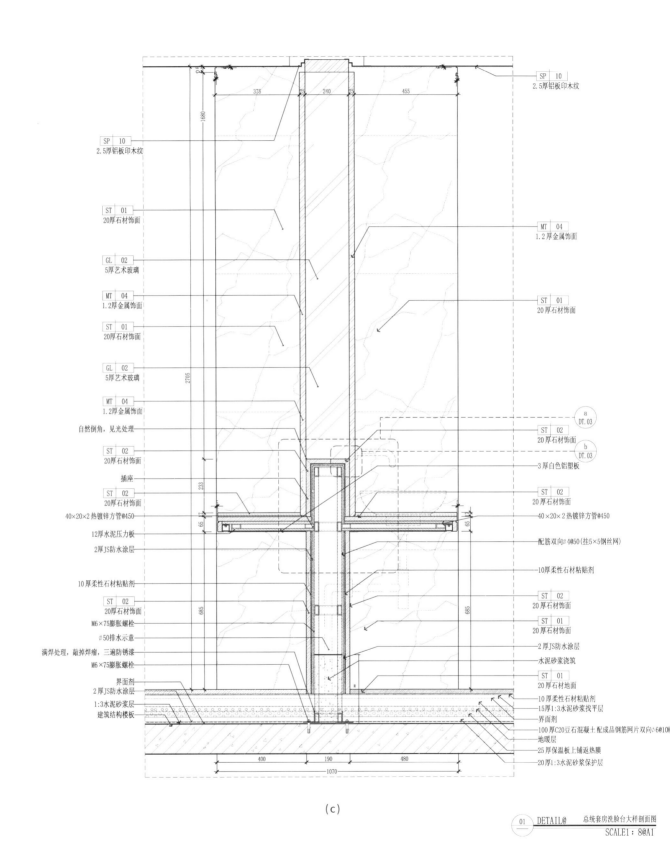

SP | 10
2.5厚铝板印木纹

SP | 10
2.5厚铝板印木纹

ST | 01
20厚石材饰面

GL | 02
5厚艺术玻璃

MT | 04
1.2厚金属饰面

ST | 01
20厚石材饰面

GL | 02
5厚艺术玻璃

MT | 04
1.2厚金属饰面

自然倒角，见光处理

ST | 02
20厚石材饰面

插座

ST | 02
20厚石材饰面

40×20×2热镀锌方管@450

12厚水泥压力板

2厚JS防水涂层

10厚柔性石材粘贴剂

ST | 02
20厚石材饰面

M6×75膨胀螺栓

∅50排水示意

满焊处理，敲掉焊瘤，三遍防锈漆

M6×75膨胀螺栓

界面剂

2厚JS防水涂层

1:3水泥砂浆层

建筑结构楼板

MT | 04
1.2厚金属饰面

ST | 01
20厚石材饰面

a
DT.03

ST | 02
20厚石材饰面

b
DT.03

3厚白色铝塑板

ST | 02
20厚石材饰面

40×20×2热镀锌方管@450

配筋双向∅4@50（挂5×5钢丝网）

10厚柔性石材粘贴剂

ST | 02
20厚石材饰面

ST | 01
20厚石材饰面

2厚JS防水涂层

水泥砂浆浇筑

ST | 01
20厚石材地面

10厚柔性石材粘贴剂
15厚1:3水泥砂浆找平层
界面剂
100厚C20豆石混凝土配成品钢筋网片双向∅6@10
地暖层
25保温板上铺返热膜
20厚1:3水泥砂浆保护层

(c)

01 DETAIL@ 总统套房洗脸台大样剖面图
SCALE1：8@A1

图4-58 固装

200

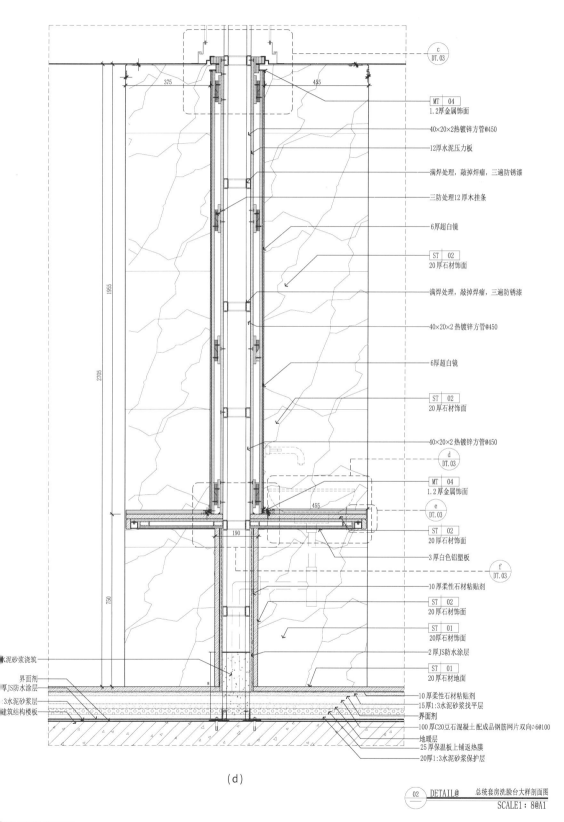

MT　04
1.2厚金属饰面

40×20×2热镀锌方管@450

12厚水泥压力板

满焊处理，敲掉焊瘤，三遍防锈漆

三防处理12厚木挂条

6厚超白镜

ST　02
20厚石材饰面

满焊处理，敲掉焊瘤，三遍防锈漆

40×20×2热镀锌方管@450

6厚超白镜

ST　02
20厚石材饰面

40×20×2热镀锌方管@450

MT　04
1.2厚金属饰面

ST　02
20厚石材饰面

3厚白色铝塑板

10厚柔性石材粘贴剂

ST　02
20厚石材饰面

ST　01
20厚石材饰面

2厚JS防水涂层

ST　01
20厚石材地面

水泥砂浆浇筑

界面剂

厚JS防水涂层

3水泥砂浆层

建筑结构楼板

10厚柔性石材粘贴剂

15厚1:3水泥砂浆找平层

界面剂

100厚C20豆石混凝土配成品钢筋网片双向∅6@100

地暖层

25厚保温板上铺返热膜

20厚1:3水泥砂浆保护层

(d)

02　DETAIL@　总统套房洗脸台大样剖面图
SCALE1：8@A1

图标准样板（二）

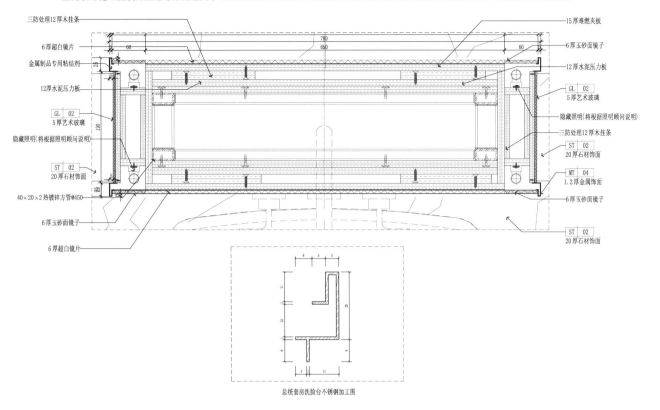

三防处理12厚木挂条

6厚超白镜片

金属制品专用粘结剂

12厚水泥压力板

GL | 02
5厚艺术玻璃

隐藏照明(将根据照明顾问说明)

ST | 02
20厚石材饰面

40×20×2热镀锌方管@450

6厚玉砂面镜子

6厚超白镜片

15厚难燃夹板

6厚玉砂面镜子

12厚水泥压力板

GL | 02
5厚艺术玻璃

隐藏照明(将根据照明顾问说明)

三防处理12厚木挂条

ST | 02
20厚石材饰面

MT | 04
1.2厚金属饰面

6厚玉砂面镜子

ST | 02
20厚石材饰面

总统套房洗脸台不锈钢加工图

01 DETAIL@ 总统套房洗脸台大样剖面图
SCALE1：4@A1

（e）

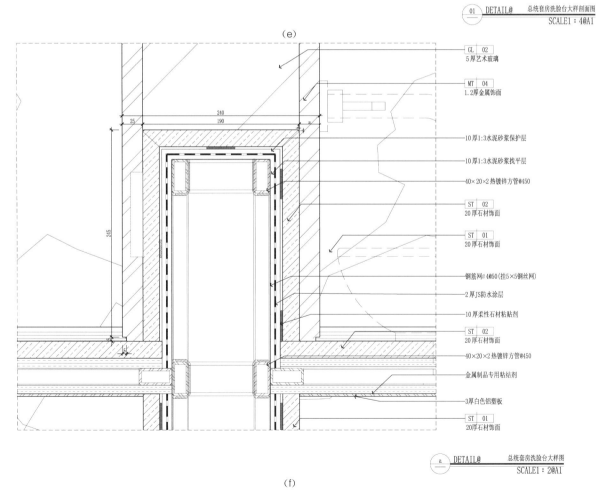

GL | 02
5厚艺术玻璃

MT | 04
1.2厚金属饰面

10厚1:3水泥砂浆保护层

10厚1:3水泥砂浆找平层

40×20×2热镀锌方管@450

ST | 02
20厚石材饰面

ST | 01
20厚石材饰面

钢筋网∅4@50(挂5×5钢丝网)

2厚JS防水涂层

10厚柔性石材粘贴剂

ST | 02
20厚石材饰面

40×20×2热镀锌方管@450

金属制品专用粘结剂

3厚白色铝塑板

ST | 01
20厚石材饰面

a DETAIL@ 总统套房洗脸台大样图
SCALE1：2@A1

（f）

图4-58 固装

202

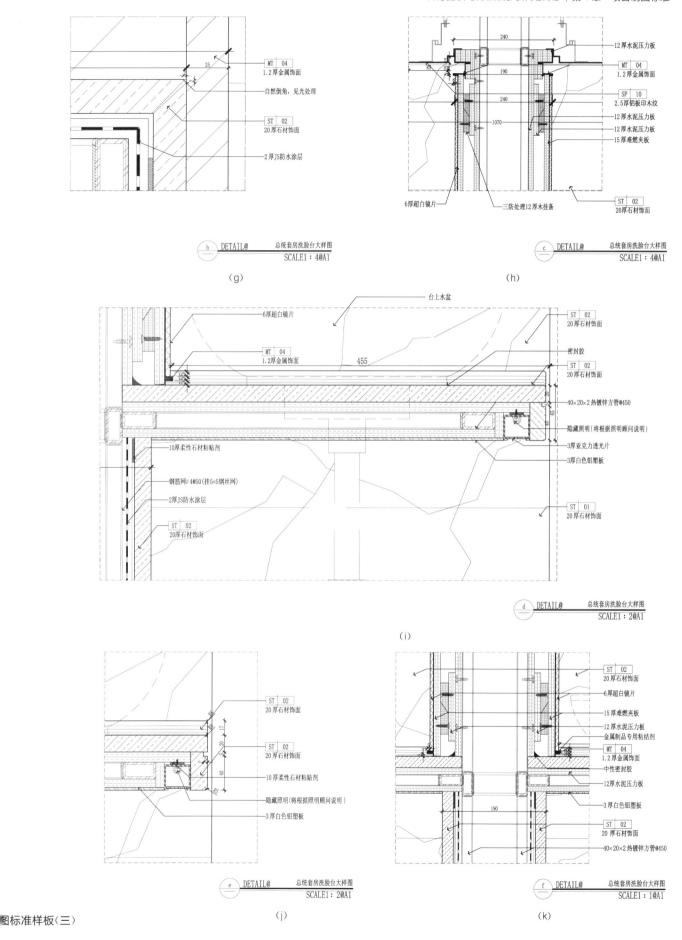

MT 04
1.2厚金属饰面

自然倒角,见光处理

ST 02
20厚石材饰面

2厚JS防水涂层

240
190
240
1070

12厚水泥压力板

MT 04
1.2厚金属饰面

SP 10
2.5厚铝板印木纹

12厚水泥压力板
12厚水泥压力板
15厚难燃夹板

ST 02
20厚石材饰面

6厚超白镜片
三防处理12厚木挂条

b　DETAIL@　总统套房洗脸台大样图
SCALE1：4@A1

（g）

c　DETAIL@　总统套房洗脸台大样图
SCALE1：4@A1

（h）

台上水盆

6厚超白镜片

ST 02
20厚石材饰面

MT 04
1.2厚金属饰面

455

密封胶

ST 02
20厚石材饰面

40×20×2热镀锌方管@450

隐藏照明(将根据照明顾问说明)

3厚亚克力透光片
3厚白色铝塑板

10厚柔性石材粘贴剂

钢筋网ϕ4@50(挂5×5钢丝网)

2厚JS防水涂层

ST 02
20厚石材饰面

ST 01
20厚石材饰面

d　DETAIL@　总统套房洗脸台大样图
SCALE1：2@A1

（i）

ST 02
20厚石材饰面

ST 02
20厚石材饰面

10厚柔性石材粘贴剂

隐藏照明(将根据照明顾问说明)

3厚白色铝塑板

ST 02
20厚石材饰面

6厚超白镜片

15厚难燃夹板

12厚水泥压力板

金属制品专用粘结剂

MT 04
1.2厚金属饰面

中性密封胶

12厚水泥压力板

3厚白色铝塑板

ST 02
20厚石材饰面

40×20×2热镀锌方管@450

190

e　DETAIL@　总统套房洗脸台大样图
SCALE1：2@A1

（j）

f　DETAIL@　总统套房洗脸台大样图
SCALE1：1@A1

（k）

图标准样板（三）

203

4.5 门表系统制图标准

4.5.1 概述

门表系统是对当前图纸中门及门洞进行归类整理，从而对一个项目中存在的成品门进行统计与统一管理的图表，通过门表图可对项目中的门进行综合管控全案落地。

门表图中需要统计的门的类型，包含但不限于：标准空间装饰成品门，特殊空间装饰成品门，防火门，管井门等。

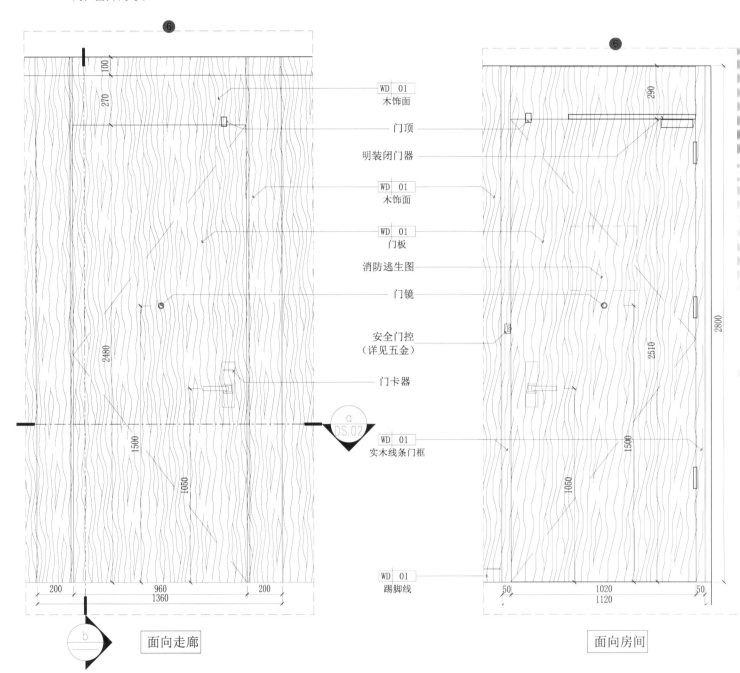

图 4-59 门大样图示例（一）

4.5.2 门表信息

如表 4-5、图 4-59 所示，门表包含以下信息：

❶ 通过门编号了解当前门表大样图所对应项目中门的位置；

❷ 对当前项目中的门进行统计（注：需根据施工现场进行统计，并由生产厂家核对数量及门洞尺寸）；

❸ 当前门所在位置；

❹ 门的工艺材质；

❺ 五金配件及规格尺寸；

❻ 门大样图（门立面图、横竖剖面图、局部放大图）；

❼ 门的要求（如防火等级、隔声要求等）。

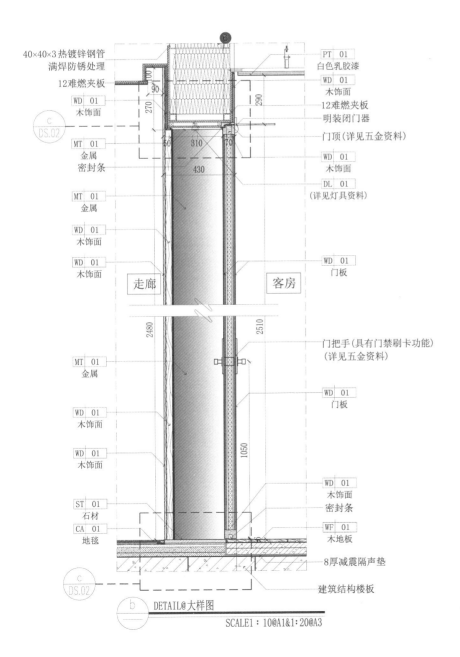

40×40×3 热镀锌钢管
满焊防锈处理

12 难燃夹板

WD 01
木饰面

MT 01
金属
密封条

MT 01
金属

WD 01
木饰面

WD 01
木饰面

走廊

客房

MT 01
金属

WD 01
木饰面

WD 01
木饰面

ST 01
石材

CA 01
地毯

PT 01
白色乳胶漆

WD 01
木饰面

12 难燃夹板
明装闭门器

门顶（详见五金资料）

WD 01
木饰面

DL 01
（详见灯具资料）

WD 01
门板

门把手（具有门禁刷卡功能）
（详见五金资料）

WD 01
门板

WD 01
木饰面
密封条

WF 01
木地板

8 厚减震隔声垫

建筑结构楼板

b DETAIL@大样图

SCALE1：10@A1&1：20@A3

205

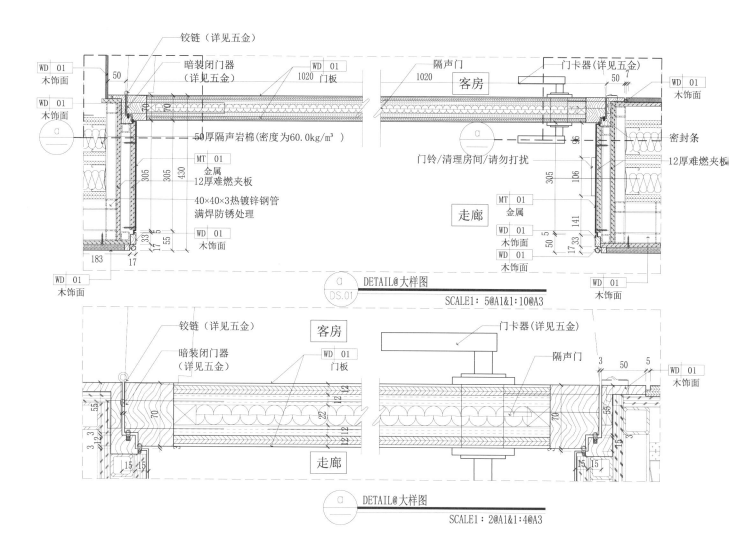

表4-5　门表示例

❶门编号	❷数量			❸位置	❹饰面	
					内部	外部
D-1	1			走廊至卧室		
建筑					朝向	
❺五金	项目	品牌	型号/尺寸	饰面	数量	
加宽重型轴承铰链			E-18A		3片	
重型暗装闭门器			DC1A		1套	
暗藏防盗链			HA1-D		1个	
隔声条			NO2		14 m	
重型自动门底密封			DA1		1根	
门镜			DM1-D		1个	
门顶					1个	

注：当前门需满足45 mm厚的实心木门、木纹层压面板或带有着色的木门，根据相关法规确定防火等级系数，最低耐火时间不得少于15 min。❼

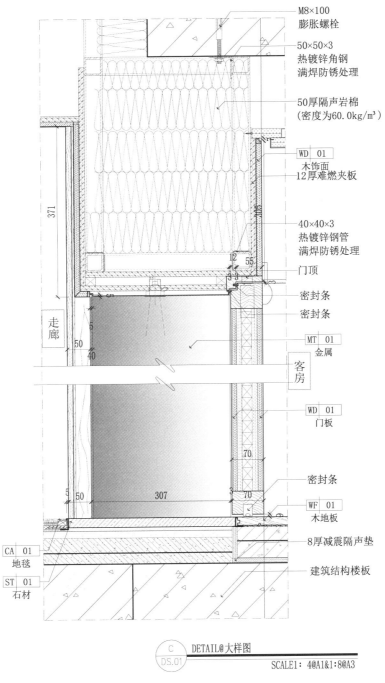

M8×100
膨胀螺栓

50×50×3
热镀锌角钢
满焊防锈处理

50厚隔声岩棉
（密度为60.0kg/m³）

WD 01
木饰面
12厚难燃夹板

40×40×3
热镀锌钢管
满焊防锈处理

门顶

密封条

密封条

MT 01
金属

WD 01
门板

密封条

WF 01
木地板

8厚减震隔声垫

建筑结构楼板

走廊

客房

CA 01
地毯

ST 01
石材

C
DS.01 DETAIL@大样图

SCALE1：4@A1&1:8@A3

图4-59　门大样图示例（二）

4.5.3　门表综合解析

1. 概述

门表是由设计方提供，经精装单位编排梳理，递交给专业厂家进行二次深化的一种图纸。门表需根据施工现场进行统计，并由生产厂家核对数量及门洞尺寸，一定要保证上述信息是准确无误的，避免造成不必要的二次加工和经济损失。

2. 门表组成

（1）通常情况下，一份标准的门表主要由门信息说明表、门大样图和五金配置表三大板块构成，缺一不可。

（2）设计师对于门表的管控主要体现在严格检查它的三大板块（门信息说明表、门大样图、五金配置表）之间有无遗漏，保证每个板块的信息与施工图或者五金配置表完全统一。

3. 门表流程

（1）平面编号

① 在正式开始绘制门表时，应在平面图纸上对要通过门表管理的门进行统一的编号。

② 编号原则：同一种类型的门，编号应当相同；不同类型的门，编号不同，切勿混淆。

③ 门编号严格按照一定的逻辑（如：顺时针、Z字形等）排布，避免出现遗漏、错标等问题。

（2）门表梳理

在平面图上把所有的门编号完成后，需要对门编号进行梳理。将同一种门的数量、位置、规格尺寸等信息统一汇总，编绘成门信息说明表。

（3）节点绘制

门表说明应与门的立面及节点相呼应，不能出现前后不一致的情况。

（4）五金配置

在完成门表说明及立面图与节点图后，应递交专业五金厂家或配合五金顾问完成五金配置表。

4. 门表审核注意事项

（1）门表的内容是否完善：三大板块内容是否全都包括在内，有否遗漏必要信息。

（2）门的数量、编号与使用位置是否与施工平面图一一对应，有无索引错误。

（3）规格尺寸、样式选择、饰面材料是否与施工图纸一一对应，有无差异。

（4）门的节点图和立面图是否表示清楚，必要尺寸是否标注齐全。

第 5 章

图纸审核要点 | DRAWING REVIEW POINTS

5.1 图纸审核表

图纸审核要点参见表 5-1。

表 5-1 图纸审核表

图纸类别	图纸名称	检查内容	详细解读及常见错误
INDEX 系统图纸	图框	1. 检查设计公司 LOGO、地址、联系电话是否正确	由于图框采用外部参照的模式，设计公司 LOGO 等相关信息极有可能出现参照图框对象时未进行修改的情况
		2. 检查总图索引图是否正确	当图纸体量较大需进行分平面图绘制时，图框内总图索引图位置需要标注出分平面图所在总平面图的位置，否则分平面图的信息不明确
		3. 检查出图时是否盖章	当图纸出图用于施工时，若未盖章，图纸可能属于修改阶段，并未确稿，此时出图，会造成指导施工错误，出现返工情况
		4. 检查建设单位是否标明	图框的建设单位、工程名称及子项名称等，经常出现与封面、设计说明中的信息不符的现象
		5. 检查工程名称是否正确	
		6. 检查子项名称是否正确	
		7. 检查各项负责人是否签名	各个阶段结束后需要相关人员进行签字确认，责任到人
		8. 检查项目版本号是否标明	当图纸进行修改后，应修改图纸的版本号；若图纸修改后版本号未进行修改，施工人员会误认为仍是第一版图纸，导致信息错误
		9. 检查项目专业类别是否标明	专业类别需标明清楚，如：室内装饰、电气等
		10. 检查图名、图号，应与目录一致	每张图纸图框中的图名、图号需同目录中的一致，若不相同，目录索引不准确，会造成图纸混乱
	IN.0.00 封面	1. 检查设计公司 LOGO、中文名称及英文名称是否正确	封面中的公司 LOGO、公司名称等易与图框中的信息不一致
		2. 检查项目中文及英文名称是否正确	项目名称的中、英文易出现不一致的现象
		3. 检查项目地址是否正确	项目地理位置应仔细核对，避免信息错误
		4. 检查项目类型及英文翻译是否正确	图纸项目类型及英文翻译应一致
		5. 检查项目版本编号是否标明	图纸进行修改后，往往出现编号未进行更改，或与图框版本编号不一致的情况
		6. 检查项目出图日期及英文翻译是否正确	项目出图日期及英文翻译易出现采用之前项目模板，未进行更改的情况
	IN.1.01 目录	1. 检查图纸目录及英文翻译是否正确	可能出现翻译错误现象
		2. 检查序号顺序是否正确	图纸目录有标题，移动标题位置时，易把序号遮挡住，导致序号顺序错误
		3. 检查图号、图名是否正确	图号及图名可能出现与图纸图框中不一致的情况，需注意
		4. 检查图纸修正的页码是否标明	图纸修改时，应及时标注所修改图纸的页码，反之，则不能直观体现修改的图纸位置

（续表）

图纸类别	图纸名称	检查内容	详细解读及常见错误
INDEX 系统图纸	IN.1.01 目录	5. 检查图幅规格是否标明	每一张图纸图幅应一致，且目录中图幅应避免漏标而造成图幅信息不完全
		6. 检查图纸出图日期及修正日期是否标明	图纸的出图日期和修改日期易忘记标记和更改
		7. 检查标题内容是否正确	标题易和内容不符，如：标题为平面系统图，图纸内容为【EL】系列图纸
		8. 检查页面图框内容是否正确（此处详细审核内容请查看本书1.1.3节"图框"）	图框中的内容信息易因前期未更改，使每张图纸的图框和项目不符；或图名、图号和图纸内容不符
	IN.2.01 设计 说明	1. 检查工程名称、项目地点、建设单位、设计单位是否标明且应同封面一致	设计说明中工程名称等相关信息，需与封面对照审核，查看是否出现错误
		2. 检查设计范围及面积是否标明	当图纸中出现非设计范围区域时需明确框选出来，标注为非设计范围；图纸面积因与项目合同及造价有关，故面积需填写正确
		3. 检查引用规范和标准是否适当： （1）查看设计说明是否按照最新标准说明撰写； （2）查看施工图纸与设计说明是否有冲突； （3）查看装饰设计是否遵循防火、生态环保等规范方面的说明； （4）标明设计中所采用的新技术、新工艺、新设备和新材料的情况； （5）标明工程可能涉及的声、光、电、防潮、防尘、防腐蚀、防辐射等特殊工艺的设计说明	设计说明中的标准、规范等内容应结合施工图纸依照的规范和设计内容进行修改，图纸中出现的防火、环保、新技术等方面设计说明需标明，不可固定使用同一个模板
		4. 检查建筑类别是否标明	建筑类别需填写明确，建筑类别的规范有所不同，需与说明内容相一致
		5. 查看图框信息是否正确（此处详细审核内容请查看 1.1.3 节"图框"）	图框中的内容信息易因前期未更改，使每张图纸的图框和项目不符；或图名、图号和图纸内容不符
	IN.3.01 图例 说明表	1. 检查图例与施工图纸中是否一致	图例说明表中的图例是为图纸绘制提供参照，常出现图纸中图例与说明表中不一致的情况，需进行修改
		2. 检查填充图例与施工图纸中填充图例是否一致	图例说明表中的填充图例是为图纸填充绘制提供参照，常出现图纸中填充与说明表中不一致的情况，需进行修改
		3. 查看图框信息是否正确（此处详细审核内容请查看 1.1.3 节"图框"）	图框中的内容信息易因前期未更改，从而使每张图纸的图框和项目不符；或图名、图号和图纸内容不符
	IN.4.01 构造 做法表	1. 查看表中做法是否同施工图中做法一致	构造做法表中施工工艺需与图纸中节点等做法一致，切记不可套用一个模板
		2. 查看图框信息是否正确（此处详细审核内容请查看 1.1.3 节"图框"）	图框中的内容信息易因前期未更改，从而使每张图纸的图框和项目不符；或图名、图号和图纸内容不符

（续表）

图纸类别	图纸名称		检查内容	详细解读及常见错误
INDEX 系统图纸	IN.5.01 材料表		1. 检查材料表的材料编号及名称是否正确且是否与图纸以及设计提供物料一致	材料表中的编号和名称，常出现与图纸中不一致的现象，故绘图过程中，需遵循材料表进行标注，避免出现再次更改现象
			2. 检查材料分类及英文是否正确	材料表中的分类、英文易因粗心等原因，导致错误
			3. 检查耐火性能等级填写是否正确（A、B_1、B_2、B_3）且是否符合防火标准	常出现所使用材料的防火等级未达到消防标准，导致报审无法通过的现象
			4. 检查材料所应用的空间位置是否标明	标明材料所在位置，能够避免施工过程中因材料进场统一堆放而出现二次搬运情况
			5. 检查供应商对应材料编号是否标明	标明供应商对应材料编号能够使相关单位提高工作效率
			6. 查看备注是否填写清楚（包括材料厚度、特殊说明备注等）	如：B_1/B_2 级材料阻燃处理，乳胶漆 A 级需备注无机涂料施于 A 级基层，安装在金属龙骨上燃烧性能达到 B_1 级的纸面石膏板、矿棉板吸声板，可作为 A 级装修材料使用
			7. 查看图框信息是否正确（此处详细审核内容请查看 1.1.3 节"图框"）	图框中的内容信息易因前期未更改，从而使每张图纸的图框和项目不符；或图名、图号和图纸内容不符
平面系统图纸	PL.01 原始结构图	图面	1. 查看土建信息是否完整（包括梁体、门、窗尺寸，建筑伸缩缝、防火分区是否完整等）	土建信息不完整，现场情况不确定，会造成后期大量更改，拖延工期
			2. 查看图形楼层标高是否完全且正确（包括幕墙临边、降板信息等是否完整）	建筑标高不准确，会直接影响室内造型标高及墙面造型材料下单，导致工程造价增加
			3. 查看图形尺寸是否完整且正确	原始尺寸若不正确，项目会出现塌方式问题，耽误工期
			4. 查看轴号与轴网信息是否同建筑信息一致	信息一致方便确认空间位置，避免干扰判断
			5. 查看图纸的平面类标题信息是否正确（如图纸名称、制图比例等）	标题明确，比例正确，图显清晰，能给予施工人员正确的现场引导，避免误判
			6. 查看图框信息是否完整（此处详细审核内容请查看 1.1.3 节"图框"）	图框中的内容信息易因前期未更改，从而使每张图纸的图框和项目不符；或图名、图号和图纸内容不符
	PL.02 平面布置图	图面	1. 查看图层是否按照公司标准运用	正确规范使用公司图层，以增加后期打印或大量改图的快捷性。平面布置图显示的图层为【BS】、【DS】、【FF】
			2. 查看图形内部显示内容是否完全	图纸因缺项、漏项不完全，会导致项目不完整落地，造成二次施工
			3. 查看楼梯的上下方向是否标明清楚	楼梯方向错误会导致一系列错误的工程量，增加工程成本，耽误工期
			4. 查看图纸中是否缺失门号（对应门表）以及建筑门参数	门号信息易与门表中信息不一致
			5. 查看轴号和轴网是否同原建筑图纸一致	轴号信息一致方便确认空间位置，避免干扰判断

（续表）

图纸类别	图纸名称		检查内容	详细解读及常见错误
平面系统图纸	PL.02 平面 布置图	图面	6. 检查设计范围和非设计范围是否标明	设计范围若不确定，则图纸对工人起不到明确的施工范围限定作用，对工人没有指导性
			7. 检查防火卷帘、防火、防烟分区线，消火栓的位置及消防门的疏散方向（视项目而定）是否标明	查看是否缺失相关消防设施，确保符合消防相关规定，顺利验收
			8. 检查功能名称、区域名称中英文及面积、餐厅人数、会议人数等数据是否标明	名称及数据不完整，会造成施工时对空间认知不明确，无法顺利开展相关工作
			9. 检查物料索引是否标明且与图中物料一览表相对应	物料与物料表若不相符，会造成装饰物料不能最终确定
			10. 检查图纸右侧标明物料（灯具、五金、洁具、活动家具）一览表，内容信息要与物料索引一致	五金及其他与物料表一致，成批量安装，缩短工期
			11. 检查指北针是否标明	明确项目地理方位
			12. 查看图纸的平面类标题信息是否正确（如图纸名称、制图比例等）	标题明确、比例正确、图显清晰，能给予施工人员正确的现场引导，避免误判
			13. 查看图框信息是否完整（此处详细审核内容请查看 1.1.3 节"图框"）	图框中的内容信息易因前期未更改，从而使每张图纸的图框和项目不符；或图名、图号和图纸内容不符
			14. 若是分平面图图纸，检查分平面图是否标明区域平面图在总平面图的位置索引	索引不正确，会导致图纸无法顺利查看，不能起到正确的指导作用
		标准	1. 考虑空间范围是否满足相应标准	考虑特殊功能空间是否满足相关规范要求（例如消防前室）
			2. 考虑功能性是否满足相应标准要求	例如噪声较大空间的饰面材料是否满足相关隔声材料及相关隔声标准
			3. 考虑消防标准是否满足项目要求及相应标准要求	需考虑饰面材料是否满足项目及消防规定上的相关规范要求。 如不符合，需替换为符合项目要求及消防规范的饰面材料
		深化	1. 考虑整体空间的动线关系是否流畅	根据项目不同考虑动线关系，例如星级酒店服务人员和客人的动线关系
			2. 考虑空间各个功能及空间是否满足使用要求	考虑空间功能类别，如不能满足功能使用要求，需做出调整，特殊要求需按照相关规定进行调整
	PL.03 墙体 定位图	图面	1. 查看显示图层是否正确	墙体定位图显示的图层为【BS】、【DS】，其他图层需冻结隐藏。 常出现其他图层未冻结而导致图纸内容混乱的情况
			2. 查看拆除墙体尺寸标注是否清晰、明了（取整无小数）	若拆除墙体与新建墙体有重叠情况，需分成两张图纸体现。 拆除、新建墙体尺寸标注需清楚、明了，常有由于标注较多，数字交叉或重叠，导致标注不明确的现象，故需错开标注或引出标注。 拆除墙体图例说明需标注在图纸的右下角，绘图中常易忽略。 新建墙体类型填充及做法需同 INDEX 系统中图例说明表和构造做法表相一致；因项目要求不同，新建墙体类型及做法一览表体现内容不同
			3. 查看拆除墙体图例说明是否缺失	
			4. 查看新建墙体尺寸标注是否清晰、明了（取整无小数）	
			5. 查看墙体类型及墙体做法一览表是否正确	

（续表）

图纸类别	图纸名称		检查内容	详细解读及常见错误
平面系统图纸	PL.03 墙体定位图	图面	6. 查看门洞符号及门洞尺寸一览表是否正确	应查看空间中所有门洞标注尺寸是否正确，且与各空间的立面图纸中门洞高度是否一致
			7. 与其他专业分包进行叠图，查看是否预留洞口，进行文字说明标注等	当空间暖通、消防等管道需穿过各个空间时，需定位预留洞门尺寸，用文字标明预留洞门高度
			8. 查看图纸的平面类标题信息是否正确（如图纸名称、制图比例等）	每一张平面类图纸对应英文应正确，且制图比例应一致；图纸名称同图框中图名需一致
			9. 查看图框信息是否完整（此处详细审核内容请查看 1.1.3 节"图框"）	图框中的内容信息易因前期未更改，从而使每张图纸的图框和项目不符；或图名、图号和图纸内容不符
		标准	1. 检查空间、隔墙的耐火等级是否符合相关规定	根据项目要求，审核图纸中隔墙等的燃烧性能和耐火等级是否符合相关规定
			2. 检查隔墙类型和工艺是否符合相关规定	隔墙的分类是否符合该类型工艺要求，如：轻钢龙骨 3 m 以下使用一根通贯龙骨，超过 3 m，每 1.2 m 设置一根
		深化	1. 考虑隔墙的类型是否符合施工要求	如：墙体为 5 m 的超高墙体，表面材质为石材，考虑湿贴石材存在安全隐患，故选择干挂石材
			2. 考虑防火墙的相关要求是否满足	根据燃烧等级等，考虑墙体的材料以及墙体的厚度等
			3. 考虑声学隔声要求是否满足	不同功能空间的隔声要求不同，墙体类型设定需考虑是否满足，若不满足需进行修改
	PL.04 完成面尺寸图	图面	1. 查看显示图层是否正确	完成面尺寸图显示的图层为【BS】、【DS】，其他图层冻结隐藏
			2. 查看完成面尺寸标注是否清晰、明了（取整无小数）	尺寸标注需清楚、明了。常有由于标注较多，数字交叉或重叠，导致标注不明确的现象，故需错开标注或引出标注
			3. 查看图纸的平面类标题信息是否正确（如图纸名称、制图比例等）	每一张平面类图纸对应英文应正确，且制图比例应一致；图纸名称同图框中图名需一致
			4. 查看图框信息是否完整（此处详细审核内容请查看 1.1.3 节"图框"）	图框中的内容信息易因前期未更改，从而使每张图纸的图框和项目不符；或图名、图号和图纸内容不符
		标准	推敲好完成面后，空间的尺寸应符合国家标准要求	如：双侧厕所隔间之间净距，当内开门时图上尺寸为 1.2 m，不符合国家标准要求，需进行调整
		深化	1. 考虑结合施工工艺推敲的完成面尺寸是否准确	完成面尺寸的准确程度，将决定施工阶段放线是否正确，故需要根据施工要求、防火要求等推敲完成面尺寸，确保准确度
			2. 考虑根据方案造型，对不同材质完成面交界处进行优化处理	审图过程中核查不同材质之间的关系，以及不同材质的收口关系是否合理
			3. 是否从综合信息方面进行完成面推敲	综合信息方面包括材质搭接、不同材质收口、末端点位等，从该方面考虑完成面可有效避免后期质量通病等问题
			4. 考虑完成面与顶、地的关系是否协调	需要综合考虑天、墙、地的关系，达到三者关系合理协调

（续表）

图纸类别	图纸名称		检查内容	详细解读及常见错误
平面系统图纸	PL.05 地面铺装图	图面	1. 查看显示图层是否正确	地面铺装图显示的图层为【BS】、【DS】、【FC】、【FF】（虚线淡显），其他图层需冻结隐藏
			2. 查看地面铺贴尺寸、规格是否清晰、明了（取整无小数）	尺寸标注需清楚、明了。常有由于标注较多，数字交叉或重叠，导致标注不明确的现象，故需错开标注或引出标注
			3. 查看地面铺贴材质填充是否正确	地面填充需与图例说明表中的填充相一致，避免类似索引标注为石材、填充为木饰面这种信息不明确的现象
			4. 查看落地洁具、固定家具是否显示	需考虑地面材质与落地物体之间的关系。常有马桶中线未处于瓷砖中缝位置，造成观感质量通病的情况
			5. 查看不同材料之间的分界线是否标注清楚	材料分界线不清楚、易混淆，会造成材质标注错误
			6. 查看地面标高、起铺点、地漏、坡度等是否缺失；地漏、起铺点图例是否缺失	通过标高确定地面高低程度，通过起铺点、坡度符号确定地面铺贴找坡方向，通过地漏、沽具等定位给排水点位，故这些信息不可缺失
			7. 查看地面材料索引是否丢失，且材料名称、代号是否同材料表一致	如：围边、拼花、门槛石等材质，易漏标造成材质表达不明确
			8. 查看地面节点索引是否正确	若地面节点索引错误，将无法快速索引至地面节点图纸，导致查找图纸困难
			9. 查看图纸的平面类标题信息是否正确（如图纸名称、制图比例等）	每一张平面类图纸对应英文应正确，且制图比例应一致；图纸名称同图框中图名需一致
			10. 查看图框信息是否完整（此处详细审核内容请查看 1.1.3 节"图框"）	图框中的内容信息易因前期未更改，从而使每张图纸的图框和项目不符；或图名、图号和图纸内容不符
		标准	1. 考虑地面施工措施是否满足相关标准的要求	如：卫生间淋浴地面等经常受水侵蚀的地面应采用防滑类面层，采用光面瓷砖将不符合相关标准要求
			2. 考虑地面材质的防火等级是否满足相关标准的要求	如：商场营业厅建筑面积大于 3000 m² 或总建筑面积大于 9000 m² 的营业厅，装饰材料需达到 A 级燃烧等级；反之，则不达标
		深化	考虑地面铺装根据项目类型是否进行综合考量	如：石材的排版优化，是否根据材料的规格进行尺寸分割，达到省时省料的目的
	PL.06 综合顶棚布置图	图面	1. 查看显示图层是否正确	综合顶棚图显示的图层为【BS】、【DS】、【RC】、【FF】（虚线淡显），其他图层需冻结隐藏
			2. 查看灯具图例是否同图例说明表一致	灯具图例需与图例表中相同，从而可快速查询灯具的相关数据，如瓦数、安装高度、照度等
			3. 查看消防、喷淋等是否与顶棚造型冲突	如灯具与喷淋过近，灯具使用时产生的热量会影响消防喷淋的热感应装置，从而导致安全隐患问题及观感质量问题
			4. 查看消防广播、背景音乐喇叭、疏散指示牌位置是否标明	若缺少相关消防设施，消防图审则无法通过。图纸中需按照相关规定标注出安装高度，以加快工程安装效率
			5. 查看新风、空调的所有风口位置是否标明	暖通设备依照暖通单位提供的图纸合图查看是否缺少风口位置、尺寸等相关信息。如缺少需在图纸上进行补充

（续表）

图纸类别	图纸名称		检查内容	详细解读及常见错误
平面系统图纸	PL.06 综合顶棚布置图	图面	6. 查看安防监控探头位置是否标明	图纸中需明确标明监控探头的位置、安装高度以及探头类型等，以方便审查与查看
			7. 查看各相关专业检修口位置是否标明	检修口必须依据人体工程学既定尺寸，标明功能类型，是否方便检修，若不方便检修则需调整位置
			8. 查看装饰灯具、工程灯具等的位置是否标明	灯具需在图纸上标明安装方式、高度以及位置是否与其他顶棚设备有冲突，如有冲突则需进行调整
			9. 查看顶棚材料标高是否正确	需检查顶棚饰面材料是否与材料表中相同，吊顶标高是否为装饰正确标高，如考虑标高时是否减去地面完成面标高
			10. 查看顶棚节点索引是否正确	顶棚节点索引应正确，以方便相关专业快速查看。如索引不正确会导致图纸混乱，降低工作效率
			11. 查看顶棚造型剖线是否缺失	造型剖线缺失会导致施工人员无法直观了解造型结构，易造成误导施工情况
			12. 查看建筑变形缝、防火卷帘、烟罩、挡烟垂壁等构件和设施的位置是否标明	需依据相关规范在图中标明消防及其他设施的规格、安装数据以及安装方式；查看是否与其造型有冲突，有则进行更改
			13. 查看体现墙体与顶棚交接的完成面线是否标明	查看墙体完成面与吊顶的关系，可检验顶棚造型尺寸是否合理，有无冲突
			14. 查看门套在顶棚上的反映线是否标明	对于到顶门，在顶棚吊顶需显示门套线，反映顶棚与门的关系
			15. 查看是否准确反映顶棚楼板开洞尺寸及实际位置	准确标明位置及尺寸，方便精准定位及预留
			16. 查看顶棚造型及灯具的对中对称的定位原则是否标明	综合顶棚所有设备都需依据对中对称原则，若多家相关单位随意安装位置，则会造成观感质量问题
			17. 查看图纸的平面类标题信息是否正确（如图纸名称、制图比例等）	每一张平面类图纸对应英文应正确，且制图比例应一致；图纸名称同图框中图名需一致
			18. 查看图框信息是否完整（此处详细审核内容请查看 1.1.3 节"图框"）	图框中的内容信息易因前期未更改，从而使每张图纸的图框和项目不符；或图名、图号和图纸内容不符
		标准	1. 考虑顶棚造型是否同其他专业设备点位冲突	相互冲突或者不满足置顶设备相关规范者，需进行调整
			2. 检查消防设备是否符合防火规范要求	消防设备及设施应满足消防单位对消防产品的规范设定要求
			3. 检查灯光及音响等是否满足光学、声学需求	灯具照度及应用需符合相关使用规定，严格按照灯光及声学顾问的要求
		深化	1. 检查轻钢龙骨吊顶规格是否满足要求	考虑项目为上人吊顶还是不上人吊顶，如上人吊顶则须选择 M6 系列吊杆，否则不符合施工规范要求
			2. 考虑顶棚与墙面、地面的造型关系是否合理	三种材质转换需做到自然、平稳、过渡，内部结构工艺符合相关规范，避免后期因不规范操作造成返工
			3. 考虑梁体、设备层和吊顶造型是否有冲突；吊顶高度是否满足	顶棚的标高建立在梁体、设备层等总厚度之下，故需确认吊顶高度是否满足

（续表）

图纸类别	图纸名称		检查内容	详细解读及常见错误
平面系统图纸	PL.06 综合顶棚布置图	深化	4. 考虑大型灯具的加固措施是否满足要求	大型灯具重量较重，需采用独立悬挂方式进行加固处理，若直接与顶棚吊顶固定，会造成顶棚变形及形成安全隐患
			5. 考虑各个专业检修口的装饰性是否满足	检修口需合图后进行微调，做到对中，避免观感质量通病出现
			6. 考虑顶棚中心与平面布局对应关系，以及灯具与家具的对应关系	综合考量相关对应关系，避免出现观感质量通病
	PL.07 顶棚尺寸图	图面	1. 查看显示图层是否正确	顶棚尺寸图显示的图层为【BS】、【DS】、【RC】，其他图层需冻结隐藏
			2. 查看顶棚造型尺寸标注是否准确	顶棚尺寸必须准确，若不准确则会影响立面及节点的相关数据，造成施工依据的准确性降低
			3. 查看灯具图例是否同图例说明表一致	灯具图例需与图例表中相同，从而可快速查询灯具的相关数据，如瓦数、安装高度、照度等
			4. 查看灯具是否隐藏	查看是否隐藏灯具，确保打印出的图纸可清晰查看，不会因内容互叠导致内容表达不清晰
			5. 查看投影设备、顶棚造型、检修口等尺寸定位是否标明	需对顶棚的面层设备进行定位，查看是否影响顶棚造型。如有，需对设备进行微调
			6. 查看顶棚造型剖线是否齐全、准确	通过顶棚剖线可以直观查看顶棚造型，造型剖线若缺失会影响施工人员对造型的了解和判断，易造成误导施工情况
			7. 查看图纸的平面类标题信息是否正确（如图纸名称、制图比例等）	每一张平面类图纸对应英文应正确，且制图比例应一致；图纸名称同图框中图名需一致
			8. 查看图框信息是否完整（此处详细审核内容请查看 1.1.3 节"图框"）	图框中的内容信息易因前期未更改，使每张图纸的图框和项目不符；或图名、图号和图纸内容不符
	PL.08 灯具尺寸图	图面	1. 查看显示图层是否正确且顶棚造型淡显	灯具尺寸图显示的图层为【BS】、【DS】、【RC】，其他图层需冻结隐藏
			2. 查看灯具尺寸标注是否正确	灯具尺寸标注不完整或不正确会影响施工人员的现场放线，故需详细检查
			3. 查看灯具图例是否同图例说明表一致	依照灯光顾问图纸中的图例和图例说明表对装饰图纸进行更新，三方确保一致性、完整性
			4. 查看固装内部灯具是否进行文字说明	固装内灯具需详细进行文字说明，注明灯具样式及照度，方便采购人员统计及查看
			5. 查看图纸的平面类标题信息是否正确（如图纸名称、制图比例等）	每一张平面类图纸对应英文应正确，且制图比例应一致；图纸名称同图框中图名需一致
			6. 查看图框信息是否完整（此处详细审核内容请查看 1.1.3 节"图框"）	图框中的内容信息易因前期未更改，使每张图纸的图框和项目不符；或图名、图号和图纸内容不符
	PL.09 灯具连线图	图面	1. 查看显示图层是否正确且顶棚造型淡显	灯具连线图显示的图层为【BS】、【DS】、【RC】、【EM】，其他图层需冻结隐藏
			2. 查看开关面板是否有图例说明，且是否同图例说明表中一致	依照电气图纸中的图例和图例说明表对装饰图纸进行更新，三方确保一致性、完整性

（续表）

图纸类别	图纸名称		检查内容	详细解读及常见错误
平面系统图纸	PL.09 灯具连线图	图面	3. 查看开关面板高度等是否有文字说明	开关点位高度应符合人体工程学要求，需详细标明安装高度，若信息缺失会导致现场安装存在不确定因素
			4. 查看灯具图例是否缺失	灯具图例需与灯具图例一览表及灯光顾问的图例一致，做到有据可查
			5. 查看固装灯具是否布置开关	固装灯具有单独控制和与其他灯具串联的连接方式，故要求图纸表达清晰，避免现场出现漏接情况
			6. 查看图纸的平面类标题信息是否正确（如图纸名称、制图比例等）	每一张平面类图纸对应英文应正确，且制图比例应一致；图纸名称同图框中图名需一致
			7. 查看图框信息是否完整（此处详细审核内容请查看 1.1.3 节"图框"）	图框中的内容信息易因前期未改，使每张图纸的图框和项目不符；或图名、图号和图纸内容不符
		标准	考虑开关点位是否满足相关规范要求	点位满足电气安装规范要求，检查公共区域是否使用分区域控制等
		深化	1. 由电气工程师提供的电路图纸，查看是否同室内造型冲突	电气图纸与装饰图纸合图时需进行检验，若对装饰造型有影响则需重新排版
			2. 根据动线关系考虑开关设置是否合理	根据项目不同布置不同，从动线使用频率及使用方便方面考虑开关布置
	PL.10 机电点位图	图面	1. 查看显示图层是否正确且家具图层淡显	机电点位图显示的图层为【BS】、【DS】、【FF】、【EM】，其他图层需冻结隐藏
			2. 查看强弱电点位是否有图例，且是否同图例说明表一致	依照电气图纸中的图例和图例说明对装饰图纸图例进行更新，三方确保一致性、完整性
			3. 查看强弱电点位是否正确，对功能用途、安装高度进行文字说明	对照电气图纸安装说明，对末端点位进行详细的说明，对现场起到指导安装的作用
			4. 查看图纸的平面类标题信息是否正确（如图纸名称、制图比例等）	每一张平面类图纸对应英文应正确，且制图比例应一致；图纸名称同图框中图名需一致
			5. 查看图框信息是否完整（此处详细审核内容请查看 1.1.3 节"图框"）	图框中的内容信息易因前期未改，使每张图纸的图框和项目不符；或图名、图号和图纸内容不符
		标准	考虑强弱电点位是否满足相关规范要求	强弱电应符合国家相关强制规范，例如：强、弱电相距 150 mm，且不能共槽
		深化	1. 由电气工程师提供的电路图纸，查看是否同室内造型冲突	检查是否与墙面造型有冲突，如：卫生间点位正好位于拼缝线上，影响面层的完整性，需改至瓷砖中心位置，使造型美观
			2. 查看强弱电点位高度是否符合家具、电器尺寸和人体工程学尺寸要求	需与软装设计单位确认家具详细尺寸后，重新对点位的高度及方式进行微调，保证装饰面的完整性及美观性
	PL.11 给排水布置图	图面	1. 查看显示图层是否正确且家具、洁具图层淡显	机电点位图显示的图层为【BS】、【DS】、【FF】、【EM】，其他图层需冻结隐藏
			2. 查看给排水点位是否对用途、管径、高度进行文字说明	不同用途的管道其管径不同，详细的文字说明便于了解管道安装位置及要求，减少不确定性，提高工作效率
			3. 查看图纸的平面类标题信息是否正确（如图纸名称、制图比例等）	每一张平面类图纸对应英文应正确，且制图比例应一致；图纸名称同图框中图名需一致

（续表）

图纸类别	图纸名称		检查内容	详细解读及常见错误
平面系统图纸	PL.11 给排水布置图	图面	4. 查看冷热水图例左右位置是否放置错误	冷热水图例左右位置若放反，易导致施工错误
			5. 查看图框信息是否完整（此处详细审核内容请查看 1.1.3 节"图框"）	图框中的内容信息易因前期未更改，从而使每张图纸的图框和项目不符；或图名、图号和图纸内容不符
		标准	考虑给排水点位是否满足相关规范	冷热给水点位应符合国家相关规范要求，例如冷热水点位间距必须为 150 mm 左右
		深化	考虑点位是否裸露，影响装饰	应考虑装饰完成的美观性，使给排水点位隐藏于造型或家具中
	PL.12 立面索引图	图面	1. 查看显示图层是否正确	立面索引图显示的图层为【BS】、【DS】、【FF】，其他图层需冻结隐藏。若图纸体量较大，可视情况淡显家具图层
			2. 查看立面索引是否正确	需检查立面索引标号及页码是否正确，应可准确索引至索引立面，方便查找，提高工作效率
			3. 查看图纸的平面类标题信息是否正确（如图纸名称、制图比例等）	每一张平面类图纸对应英文应正确，且制图比例应一致；图纸名称同图框中图名需一致
			4. 查看图框信息是否完整（此处详细审核内容请查看 1.1.3 节"图框"）	图框中的内容信息易因前期未更改，从而使每张图纸的图框和项目不符；或图名、图号和图纸内容不符
立面系统图纸	EL.01 立面图	图面	1. 查看显示图层是否正确	立面图显示的图层为【EL】，其他图层不显示
			2. 查看填充类型是否正确，墙体填充是否同平面对应墙体填充一致	立面造型填充应正确，且墙体填充应与平面中对应墙体一致，保证图纸的统一性，便于各环节人员理解图纸
			3. 查看图纸内容是否完整，活动家具、装饰物等是否虚线显示	避免立面图中出现漏项，造成图纸内容不完整而导致返工的情况
			4. 查看轴号和轴网是否与平面图相对应	信息应一致，方便确认空间位置，避免干扰判断
			5. 查看内、外尺寸标注是否清晰、明了	内、外尺寸标注需与平面数据一致，不可出现同一位置平、立、剖面三种数据各不相同的现象
			6. 查看地面、顶棚、立面标高是否正确	立面图中的地面及顶棚依据平面数据绘制，应确保与平面图及节点图数据一致
			7. 查看非封闭空间文字说明是否缺失	例如过廊为非封闭空间，当绘制与其相邻的空间时，需添加"通往过廊"字样进行文字说明
			8. 查看机电点位等是否缺失且尺寸标注是否缺失	立面图中机电点位应详细标注高度、安装方式，方便施工人员精准地进行末端定位
			9. 查看材料索引名称和编号是否同材料表一致	若材料标注与材料表不对应，则会导致立面图中饰面材料缺失，无根可寻。应以材料标注对照材料表逐项审查
			10. 查看剖切索引是否正确	剖切索引若不正确，将导致无法索引至索引节点图纸，造成图纸混乱
			11. 查看墙体转角符号是否缺失	平面做正投影，无法表现墙体转折，故需用转折符号进行标注，给予审图及看图人员对照平面的标记

（续表）

图纸类别	图纸名称		检查内容	详细解读及常见错误
立面系统图纸	EL.01 立面图	图面	12. 查看门、窗的开启方式是否缺失	门、窗的开启方向标注缺失会影响图纸对现场人员的指导性，可能会导致门的方向安装错误
			13. 查看其他专业分包内容是否进行文字说明	暖通、软装及其他单位在立面图中表现时，需进行文字说明备注
			14. 查看立面图标题信息是否正确（立面与平面索引是否相呼应，图名、图幅及比例是否正确）	每一张立面图都应能索引到平面图号位置，以达到相互索引、查看方便的目的
			15. 查看图框信息是否完整（此处详细审核内容请查看 1.1.3 节"图框"）	图框中的内容信息易因前期未改，从而使每张图纸的图框和项目不符；或图名、图号和图纸内容不符
		标准	1. 考虑墙面消防门的相关标准要求是否满足	根据项目及功能要求，考虑防火门是否达到消防要求的级别
			2. 考虑疏散指示等消防设备的相关标准要求是否满足	消防疏散指示及其他消防设施需达到消防规范的验收要求，如若不满足造成验收通不过，则二次施工将增加造价
			3. 考虑墙面的防火是否满足规范要求	大型公建项目存在防火墙这类防火设施，依据规定，防火墙耐火等级分为不低于 1 h、1.5 h、2 h、3 h 等
			4. 考虑大功率电气设备是否满足消防规范要求	大型用电设备需配备专属消防设施，若无消防设施，则存在消防隐患或遇突发情况无法及时处理
		深化	1. 考虑从原土建、幕墙及二次墙体中提取的信息与立面墙体的关系	如：注意幕墙与新建墙体的交接及收口关系
			2. 考虑地面完成面尺寸的影响因素，以及检验设定的完成面是否满足	考虑影响地面完成面的相关因素，如地面电气设备、暖通、地暖等，考虑是否同设定的地面完成面尺寸有冲突
			3. 考虑顶棚高度的影响因素，以及检验平面中设定的吊顶高度是否满足	考虑顶棚内部设备、梁体等，重点推断原顶到顶棚完成面是否满足所有因素在吊顶里的高度
			4. 考虑灯具与造型的关系，是否美观	考虑灯具是否与造型存在相互呼应的关系，或者居中，避免造成观感质量通病
			5. 考虑吊顶与立面造型的关系，是否相对对称、美观	如：空间墙面为对称造型，需考虑造型是否与顶棚造型正好对中。若不对中，会有一边偏的视觉感受，造成观感质量通病
			6. 考虑吊顶与门、窗以及墙面收口关系是否合理	如：石膏板吊顶与石材墙面造型相接位置需做 10 mm×10 mm 凹口离缝处理，避免观感上出现石材不顺直的现象
			7. 考虑材质的排版是否合理	例如卫生间地面材质排版需考虑地漏的位置，查看是否置于地面材质模数的正中间或其他位置
			8. 考虑立面材质的模数关系，以及不同材质的收口关系是否合理	斟酌两种材质过渡收口方式是否满足材料的热胀冷缩要求以及完成面的美观性
			9. 考虑幕墙与顶棚、地面以及隔墙的收口关系	斟酌顶棚、墙面、地面与幕墙收口是否顺直、合理，需考虑其美观性
			10. 考虑强弱电机电点位信息与立面造型的关系	如：插座正好位于木饰面腰线位置，需将插座进行高度调整，避免造成观感质量通病

（续表）

图纸类别	图纸名称		检查内容	详细解读及常见错误
节点系统图纸	DT1.01 顶棚节点 DT2.01 地面节点 DT3.01 墙体节点 DT4.01 固装大样	图面	1. 查看显示图层是否正确	节点图显示的图层为【DT】，其他图层不显示
			2. 查看尺寸标注是否清晰、明了	尺寸标注不应与其他内容重叠，数据应与平、立面图中一致
			3. 查看饰面材料索引名称、标号是否同材料表一致	常出现饰面材料索引与材料表不符现象
			4. 查看顶棚节点标高是否同平面图中相对空间的标高一致	标高需与平面图及立面图中标高数据一致，否则会导致施工人员无法确定吊顶标高
			5. 查看顶棚节点风口位置是否缺失	需根据剖切位置标明风口功能及位置、尺寸，给予施工人员详细的指导
			6. 查看地面标高是否同平面图中相对空间的地面标高一致	地面标高需与平面图及立面图中标高数据一致，涉水空间需注意是绝对标高还是相对标高
			7. 查看地面完成面尺寸是否满足地面设备尺寸要求	例如地面完成面尺寸不满足会导致地灯无法嵌入地面，造成返工
			8. 查看基层材料描述是否清晰	若地面基层材料描述不清晰，则对于现场起不到详细地指导施工作用，工程结算也无据可依
			9. 查看地面节点细部是否放大说明	地面节点细部若没有放大，内容不明确，则会影响施工人员的判断及增加施工的不确定性
			10. 查看墙面节点剖切是否表达完整	立面图中剖切位置与节点图中剖切位置若出现偏差，则会导致内容表达不完全
			11. 查看墙体填充图例是否与图例表中一致	填充图例若没有按照图例表进行绘制，则达不到依据相关规范绘制图纸的要求
			12. 查看墙体完成面是否与平面完成面尺寸相吻合	节点完成面数据一定要以平面完成面尺寸为依据，做到数据的一致性，切忌出现两种数据
			13. 查看墙体基层材料是否满足项目要求	基层材料应和设计说明中使用的基层材料相同，不应低于设计说明要求的等级及要求
			14. 查看大样图中平、立、剖面是否完整	大样图需对整体进行详细绘制，平、立、剖面缺一不可，可对现场施工人员起到很好的指导作用
			15. 查看大样图尺寸标注是否完整	大样图尺寸需详细标注，做到无缺失和漏标
			16. 查看大样图材料标注是否完善	材料标注不完善，会导致施工现场的不确定性，工程结算也无据可依
			17. 查看大样图与平面图中大样索引图是否索引正确	索引不正确，会导致索引不到其根源，影响看图及审图效率
			18. 查看节点标题信息是否正确（节点索引是否前后呼应，图名、图幅及比例是否正确）	节点标题需对照索引图形相互追根，方便查看
			19. 查看图框信息是否完整（此处详细审核内容请查看 1.1.3 节 "图框"）	图框中的内容信息易因未更改，致使图名、图号和图纸内容不符
		标准	1. 考虑材料的防火等级是否满足	需考虑项目性质，依据防火材料规范对基层及面层材料进行深化，以满足顺利验收的要求

（续表）

图纸类别	图纸名称		检查内容	详细解读及常见错误
节点系统图纸	DT1.01顶棚节点 DT2.01地面节点 DT3.01墙体节点 DT4.01固装大样	标准	2. 考虑施工工艺是否同构造做法表相一致	节点工艺与构造做法表两者易出现前后不一致的现象
			3. 考虑工艺的隔声、防烟等处理是否满足消防规范要求	墙面及顶棚节点需考虑依据消防规范、声学要求及其他要求进行标准绘制，确保节点的绘制有效率
		深化	1. 考虑轻钢龙骨系统型号是否满足相关功能需求	如该空间吊顶内部有设备需上人检修，吊顶的轻钢龙骨则需要采用上人轻钢龙骨
			2. 考虑顶棚内部结构是否成立	考虑顶棚基层做法是否满足力学原理要求的固定方式；是否满足承重要求
			3. 考虑顶棚标高是否满足梁体及设备等内部结构垂直高度要求	考虑顶棚内部设备，重点推断原顶面到顶棚完成面是否满足所有设备暗藏在吊顶里的高度要求
			4. 考虑顶棚设备层的减振、隔声措施是否合理	例如采用具有减振功能的吊筋来固定设备
			5. 考虑顶棚灯具的安装是否满足美观性要求	如：顶棚筒灯为满足美观性要求，可选择嵌入式或者内凹式灯具
			6. 考虑到造价和成本，斟酌是否可替换成同级别材料	依据项目要求，在可调整范围内，可深化基层材料的成本构成，做到为甲方节约造价的同时不影响装饰效果
			7. 考虑顶棚是否按要求设置伸缩缝	按照国家标准要求，顶棚跨度达到一定数值时，需设置顶棚伸缩缝，以降低饰面材料的特性变化，避免开裂、变形等
			8. 根据吊灯的自身重量，考虑是否需要采取加固处理措施，以增强安全性	大型吊灯自重较重，需在原顶直接预制吊灯承重件，重量极大时需使用化学膨胀螺栓预制承重件
			9. 检查新建墙体是否满足工艺要求	例如：卫生间完成面厚 100 mm 的薄墙，常规砖体无法满足，应选择 4 号不等边方钢来做基层框架
	DS1.01门表	图面	1. 查看显示图层是否正确	节点图显示的图层为【DT】，其他图层不显示
			2. 查看尺寸标注是否清晰、明了	尺寸标注位置不应与其他内容重叠，数据应与平、立面图一致
			3. 查看饰面材料索引名称、标号是否同材料表一致	常出现饰面材料索引与材料表不符现象
			4. 查看门表索引是否正确，是否能够索引至平面图中门所在位置	索引若与门表中图纸编号不对应，则现场或加工环节无法确定平面图中门的样式、规格及五金详单
			5. 查看门的规格尺寸、样式选择是否同施工图纸一一对应	若门表的规格等样式与施工图纸不一致，会导致下单错误，造成成本增加，耽误工期
			6. 查看门的数量、表示编号与使用位置是否与施工平面图一一对应	若平面图中门表编号与门表图纸中编号不相同，会导致索引错误，不便于图纸查找
			7. 查看节点标题信息是否完整	节点标题需对照索引图形相互追根，方便查看
			8. 查看图框信息是否成立（此处详细审核内容请查看 1.1.3 节"图框"）	图框中的内容信息若未更改，会导致图名、图号和图纸内容不符

（续表）

图纸类别	图纸名称		检查内容	详细解读及常见错误
节点系统图纸	DS1.01 门表	标准	1. 检查门的消防级别、材料等是否满足相关标准要求	根据项目要求、防火标准等不同，门的装饰材料的防火等级要符合消防标准的要求
			2. 检查门的隔声标准是否满足相关标准要求	例如隐私空间的门（客房门）需满足声学顾问及国家相应规范的要求
		深化	1. 考虑五金配备是否合适、齐全	根据门的样式及重量（特殊门），选择合适的五金配套安装
			2. 考虑门与周边材质收口是否合理	由于门贴脸与墙面经常出现不顺直的阴角收口，故应考虑两种材质交接处的收口关系（如做缺口），避免观感质量问题
			3. 考虑超高门等特殊情况，是否需进行加固处理	超高门基层常因物理原因而变形，进而导致门板变形，故应考虑对基层采取加固处理措施
			4. 考虑集成加工时，门的模数与规格尺寸是否一致	酒店类项目客房门样式及尺寸基本相同，故此类情况可选择模数化集成加工，以缩短加工周期，加快安装进度

注：因项目不同，审核的内容和标准不同，表中无法全部详细列举，实际应用可视情况酌情更改。

5.2　图纸审核范例

图纸审核范例参见图 5-1—图 5-3。

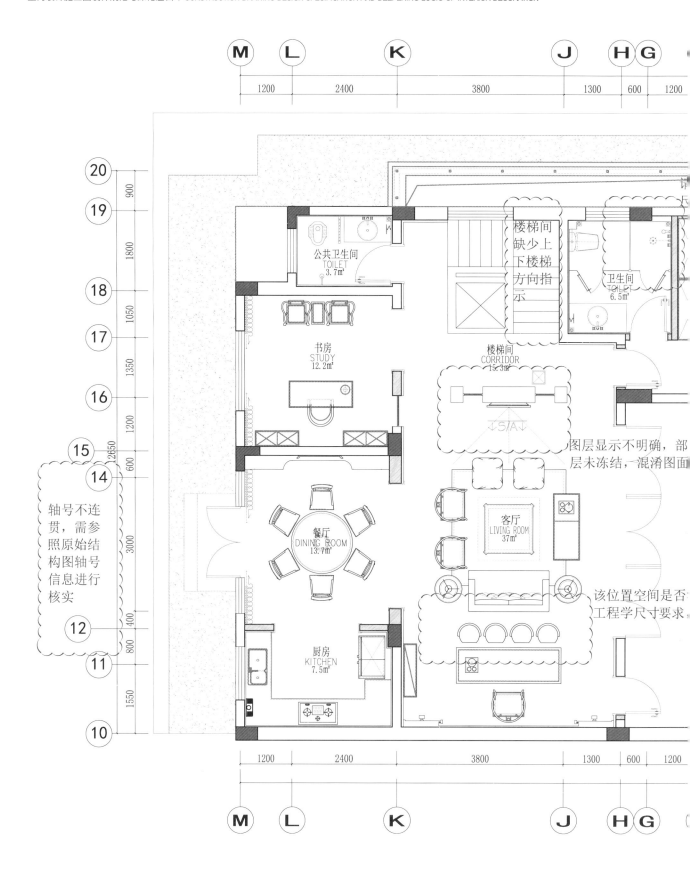

注：当前图纸审核仅从图面范畴进行解析，项目不同，相关规范标准不同，无法在此案例中详细展开，故该审核内容仅

供参考。

图 5-1

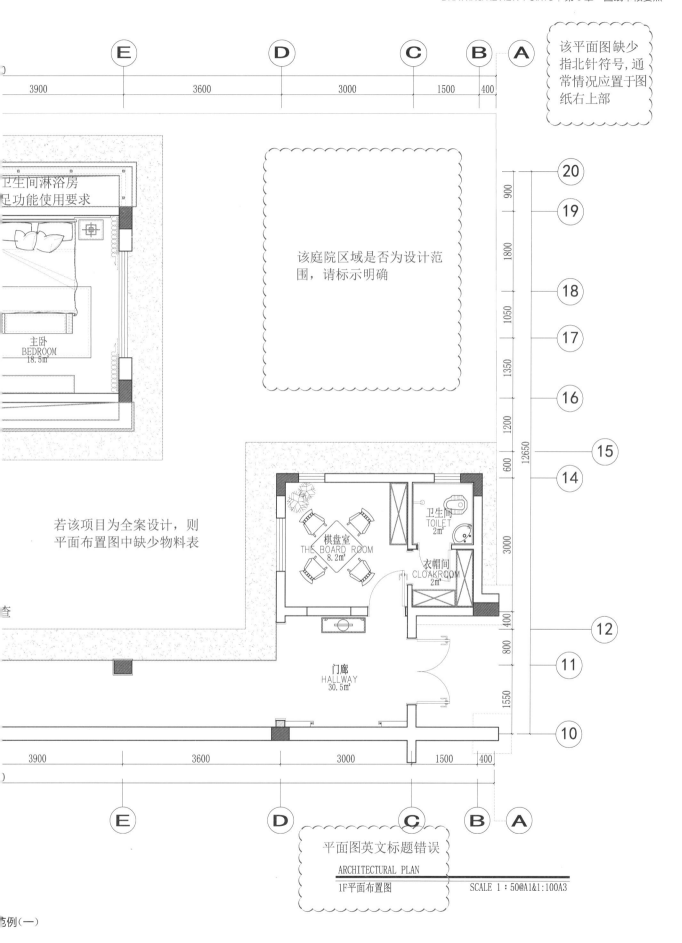

该平面图缺少指北针符号,通常情况应置于图纸右上部

该庭院区域是否为设计范围,请标示明确

卫生间淋浴房
足功能使用要求

主卧
BEDROOM
18.5㎡

若该项目为全案设计,则平面布置图中缺少物料表

棋盘室
THE BOARD ROOM
8.2㎡

卫生间
TOILET
2㎡

衣帽间
CLOAKROOM
2㎡

门廊
HALLWAY
30.5㎡

平面图英文标题错误

ARCHITECTURAL PLAN

1F平面布置图

SCALE 1：50@A1&1:100A3

范例(一)

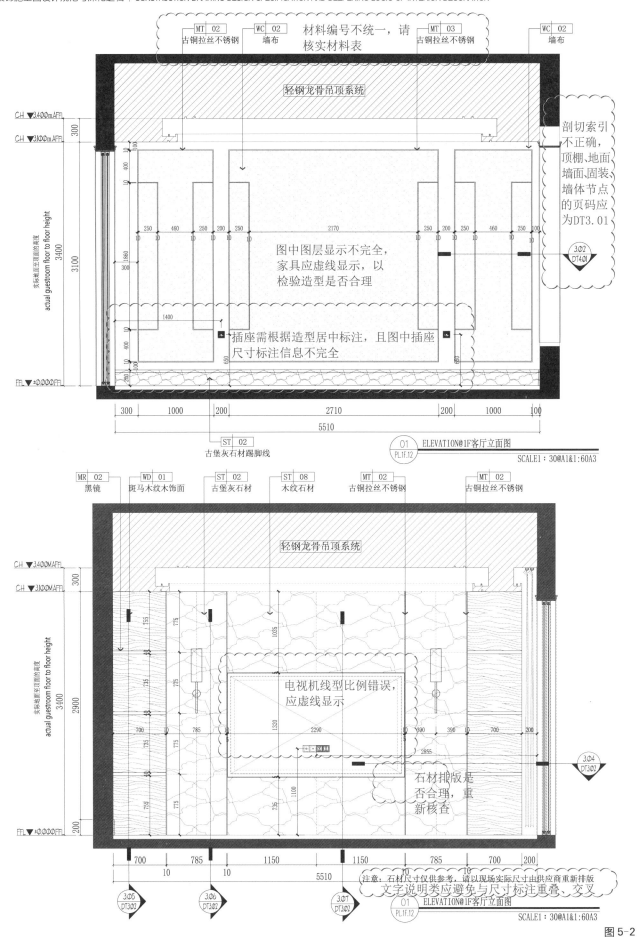

图 5-2

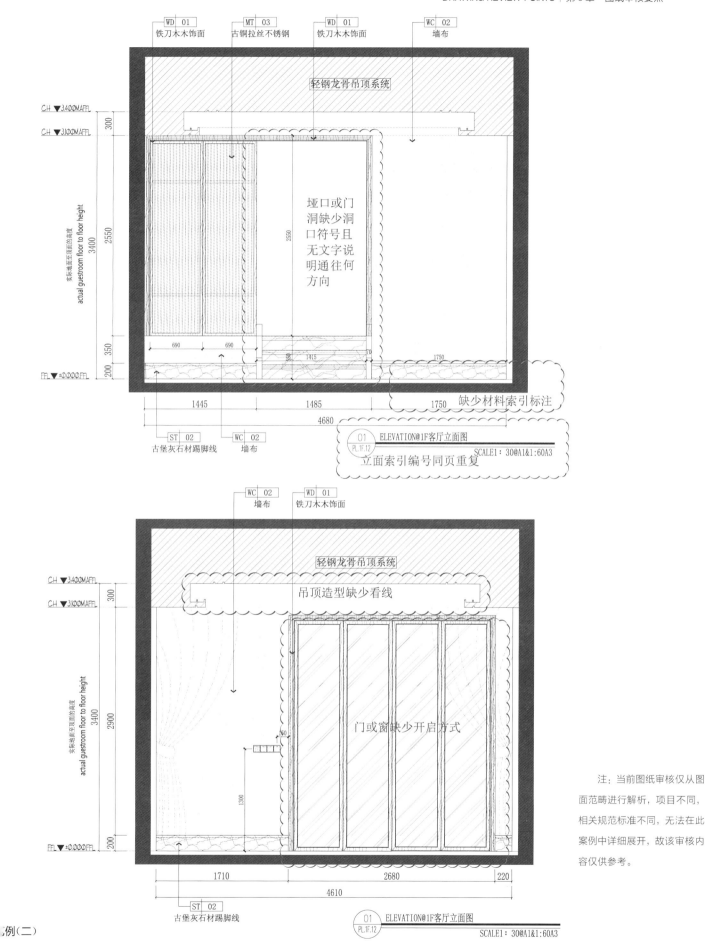

WD 01 铁刀木木饰面　　MT 03 古铜拉丝不锈钢　　WD 01 铁刀木木饰面　　WC 02 墙布

轻钢龙骨吊顶系统

CH ▼3400MAFFL
CH ▼3100MAFFL
300

实标墙面至顶面的高度
actual guestroom floor to floor height
3400

2550

垭口或门洞缺少洞口符号且无文字说明通往何方向

2550

350

690　　690

350　1415　　70

1750

200

FFL▼±0.000FFL

缺少材料索引标注

1445　　　　1485　　　　1750

4680

ST 02 古堡灰石材踢脚线　　WC 02 墙布

01 ELEVATION@1F客厅立面图
PL.1F.12
SCALE1：30@A1&1:60A3

立面索引编号同页重复

WC 02 墙布　　WD 01 铁刀木木饰面

轻钢龙骨吊顶系统

CH ▼3400MAFFL
CH ▼3100MAFFL
300

吊顶造型缺少看线

实标墙面至顶面的高度
actual guestroom floor to floor height
3400

2900

150

门或窗缺少开启方式

1300

200

FFL▼±0.000FFL

1710　　　　2680　　　220

4610

ST 02 古堡灰石材踢脚线

01 ELEVATION@1F客厅立面图
PL.1F.12
SCALE1：30@A1&1:60A3

注：当前图纸审核仅从图面范畴进行解析，项目不同，相关规范标准不同，无法在此案例中详细展开，故该审核内容仅供参考。

例（二）

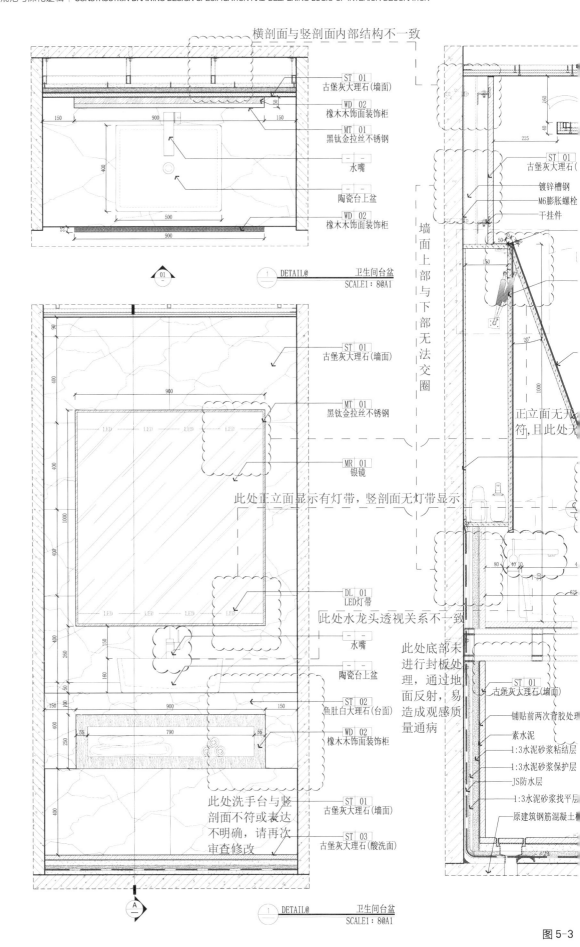

横剖面与竖剖面内部结构不一致

ST 01
古堡灰大理石(墙面)

WD 02
橡木木饰面装饰柜

MT 01
黑钛金拉丝不锈钢

水嘴

陶瓷台上盆

WD 02
橡木木饰面装饰柜

01

DETAIL@
SCALE1：8@A1
卫生间台盆

ST 01
古堡灰大理石(墙面)

MT 01
黑钛金拉丝不锈钢

MR 01
银镜

DL 01
LED灯带

水嘴

陶瓷台上盆

ST 02
鱼肚白大理石(台面)

WD 02
橡木木饰面装饰柜

ST 01
古堡灰大理石(墙面)

ST 03
古堡灰大理石(酸洗面)

墙面上部与下部无法交圈

此处正立面显示有灯带,竖剖面无灯带显示

此处水龙头透视关系不一致

此处洗手台与竖剖面不符或表达不明确,请再次审查修改

ST 01
古堡灰大理石(

镀锌槽钢
M6膨胀螺栓
干挂件

正立面无无
符,且此处无

此处底部未
进行封板处
理,通过地
面反射,易
造成观感质
量通病

ST 01
古堡灰大理石(墙面)

铺贴前两次背胶处理
素水泥
1:3水泥砂浆粘结层
1:3水泥砂浆保护层
JS防水层
1:3水泥砂浆找平层
原建筑钢筋混凝土楼

A

DETAIL@
SCALE1：8@A1
卫生间台盆

图 5-3

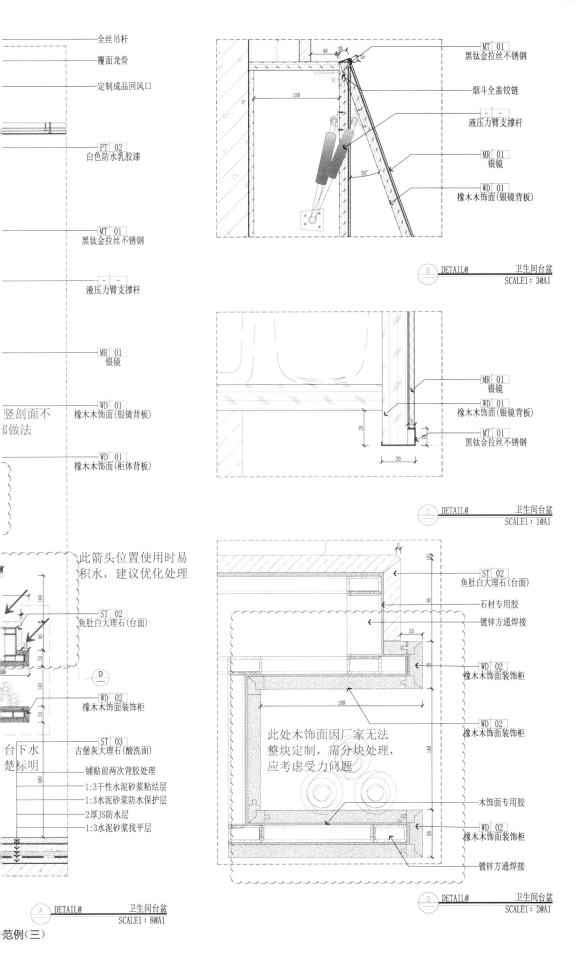

全丝吊杆

覆面龙骨

定制成品回风口

PT 02
白色防水乳胶漆

MT 01
黑钛金拉丝不锈钢

液压力臂支撑杆

MR 01
银镜

竖剖面不
郚做法

WD 01
橡木木饰面(银镜背板)

WD 01
橡木木饰面(柜体背板)

此箭头位置使用时易
积水，建议优化处理

ST 02
鱼肚白大理石(台面)

WD 02
橡木木饰面装饰柜

ST 03
古堡灰大理石(酸洗面)

铺贴前两次背胶处理
1:3干性水泥砂浆粘结层
1:3水泥砂浆防水保护层
2厚JS防水层
1:3水泥砂浆找平层

台下水
楚标明

400

MT 01
黑钛金拉丝不锈钢

烟斗全盖铰链

液压力臂支撑杆

MR 01
银镜

WD 01
橡木木饰面(银镜背板)

49　20

150

20°

B　DETAIL@　　卫生间台盆
SCALE1：3@A1

MR 01
银镜

WD 01
橡木木饰面(银镜背板)

MT 01
黑钛金拉丝不锈钢

20

20

C　DETAIL@　　卫生间台盆
SCALE1：1@A1

ST 02
鱼肚白大理石(台面)

石材专用胶

镀锌方通焊接

WD 02
橡木木饰面装饰柜

此处木饰面因厂家无法
整块定制，需分块处理，
应考虑受力问题

WD 02
橡木木饰面装饰柜

木饰面专用胶

WD 02
橡木木饰面装饰柜

镀锌方通焊接

25

190

140

55

95

D　DETAIL@　　卫生间台盆
SCALE1：2@A1

A　DETAIL@　　卫生间台盆
SCALE1：8@A1

范例(三)

第 6 章

高效绘图技巧 | EFFICIET DRAWING SKILLS

6.1 操作技巧

6.2 左手键

6.3 绘图工具箱插件和常用系统变量

6.1 操作技巧

在绘图过程中掌握更多的操作技巧，可以让我们的绘图效率更高。

6.1.1 实用命令集合

1. 复制增强功能（适用于 AutoCAD2012 及以上版本）

（1）菜单栏：【修改】|【复制】。

（2）输入快捷命令【CO】以后选择对象，在指定第一点后观察命令提示行，会出现【阵列（A）】选项，此时输入【A】将提示输入阵列的项目数，按照提示输入阵列数目并确定第二点即可实现单一方向的快速阵列。

提示：确定阵列第二点时观察命令提示行，可选择【布满】的形式来进行单向阵列。

2. 填充快速后置功能

（1）菜单栏：【工具】|【绘图次序】|【将图案填充项后置】。

（2）命令全称：HATCHTOBACK。

（3）输入快捷命令【HB】即可快速将当前图形中的填充快速置于图形底部，防止填充遮挡边界线而影响最后的打印效果。

提示：图块内的填充图案需要进入到块编辑器内使用此命令方可有效。

3. 多重引线功能

（1）多重引线功能优势

① 单独引线样式管理，不受标注样式的影响。

② 可以预设常用引线标注文字。

③ 可快速分布对齐多重引线。

（2）多重引线样式的创建命令

① 菜单栏：【格式】|【多重引线样式】。

② 命令全称：MLEADERSTYLE。

③ 使用快捷命令【MLS】可以快速打开多重引线样式管理器。

4. 多重引线样式创建方法

下面详细介绍多重引线样式的创建方法：

（1）输入【MLS】快捷命令打开多重引线样式管理器，以【standard】样式为基础样式新建一个自己的多重引线样式，命名为【一卜川引线文字】，如图 6-1、图 6-2 所示。

（2）点击【继续】按钮开始设置多重引线样式。首先设置【引线格式】，通常我们仅需设置颜色、箭头及箭头大小，其他保持默认设置即可。

例如：我们将引线颜色设置为【44】号色，箭头设置为【YBC-Arrow】，箭头大小设置为【1】，如图

6-3所示。

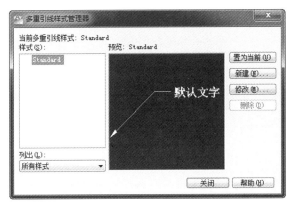

图6-1　【多重引线样式管理器】对话框

图6-2　【创建新多重引线样式】对话框

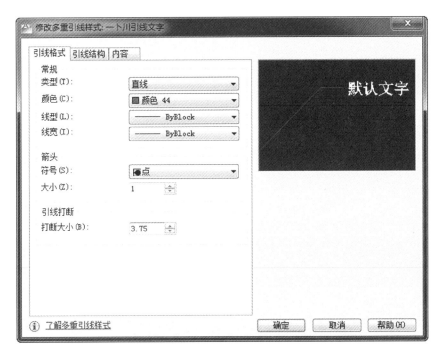

图6-3　【修改多重引线样式】对话框

　　（3）切换到【引线结构】并进行设置。 一般设置【第一段角度】为【15】，表示标注引线时遇到15°的倍角光标都会受到约束；【基线距离】设置为【5】或【6】即可，此数值为引线转折处水平线的长度；【比例】设置可选择【注释性】或【将多重引线缩放到布局】，两种设置方法均可实现进入视口进行多重引线标注时自动适配视口比例；其他设置保持默认即可。 设置结果如图6-4所示。

　　（4）切换到【内容】并进行设置。 AutoCAD为我们提供的多重引线类型有三种，分别为【多行文字】、【块】和【无】，前两种使用较为频繁，下面分别将【多行文字】和【块】的设置方式做一个详细的说明。

　　当我们将多重引线类型选择为【多行文字】时，【默认文字】可以设置一个常用的说明文字，例如：白色乳胶漆。

　　【默认文字】设置方法：点击默认文字这行最后的按钮，即提示输入文字，输入【白色乳胶漆】后

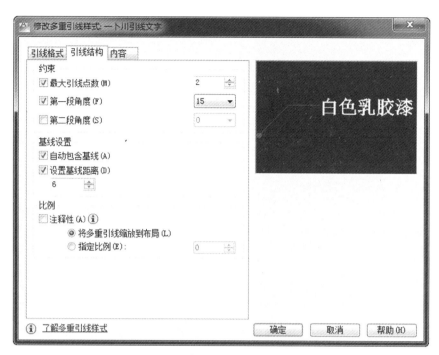

图 6-4　多重引线样式设置结果

在空白处点击即可完成设置。

　　【文字样式】根据自己的需要进行选择即可。

　　【文字颜色】选择企业规范颜色即可。

　　【文字高度】设置为标准字高【2.5】；【基线间隙】设置为【0.5】；其他设置选择默认或根据自己的需求进行调整。　设置结果如图 6-5 所示。

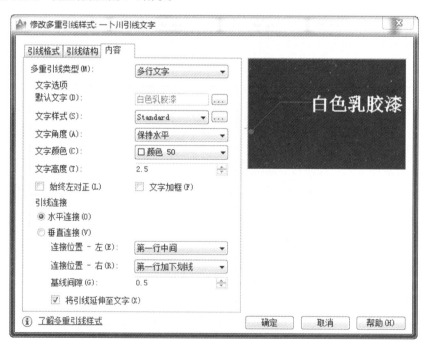

图 6-5　【默认文字】设置对话框

（5）最后点击【确定】按钮，即可将名为【一卜川引线样式】的多重引线样式创建完成，如图 6-6 所示。

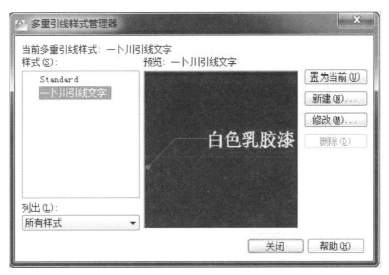

图 6-6　多重引线样式创建结果

（6）接下来我们创建一个多重引线类型为【块】的多重引线样式。

首先以我们之前创建好的【一卜川引线文字】样式为基础样式，新建一个名为【一卜川引线索引】的多重引线样式，如图 6-7、图 6-8 所示。

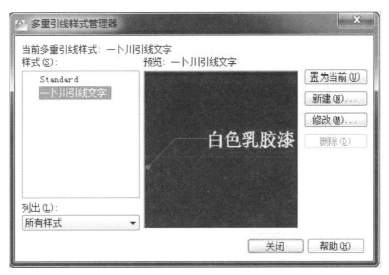

图 6-7　【一卜川引线文字】基础样式对话框

图 6-8　【一卜川引线索引】新多重引线样式创建对话框

保持【引线格式】和【引线结构】的设置不变,将【内容】中的【源块】更改为【用户块】,并选择好我们自己的材料索引图块即可。

【附着】选择为【插入点】即可,其他选项可保持默认设置,如图6-9所示。

提示:这里所使用的材料索引图块必须提前复制到当前文件内,才能在【用户块】中选择。

图6-9 【一卜川引线索引】设置

最后点击【确定】按钮,新的多重引线样式即创建完成。

5. 多重引线命令的使用

(1)菜单栏:【标注】|【多重引线】。

(2)命令全称:MLEADER。

(3)使用快捷命令【MLD】可以快速绘制多重引线,图6-10为使用两种多重引线样式绘制完成的结果。

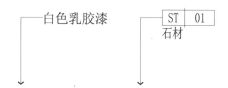

图6-10 两种多重引线样式绘制完成的结果

6. 编辑多重引线

(1)菜单栏:【修改】|【对象】|【多重引线】|【对齐】。

(2)命令全称:MLEADERALIGN。

（3）使用快捷命令【MLA】可以快速均布对齐多重引线。

（4）执行步骤：输入【MLA】后直接框选需要对齐的多重引线，使用此命令时无需担心框选到其他图形，AutoCAD 会自行过滤。 选择好多重引线后回车确定选择对象，此时观察命令提示行，会有一个【选项(O)】，我们需要输入【O】进行设置，再选择【分布(D)】，即输入【D】后指定两点即可快速将选择的多重引线进行均布对齐。 图 6-11 为对齐前后的对比结果。

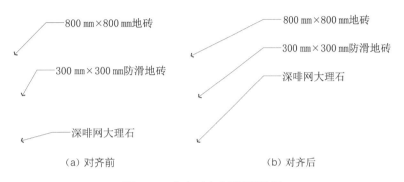

（a）对齐前　　　　　　　　　　　（b）对齐后

图 6-11　均布对齐多重引线结果

7. 快捷特性功能（适用于 AutoCAD2012 及以上版本）

（1）命令全称：QUICKPROPERTIES。

（2）可自行设置快捷命令，使用此命令选择对象后弹出快捷特性对话框，我们可以快速修改相关特性，修改后使用【ESC】键退出即可。 此功能可用于修改多个同名属性块的值或动态块的参数等。

8. 删除重复对象功能（适用于 AutoCAD2012 及以上版本）

（1）菜单栏：【修改】|【删除重复对象】。

（2）使用【OVERKILL】命令可以快速删除重叠对象，执行此命令选择对象以后弹出对话框，所有设置保持默认推荐设置即可。

提示：对话框中的【忽略对象特性】表示在进行删除重复对象操作时是否考虑【颜色】、【图层】、【线形】等因素，如果勾选【颜色】代表不同颜色的重叠线条也会被删除。

9. 修复图形功能

（1）菜单栏：【文件】|【图形实用工具】|【修复】。

（2）使用【RECOVER】命令可以修复一些损坏的图纸文件。

6.1.2　绘图技巧集合

1. 图块创建及编辑技巧

（1）快速创建图块

① 选择对象以后按住鼠标右键进行拖动，松开鼠标选择【粘贴为块】即可快速创建图块。

② 使用鼠标右键创建的图块插入基点即为按住鼠标拖动对象时十字光标的位置。

（2）快速修改块内图元

① 菜单栏：【工具】|【外部参照在位编辑】|【在位编辑参照】。

② 输入【REFEDIT】命令，选择图块后点击确定按钮即可快速修改块内图元，修改后点击保存更改按钮即可。

③ 对于动态图块慎用此功能。

（3）批量修改属性块特性

① 菜单栏：【修改】|【对象】|【属性】|【块属性编辑器】。

② 输入【BATTMAN】命令，可无需进入块编辑器内对属性的【标记】、【提示】等多个属性信息进行连续修改。执行此命令以后在弹出的对话框中点击【选择块】按钮，选择要修改的图块，然后选择要修改的属性信息，点击右侧的【编辑】按钮即可快速修改，如图6-12所示。

图6-12　【块属性编辑器】对话框

2. 快速更新属性块

（1）命令全称：ATTSYNC。

（2）当我们修改块内属性的位置及其他特性后没有生效时，可以使用此命令选择更新的属性块即可。

3. 对象快速选择技巧

快速选择命令操作如下：

① 菜单栏：【工具】|【快速选择】。

② 命令全称：QSELECT。

③ 在AutoCAD2014及以上版本中，输入【QSE】命令即可快速调用此功能。快速选择功能可以根据当前打开文件内的对象类型来自动设定对象筛选类型。

例如：此文件内没有标注对象，则在【对象类型】列表中不会出现标注相关类型的筛选信息。

④ 下面对【快速选择】对话框中的选项进行详细解释，如图6-13所示。

【应用到】表示我们的筛选范围，默认为整个图形，可以点击右侧按钮手动设置选择范围。【对象类

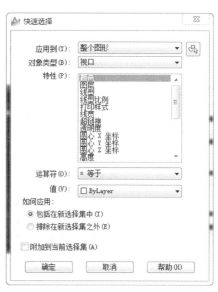

图6-13　【快速选择】对话框

型】、【特性】、【运算符】、【值】为从大到小设定筛选对象的具体范围。

【如何应用】中【包括在新选择集中】表示按当前设置筛选对象；【排除在新选择集外】表示除选择当前设定条件以外的对象，可以理解为反选对象。

【附加到当前选择集】选项表示是否与之前选择的对象进行加选操作。

4. 对象选择过滤器

（1）命令全称：FILTER。

（2）使用快捷命令【FI】可快速调用此功能，此功能可以通过拾取对象特性来快速选择相同对象。

例如：输入命令弹出对话框后，点击【添加选定对象】按钮并选择我们的材料索引属性块作为基准对象，则会在最上面显示拾取对象的各种特性，如图 6-14 所示。

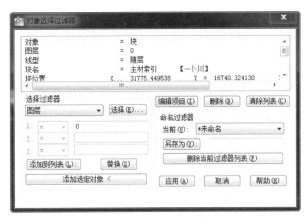

图 6-14 【对象选择过滤器】对话框

我们使用【添加选定对象】方式获取的对象特性中有一些特性为此对象的专有特性。

例如：当我们拾取主材索引属性块时，在【对象过滤器】顶部筛选栏里面显示的【块】位置等特性为此块专有特性。如果我们只是想要快速选择到块名为【主材索引【一卜川】】这个图块，可以将其他无用信息选中后，点击筛选特性右下角的【删除】按钮来删除多余的特性，如图 6-15 所示，仅保留【对象】和【块名】两项即可。

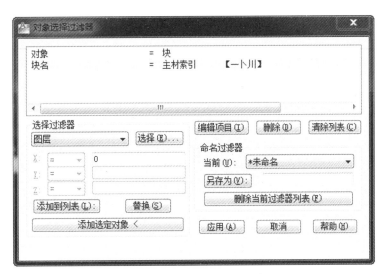

图 6-15 删除多余特性对话框

设定好筛选特性之后，点击【应用】按钮设置我们的筛选范围即可快速选择到满足条件的对象。

（3）使用【对象过滤器】功能可以将我们常用的筛选特性进行保存，方便下次启动 AutoCAD 时使用。

例如：我们经常需要快速选择一定范围内的【标注】，则可以先输入【FI】命令启动命令对话框，然后点击【清除列表】按钮清除上次列表中的筛选特性，然后在【选择过滤器】中找到【标注】，如图 6-16 所示。

图 6-16　筛选特性保存设置对话框（一）

接下来点击【添加到列表】按钮，标注特性就会被添加到上面的列表当中，如果想要保存此筛选特性，可以在【命名过滤器】下方的【另存为】处填写【标注】，并点击【另存为】按钮，此时在上面的【命名过滤器】中就会增加一个名为【标注】的过滤器，当我们下次想要快速选择标注对象时，直接在【命名过滤器】列表中切换到【标注】即可，这样可以避免反复设置常用筛选特性，如图 6-17 所示。

提示：每次设置筛选特性前请先点击【清除列表】按钮，清除之前的筛选设置。

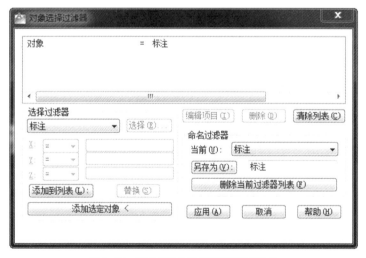

图 6-17　筛选特性保存设置对话框（二）

（4）【CTRL】键的使用技巧

① 按住【CTRL】键可单独选择连续多段线的部分线条进行删除操作。

② 实际绘图过程中我们可以用矩形命令配合此技巧来快速绘制洞口等图形。

（5）快速选择【前一个】对象

① 当我们通过【点选】、【框选】等多种方式选择好需要的对象进行移动或其他修改动作时，如果第一次修改操作没有达到预期效果需要重新选择对象再次操作时就可以使用此技巧。

② 使用方法：先执行修改命令。 例如：我们需要再次移动对象，则需要先输入移动命令【M】以后，当提示选择对象时输入【P】即可快速选择到【前一个】选择集，无需重新手动选择。

5. 快速标注功能使用技巧

（1）菜单栏：【标注】｜【快速标注】。

（2）命令全称：QDIM。

（3）在 AutoCAD2014 以上版本中直接输入【QD】即可快速调用此命令，使用此命令可直接选择墙体线来快速标注房间区间尺寸及墙厚等。

提示：选择墙体线需选择垂直于标注方向的墙体线进行标注，特殊角度及弧形无法直接标注。

6. 使用快速标注功能可以直接选择闭合多段线进行标注，在实际绘图中我们可以使用此功能来标注【角线】，标注结果如图 6-18 所示。

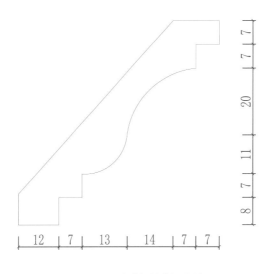

图 6-18　标注【角线】操作结果

7. 使用快速标注功能可以将多个连续标注进行对齐及重新确定标注位置，如图 6-19 所示。

（a）调整前　　　　　　　　　　（b）使用快速标注对齐后

图 6-19　将多个连续标注进行对齐的结果示意

6.1.3 技能拓展

1. 巧用输入法功能来实现常用词语的快捷输入

① 下载安装 QQ 输入法或搜狗输入法等具有快捷短语并支持账号同步功能的输入法软件。

② 首先找到输入法用户登录页面，使用 QQ 或其他账号登录输入法，保证输入法设置可以同步；然后找到输入法的【属性设置】，以 QQ 输入法为例，直接在输入法悬浮窗上面右键即可找到【属性设置】，找到【词库】功能并找到【自定义短语】设置选项，如图 6-20 所示。

图 6-20　输入法【属性设置】对话框

点击【自定义短语】旁边的【设置】按钮，会弹出【自定义短语】设置对话框，在此对话框面板中点击【添加】按钮即可弹出【编辑短语】对话框，最后根据我们的需求设置我们的快捷短语即可。

例如：【白色乳胶漆】是我们经常输入的短语，那么就可以在【编辑短语】对话框中将【白色乳胶漆】书写在底部的【自定义短语】输入框中，然后在【缩写】输入框中输入【rjq】，表示我们在中文输入法状态输入【rjq】，输入法候选列表中就可以显示出【白色乳胶漆】字样；最后点击【保存】按钮即将快捷短语添加完成，如图 6-21—图 6-23 所示。

点击【确认】按钮后，回到【属性设置】界面，点击【应用】按钮并关闭【属性设置】对话框，然后打开 AutoCAD 注释图形时使用输入法输入【rjq】，即可实现快速调用快捷短语的效果。

提示：在编辑短语时，一个缩写可以关联多个快捷短语，例如我们输入【rjq】以后可以在候选词语中同时显示【白色乳胶漆】和【白色防水乳胶漆】两个选项，我们只需要在添加【白色防水乳胶漆】时将其【在候选词列表中的位置】改为【2】即可，如图 6-24 所示。

2. 在 AutoCAD 中插入图片不丢失最快捷的方法

（1）直接利用 QQ 截图等截图工具截取需要插入的图片。

图 6-21　【自定义短语】对话框

图 6-22　【编辑短语】对话框

图 6-23　【自定义短语】设置结果

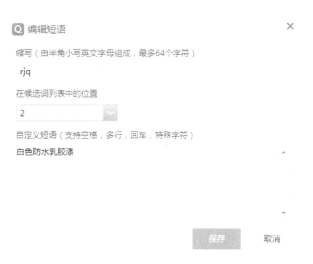

图 6-24　一个缩写关联多个快捷短语设置对话框

（2）无需保存截取后的图片，可以切换到 AutoCAD 当中，使用【CTRL＋V】快捷键直接粘贴即可，粘贴后的图片对象特性为【OLE 对象】，所以直接将图纸发送给其他人时图片不会因路径问题而丢失。

3. 用户坐标系在绘制倾斜方向图纸中的应用技巧

（1）绘制和标注一些倾斜方向的图纸时，如果采用普通方法直接绘制相对较为繁琐，如图 6-25 所示。

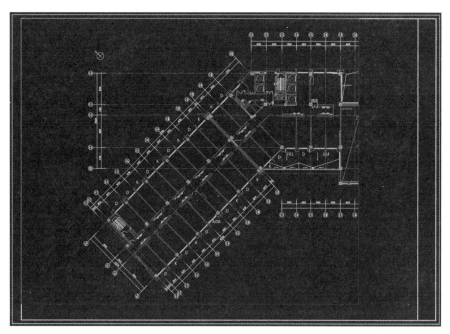

图 6-25　倾斜方向图纸示意

（2）对于此类型图纸，当我们绘制到倾斜部分时配合用户坐标系【UCS】功能进行绘制会更加快捷。

具体操作步骤:

① 首先与倾斜方向的图形平行绘制任意一条直线，然后执行【UCS】命令，将【UCS】的原点指定为我们所绘制倾斜直线的一个端点，确定后当提示【指定 X 轴上的点或〈接受〉】时捕捉直线上的另一端点，保证我们【UCS】的 X 轴方向与倾斜直线方向一致即可，当提示【指定 XY 平面上的点或〈接受〉】时直接按下回车键即可。

② 打开正交开关【F8】键，十字光标将与新的坐标系方向一致，接下来开始绘图就会方便很多，并且在当前状态下标注图形可直接使用【DLI】快捷命令进行标注。

③ 如果在倾斜方向绘制图形感觉不便，可以在定义好新的用户坐标系以后，输入【PLAN】命令并选择【当前 UCS】，即可让【UCS】保持水平方向，接下来绘制图形就完全和水平方向绘图一致了。

④ 当我们在倾斜方向绘制好图形后，再次输入【UCS】，回车两次即可回到【世界坐标系】，如果之前使用了【PLAN】命令，则回到世界坐标系后需要再次输入【PLAN】命令选择【当前 UCS】即可恢复默认状态。

提示：区分默认的【世界坐标系】与【用户坐标系】最简单的方法是直接观察【UCS】的图标状态，如果在【UCS】图标的原点处有个方框则表示已经回到【世界坐标系】；如果【UCS】图标只有两个坐标轴则表示当前处于【用户坐标系】状态。

4. AutoCAD 突然崩溃找回自动保存文件的方法

（1）打开 AutoCAD，输入【OP】快捷命令，打开选项设置，依次找到【文件】|【自动保存文件位置】，单击鼠标左键选中【自动保存文件位置】下方的路径，再次单击鼠标左键可使其变蓝并呈现可编辑状态，此时使用【CTRL＋C】复制此路径，如图 6-26 所示。

（2）双击桌面上的【计算机】图标，打开资源管理器并将我们复制好的路径粘贴到【地址栏】当中，然后按下回车键即可自动跳转到此路径，最后点击资源管理器上方的【文件类型】，【修改日期】，找到最近时间内保存的【AutoCAD 自动保存图形文件】，此文件扩展名为【SV＄】,找到此文件后只需将文件扩展名【SV＄】修改为【dwg】即可。

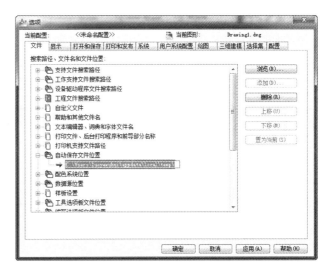

图 6-26　【自动保存文件位置】选项卡

提示：未到自动保存时间崩溃的文件无法找回，AutoCAD 默认自动保存时间为 10 min，可输入【OP】命令后在【打开与保存】选项中根据个人需要自行更改自动保存时间。

5. 特殊线型的创建方法

（1）打开 AutoCAD，输入【SH】快捷命令，当提示【操作系统命令】时输入【acadiso.lin】即可直接打开线型编译文件。

（2）这里以室内行业较为常用的【LED】灯带线型为例讲解如何快速创建【LED】灯带线型。

① 打开线型编译文件后，拉动滚动条找到带有【GAS_LINE】字样的字段。

② 将【GAS_LINE】这行及下一行字段同时复制并粘贴到下方。

③ 将复制后的字段中所有【GAS】字样更改为【LED】后保存并退出此文件即可，如图 6-27 所示。

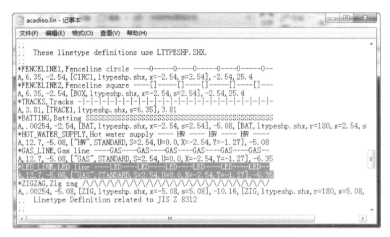

图 6-27　快速创建【LED】灯带线型操作示意（一）

④ 接下来输入【LT】快捷命令打开【线型管理器】，点击【加载】按钮，拖动线型列表即可在列表中找到我们刚刚添加的【LED】线型，找到后选择此线型，点击【确定】按钮即可将此线型载入到当前文件当中，如图 6-28 所示。

图 6-28　快速创建【LED】灯带线型操作示意（二）

6.2 左手键

我们在绘图过程中会使用到很多功能和命令，有些功能会非常频繁地使用，但是 AutoCAD 提供的有些默认快捷命令相对来说使用不太方便，所以一般我们会将常用的命令进行自定义。 由于我们平时绘图都是左手键盘、右手鼠标，所以一般都会将自定义快捷命令的按键设置在键盘的左边位置，这就是我们常说的"左手键"。 下面为大家推荐一些笔者常用的左手键设置。

6.2.1 自定义快捷命令的设置方法

自定义快捷命令的设置方法如下：

（1）菜单栏：【工具】|【自定义】|【编辑程序参数】。

（2）通过菜单栏点击【编辑程序参数】后，程序将以记事本的形式打开 acad.pgp 文件，打开文件后向下滚动鼠标滚轮找到图 6-29 所示文本，接下来严格按照记事本中的格式添加自己的快捷命令即可。

提示：打开文件中左侧的【3A】这一列表示我们在 CAD 中输入的快捷命令，右侧【*】号后面代表的是快捷命令所对应的快捷命令全称。

图 6-29 　【编辑程序参数】示意

（3）图 6-30 为部分左手键快捷命令添加示例。

（4）当所有自定义快捷命令都添加好以后，保存并关闭程序编辑界面，回到 AutoCAD 中输入【REINIT】命令，将【重新初始化】对话框中的【PGP 文件】前面打上【✔】，并点击【确定】按钮，即可使我们设定的快捷命令生效。 【重新初始化】界面设定如图 6-31 所示。

图 6-30　部分左手键快捷命令添加示例

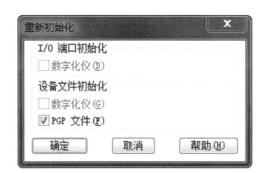

图 6-31　【重新初始化】界面设定

6.2.2　左手键命令推荐设定列表

1. 图层操作常用命令设定

（1）Q,　　　＊LAYMCUR　　　　将选择物体所在图层置为当前图层；

（2）EE,　　　＊LAYISO　　　　隔离图层（关闭除被选物体以外的所有图层）；

（3）EEE,　　　＊LAYUNISO　　　取消隔离图层（取消被隔离的图层）；

（4）TT,　　　＊LAYOFF　　　　关闭被选物体所在的图层；

（5）DK,　　　＊LAYON　　　　打开所有图层；

（6）FA,　　　＊LAYTHW　　　　解冻所有图层。

2. 左手键常用命令设定

（1）EF,　　　＊HIDEOBJECTS　　　隐藏对象；

（2）EA,　　　＊UNISOLATEOBJECTS　取消对象隐藏与隔离；

（3）C,　　　＊COPY　　　　复制对象；

（4）CI，　　　*CIRCLE　　　　　圆；

（5）CL，　　　*CENTERLINE　　　自动中心线；

（6）DD，　　　*DIMLINEAR　　　 两点标注；

（7）R，　　　　*ROTATE　　　　　旋转；

（8）V，　　　　*MOVE　　　　　　移动。

提示：【隐藏对象】和【取消对象隐藏与隔离】为 AutoCAD2012 及以上版本功能，【自动中心线】功能为 AutoCAD2017 及以上版本功能，建议大家选择 AutoCAD2017 及以上版本设置上述【左手键】命令。

扫码关注，发送
关键词"左手键"，
免费获取电子资源

6.3　绘图工具箱插件和常用系统变量

6.3.1　绘图工具箱

为了提升绘图效率，笔者研发了【绘图工具箱】插件集合。 此工具箱内包含近 30 个实用的功能，并且操作非常简便。 绘图工具箱中所有插件的功能介绍如下。 图 6-32 所示为【绘图工具箱】界面。

绘图工具箱插件快捷命令与功能简要介绍如下。

扫码关注，发送
关键词"绘图工具箱"，
免费获取电子资源

图 6-32　【绘图工具箱】界面

1. 绘图功能

（1）功能名称：打断于点

快捷命令：BB；

主要用途：主要用于快速将图元打断于点。

（2）功能名称：复制旋转

快捷命令：CR；

主要用途：可在复制对象后不结束命令直接旋转复制后的对象。

（3）功能名称：高级修剪

快捷命令：TRR;

主要用途：可以直接选择闭合多段线、圆等对象后快速删除闭合空间内或外的图元。

（4）功能名称：断线闭合

快捷命令：DCB;

主要用途：可快速将首尾相接的不连续线条转换为连续多段线。

（5）功能名称：*Z* 轴归零

快捷命令：Z0;

主要用途：可快速将选择对象的 *Z* 轴坐标归零。

（6）功能名称：改颜色

快捷命令：数字键【1-255】;

主要用途：直接选择图元，输入对应的索引色号可直接更改图元颜色。

（7）功能名称：填充捕捉

快捷命令：HG;

主要用途：可快速循环设置我们是否可以捕捉填充的交点。

提示：输入【HG】命令后当命令提示行显示为【0】时可以捕捉填充交点，再次输入【HG】命令后命令提示行的值为【1】时不可以捕捉填充交点。

（8）功能名称：统计面积

快捷命令：MJ;

主要用途：可快速拾取闭合空间来计算面积，计算好每个空间的面积后再次回车会生成总面积。

2. 辅助功能

（1）功能名称：水平构造线

快捷命令：HH;

主要用途：主要用于快速绘制水平构造线。

（2）功能名称：竖直构造线

快捷命令：VV;

主要用途：主要用于快速绘制竖直构造线。

（3）功能名称：统计总长

快捷命令：ZC;

主要用途：可连续选择多个线条统计总的长度，生成结果会在命令提示行显示。

（4）功能名称：标注对齐

快捷命令：DV;

主要用途：选择多个标注后可以快速对齐和重新定位尺寸界限的位置。

（5）功能名称：标注修剪

快捷命令：DE;

主要用途：选择多个标注后可以快速将标注的脚点进行对齐。

（6）功能名称：标注值改 EQ

快捷命令：EQ;

主要用途：可快速将多个标注的数值更改为【EQ】(【EQ】在施工图中代表均分)。

（7）功能名称：标注值改 RS

快捷命令：RS；

主要用途：可快速将多个标注的数值更改为【RS】(【RS】在施工图中代表按照实际尺寸)。

（8）功能名称：还原数值

快捷命令：DDF；

主要用途：输入此命令连续回车两次可快速将使用【EQ】和【RS】命令修改的标注还原为原来数值，并支持选择多个标注更改为新的数值。

3. 图块布局

（1）功能名称：快速做块

快捷命令：BN；

主要用途：主要用于快速创建图块，使用此命令连续回车两次代表默认新块插入点为图元中心。

（2）功能名称：快改基点

快捷命令：BBI；

主要用途：主要用于快速修改图块插入基点。

（3）功能名称：修剪图块

快捷命令：XXC；

主要用途：可选择闭合多段线来快速修剪图块。

（4）功能名称：创建视口

快捷命令：MV；

主要用途：此功能在 AutoCAD 默认新建视口功能上增加自动将新视口放置在不打印图层功能。

（5）功能名称：锁定视口

快捷命令：SV；

主要用途：在视口内使用此功能可快速锁定当前活动视口，在视口外使用可以批量选择多个视口进行锁定操作。

（6）功能名称：解锁视口

快捷命令：FV；

主要用途：在视口内使用此功能可快速解锁当前活动视口，在视口外使用可以批量选择多个视口进行解锁操作。

（7）功能名称：视口比例

快捷命令：VVS；

主要用途：在视口内使用此功能可快速设定当前活动视口比例，在视口外使用可以批量选择多个视口来统一设定视口比例。

（8）功能名称：模型布局切换

快捷命令：【TAB】键上方的【`】；

主要用途：输入此命令可快速在模型空间与上一个布局之前循环切换。

6.3.2　常用系统变量

　　AutoCAD 中有几千个系统变量，但对于我们绘制室内施工图而言，并不需要记录过多的变量，我们仅需要记录一些常用的系统变量即可。 下面将一些常用的系统变量做一个总结，变量的使用方法非常简单，输入变量名确定后再输入对应的变量值即可。

1. FILEDIA 变量

　　（1）用于控制是否显示文件导航对话框（例如：新建和保存文件时弹出的对话框等）。

　　（2）变量值为【0】时不显示对话框；变量值为【1】时显示对话框；默认值为【1】。

2. TASKBAR 变量

　　（1）用于控制多个图形文件在 Windows 任务栏中的显示方式。

　　（2）变量值为【0】时合并显示多个图形；变量值为【1】时单独显示多个文件；默认值为【1】。

3. HPQUICKPREVIEW 变量（AutoCAD 低版本中无此变量）

　　（1）用于控制在指定填充区域时是否显示填充图案的预览。

　　（2）变量值为【OFF】时不预览填充；变量值为【ON】时预览填充；默认值为【ON】。

　　建议将变量更改为【OFF】，可一定程度上减少填充卡顿现象的发生。

4. HPDLGMODE 变量

　　（1）用于控制【图案填充和渐变色】对话框以及【图案填充编辑】对话框的显示。

　　（2）变量值为【2】时不显示【填充】对话框；变量值为【1】时显示【填充】对话框；默认值为【2】。

5. STARTMODE 变量（AutoCAD 低版本中无此变量）

　　（1）用于控制【开始】选项卡的显示。

　　（2）变量值为【0】时不显示【开始】选项卡；变量值为【1】时显示【开始】选项卡；默认值为【1】。

6. REGENMODE 变量

　　（1）用于控制图形的自动重生成。

　　（2）变量值为【0】时禁止命令的自动重生成；变量值为【1】时允许命令的自动重生成；默认值为【1】，建议将此变量的默认值更改为【0】，可在一定程度上减轻布局出图时的卡顿现象。

第 7 章

DIY 公司专属绘图环境 | SPECIALIZED DRAWING ENVIRONMENT OF COMPANY

7.1 绘图环境简介

绘图环境是由王冲首次于 2016 年研发而成的室内施工图专用制图工具，主要目的是为了提高行业的规范性，同时提高绘图员的绘图效率。绘图环境上市后，得到广大同行的欢迎与推荐分享，为了更好地让大家掌握绘图环境以及定制属于自己公司的绘图环境，现将绘图环境编排逻辑分享给读者，并且开放后台设置及源代码。

绘图环境功能介绍：

（1）可以快速调用企业制图模板创建图纸。

（2）可以利用工具选项板快速调用图块来绘制图纸，并且可以预制图块调用默认图层。

（3）可以将.lsp、.vlx、.fas、.arx 等 CAD 脚本插件与绘图环境结合，达到快速制图的目的。

7.2 企业专属绘图环境制作流程

1. 绘图环境制作前准备工作

（1）软件版本要求：AutoCAD 2016 版本及以上。

（2）设置企业专属图框、样板文件、打印样式：具体设置方式参见本书中相关章节介绍。

（3）提取 AutoCAD 默认打印配置、打印样式等文件：输入【OP】找到【打印机支持文件路径】，复制【打印机配置搜索路径】，粘贴到资源管理器地址栏，然后将此路径下的文件全部复制出来放置到自己创建的打印样式文件夹（自己任意指定位置），并将企业打印样式复制到【Plot Styles】文件夹内即可。

（4）梳理常用填充图案和字体文件：准备公司标准的填充.pat 文件与常用字体.shx 文件。

（5）梳理常用 CAD 图块：准备公司常用图块，设置好图层与颜色，单独输出到一个.dwg 文件。

（6）常用 CAD 脚本插件：准备各种途径获取的.lsp、.vla、.arx、.fas 等二次开发插件。

2. 创建绘图环境文件夹架构（在一个总文件夹基础上）

（1）企业制图规范文件夹：

① 样板文件夹；

② 图框参照文件夹；

③ 打印样式文件夹；

④ 字体、填充文件夹。

（2）企业图库文件夹。

（3）AutoCAD 插件文件夹。

3. 设定绘图环境安装路径

（1）将已经设置好的绘图环境总文件夹放置在一个路径下（设定后不可更改）。

（2）设定字体、填充文件关联路径

① 输入【OP】命令【文件】|【支持文件搜索路径】，点击右侧【添加】按钮，再单击【浏览】按钮后选择绘图环境文件夹下的【字体】文件夹，【确定】。

② 同添加【字体】文件夹路径方法相同，继续添加【填充】文件夹路径。

（3）设定 CAD 脚本插件关联路径

同上述方法，继续添加【插件】文件夹路径，值得注意的是，如果使用 AutoCAD2014 及以上版本则需要在【支持文件搜索路径】下方的【受信任的位置】路径中也添加【插件】文件夹路径。

（4）设定打印样式表关联路径

① 展开【打印机支持文件路径】，双击【打印配置搜索路径】中的默认路径，更改为自己的打印样式文件路径。

② 再将【打印机说明文件搜索路径】和【打印样式表搜索路径】下的路径全部替换为自己的打印样式文件路径。

（5）设定图形样板文件关联路径

展开【样板设置】，双击【图形样板文件位置】中的默认路径，更改为企业的样板路径。

（6）设定工具选项板关联路径

双击【工具选项板文件位置】的默认路径，更改为【图库】文件夹路径。

4. 其他【选项】常用功能设置

（1）【显示】相关（推荐设置）

① 颜色设置为【黑色】。

② 取消【显示图纸背景】前面的对钩。

③【十字光标大小】改为【100】。

④【外部参照显示】值改为【0】，保证参照图框正常显示。

（2）【打开和保存】相关（推荐设置）

① 文件默认保存类型改为 AutoCAD2007 图形文件。

② 自动保存时间建议改为 5 min。

（3）【选择集】相关（推荐设置）

① 拾取框大小建议将滚动条设置在 40% 左右。

② 高版本 CAD 中建议将【允许按住并拖动套索】前面的对钩去掉。

（4）全部设置完毕后，一定要切换到【配置】中，点击下方的【应用】按钮方可生效。

5. 快速创建【图块】工具选项板

（1）【CTRL＋3】打开工具选项板，由于之前重新设置了选项板路径，所以本次打开只有一个选项板。

（2）输入【DC】命令打开设计中心，在对话框左侧【文件夹】中找到保存外部图块的路径，找到最底层的文件夹。在文件夹上面点右键就会出现【创建块的工具选项板】，点击后即可使用本文件夹内所有外部图块，快速创建一个新的工具选项板。

（3）反复重复第二步操作，创建其他【图块】工具选项板。

（4）创建好多个【图块】选项板以后，在工具选项板顶部【右键】选择【自定义工具选项板】，将右侧所有默认分组使用【DEL】键全部删除。删除后【右键】自己的选项板组，可以将左侧的选项板直接拖入右侧选项板组，即可实现选项板分类效果。

6. 快速创建【填充】工具选项板

（1）在其他选项板上【右键】新建选项板，并重命名为【填充】选项板。

（2）利用 AutoCAD 新建一个空白文件，在此文件内绘制多个矩形并进行填充。

（3）选择矩形内的填充图案、按住鼠标左键不放，直接将填充拖入填充工具选项板即可。

7. 创建【注释】工具选项板

（1）新建一个选项板，重命名为【注释】选项板。

（2）在空选项板上面【右键】可以添加文字、分割线。

8. 整理分类选项板

（1）全部设定好后在选项板顶部【右键】【自定义工具选项板】，确定最终的选项板分类。

（2）分类设置好以后关闭【自定义工具选项板对话框】，在任意一个选项板上面【右键】可以设置【视图】显示效果（推荐视图样式为【图标和文字】，图像大小根据情况自行调整，【应用于】选择【所有选项板】即可）。

（3）可根据实际情况调整工具选项板的宽度，以保证所有选项板内的图块显示效果最佳。

（4）企业制图规范确定以后，打开样板文件，然后在右侧选项板上面的图块或填充缩略图上【右键】找到【特性】，对它们的图层等特性进行设置，建议仅设置图层，这样可以方便在调用图块时直接插入到预设图层，无需反复切换图层（此项慎重设置，如后期绘图规范发生变更，所有图块需重新设定）。

（5）设定好以上内容后也要应用配置，每做好一步后都要点击【应用】。

9. 加载所有插件

输入【AP】命令加载【插件文件夹】内的所有插件并添加到启动组当中。

10. 制作配置文件

最后输入【OP】找到【配置】，点击应用按钮后，再点击【输出】保存为.arg 文件即可（建议将.arg 文件复制一份作为备份文件）。

7.3 移植及更新绘图环境要点

1. 绘图环境移植注意事项

（1）移植绘图环境时一定要将文件放在制作环境的相同路径下，不能有一点误差。

（2）打开 AutoCAD 输入【OP】命令，找到【配置】，输入自己的.arg 配置文件并置为当前即可安装。

（3）输入【AP】命令加载所有插件。

2. 绘图环境工具选项板更新要点

（1）若后期添加新的图块，需继续采用外部图块的方法来创建。

（2）将新增图块加入到选项板时使用【设计中心】功能添加，添加时可手动单独添加新增图块，也可将原有选项板删除，重新批量创建。

（3）若选用批量创建，需重新设置图块显示效果。

（4）填充图案新增时直接将图案拖入选项板即可。

（5）图块和填充全部新增以后，需应用配置并输入新的 .arg 文件，否则配置不会生效。

7.4　绘图环境电子资源安装包

1. 下载地址

扫描下方二维码，关注后，发送关键词，即可下载【绘图环境 3.0】安装文件。

关键词：绘图环境

2. 使用说明

扫描下方二维码，关注后，发送关键词，即可下载【绘图环境 3.0】使用说明视频。

关键词：绘图环境介绍视频

第 8 章

实例纠错图集 │ ERROR CORRECTION ATLAS

× × × × 空

× × × × Space Const

_____

济南

室内装

Interior De

版z

出图日期：×

× ×

工深化图纸
ion Deepening Drawings

国

纸集
on Drawings

版
9 月××日
××××

图**

DR**

序号 No.	图号 SHEET No.	图名 NAME	修正 REVISION				图幅 SHEET	备注 REMARK
001	IN1.01	目录（一）					A2	
002	IN2.01	设计说明（一）					A2	
003	IN2.02	设计说明（二）					A2	
004	IN2.03	设计说明（三）					A2	
005	IN2.04	设计说明（四）					A2	
006	IN3.01	构造做法表（一）					A2	
007	IN4.01	图例说明表（一）					A2	
008	IN4.02	图例说明表（二）					A2	
009	IN5.01	材料表					A2	
	平面系统图							
010	PL.01	原始结构图					A2	
011	PL.02	平面布置图					A2	
012	PL.03	墙体拆除图					A2	
013	PL.04	新建墙体图					A2	
014	PL.05	完成面尺寸图					A2	
015	PL.06	顶棚布置图					A2	
016	PL.07	地面铺装图					A2	
017	PL.08	顶棚尺寸图					A2	
018	PL.09	灯具定位图					A2	
019	PL.10	开关布置图					A2	
020	PL.11	机电点位图					A2	
021	PL.12	给排水点位图					A2	
022	PL.13	立面索引图					A2	
	立面系统图							
023	EL.01	客餐厅立面图					A2	
024	EL.02	客餐厅立面图					A2	
025	EL.03	亲子书房立面图					A2	
026	EL.04	小孩房立面图					A2	
027	EL.05	公卫立面图					A2	
028	EL.06	主卧立面图					A2	
029	EL.07	主卧立面图					A2	
030	EL.08	主卫立面图					A2	
031	EL.09	衣帽间立面图					A2	
032	EL.10	老人房立面图					A2	

REVISION DATES
修正日期

录

图号 SHEET No.	图名 DESCRIPTION	修正 REVISION				图幅 SHEET	备注 REMARK
EL.11	老人房立面图					A2	
EL.12	次卫立面图					A2	
EL.13	玄关立面图					A2	
EL.14	厨房立面图					A2	
顶棚节点图							
DT1.01	顶棚节点（一）					A2	
DT1.02	顶棚节点（二）					A2	
DT1.03	顶棚节点（三）					A2	
地面节点图							
DT2.01	地点节点（一）					A2	
DT2.02	地点节点（二）					A2	
墙面节点图							
DT3.01	墙面节点（一）					A2	
DT3.02	墙面节点（二）					A2	
DT3.03	墙面节点（三）					A2	
DT3.04	墙面节点（四）					A2	
DT3.05	墙面节点（五）					A2	
DT3.06	墙面节点（六）					A2	
DT3.07	墙面节点（七）					A2	
固装大样图							
DT4.01	固装大样图（一）					A2	
DT4.02	固装大样图（二）					A2	
DT4.03	固装大样图（三）					A2	
DT4.04	固装大样图（四）					A2	
						A2	
						A2	
						A2	
						A2	
						A2	
						A2	
						A2	
						A2	
						A2	

REVISION DATES
修正日期

2018年8月2日　2018年8月6日

一卜川

一卜川空间设计事务所
ShanDong YBC Interior Design Co. LTD
中国.济南
中国.上海
TEL&WeChat:18953114271

章节名称
Drawing name

XXXX空间施工深化图纸

微信
Wechat

关注微信与作者交流

图名
Title

目录

图号
Drawing number

IN.1.01

263

施工图

一、建筑工程项目概况

（一）项目概况

工程名称：×××××装饰设计项目

项目地点：中国×××

建设单位：××××装饰工程有限公司

设计单位：××××××××设计有限公司

设计范围：如下图所示，设计面积为×××m²

二、设计依据

（一）基础资料

1. 原建筑工程施工图设计文件（建筑、结构、电气、智能化、水暖空调等专业）；

2. 原建筑工程消防设计文件、人防审批意见；

3. 其他。

（二）本工程建设单位与本公司签订的装饰装修设计合同：以装饰装修施工图设计范围的内容为依据；合同书中未涉及的内容须经双方商定确认后，签订补充协议，具有和设计合同相同的法律效力。

（三）本工程设计施工图依据现行国家标准与规范：

1.《建筑装饰装修工程质量验收规范》（GB 50210—2001）

2.《房屋建筑室内装饰装修制图标准》（JGJ/T 244—2011）

3.《建筑设计防火规范》（GB 50016—2014）

4.《建筑内部装修设计防火规范》（GB 50222—2017）

5.《民用建筑设计通则》（GB 50352—2005）

6.《民用建筑工程室内环境污染控制规范》（GB 50325—2010）（2013年版）

7.《无障碍设计规范》（GB 50763—2012）

8.《民用建筑绿色设计规范》（JGJ/T 229—2010）

9.《绿色建筑评价标准》（GB/T 50378—2014）

10.《公共建筑节能设计标准》（GB 50189—2015）

11.《民用建筑隔声设计规范》（GB 50118—2010）

12.《饮食建筑设计规范》（JGJ 64—89）（2000年版本）

13.《旅馆建筑设计规范》（JGJ 62—2014）

14.《绿色办公评价标准》（GB/T 50908—2013）

15.《绿色商店评价标准》（GB/T 51100—2015）

16.《办公建筑设计规范》（JGJ 67—2006）

17.《商店建筑设计规范》（JGJ 48—2014）

18.《住宅设计规范》（GB 50096—2011）

19.《住宅室内装饰装修设计规范》（JGJ 367—2015）

20.《住宅室内装饰装修工程质量验收规范》（JGJ/T 304—2013）

注：若图纸中出现跟上述技术标准与规范不同之处，须以国家颁布的最新规范为准。

（应根据项目类别增加相应规范）

（四）民用建筑工程根据控制室内环境污染的不同要求，划分为以下两类：

1. Ⅰ类民用建筑工程：住宅、医院、老年建筑、幼儿园、学校教室等民用建筑工程；

2. Ⅱ类民用建筑工程：办公楼、商店、旅馆、文化娱乐场所、书店、图书馆、展览馆、体育馆、公共交通等候室、餐厅、理发等民用建筑工程。

民用建筑工程所选用的建筑材料和装修材料必须符合以上规的有关规定。

三、建筑内部装饰装修防火设计

（一）本工程建筑分类为：×××类建筑。

（二）本工程装饰设计应遵循原建筑消防设计图中的防火分区、防烟分区、人员疏散等各项消防设施：

1. 消火栓、喷淋、烟感、消防喇叭、防火门等位置，除注明以建筑消防设计蓝图为准。

2. 室内装饰不得改变原建筑消防设计（包括疏散走道、防火区、水电暖通专业等消防部分），遵守原有建筑消防设计院报审后防火分区、防烟分区，并在总平面布置图的一角用大比例微缩示图（各防火分区、建筑面积、安全出口等）。

3. 消火栓门四周的装修材料应与消火栓门的颜色有明显区别醒目；消火栓的门不应被装饰物遮掩。

4. 室内装饰不得改变原建筑消防设计，由于现场各工种、各专业施工实际情况，空间尺寸或需重新分隔等因素，原部分消防设点位需作微调，要以满足消防安全为原则，微调变动部分须提交建筑消防设计院（单位）备案、审核确认后方可施工。

（三）本工程执行《建筑内部装修设计防火规范》（GB 50222—2017）中对装饰装修材料的相关规定：

1. 建筑内部各部位装饰装修材料的燃烧性能等级详见"装饰料终饰范例表"。

2. 本工程在每一防火分区均应有消防喷淋、温感、烟感、消广播、应急照明、安全疏散出口标志等消防设施（例：一类高层筑），所有基层木材均应满足建筑防火极限等级要求，表面涂刷防火涂料，防火涂料产品要符合当地消防部门验收要求。

3. 玻璃幕墙与每层楼板、隔墙处的缝隙采用A级不燃材料填实封堵（声学要求除外）。

4. 所有的建筑内部变形缝（包括沉降缝、伸缩缝、抗震缝等）侧的基层应采用A级不燃材料严密填实封堵。

5. 所有建筑墙面上开洞、开孔后均采用A级不燃材料封堵。

6. 当照明灯具、开关插座等电气设施高温部位靠近木制品他非A级装修材料时，应采用隔热、散热等防火保护措施；灯用材料的燃烧性能等级不应低于B₁级。

7. 地上建筑的水平疏散走道和安全出口的门厅，其顶面装料应采用A级装饰材料，其他部位应采用不低于B₁级的装饰材

8. 地面如采用地毯、木地板，必须经防火阻燃处理，达B级墙面木饰面选用防火等级为B₁级阻燃板材，墙面织物、软硬包用经阻燃处理不低于B₁级的装饰材料；顶面选用A级不燃材料。

四、无障碍设计

（一）本工程执行国家《无障碍设计规范》（GB 50763—2012的相关规定。

（二）轮椅坡道的高度超过300mm且坡度大于1:20时，应两侧设置扶手，净宽度不应小于1.00m，无障碍出入口的轮椅坡净宽度不应小于1.20m；坡道的坡面应平整、防滑、无反光。

（三）无障碍设计门应采用平开门、推拉门、折叠门，门开启的通行净宽度不宜小于900mm；不应采用力度大的弹簧门、旋门，门通行净宽度不小于1.00m。

（四）公共厕所、无障碍厕所的设计应符合《无障碍设计规范第3.9条的规定。

（五）主要出入口、建筑出入口、通道、停车位、厕所、电梯无障碍设施的位置，应设置无障碍标志，无障碍标志应符合《无碍设计规范》第3.16条的有关规定。

（六）无障碍电梯的候梯厅和电梯的轿厢设计应符合《无障碍计规范》第3.7条的规定。

（七）无障碍客房的设计：本工程无障碍客房设置于：×××

兑明一

其设施与设计要求应符合《无障碍设计规范》第 3.11 条及第 8.8 条的有关规定。

注：若图纸中出现跟上述技术标准与规范不同之处，须以国家颁布的最新规范为准。

五、内部装修防水设计

（一）卫生间、浴室的楼地面应设置防水层，墙面、顶棚应设置防潮层，门口应有阻止积水外溢的措施。

（二）排水立管不应穿越下层住户的居室；当厨房设有地漏时，地漏的排水支管不应穿过楼板进入下层住户的居室。

（三）地面防水层的做法为涂 1.5 mm 厚聚氨酯防水涂膜和聚合物水泥砂浆两道防水层。

（四）墙面、顶棚宜采用防水砂浆、聚合物水泥防水涂料做防潮层；无地下室的地面可采用聚氨酯防水涂料、聚合物乳液防水涂料、水乳型沥青防水涂料和防水卷材做防潮层。

（五）水景的防水处理和水循环系统由专业公司设计。

六、分项工程内容

（一）墙面工程

1. 本工程装饰隔墙除注明外均采用"75（100）系列轻钢龙骨，12 + 9（12）厚纸面石膏板"轻质隔墙。

2. 防火墙及隔墙的墙身砌体到顶，防火墙及隔墙材料采用不燃性材料，必须符合防火等级要求，墙身砌体施工要求参照原有建筑设计施工图纸。

3. 采用轻钢龙骨石膏板间隔的隔墙部分，必须做吸声棉，采用 C100 系列轻钢龙骨配套体系，竖龙骨间距 400 mm，内填充吸声棉，面封双层 12 mm 纸面石膏板，安装方法及接缝处理严格按照图纸及参照相关规范施工。

4. 轴线与隔墙厚位置的确定：当图纸无专门标明时，一般轴线位于各墙厚的中心。

5. 隔墙放线后应通知设计师现场确认，如出现现场尺寸与图纸矛盾或节点漏缺应及时向设计师提出，由设计师进行调整处理。

6. 当图纸无专门标明时，所有墙角均为 90° 或 45°。

（二）门窗工程

1. 设计选用的门窗材料、规格及配件等要求详见"门窗表"。

2. 设计图所示门窗尺寸为门窗实际加工尺寸。

3. 除在图中有特别标明"按装饰设计施工"外，建筑防火门、疏散门保持原建筑设计不变，饰面详见"门窗表"。

（三）地面工程

1. 地面工程质量应符合《建筑地面工程施工质量验收规范》（GB 50209—2010）的要求。

2. 卫生间楼地面应做基层防水处理（按国家规定的验收标准）。

（四）顶面工程

1. 本工程吊顶材料无专门标明时，均采用"60 系列轻钢龙骨，双层 9.5 厚纸面石膏板"。

2. 卫生间顶面材料如采用纸面石膏板，特指"耐水纸面石膏板"。

（五）其他

1. 装饰工程所涉及的钢结构及承重部分，由专业承包商考虑结构及安全，应出具施工图，经相关部门审核后，方可施工；涉及承载及结构性的组件安装，施工单位应在不违背装饰效果的前提下进行合理的结构深化后方可实施；遇到可能产生质量及结构性隐患的安装节点大样，施工方需及时提出，在保证完成面效果的前提下合理深化后予以实施。

2. 本装饰设计图必须报公安消防部门及项目当地施工图审查中心建审，获通过后方可施工。

3. 凡本工程所用装饰材料的规格、型号、性能、色彩应符合装饰工程规范的质量要求，饰面材料应以设计单位提供样板为准，如由于造价和供货等原因需代替品，施工订货前需会同建设、设计等有关各方共同商定。

4. 若图中有关材料名称与材料样板不符的，材料代码与中文说明不符的，以设计单位解释为准。

5. 后勤区域和厨房非本公司设计范围，应业主要求套入我方图纸，不对其准确性负责。

6. 本套图纸的标注尺寸为设计控制尺寸，施工时应根据现场情况核定，不得度量图纸。

7. 原建筑结构原则上装修不做调整，如确需更改，改动部分（改动涉及建筑结构），需原建筑设计单位设计变更后，装饰方可施工。

8. 本工程如有特殊声学、光学要求，需按声学、光学专业设计公司设计要求和做法施工。

9. 所有属于独立招标的装修配套项目应以生产厂家提供的详细安装图为准。

10. 图中未说明做法的，按本说明"二、设计依据"的规范标准进行施工。

11. 本说明和设计图纸具有同样效力，两者均应遵守，若两者相矛盾，甲方及施工单位应及时提出，并以设计单位解释为准。

一卜川空间设计事务所
ShanDong YBC Interior Design Co. LTD
中国.济南
中国.上海
TEL&WeChat:18953114271

章节名称
Drawing name

XXXX空间施工深化图纸

微信
Wechat

关注微信与作者交流

图名
Title
设计说明一

图号
Drawing number

IN. 2. 01

七、施工中具体参照标准

本工程所有的参照标准均按现行的相关国家标准或行业标准，必须满足中华人民共和国行业标准之建筑装饰工程施工及验收规范。

（一）石料工程

1. 材料

石料本身不得有隐伤、风化等缺陷，清洗石料不得使用钢丝刷或其他工具而破坏其外露表面或在上面留下痕迹，必须使用石材专用防护剂进行六面防护处理。

2. 安装

（1）检查底层或垫层安施妥当，并修饰好。

（2）确定线条、水平图案，并加以保护，防止石料混乱存放。

（3）在底、垫层达到其初凝状态前施放石料。

（4）用浮飘法安放石料并将之压入均匀平面固定。

（5）令灰浆至少养护24 h可施加填缝料。

（6）用勾缝灰浆填缝、填孔隙，用工具将表面加工成平头接合。

（7）石材铺贴前，承建商必须依据现场尺寸，提供石材放样图，并得到业主和设计师审批、认可，没有注明的石材密封接缝均采用密缝。

3. 清洁

（1）在完成勾缝和填缝以后及在这些材料施放和硬化之后，应清洁有尘土的表面，所用的溶液不得有损于石料、接缝材料或相邻表面。

（2）在清洁过程中应使用非金属工具。

4. 石料加工

（1）将石料加工成所需要的样板尺寸、厚度和形状，准确切割，保证尺寸符合设计要求。

（2）准确塑造特殊形、镶边和外露边缘，并且进行修饰以与相邻表面相配。

（3）提供的砂应是干净、坚硬的硅质材料。

（4）所用粘结材料的品种、掺合比例应符合设计要求，并有产品合格证。

（二）木制品（木作）

1. 材料

材料应用最好之类型自然生长的木料，必须经过烘干或自然干燥后才能使用，没有虫蛀、松散或腐节或其他缺点，锯成方条形，并且不会有翘曲、爆裂及其他因为处理不当引起的缺点。胶合板按不同材种选用进口或国产产品，但必须达到AAA要求。承建商应在开工前提供材料和终饰样板且经筹建处和设计师认可批准才能使用。

2. 防火防腐处理

（1）所有基层木材均应满足防火要求，涂刷达到防火要求和阻燃时间厚度的本地消防大队同意使用的防火涂料。

（2）承建商要在实际施工前呈送防火涂料给筹建处批准方可开始涂刷。

（3）所有基层木材应用至易潮湿的空间均须涂上三层防腐涂料。

（4）考虑到节能环保、防火、防腐要求，以及木材基层易潮湿变形，原则上应尽量少用木材基层，尽可能采用轻钢龙骨或钢架基层。

3. 制作工艺及安装

（1）尺寸

① 所有装饰用的木材均严格按图纸施工，凡原设计节点不明之处需补充设计图，经设计师同意后再实施。

② 所有尺寸必须在工地核实，若图样或规格与实际工地有任何偏差，应立即通知设计师。

（2）装饰

所有完工时在外制木作工艺表面，除特殊注明处，都应该按设计做饰面。

（3）终饰

当采用自然终饰或者指定为染色、打白漆，或油漆被指定为饰面时，相连木板在形式、颜色或纹理上要相互协调。

（4）收缩度

所有木工制品所用之木材，均应经过干燥并保证制品的收缩不会损害其强度和装饰品之外观，也不应引起相邻材料和结构的破坏。

（5）装配

承建商应完成所有必要的开榫眼、接榫、开槽、配合做舌榫入、榫舌接合和其他的正确接合之必要工作，提供所有金属板、钉、铁钉和其他室内设计要求的或者顺利进行规定的木工工作所的装配件。

（6）接合

① 木工制品须严格按照图样的说明制作，在没有特别标明的地方接合，应按该处接合之公认的形式完成。胶接法适用于需要接合的地方。所有胶接处应用交叉舌榫或其他方法加固。

② 所有铁钉头打进去并加上油灰，胶合表面接触地方用胶水粘合，接触表面必须用锯或刨进行终饰。实板的表面需要用胶水粘的地方，必须用砂纸轻轻打磨光。

③ 有待接合之表面必须保持清洁，不肮脏，没有灰尘、锯末、油渍和其他污染。

④ 胶合地方必须给予足够压力以保持粘牢，并且胶水凝固须均按照胶水制造商之说明而进行。

（7）划线

所有踢脚板、框缘、平板和其他木工制品必须准确划线以和实际现场达成应有的紧密配合。

（8）镶嵌细木工工作

在细木工制品规定要镶嵌的地方，应跟随其周边的工作完成后嵌入加工。

（9）清洁

除特别指出的终饰之外，承建商应将有关木工制品清洁使用持完好状态。所有柜子内部装饰，包括活动层板应涂上二度以上漆使其光滑，且根据设计要求进行必要的补色。

（10）木材、夹板成型框架

① 一般用木材成架安于顶棚上时，应确保所有部件牢固紧，且不得影响其他管线（风管、喷淋管等）走向。依照设计图纸定于顶棚。

② 全部木作顶棚均要涂上三层本地消防大队批准使用的防涂料。

（三）装饰防火胶板

防火胶板的粘结剂应使用与防火胶板配套使用的品牌，并遵使用说明要求。

（四）装饰五金

所有五金器具必须防止生锈和沾染，使用前应提供样品征得建处及设计师同意。在完成工作后所有五金器具都应擦油、清洁磨光，保证可以操作，所有钥匙必须清楚地贴上标签。

（五）金属覆盖板工程

1. 材料

承建商应根据图纸所标品种、颜色由供应商提供样板，征得计师及筹建处同意。

2. 安装

金属板必须可以承受本身的荷载，而不会产生任何损害性或久性的变形。所有金属表面覆盖板及配件需符合国家《建筑装修工程质量验收规范》（GB 50210—2013）要求及有关标准或规范。

（1）金属饰面板的品种、质量、颜色、花型、线条应符合设计要求，并应有产品合格证。

（2）墙体骨架如采用轻钢龙骨时，其规格、形状应符合设计要求，易潮湿的部分须进行防锈处理。

说明二

(3) 墙体材料为纸面石膏板时, 安装时纵、横接缝应拉开 5～8 mm。

(4) 金属饰面板安装, 宜采用抽芯铝铆钉, 中间必须垫橡胶垫圈。 抽芯铝铆钉间距控制在100～150 mm 为宜。

(5) 安装突出墙面的窗台、窗套凸线等部位的金属饰面时, 裁板尺寸应准确, 边角整齐光滑, 搭接尺寸及方向应正确。

(6) 板材安装时严禁采用对接。 搭接长度应符合设计要求, 不得有透缝现象。

(7) 外饰面板安装时应挂线施工, 做到表面平整、垂直, 线条通顺清晰。

(8) 阴阳角宜采用预制角装饰板安装, 角板与大面搭接方向应与主导方向一致, 严禁逆向安装。

(9) 保温材料的品种、填充密度应符合设计要求, 并应填塞饱满, 不留空隙。

(六) 玻璃工程

1. 材料

提供样板并在安装切割之前送交筹建处及设计师同意。 所有镜子的边要留安全边。 室内安装玻璃要用毡制条子, 颜色要与周围材质相配, 厚度按图纸所示。

2. 制作工艺及安装

(1) 准确地把所有玻璃切割成适当的尺寸, 安装槽要清洁、无灰尘。 所有螺钉或其他固定部件都不能在槽中突出。 所有框架的调整将在安装玻璃之前进行。 所有密封剂作业表面应平整光滑, 与其他相邻材料无交叉污染。 玻璃工程应在框、扇校正和五金件安装完毕后, 以及框、扇最后一遍涂料前进行。

(2) 中庭的围护结构安装钢化玻璃时, 应用卡紧螺钉或压条镶嵌固定。 玻璃与围护结构的金属框格相接处, 应衬橡胶垫。 安装玻璃隔断时, 磨砂玻璃的磨砂面应向室内。

3. 玻璃的基本要求

(1) 落地玻璃屏风的厚度最小为 12 mm, 它们必须能够抵受预定 2.5 kPa 风压力或吸力。

(2) 玻璃必须顾及温差应力和视觉歪曲的效果。

(3) 用作玻璃门和栏杆之透明强化玻璃必须符合 GB 4871 规格的产品质量。

(4) 玻璃必须结构完整, 无破坏性的伤痕、针孔、尖角或不平直的边缘。

(5) 玻璃的最大许用面积应符合《建筑玻璃应用技术规程》(JGJ 113)的规定。 门玻璃面积不论大小均应采用安全玻璃, 并符合厚度要求。

(6) 疏散通道两侧的成品玻璃隔墙必须选用耐火极限不小于 1 h 的防火玻璃。

(七) 油漆工程

本施工图所有未标明之油漆公共空间均用聚酯漆十度左右, 终饰半哑光, 除公共空间外, 其余均用半哑光漆六度。 本施工图所有未标明之墙面、平面、顶面涂料均采用材料表所注明之涂料三度。 油漆工程的等级和品质应符合设计要求和现行有关产品国家标准的规定。

(1) 没有完全干透, 或环境有尘埃时, 不能进行操作。

(2) 对所有表面之洞、裂缝和其他不足之处应预先修整好, 再进行油漆。

(3) 要保证每道油漆工序的质量, 要求涂刷均匀, 防止漏刷、过厚、流淌等瑕疵。

(4) 在原先之油漆涂层结硬并打磨后, 再进行下一道工序。

(5) 在油漆之前应拆卸所有五金器具, 并且在油漆后安回原处, 保证五金器具不受污染。 上油漆前应先进行油漆小色板的封样, 在征得筹建处和设计师同意后方可大面积施工。

(八) 顶棚吊顶工程工作范围

1. 3 kg 以上的重型灯具、电扇及其他重型设备严禁安装在吊顶工程的龙骨上。

2. 吊顶的灯具、烟感、淋喷头、风篦子、检修口等设备的位置应在符合各相关专业规范前提下保证合理与美观, 与饰面板的交接应吻合严密。

3. 吊顶标高以现场实际为准, 尽量做至最高; 卫生间顶面材料如采用纸面石膏板, 特指"耐水纸面石膏板"。

4. 顶棚吊顶工程工作范围包括:

(1) 顶棚悬挂部分, 包括支撑照明和音响设备所需要的支撑物、框架或其他装置。

(2) 悬挂该系统所需要的吊钩和其他附件。

(3) 边缘修饰, 间隔等。

(4) 顶棚板材。

(5) 照明装置。

(6) 中央空气调节处理装置。

(7) 音响系统。

(8) 防火系统。

5. 高度和规范

(1) 装修设计的顶棚高度已考虑各种管道安装后的可能条件, 但如在施工过程中发现与其他专业设计发生矛盾, 应首先考虑更改管道, 保证顶棚高度, 如确无法解决, 应与设计师协商处理。

(2) 所有纸面石膏板顶棚超过 100 m² 或长度超过 15 m 范围的, 应考虑设置伸缩缝, 板接缝、阴阳角均需用 80～120 mm 宽的确凉布封贴两层, 以防开裂, 嵌缝采用专用腻子。

(3) 根据现场的实际需要, 提出设置暗检修口的位置, 由设计单位确定后方可施工。

一卜川空间设计事务所
ShanDong YBC Interior Design Co. LTD
中国.济南
中国.上海
TEL&WeChat:18953114271

章节名称
Drawing name

XXXX空间施工深化图纸

微信
Wechat

关注微信与作者交流

图名
Title
设计说明二

图号
Drawing number
IN.2.02

施工图

6. 材料

（1）装修设计的顶棚高度已考虑各种管道安装后的可能条件，吊顶工程所选用材料的品种、规格、颜色以及基层构造、固定方法应符合规范及设计要求。

（2）装修设计的顶棚高度已考虑各种管道安装后的可能条件，所有在顶棚平面上暴露之构件，布局均按照综合平面图进行。吊顶龙骨在运输安装时，不得扔摔、碰撞。龙骨应平放，防止变形。

（3）各类面板不应有气泡、起皮、裂纹、缺角、污垢和图案不完整等缺陷，表面应平整，边缘应整齐，色泽应统一。

（4）紧固件宜采用镀锌制品，预埋的木件应作防腐处理，凡固定铝材必须采用不锈钢紧固件。

7. 安装

（1）龙骨安装

① 安装龙骨的基体质量，应符合国家标准 JC/T 803—2007 之规定。

② 主龙骨吊点间距，应按设计推荐系列选择，中间部分应起拱，金属龙骨起拱高度应不小于房间短向跨度的 1/200，主龙骨安装后应及时校正其位置和标高。

③ 次龙骨应紧贴主龙骨安装。当用自攻螺钉安装板材时，板材的接缝处必须安装在宽度不小于 40 mm 的次龙骨上。

④ 全面校正主、次龙骨的位置及水平度。连接件应错位安装，主龙骨目测无明显弯曲，通长次龙骨连接处的对接错位偏差不得超过 2 mm。

⑤ 吊杆长度超过 1500 mm 时，吊顶内应做反向支撑或钢架转换器。

（2）吊顶封板和面板安装前的准备工作应符合下列规定：

① 在楼板中按设计要求设置预埋件或吊杆。

② 吊顶内的通风、水电管道等隐蔽工程应安装完毕，消防系统安装并试压完毕。

③ 吊顶内的灯槽、斜撑、剪刀撑等，应根据工程情况适当布置。

④ 轻型灯具应吊在主龙骨或附加龙骨上，重型灯具或其他装饰件不得与吊顶龙骨联结，应另设吊钩，并做吊挂拔拉试验，确保安装安全。

⑤ 所有相关专业的信息点定位应该按照整齐、理性的原则，以专业施工图及装修施工图的定位为准，如有不符或遗漏，应及时通知专业设计单位，装修施工单位必须给予积极配合，做好放线定位开孔工作，由设计单位确定后才能施工。

⑥ 所有可见信息点的面板表面颜色应与相邻装饰面颜色一致。

（3）板材安装

纸面石膏板的安装，应符合下列规定：

① 纸面石膏板的长边应沿纵向次龙骨铺设。

② 自攻螺钉与纸面石膏板距离：面纸包封的板边以 10～15 mm 为宜，切割的板边以 15～20 mm 为宜。

③ 钉距以 150～170 mm 为宜，螺钉应与板面垂直且略埋入板面 0.5～1.0 mm，并不使纸面破损。钉眼应作防锈处理并用石膏腻子抹平。

④ 拌制石膏腻子应用不含有害物质的洁净水。

矿棉板的安装，应符合下列规定：

① 施工现场湿度过大时不宜安装。

② 安装时，板上不得安置其他材料，防止板材受压变形。应提供完整的顶棚材料组件，这些组件应达到政府法规所规定之防火要求。

八、装饰材料

（一）本工程选用的装修材料及产品，应按设计要求提供相应规格、品种、颜色、质量的材料和产品，并必须符合国家标准规定；由施工单位提供材料样板及相应的检测报告，经建设方、设计单位、监理单位确认后进行封样，并据此进行施工验收；进场材料应有法定文字的质量合格证明文件，规格、型号及性能的检测报告，对重要材料应有复检报告。

（二）本工程所采用的主要材料质量应符合《建筑装饰装修材料最新标准法规汇编》要求及国家现行标准的规定；建筑装饰装修材料应符合国家有关建筑装饰装修材料有害物质限量标准规范要求。

（三）本工程所选用内装材料、隔声材料必须符合消防规范，具有国家及当地消防部门的许可证。

（四）装修材料应按设计要求进行防火、防锈、防腐和防潮处理。

（五）优先使用节能、环保、可改进室内空气质量及可重复循环再生使用的产品和材料，严禁使用国家及本工程所在的省（市）令淘汰的产品和材料。

（六）装饰材料有害物质排放限量的参照标准

为了预防和控制建筑装饰材料产生的室内环境污染，使本工程的建筑装饰工程符合新颁布的国家标准《民用建筑工程室内环境污染控制规范》（GB 50325—2010）（2013 年 6 月局部修订）的要求，下列物资必须符合相应的国家强制性标准要求。

1. 建筑主体材料、装饰材料

花岗石、大理石、建筑（卫生）陶瓷、石膏制品、水泥与水泥制品、砖、瓦、混凝土、混凝土预制构件、砌块、墙体保温材料、工业废渣、掺工业废渣的建筑材料及各种新型墙体材料等，必须符合《建筑材料放射性核素限量》（GB 6566—2010）要求。

2. 人造板（胶合板、纤维板、刨花板）及其制品

必须符合《人造板及其制品中甲醛释放限量》（GB 18580—2001）要求。

3. 室内装修用水性墙面涂料

必须符合《内墙涂料中有害物质限量》（GB 18582—20）要求。

4. 室内装修用溶剂型木器（以有机物作为溶液）的涂料

必须符合《溶剂型木器涂料中有害物质限量》（GB 18581—2009）要求。

5. 室内装修的胶粘剂产品

必须符合《胶粘剂中有害物质限量》（GB 18583—2008）要求。

6. 纸为基材的壁纸

必须符合《壁纸中有害物的限量》（GB 18585—2001）要求。

7. 聚氯乙烯卷材地板

必须符合《聚氯乙烯卷材地板中有害物的限量》（GB 18586—2001）要求。

8. 地毯、地毯衬垫及地毯胶粘剂

必须符合《地毯、地毯衬垫及地毯胶粘剂有害物质释放限量》（GB 18587—2001）要求。

9. 室内用水性阻燃剂、防水剂、防腐剂等水性处理剂

必须符合《水性处理剂有害物的限量》（GB 50325—20）要求。

10. 各类木家具产品

必须符合《木家具中有害物的限量》（GB 18584—2001）要求。

11. 若国家颁布最新相关技术规范，须以最新规范为准。

（七）验收

民用建筑工程验收时必须进行室内环境污染物浓度检测，其含量应符合下表的规定。

污染物	一类民用建筑工程	二类民用建筑工程
氡（Bq/m³）	≤200	≤400
甲醛（mg/m³）	≤0.08	≤0.1
苯（mg/m³）	≤0.09	≤0.09
氨（mg/m³）	≤0.2	≤0.2
TVOC（mg/m³）	≤0.5	≤0.6

说明三

九、其他

（一）本工程除设计有特殊要求外，其他各种工艺、材料均按国家规定的标准。

（二）装修施工时，不得损伤结构构件，不得破坏混凝土结构构件的保护层，不得损伤混凝土构件的受力钢筋。

（三）用作龙骨或预埋隐藏的钢结构，表面除锈等级不低于 St2 级，涂刷防锈漆三度（不锈钢除外）；如遇要求高，可改为镀锌或热镀锌。

（四）所用涂料全部采用无机乳胶漆。

（五）家具、隔断等需做防火处理。

（六）进行油漆工程之前，先进行油漆色板封样，征得设计师同意后方可大面积施工。

（七）凡本工程所用装饰材料的规格、型号、性能、色彩应符合装饰工程规范的质量要求，施工订货前会同建设、设计等有关各方共同商定。

（八）本装饰设计图必须报当地公安消防部门检审，获通过后方可施工。

（九）本工程装饰如对原建筑结构、荷载有所变动，需由原结构设计单位结构设计人员复核、调整、确认满足原结构设计荷载后方可施工。

（十）本套施工图包括室内装饰施工的所有图纸中标注为木皮饰面装饰板均应为专业工厂加工的饰面板且为现场安装。

（十一）本套施工图包括室内装饰施工的所有图纸中无专门注明时，家具、软饰、灯具照明、弱电由专业公司深化设计。

（十二）装饰工程施工中做好与设备工种协调配合工作，在保证装饰效果的前提下空调风口、消防喷淋等位置做到均衡布置，个别设备在影响整体效果时做适当调整。

（十三）本套施工图包括室内装饰施工的所有图纸中无专门注明时，对涉及的声学、光学、防尘、防辐射等特殊工艺的设计由专业公司深化设计。

（十四）承担本装饰工程的施工企业应具备相应的资质，有相应有效的质量管理体系。施工单位应按审批的施工组织设计及专项施工方案施工，并对施工全过程实行质量控制。

（十五）应严格按图施工，未经设计许可，施工中不可随意修改设计。施工中如发现图纸不详时，应及时与设计单位沟通。

（十六）施工单位现场深化设计时，对原设计的变更或补充，均需得到设计师签字认可，必要时需要建设方和监理方的书面认可。

一卜川空间设计事务所
ShanDong YBC Interior Design Co. LTD
中国.济南
中国.上海
TEL&WeChat:18953114271

章节名称
Drawing name

XXXXX空间施工深化图纸

微信
Wechat

关注微信与作者交流

图名
Title
设计说明三

图号
Drawing number

IN. 2. 03

施工图

施工图的编号、标高说明

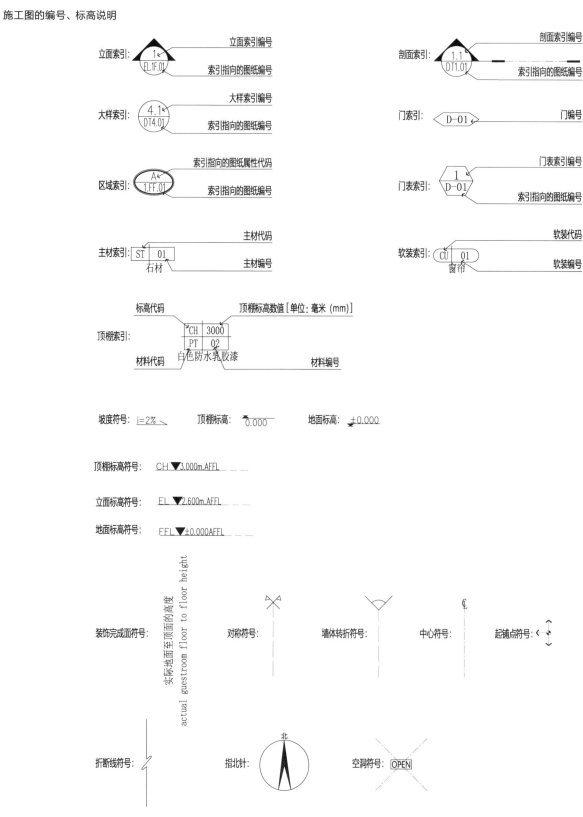

立面索引: 立面索引编号 / 索引指向的图纸编号 (1 / EL.1F.01)

剖面索引: 剖面索引编号 / 索引指向的图纸编号 (1.1 / DT1.01)

大样索引: 大样索引编号 / 索引指向的图纸编号 (4.1 / DT4.01)

门索引: 门编号 (D-01)

区域索引: 索引指向的图纸属性代码 / 索引指向的图纸编号 (A / 1.FF.01)

门表索引: 门表索引编号 / 索引指向的图纸编号 (1 / D-01)

主材索引: 主材代码 / 主材编号 (ST 01 石材)

软装索引: 软装代码 / 软装编号 (CU 01 窗帘)

顶棚索引: 标高代码 / 顶棚标高数值[单位: 毫米(mm)] / 材料代码 白色防水乳胶漆 / 材料编号 (CH 3000 / PT 02)

坡度符号: i=2%　　顶棚标高: 0.000　　地面标高: ±0.000

顶棚标高符号: CH ▼3.000m.AFFL

立面标高符号: EL ▼2.600m.AFFL

地面标高符号: FFL ▼±0.000AFFL

装饰完成面符号: 实际地面至顶面的高度 actual guestroom floor to floor height

对称符号:

墙体转折符号:

中心符号:

起铺点符号:

折断线符号:

指北针: 北

空洞符号: OPEN

说明四

编号说明

图纸信息说明文件

IN.1.01
- └── 本类图纸中第几张图纸
- └── 类型代码，以0、1、2、3、4、5代表图纸类型
- └── 图纸信息说明名称缩写

类型代码：0 代表封面；
　　　　　1 代表目录；
　　　　　2 代表施工图设计说明；
　　　　　3 代表图例说明；
　　　　　4 代表材料表说明；
　　　　　5 代表墙体（声学）通用节点。

立面图

EL.1F. 05～15
- └── 平面索引图中对应的立面编号
- └── 指所在楼层为1F，-1F表达为B1
- └── 图标名称缩写

EL ELEVATION 立面

门表

DS.1F. M01
- └── 门类型编号
- └── 指所在楼层为1F，-1F表达为B1
- └── 图标名称缩写

DS DOOR SCHEDULE 门表

平面图

PL.1F. A. 01～11
- └── 平面图纸编号对应图纸中第几张图纸
- └── 分区编号
- └── 指所在楼层为1F，-1F表达为B1
- └── 图标名称缩写

平面图纸编号与对应的内容如下：
01—AR（原始建筑图）；02—FF（平面布置图）；
03—WD（墙体定位图）；04—FD（完成面尺寸图）；
05—FC（地面铺砖图）；06—RC1.0（综合顶棚布置图）；
07—RC2.0（顶棚尺寸图）；08—RC3.0（灯具定位图）；
09—EM（机电点位图）；10—EM2.0（给排水点位图）；
11—KP（立面索引图）

PL PLAN 平面

节点、大样图

DT1. 01～08
- └── 节点编号
- └── 类型代码，以1、2、3、4代表图纸类型
- └── 图标名称缩写

DT DETAIL 节点大样
类型代码：1 代表顶棚节点；
　　　　　2 代表地面节点；
　　　　　3 代表墙面节点；
　　　　　4 代表固装大样。

标注编码代码说明

编码代码	英文全称	主要内容
CA	CARPET	地毯
ST	STONE	石材
CT	CERAMIC TILE	瓷砖
FA	FABRIC	布饰面、皮革
GL	GLASS	玻璃
LP	LAMINATED PLASTIC	防火板
MC	METAL COMPOSITE	金属复合板
MO	MOSAIC TILE	马赛克
MR	MIRROR	镜子
MT	METAL	金属
PL	PLASTIC	塑料（塑料板，亚克力，灯片等）
PT	PAINT	油漆（油漆，涂料，防水涂料）
WC	WALL COVERING	墙纸
WD	WOOD	木饰面
WR	WATERPROOF ROLL	防水卷材

编码代码说明

编码代码	英文全称	主要内容
AR	ARTWORK	艺术品
BDG	BEDDING	床上用品
CA	CARPET	块毯
CU	CURTAIN	窗帘
DL	DECORATIVE LIGHTING	灯具
FR	FURNITURE	家具
HW	HARDWARE	五金
KIT	KITCHEN EQUIPMENTS	厨房设备
PLT	PLANTS	植物
SSP	SWITCH&SOCKET PANEL	开关、插座面板
SW	SANITARY WARE	洁具

一卜川空间设计事务所
ShanDong YBC Interior Design Co. LTD
中国.济南
中国.上海
TEL&WeChat:18953114271

章节名称
Drawing name

XXXX空间施工深化图纸

微信
Wechat

关注微信与作者交流

图名
Title　　　设计说明四

图号
Drawing number

IN. 2.04

装饰材料

新增装饰隔墙构造做法

编号	名称	构造做法	适用位置
隔墙 1	加气混凝土轻质砌块	新砌 200 mm 厚加气混凝土轻质砌块墙体，应严格遵照规范要求添加构造柱及过梁。 抹灰层 30 mm 厚。 隔声量为 FSTC 50	详见建筑资料平〔
隔墙 2	混凝土砖	新砌 200 mm 厚混凝土砖墙体，应严格遵照规范要求添加构造柱及过梁。 抹灰层 30 mm 厚。 隔声量为 FSTC 50	所有卫生间隔墙〔 常遇水空间的墙
隔墙 3	轻钢龙骨双面轻质不燃板墙	新砌 75 系列轻钢龙骨双面石膏板墙体，应严格遵照所选品牌的施工规范。 所有附件均为同一品牌，中间满填防火吸声棉，隔声量为 FSTC 50。 墙中敷设的强弱电走线管必须为带接地的镀锌钢管	详见建筑资料平〔
隔墙 4	钢结构墙	钢结构墙必须满足建筑结构规范要求。 垂直方向采用槽钢与上下楼板锚固（5 m 以内采用 10 号槽钢，5～10 m 内采用 15 号槽钢，高于 10 m 须由结构工程师定） 水平龙骨为 L50×4 角钢与垂直龙骨水平连接（高度按照面材高度定）	详见建筑资料平〔

吊顶构造做法

编号	名称	构造做法	适用位置
棚 1	轻质不燃板（美加板、双纸面镁板）（涂料面层）	钢筋混凝土楼板 吊顶距离结构楼板、梁底≤1500 mm 时，用 M8 膨胀螺栓连接镀锌吊杆，间距 900 mm×900 mm。 吊顶距离结构楼板、梁底＞1500 mm 时，加角钢转换层，双向角钢间距 900 mm 吊牢。 60 系列上人轻钢龙骨骨架，主龙骨中距 900 mm，次龙骨中距 400 mm。 双层 6＋9(mm) 厚轻质不燃板，专用自攻螺钉拧牢。 孔眼用腻子填平（防锈），阴、阳角及板接缝处分别贴专用封缝带。 刷涂料三遍（一底漆、二面漆）	详见反射顶棚平〔
棚 2	轻质不燃板（美加板、双纸面镁板）（防水涂料面层）	钢筋混凝土楼板 吊顶距离结构楼板、梁底≤1500 mm 时，用 M8 膨胀螺栓连接镀锌吊杆，间距 900 mm×900 mm。 吊顶距离结构楼板、梁底＞1500 mm 时，加角钢转换层，双向角钢间距 900 mm，吊牢。 60 系列上人轻钢龙骨骨架，主龙骨中距 900 mm，次龙骨中距 400 mm。 双层 6＋9(mm) 厚轻质不燃板料，专用自攻螺钉拧牢。 孔眼用腻子填平（防锈），阴、阳角及板接缝处分别贴专用封缝带。 刷涂料三遍（一底漆、二面漆）	所有卫生间隔墙〔 常遇水空间的顶
棚 3	木饰面（硝基漆）	钢筋混凝土楼板 吊顶距离结构楼板、梁底≤1500 mm 时，用 M8 膨胀螺栓连接镀锌吊杆，间距 900 mm×900 mm。 吊顶距离结构楼板、梁底＞1500 mm 时，加角钢转换层，双向角钢间距 900 mm，吊牢。 60 系列上人轻钢龙骨骨架，主龙骨中距 900 mm，次龙骨中距 400 mm。 12 mm 厚阻燃夹板，背面刷防火漆，专用自攻螺钉拧牢，孔眼用腻子填平（防锈）。 面贴 3.6 mm 厚木饰面板，面喷进口品牌硝基哑光清漆，漆厚为 0.6 mm	详见反射顶棚平〔
棚 6	隐框玻璃类顶棚	钢筋混凝土楼板 吊顶距离结构楼板、梁底≤1500 mm 时，用 M8 膨胀螺栓连接镀锌吊杆，间距 900 mm×900 mm。 吊顶距离结构楼板、梁底＞1500 mm 时，加角钢转换层，双向角钢间距 900 mm，吊牢。 配套不锈钢螺栓连接隐框玻璃件，用中性密封结构硅胶。 安装玻璃，玻璃胶填密擦缝	详见反射顶棚平〔

地面构造做法

编号	名称	构造做法	适用位置
地 1	复合板地面（70 mm 厚）	钢筋混凝土楼板 10 厚弹性隔声层 "ENKASONIC ES"。 25 厚 C20 混凝土垫层（中间布 φ4@ 100 双向钢筋网）。 20 厚 1：3 水泥砂浆找平，铺珍珠棉防潮层。 15 厚复合木地板（注意收边及伸缩处理构造材料）	
地 2	石材地面（80 mm 厚）	钢筋混凝土楼板 10 厚弹性隔声层 "ENKASONIC ES"。 25 厚 C20 混凝土垫层（中间布 φ4@ 100 双向钢筋网）。 20 厚 1：3 水泥砂浆找平。 5 厚高分子益胶泥（PA-L 型）。 20 厚石板铺实拍平，填缝剂擦缝（铺贴 8～12 m 应根据地材分缝设置伸缩缝）	详见地坪饰面平〔
地 3	石材地面（100 mm 厚）	钢筋混凝土楼板 10 厚弹性隔声层 "ENKASONIC ES"。 45 厚 C20 混凝土垫层（中间布 φ6@ 100 双向钢筋网）。 20 厚 1：3 水泥砂浆抹平，1%～2% 找坡，坡向地漏。 5 厚高分子益胶泥（PA-A 型、PA-C 型）。 与墙面防水层有机连接，向门口外做 300 mm 宽。 20 厚石板铺实拍平，填缝剂擦缝（铺贴 8～12 m 应根据地材分缝设置伸缩缝）	所有卫生间隔墙〔 及常遇水空间的±

做法表

构造做法

名称	构造做法	适用位置
干挂软包布（皮）饰面板（80 mm 厚）	加气混凝土砌块，30 mm 厚抹灰层，隔声量为 FSTC 50 的墙 纵向固定挂件与墙面锚固。 干挂软包布（皮）饰面板——12 mm 厚阻燃夹板基层；—6 mm 厚高密度阻燃海绵；—扣布（皮）饰面。 每块板两侧边缘纵向固定挂件，每侧均匀固定 4 付挂件。 将饰面板通过挂件挂在墙上	详见各区立面图
木饰图（24 mm 厚）	加气混凝土砌块，30 mm 厚抹灰层，隔声量为 FSTC 50 的墙 9 mm 厚轻质不燃板垫条，12 mm 厚阻燃夹板基层。 面贴 3.6 mm 厚阻燃木饰面（注意实木线收口线的应用）	详见各区立面图
干挂石材饰面（100 mm 厚）	加气混凝土砌块，30 mm 厚抹灰层，隔声量为 FSTC 50 的墙 （遇到轻质砖墙时，采用穿墙螺栓及钢板双面锚接） 8 号镀锌槽钢 L50×4（mm）角钢钢架龙骨与墙面锚固，水平高度按石材高度。 竖向间距为 400 mm 和 600 mm，留门洞处做钢架加强处理。 按石材板高度安装配套水平不锈钢挂件及调整水平垂直度。 25 mm 厚石材板用云石胶固定不锈钢挂件。 填缝剂擦缝	详见各区立面图
乳胶漆饰面（轻质不燃板基层）（21 mm 厚）	加气混凝土砌块，30 mm 厚抹灰层，隔声量为 FSTC 50 的墙 9 mm 厚轻质不燃板垫条。 12 mm 厚轻质不燃板基层，专用自攻螺钉拧牢。 孔眼用腻子填平（防锈），阴、阳角及板接缝处分别贴专用封缝带。 刷涂料三遍（一底漆、二面漆）	详见各区立面图
玻璃饰面（30 mm 厚）	加气混凝土砌块，30 mm 厚抹灰层，隔声量为 FSTC 50 的墙 9 mm 厚轻质不燃板垫条。 12 mm 厚阻燃夹板，背面刷防火漆，专用自攻螺钉拧牢，孔眼用腻子填平（防锈）。 面贴 8 mm 厚玻璃饰面（包括所需配件）	详见各区立面图

构造做法

名称	构造做法	适用位置
石材踢脚	加气混凝土砌块，30 mm 厚抹灰层，隔声量为 FSTC 50 的墙 25 mm 厚石材踢脚（高度根据立面图），用水泥铺贴。 填缝剂擦缝	详见各区节点图
木饰踢脚	加气混凝土砌块，30 mm 厚抹灰层，隔声量为 FSTC 50 的墙 20 mm 厚实木踢脚（高度根据立面图），用专用胶水粘贴	详见各区节点图
金属踢脚	加气混凝土砌块，30 mm 厚抹灰层，隔声量为 FSTC 50 的墙 12 mm 厚阻燃夹板，面封 2.0 mm 厚（高度根据立面图）金属材质（详见材料表）	详见各区节点图

灯槽构造做法

名称	构造做法	适用位置
（通用）	灯槽飘板及反边的龙骨均为 60 系列上人轻钢龙骨骨架。 与其相邻顶棚为同一龙骨系统的延伸。 灯槽内水平面铺 6 mm 厚轻质不燃板，垂直面铺 12 mm 厚轻质不燃板，专用自攻螺钉拧牢。 孔眼用腻子填平（防锈），阴、阳角及板接缝处分别贴专用封缝带。 刷涂料三遍（一底漆、二面漆）。 表面材质做法均参见相应的吊顶构造做法	详见各区顶棚节点图

构造做法

名称	构造做法	适用位置
（通用）	所有检修口结构均为成品金属件，规格及定位均参见各层反射顶棚图。 表面材质做法均参见相应的吊顶构造做法	详见反射顶棚平面图

构造做法

名称	构造做法	适用位置
石材饰面	所有固定台垂直龙骨为 L50×4@500（mm）角钢架，水平龙骨为 L50×4（mm）角钢与垂直龙骨水平连接。 面焊 5 mm 厚花纹钢板，垂直面焊 φ1@50 双向钢丝网。 用专业粘合剂将 20 mm 厚石材饰面与钢板粘牢	详见各区节点图
木饰面	所有固定台垂直龙骨为 L50×4@500（mm）角钢架，水平龙骨为 L50×4（mm）角钢与垂直龙骨水平连接。 面封 6+9（mm）厚阻燃夹板，用 φ5 锥尾螺钉拧牢沉头。 面贴 3.6 mm 厚木饰面板，面喷进口品牌硝基哑光清漆，漆厚为 0.6 mm	详见各区节点图

中各种饰面材料品种、颜色、规格见图纸及材料表，各种饰面材料及配件未注明型号或厚度等尺寸规格的详见图纸。
中各种装修做法及工艺要求均按现行《建筑装饰工程施工及验收规范》（GB 50210—2001）。
"□" 内表示土建已完成。
中数据以毫米（mm）为单位。
中所有木质基层，必须做阻燃浸泡处理（确保防火等级达到 B1 级及以上）以及防腐、防虫、防蛀处理，同时确保环保规范要求。
中所有轻质不燃板，墙面采用美加板，天花采用双纸面镁板。
中所示厚度均为单一面材做法厚度，如在同一高度的平面上有两种及以上面材，以其中最厚的装饰层做法为参照，将其他面材基层加厚，确保其完成面高度统一。
有石材在铺贴前采用美国 JSC 石材防护剂做好六面防浸透处理。
有钢结构为镀锌处理（不锈钢除外）。
有隔墙注意结构加强附件的设置。
有室内水景除规范做法外，须在防水材料面上安装 2.0 mm 厚 316 不锈钢水池内胆，再做饰面。

一卜川空间设计事务所
ShanDong YBC Interior Design Co. LTD
中国.济南
中国.上海
TEL&WeChat:18953114271

章节名称
Drawing name

XXXX空间施工深化图纸

微信
Wechat

关注微信与作者交流

图名
Title
装饰材料构造做法表

图号
Drawing number

IN.3.01

273

图例

图例	说明	图例	说明	图例	说明
顶面灯具、灯带			方形回风口		室内快球摄像机
—LED—LED—	暗藏 LED 灯带		圆形出风口	地面	
—x—R—	暗藏 T4/T5 日光灯管		圆形回风口		地面起铺点
—S—S—A.P.	暗藏塑料管灯	A.P.	天花检修口		地漏
R1	嵌入式可调节射灯		排风口	机电类	
R2	嵌入式筒灯		室内卡式吸顶空调机	TO	地面网络插座
	可调式筒形射灯			TO	墙面网络插座
	格栅射灯	消防类		TV	地面电视插座
	壁灯	E	安全出口	TV	墙面电视插座
	浴霸		烟雾感应器	TP	地面电话插座
	集成灯		消防喇叭	TP	墙面电话插座
	吸顶灯		疏散指示(单向)	PK	插卡取电面板
	工艺吊灯		疏散指示(双方向)	TU	"请即整理"开关
	工艺吊灯		可燃气体探测器	DD	"请勿打扰"显示面
设备风口			防火卷帘		单相二极三极地插
S 侧面风口	侧面送风口	E	应急照明灯		单相二极三极插座
R 侧面风口	侧面回风口		声光报警		单相安全二极三极插
A/S	空调下出风口		手动报警	K	单相安全三极暗插
A/R	空调下回风口	监控类			电箱(尺寸及高度待
F/A	条形新风口		半球吸顶摄像机		单联单控开关
E/S	条形排烟口		电梯轿厢摄像机		双联单控开关
A/C	风机盘管		室内彩色固定摄像机		三联单控开关

表

图例	说明	图例	说明
	双联双控开关		地坪漆
	三联双控开关		编织物
	墙面电话插座		乳胶漆
	五孔插座		软包硬包
	防水插座		马赛克 1
	三联开关		马赛克 2

类

		图例	说明
	承重墙体填充		木饰面 1
	新建砖砌隔墙		木饰面 2
	新建轻钢龙骨隔墙		细木工板（剖面）
	新建轻质砖隔墙		胶合板（剖面）
	拆除墙体		玻镁板（剖面）
	石材 1		中密度纤维板（剖面）
	石材 2		木质（剖面）
	石材 3		金属（剖面）
	石材 4		
	鹅卵石		
	木地板人字拼		
	地毯		
	防静电地板		
	木地板拼花		
	方块地毯		

一卜川

一卜川空间设计事务所
ShanDong YBC Interior Design Co. LTD
中国.济南
中国.上海
TEL&WeChat:18953114271

章节名称
Drawing name

XXXX空间施工深化图纸

微信
Wechat

关注微信与作者交流

图名
Title
图例说明表

图号
Drawing number

IN.4.01

材

材料编号 No.	材料名称 DESCRIPTION	燃烧性能等级 FIRE RATING	位置 POSITION	品类代码 CATEGORY	备注 REMARK
石材（STONE）					
ST－01	白金砂	A	生活阳台、阳台、衣帽间、主卧、客厅	供应商对应材料编号	A
ST－02	蓝金砂	A	阳台、书房、卫生间、主卧、厨房	供应商对应材料编号	A
ST－03	爱奥尼亚	A	卫生间、主卧、老人房	供应商对应材料编号	A
ST－04	水墨玉石	A	参见立面图	供应商对应材料编号	A
ST－05	清水玉石	A	参见立面图	供应商对应材料编号	A
木地板（WOOD FLOOR）					
WF－01	木地板	B₂	主卧、小孩房、亲子书房、客厅、老人房	供应商对应材料编号	
皮革（FABRIC）					
FA－01	蓝色扣布	B₂	参见立面图	供应商对应材料编号	
FA－02	硬包	B₂	参见立面图	供应商对应材料编号	
FA－03	米色扣布	B₂	参见立面图	供应商对应材料编号	
FA－04	硬包	B₂	参见立面图	供应商对应材料编号	
FA－05	手绘刺绣扣布	B₂	参见立面图	供应商对应材料编号	
FA－06	皮革硬包	B₂	参见立面图	供应商对应材料编号	
金属（METAL）					
MT－01	5 mm 古铜条	A₁	主卧、小孩房	供应商对应材料编号	
MT－02	乱纹镀钛玫瑰金	A₁	参见立面图	供应商对应材料编号	
木饰面（WOOD）					
WD－01	深色橡木	B₂	主卧、老人房、顶棚	供应商对应材料编号	
WD－02	浅色尼斯木	B₂	参见立面图	供应商对应材料编号	
墙纸（WALL COVERING）					
WC－01	米色墙纸	B₂	一楼客厅、二楼起居室	供应商对应材料编号	
WC－02	白色墙纸	B₂	二楼次卧室、二楼主卧室	供应商对应材料编号	
WC－03	粉白色墙纸	B₂	三楼女儿房、三楼卧室	供应商对应材料编号	
玻璃（GLASS）					
GL－01	钢化清玻璃	A	参见立面图		
镜面（MIRROR）					
MR－01	清镜	A	参见立面图	供应商对应材料编号	
MR－02	灰镜饰面	A	休闲阳台	供应商对应材料编号	
漆（PAINT）					
PT－01	白色乳胶漆	A	全房	供应商对应材料编号	
PT－02	白色防水乳胶漆	A	全房卫生间	供应商对应材料编号	

注：1. 石材处理工艺代码说明：A—深色；B—浅色；C—斧剁面；D—5 mm×5 mm 凹槽；F—荔枝面；H—哑光面；L—蜂窝铝板复合石材；S—防污
2. 玻璃处理工艺代码说明：P—镜面；W—发丝；E—蚀刻。

料编号 No.	材料名称 DESCRIPTION	燃烧性能等级 FIRE RATING	位置 POSITION	品类代码 CATEGORY	备注 REMARK

一卜川空间设计事务所
ShanDong YBC Interior Design Co. LTD
中国.济南
中国.上海
TEL&WeChat:18953114271

章节名称
Drawing name

XXXX空间施工深化图纸

微信
Wechat

关注微信与作者交流

图名
Title　　　　　　材料表

图号
Drawing number

IN.5.01

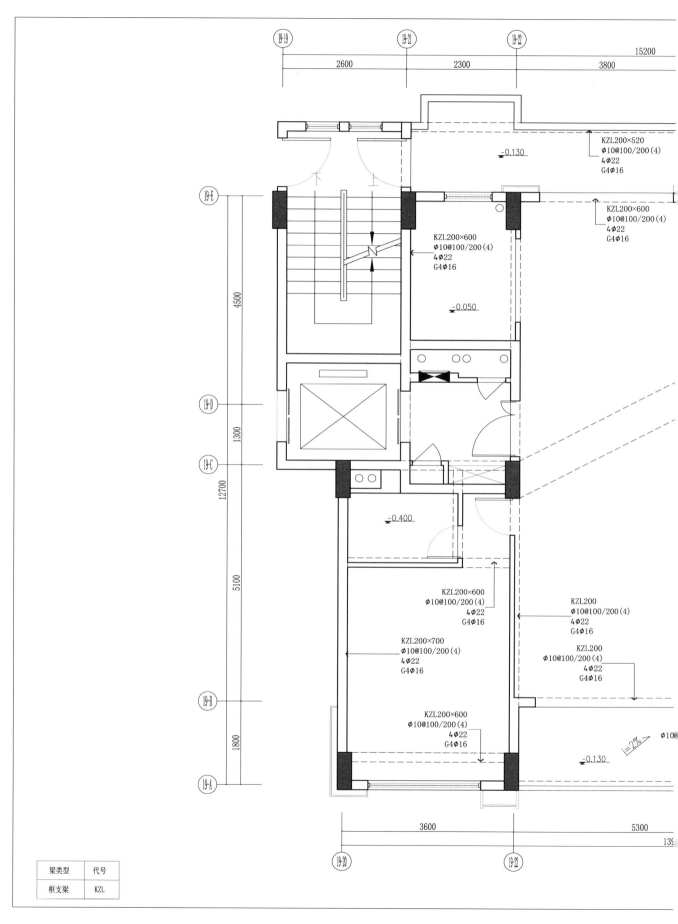

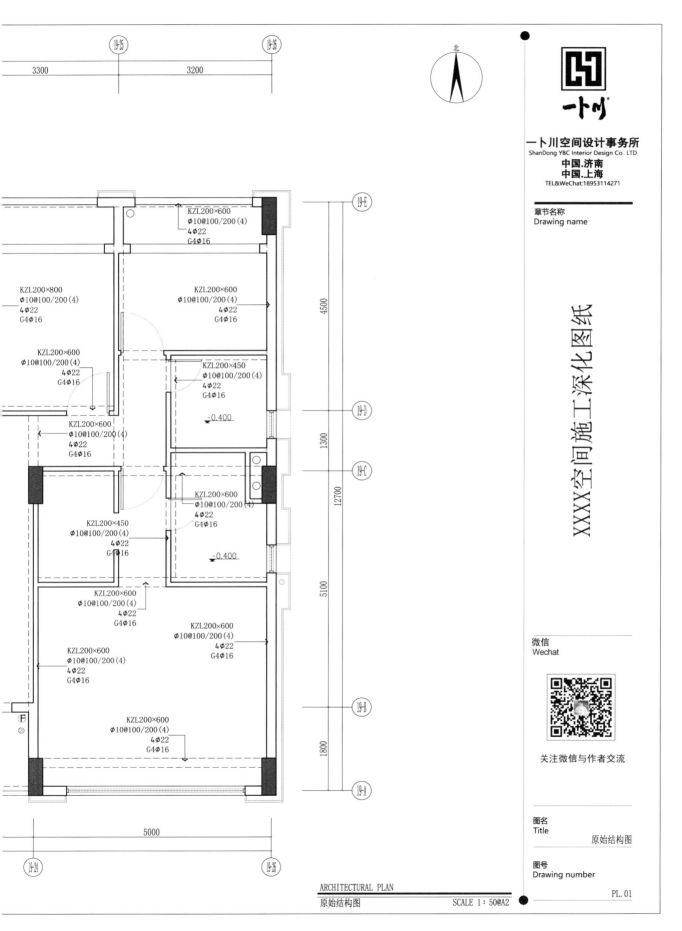

北

一卜川

一卜川空间设计事务所
ShanDong YBC Interior Design Co. LTD
中国.济南
中国.上海
TEL&WeChat:18953114271

章节名称
Drawing name

XXXX空间施工深化图纸

3300　　　3200

KZL200×600
Φ10@100/200(4)
4Φ22
G4Φ16

KZL200×800
Φ10@100/200(4)
4Φ22
G4Φ16

KZL200×600
Φ10@100/200(4)
4Φ22
G4Φ16

KZL200×600
Φ10@100/200(4)
4Φ22
G4Φ16

KZL200×450
Φ10@100/200(4)
4Φ22
G4Φ16

-0.400

KZL200×600
Φ10@100/200(4)
4Φ22
G4Φ16

KZL200×600
Φ10@100/200(4)
4Φ22
G4Φ16

KZL200×450
Φ10@100/200(4)
4Φ22
G4Φ16

-0.400

KZL200×600
Φ10@100/200(4)
4Φ22
G4Φ16

KZL200×600
Φ10@100/200(4)
4Φ22
G4Φ16

KZL200×600
Φ10@100/200(4)
4Φ22
G4Φ16

KZL200×600
Φ10@100/200(4)
4Φ22
G4Φ16

4500

1300

12700

5100

1800

5000

微信
Wechat

关注微信与作者交流

图名
Title
　　　原始结构图

图号
Drawing number

PL.01

ARCHITECTURAL PLAN
原始结构图　　　　　SCALE 1：50@A2

生活阳台
BALCONY

厨房
KITCHEN

水井

入户玄关
FOYER

电井

19-BT2

次卫
BATHROOM

老人房
BEDROOM

餐厅
DINING ROOM

客厅
LIVINGROOM

休闲阳台
BALCONY

上

下

15200

2600　2300　3800

4500

1300

12700

5100

1800

3600　5300

13900

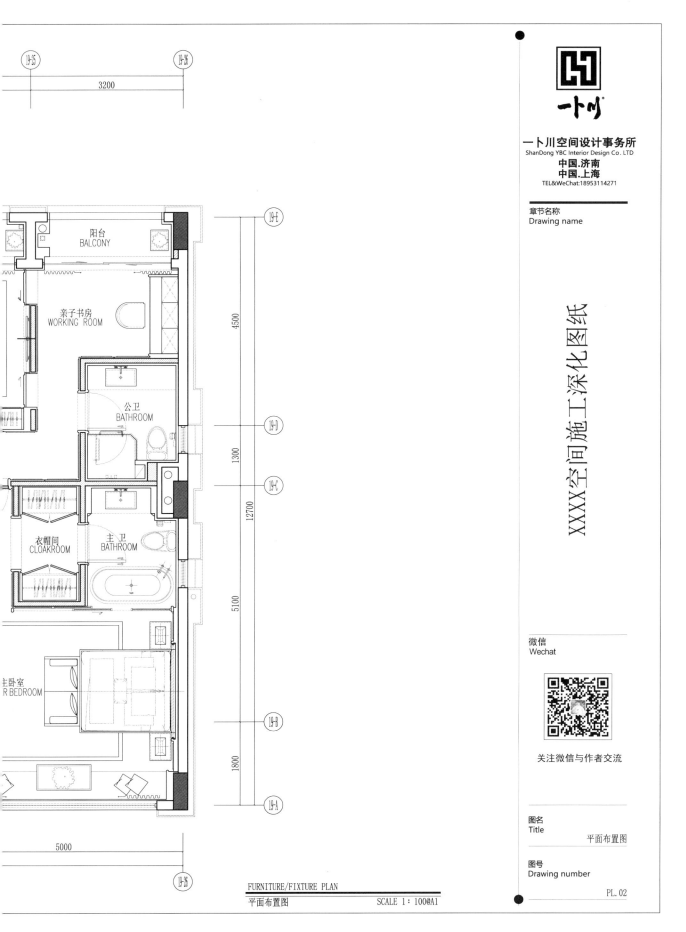

阳台
BALCONY

亲子书房
WORKING ROOM

公卫
BATHROOM

衣帽间
CLOAKROOM

主卫
BATHROOM

主卧室
R BEDROOM

3200

4500

1300

12700

5100

1800

5000

19-25　19-26

19-E

19-D

19-C

19-B

19-A

19-26

FURNITURE/FIXTURE PLAN

平面布置图　　　　　　　　SCALE 1：100@A1

一卜川

一卜川空间设计事务所
ShanDong YBC Interior Design Co. LTD
中国.济南
中国.上海
TEL&WeChat:18953114271

章节名称
Drawing name

XXXX空间施工深化图纸

微信
Wechat

关注微信与作者交流

图名
Title　　　　　　　　平面布置图

图号
Drawing number

PL.02

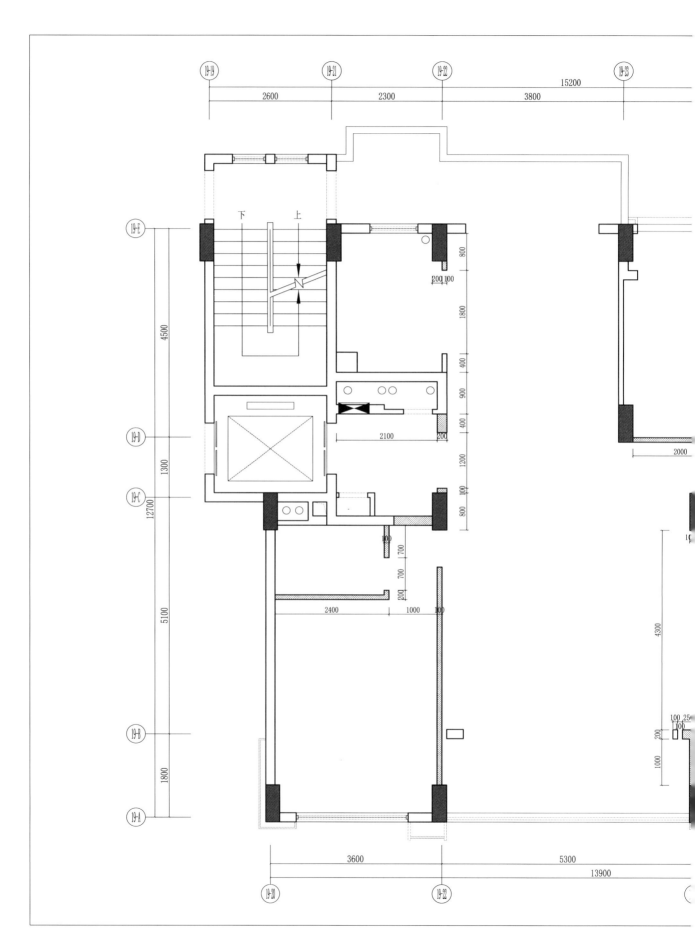

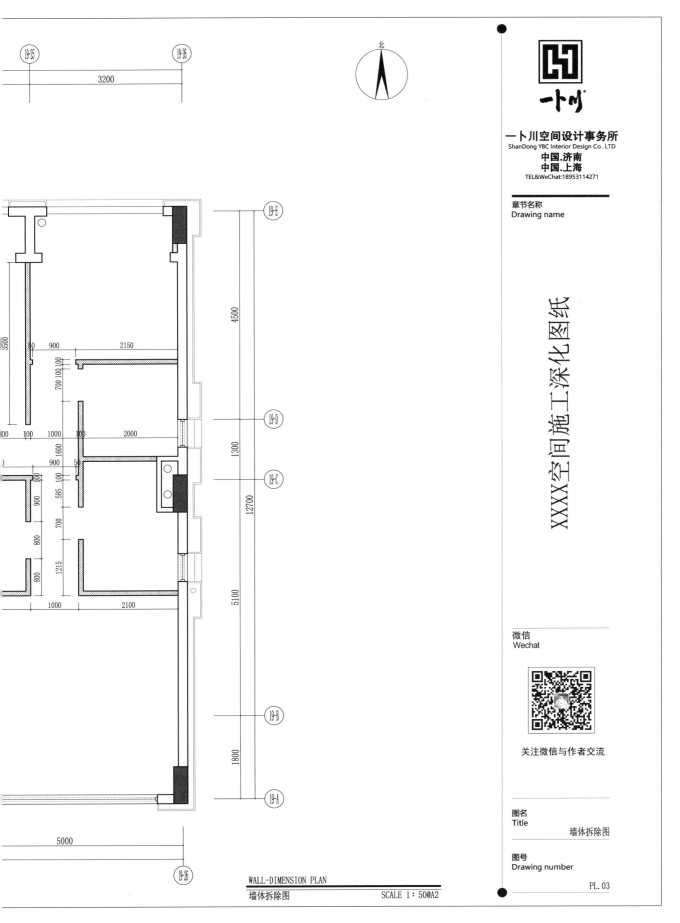

北

一卜川空间设计事务所
ShanDong YBC Interior Design Co. LTD
中国.济南
中国.上海
TEL&WeChat:18953114271

章节名称
Drawing name

XXXX空间施工深化图纸

微信
Wechat

关注微信与作者交流

图名
Title   墙体拆除图

图号
Drawing number

PL.03

WALL-DIMENSION PLAN
墙体拆除图   SCALE 1：50@A2

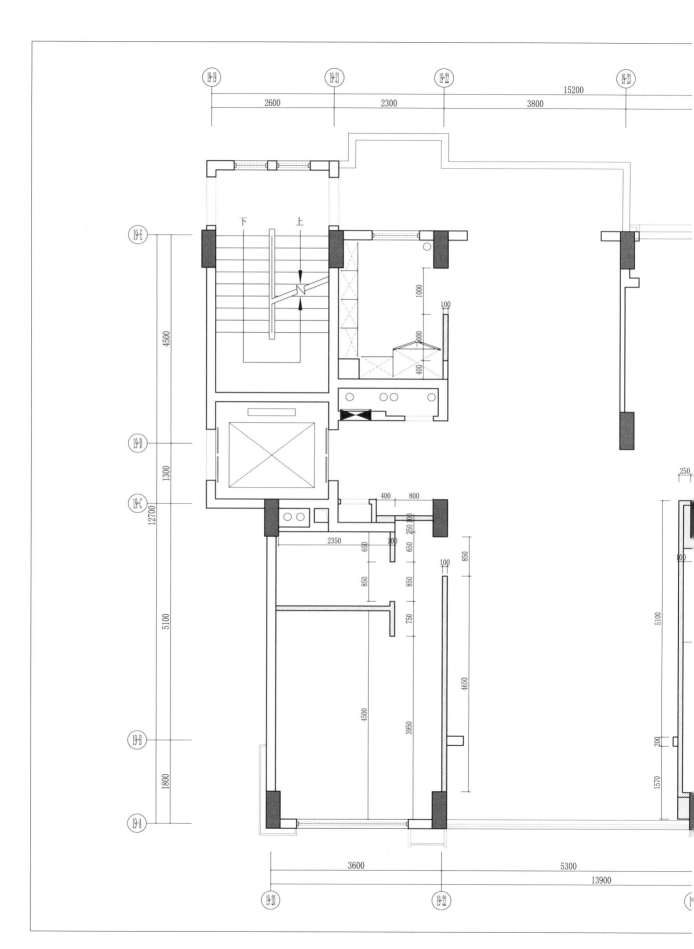

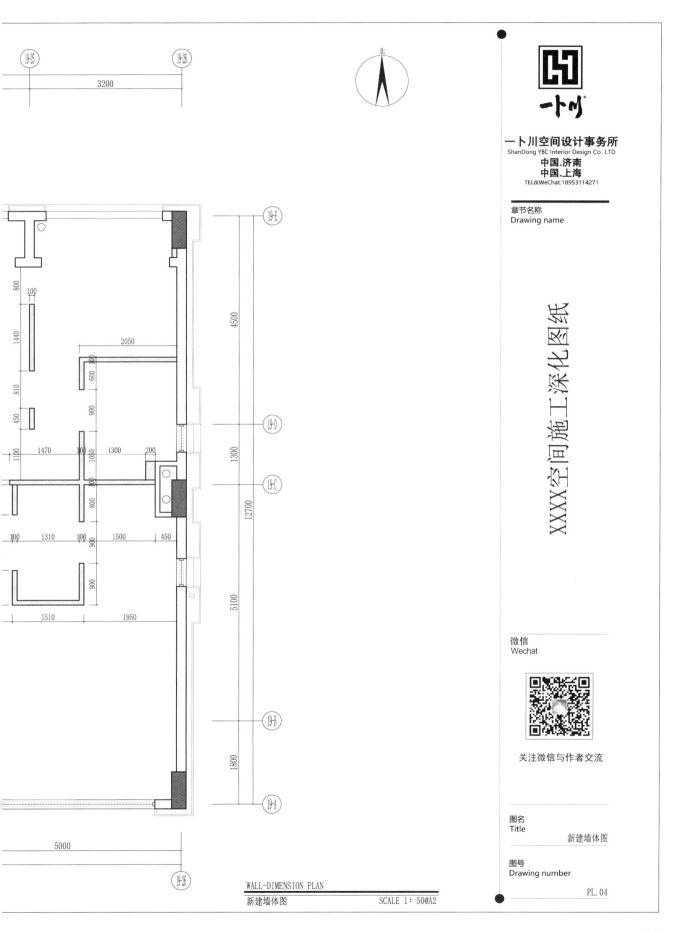

北

19-26

3200

5000

19-E

19-D

19-C

19-B

19-A

19-26

4500
1300
12700
5100
1800

800
100
1440
810
450
2050
600
900
1470
100
1050
1300
200
1100
800
100
1310
100
900
1500
450
900
1510
1950

WALL-DIMENSION PLAN
新建墙体图   SCALE 1：50@A2

一卜川空间设计事务所
ShanDong YBC Interior Design Co. LTD
中国.济南
中国.上海
TEL&WeChat:18953114271

章节名称
Drawing name

XXXX空间施工深化图纸

微信
Wechat

关注微信与作者交流

图名
Title   新建墙体图

图号
Drawing number   PL.04

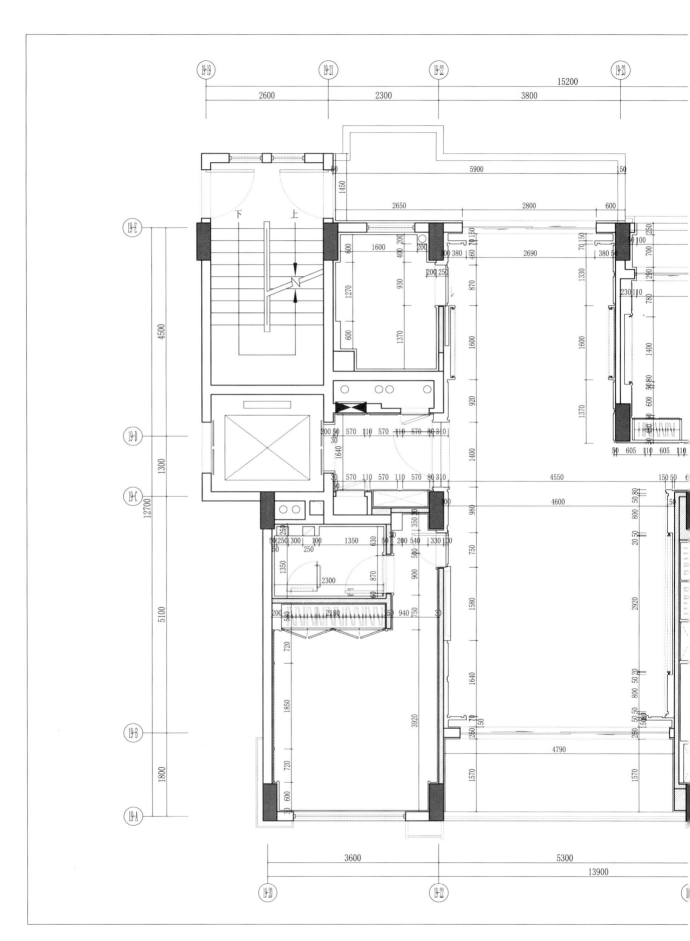

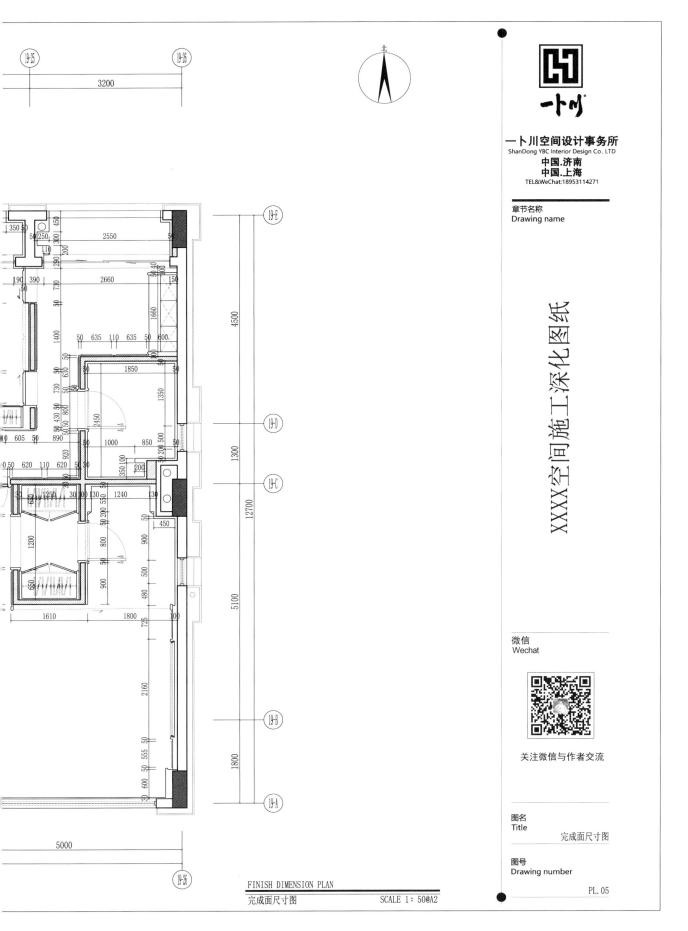

北

19-25   19-26

3200

19-E

19-D

19-C

19-B

19-A

19-26

4500

1300

12700

5100

1800

5000

FINISH DIMENSION PLAN
完成面尺寸图   SCALE 1：50@A2

一卜川空间设计事务所
ShanDong YBC Interior Design Co. LTD
中国.济南
中国.上海
TEL&WeChat:18953114271

章节名称
Drawing name

XXXX空间施工深化图纸

微信
Wechat

关注微信与作者交流

图名
Title   完成面尺寸图

图号
Drawing number

PL. 05

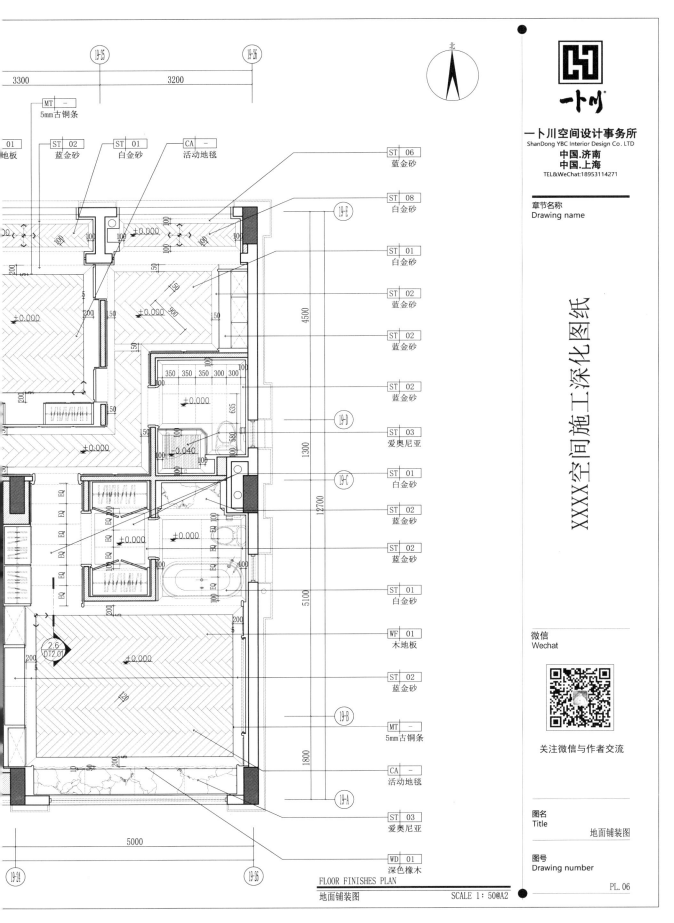

一卜川空间设计事务所
ShanDong YBC Interior Design Co. LTD
中国.济南
中国.上海
TEL&WeChat:18953114271

章节名称
Drawing name

XXXX空间施工深化图纸

微信
Wechat

关注微信与作者交流

图名
Title
地面铺装图

图号
Drawing number

PL.06

FLOOR FINISHES PLAN

地面铺装图　　　SCALE 1：50@A2

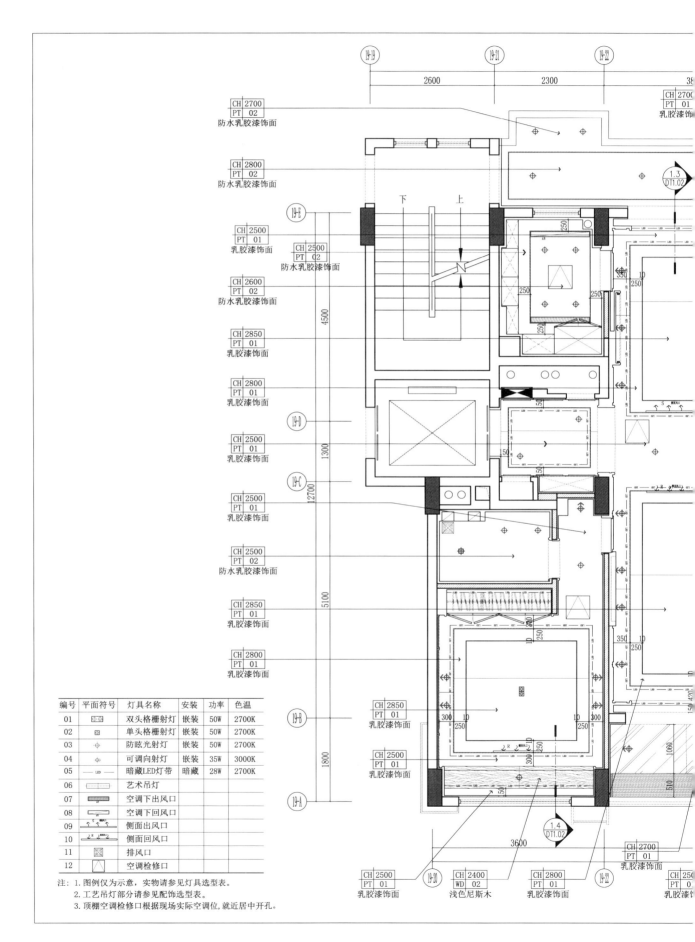

编号	平面符号	灯具名称	安装	功率	色温
01		双头格栅射灯	嵌装	50W	2700K
02		单头格栅射灯	嵌装	50W	2700K
03		防眩光射灯	嵌装	50W	2700K
04		可调向射灯	嵌装	35W	3000K
05	LED	暗藏LED灯带	暗藏	28W	2700K
06		艺术吊灯			
07		空调下出风口			
08		空调下回风口			
09		侧面出风口			
10		侧面回风口			
11		排风口			
12		空调检修口			

注：1. 图例仅为示意，实物请参见灯具选型表。
　　2. 工艺吊灯部分请参见配饰选型表。
　　3. 顶棚空调检修口根据现场实际空调位，就近居中开孔。

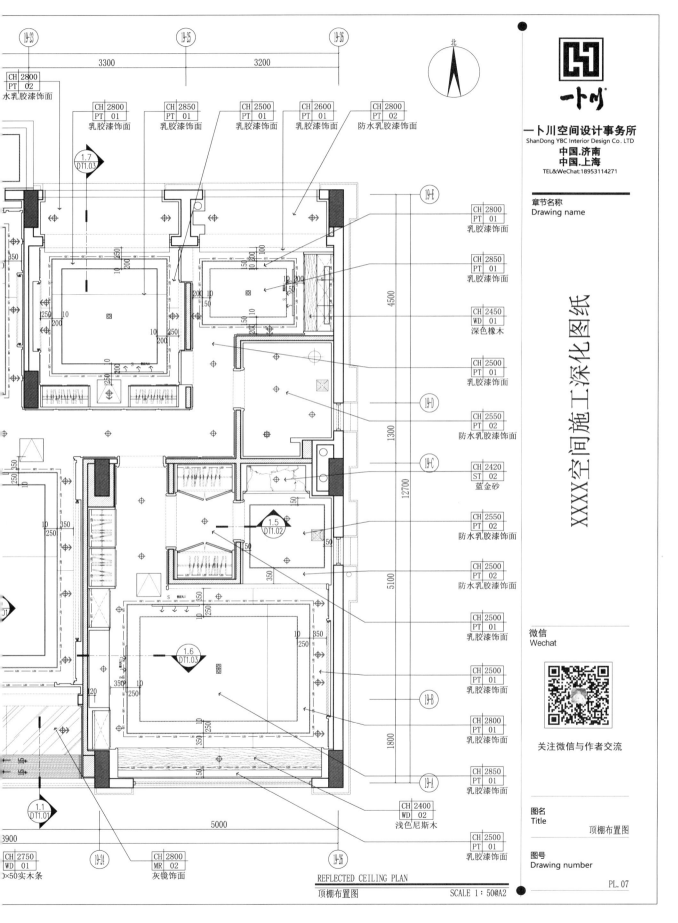

一卜川空间设计事务所
ShanDong YBC Interior Design Co. LTD
中国.济南
中国.上海
TEL&WeChat:18953114271

章节名称
Drawing name

XXXX空间施工深化图纸

微信
Wechat

关注微信与作者交流

图名
Title　　顶棚布置图

图号
Drawing number　　PL.07

REFLECTED CEILING PLAN
顶棚布置图　　　　SCALE 1：50@A2

291

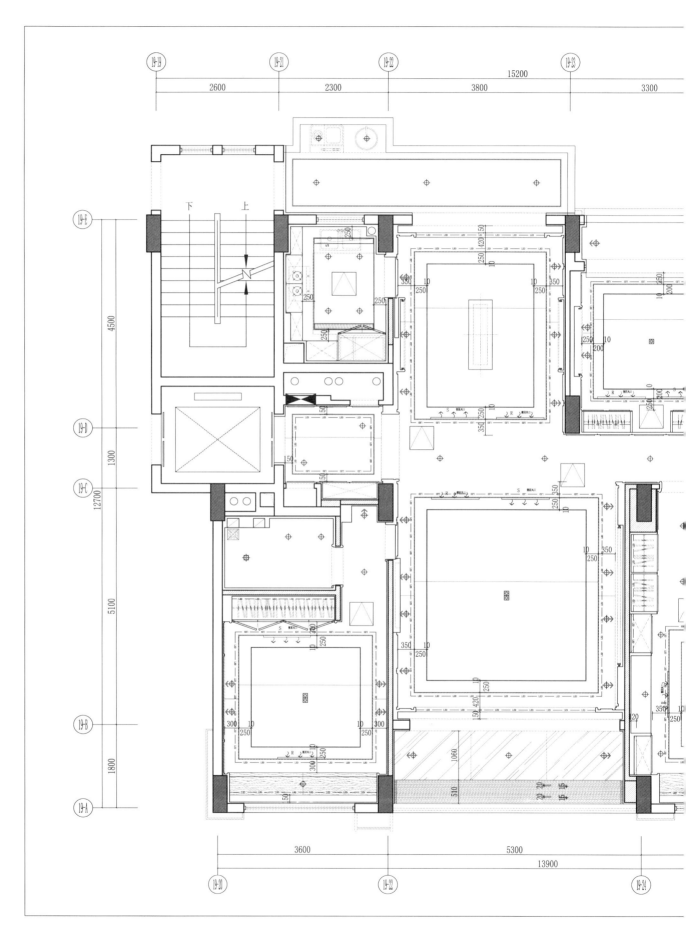

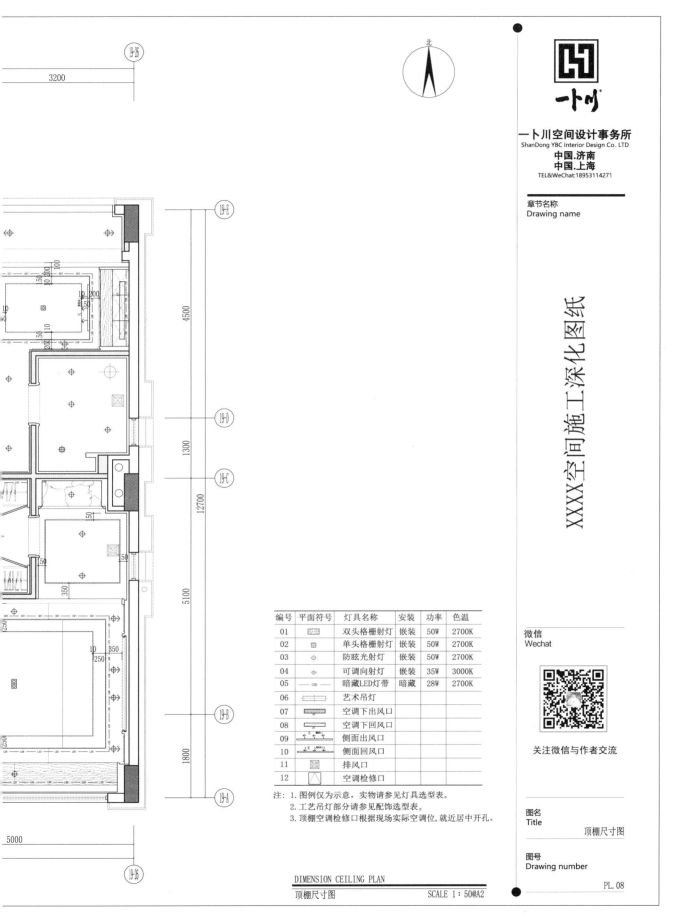

北

一卜川空间设计事务所
ShanDong YBC Interior Design Co. LTD
中国.济南
中国.上海
TEL&WeChat:18953114271

章节名称
Drawing name

XXXX空间施工深化图纸

编号	平面符号	灯具名称	安装	功率	色温
01		双头格栅射灯	嵌装	50W	2700K
02		单头格栅射灯	嵌装	50W	2700K
03		防眩光射灯	嵌装	50W	2700K
04		可调向射灯	嵌装	35W	3000K
05		暗藏LED灯带	暗藏	28W	2700K
06		艺术吊灯			
07		空调下出风口			
08		空调下回风口			
09		侧面出风口			
10		侧面回风口			
11		排风口			
12		空调检修口			

注: 1. 图例仅为示意，实物请参见灯具选型表。
2. 工艺吊灯部分请参见配饰选型表。
3. 顶棚空调检修口根据现场实际空调位，就近居中开孔。

微信
Wechat

关注微信与作者交流

图名
Title
顶棚尺寸图

图号
Drawing number
PL.08

DIMENSION CEILING PLAN
顶棚尺寸图
SCALE 1：50@A2

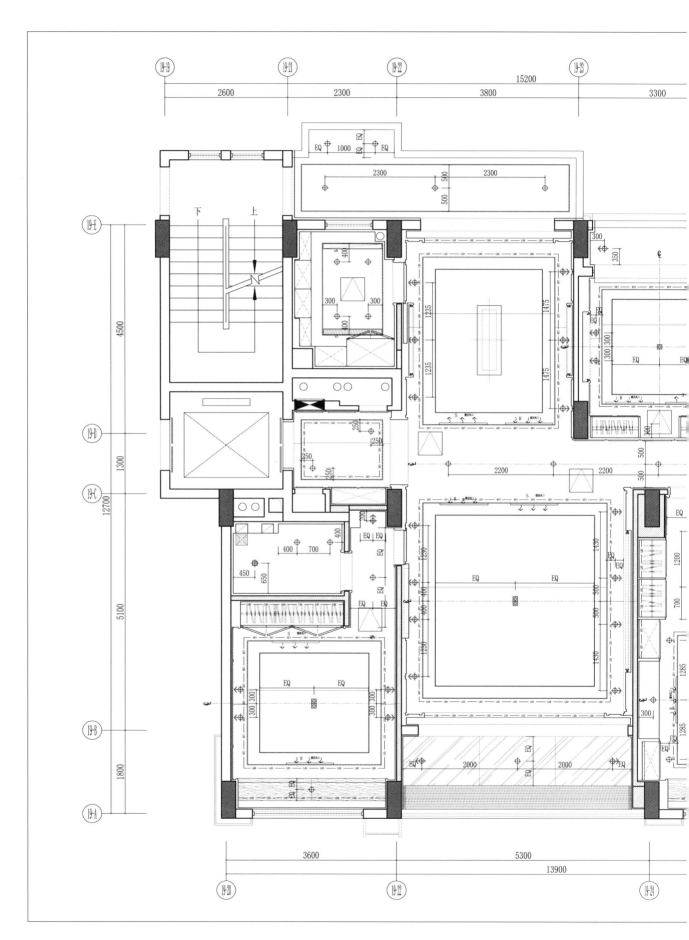

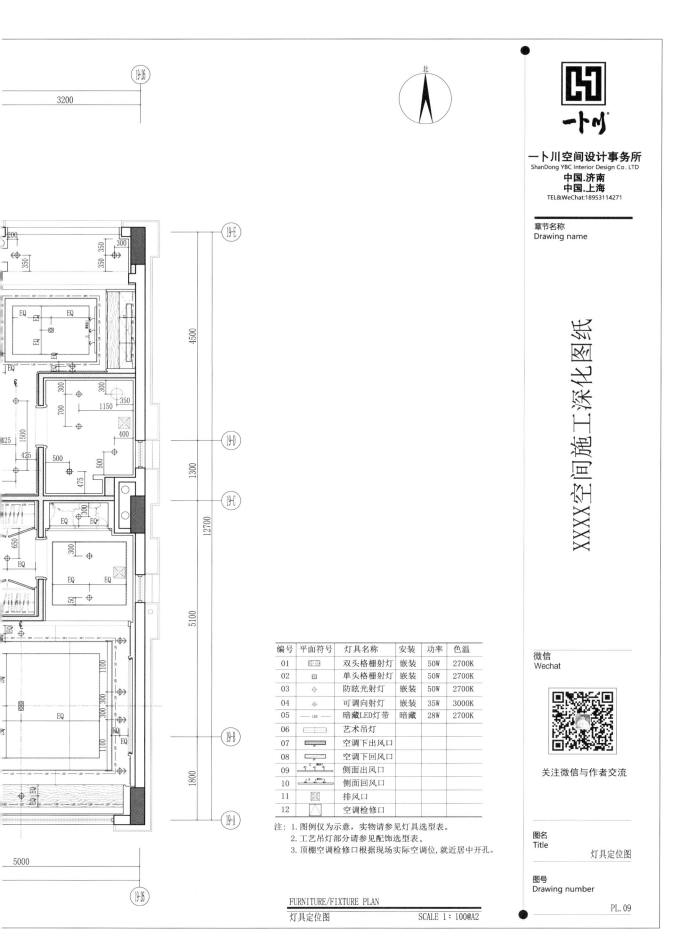

北

一卜川

一卜川空间设计事务所
ShanDong YBC Interior Design Co. LTD
中国.济南
中国.上海
TEL&WeChat:18953114271

章节名称
Drawing name

XXXX空间施工深化图纸

编号	平面符号	灯具名称	安装	功率	色温
01		双头格栅射灯	嵌装	50W	2700K
02		单头格栅射灯	嵌装	50W	2700K
03		防眩光射灯	嵌装	50W	2700K
04		可调向射灯	嵌装	35W	3000K
05	LED	暗藏LED灯带	暗藏	28W	2700K
06		艺术吊灯			
07		空调下出风口			
08		空调下回风口			
09		侧面出风口			
10		侧面回风口			
11		排风口			
12		空调检修口			

注：1.图例仅为示意，实物请参见灯具选型表。
　　2.工艺吊灯部分请参见配饰选型表。
　　3.顶棚空调检修口根据现场实际空调位，就近居中开孔。

微信
Wechat

关注微信与作者交流

图名
Title
灯具定位图

图号
Drawing number

PL.09

FURNITURE/FIXTURE PLAN
灯具定位图　　　　　　　　　　SCALE 1：100@A2

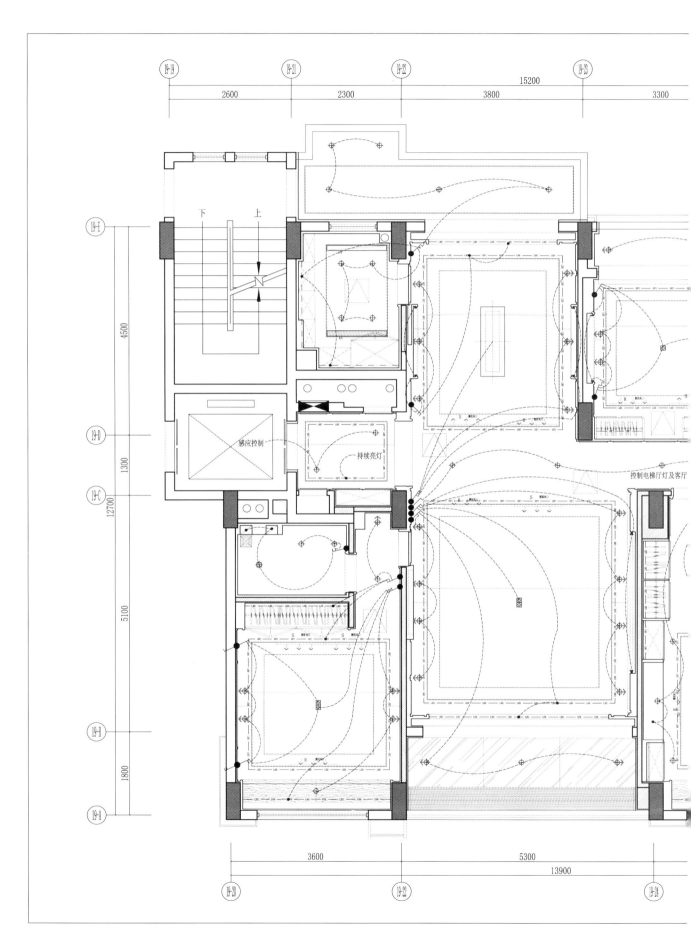

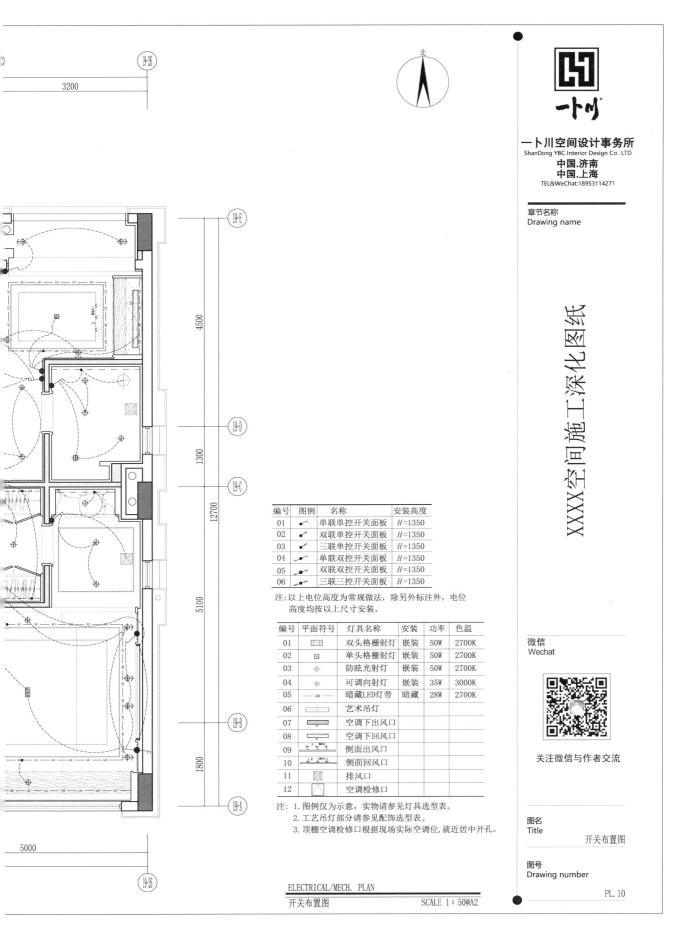

北

一卜川空间设计事务所
ShanDong YBC Interior Design Co. LTD
中国.济南
中国.上海
TEL&WeChat:18953114271

章节名称
Drawing name

XXXX空间施工深化图纸

编号	图例	名称	安装高度
01		单联单控开关面板	H=1350
02		双联单控开关面板	H=1350
03		三联单控开关面板	H=1350
04		单联双控开关面板	H=1350
05		双联双控开关面板	H=1350
06		三联三控开关面板	H=1350

注:以上电位高度为常规做法，除另外标注外，电位
高度均按以上尺寸安装。

编号	平面符号	灯具名称	安装	功率	色温
01		双头格栅射灯	嵌装	50W	2700K
02		单头格栅射灯	嵌装	50W	2700K
03		防眩光射灯	嵌装	50W	2700K
04		可调向射灯	嵌装	35W	3000K
05	LED	暗藏LED灯带	暗藏	28W	2700K
06		艺术吊灯			
07		空调下出风口			
08		空调下回风口			
09		侧面出风口			
10		侧面回风口			
11		排风口			
12		空调检修口			

注：1.图例仅为示意，实物请参见灯具选型表。
　　2.工艺吊灯部分请参见配饰选型表。
　　3.顶棚空调检修口根据现场实际空调位，就近居中开孔。

微信
Wechat

关注微信与作者交流

图名
Title
开关布置图

图号
Drawing number

PL. 10

ELECTRICAL/MECH. PLAN
开关布置图　　　　　　　　　　　SCALE 1：50@A2

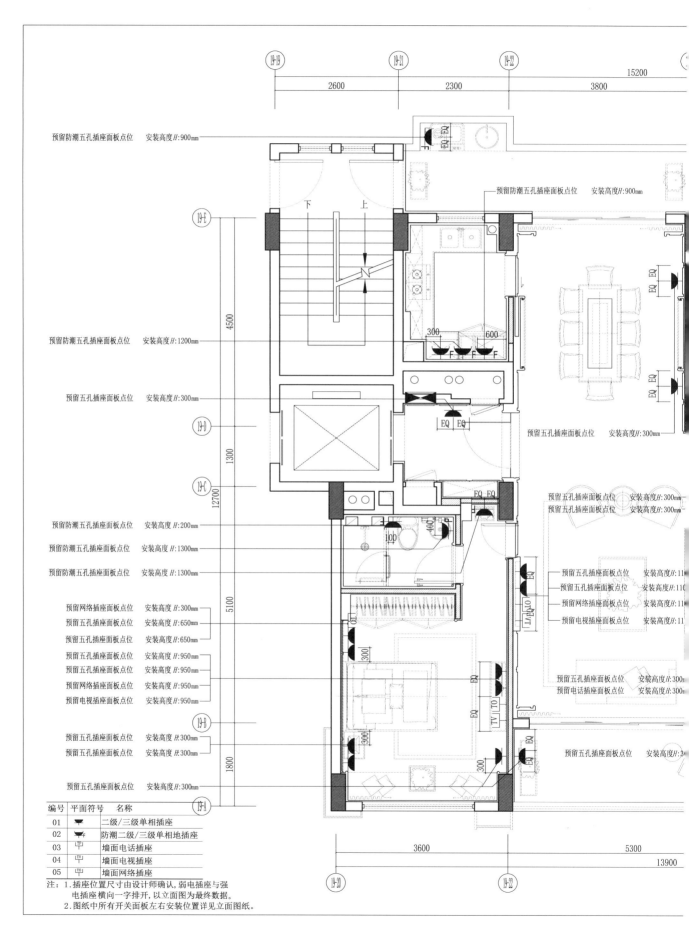

编号	平面符号	名称
01		二级/三级单相插座
02		防潮二级/三级单相地插座
03		墙面电话插座
04		墙面电视插座
05		墙面网络插座

注：1.插座位置尺寸由设计师确认,弱电插座与强
　　电插座横向一字排开,以立面图为最终数据。
　　2.图纸中所有开关面板左右安装位置详见立面图纸。

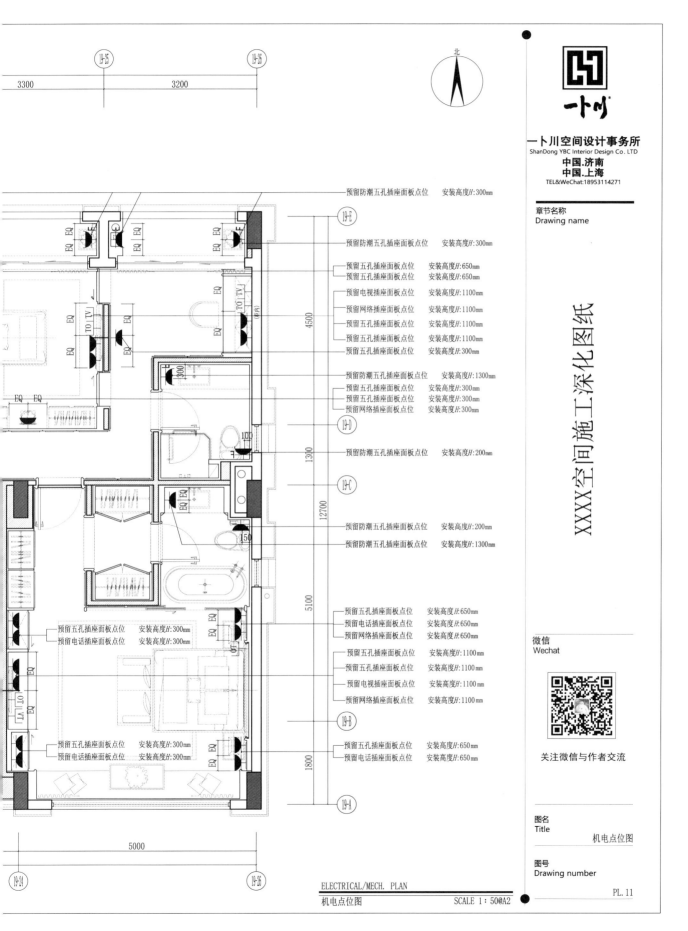

预留防潮五孔插座面板点位　　安装高度H:300mm

预留防潮五孔插座面板点位　　安装高度H:300mm

预留五孔插座面板点位　　安装高度H:650mm
预留五孔插座面板点位　　安装高度H:650mm
预留电视插座面板点位　　安装高度H:1100mm
预留网络插座面板点位　　安装高度H:1100mm
预留五孔插座面板点位　　安装高度H:1100mm
预留五孔插座面板点位　　安装高度H:1100mm
预留五孔插座面板点位　　安装高度H:300mm

预留防潮五孔插座面板点位　　安装高度H:1300mm
预留五孔插座面板点位　　安装高度H:300mm
预留五孔插座面板点位　　安装高度H:300mm
预留网络插座面板点位　　安装高度H:300mm

预留防潮五孔插座面板点位　　安装高度H:200mm

预留防潮五孔插座面板点位　　安装高度H:200mm
预留防潮五孔插座面板点位　　安装高度H:1300mm

预留五孔插座面板点位　　安装高度H:650mm
预留电话插座面板点位　　安装高度H:650mm
预留网络插座面板点位　　安装高度H:650mm

预留五孔插座面板点位　　安装高度H:1100mm
预留五孔插座面板点位　　安装高度H:1100mm
预留电视插座面板点位　　安装高度H:1100mm
预留网络插座面板点位　　安装高度H:1100mm

预留五孔插座面板点位　　安装高度H:300mm
预留电话插座面板点位　　安装高度H:300mm

预留五孔插座面板点位　　安装高度H:300mm
预留电话插座面板点位　　安装高度H:300mm

预留五孔插座面板点位　　安装高度H:650mm
预留电话插座面板点位　　安装高度H:650mm

北

一卜川空间设计事务所
ShanDong YBC Interior Design Co. LTD
中国.济南
中国.上海
TEL&WeChat:18953114271

章节名称
Drawing name

XXXX空间施工深化图纸

微信
Wechat

关注微信与作者交流

图名
Title　　机电点位图

图号
Drawing number

PL.11

ELECTRICAL/MECH. PLAN
机电点位图　　　　　　SCALE 1：50@A2

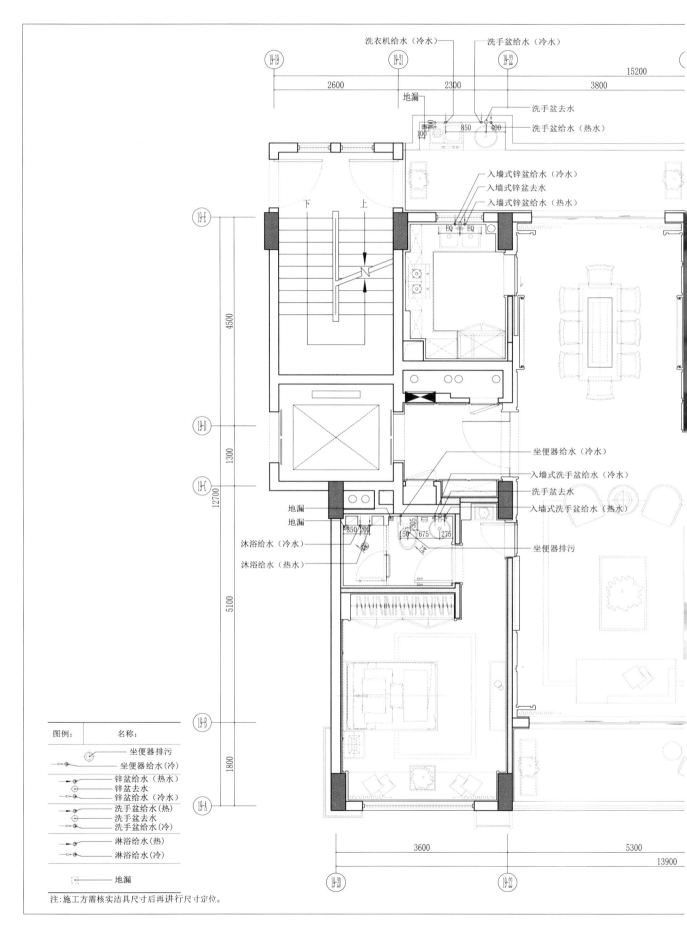

洗衣机给水（冷水）
洗手盆给水（冷水）
地漏
洗手盆去水
洗手盆给水（热水）
入墙式锌盆给水（冷水）
入墙式锌盆去水
入墙式锌盆给水（热水）
坐便器给水（冷水）
入墙式洗手盆给水（冷水）
洗手盆去水
入墙式洗手盆给水（热水）
坐便器排污
地漏
地漏
沐浴给水（冷水）
沐浴给水（热水）

下　上

图例：　　　名称：
⊙——坐便器排污
——坐便器给水（冷）
——锌盆给水（热水）
——锌盆去水
——锌盆给水（冷水）
——洗手盆给水（热）
——洗手盆去水
——洗手盆给水（冷）
——淋浴给水（热）
——淋浴给水（冷）
——地漏

注:施工方需核实洁具具体尺寸后再进行尺寸定位。

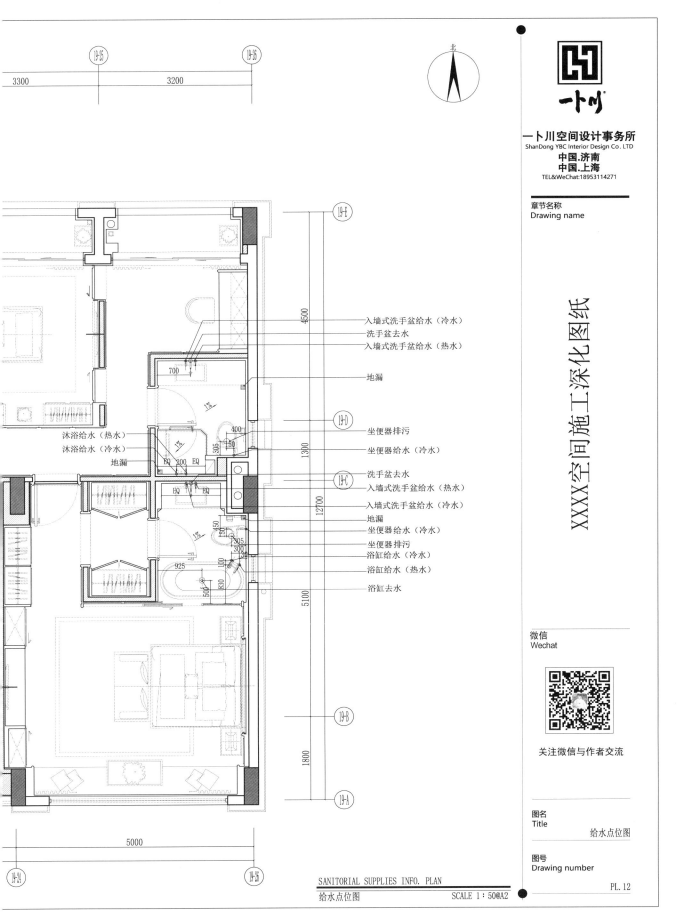

北

一卜川空间设计事务所
ShanDong YBC Interior Design Co. LTD
中国.济南
中国.上海
TEL&WeChat:18953114271

章节名称
Drawing name

XXXX空间施工深化图纸

入墙式洗手盆给水（冷水）
洗手盆去水
入墙式洗手盆给水（热水）
地漏

坐便器排污
坐便器给水（冷水）

洗手盆去水
入墙式洗手盆给水（热水）
入墙式洗手盆给水（冷水）
地漏
坐便器给水（冷水）
坐便器排污
浴缸给水（冷水）
浴缸给水（热水）
浴缸去水

沐浴给水（热水）
沐浴给水（冷水）
地漏

微信
Wechat

关注微信与作者交流

图名
Title
给水点位图

图号
Drawing number
PL.12

SANITORIAL SUPPLIES INFO. PLAN
给水点位图
SCALE 1：50@A2

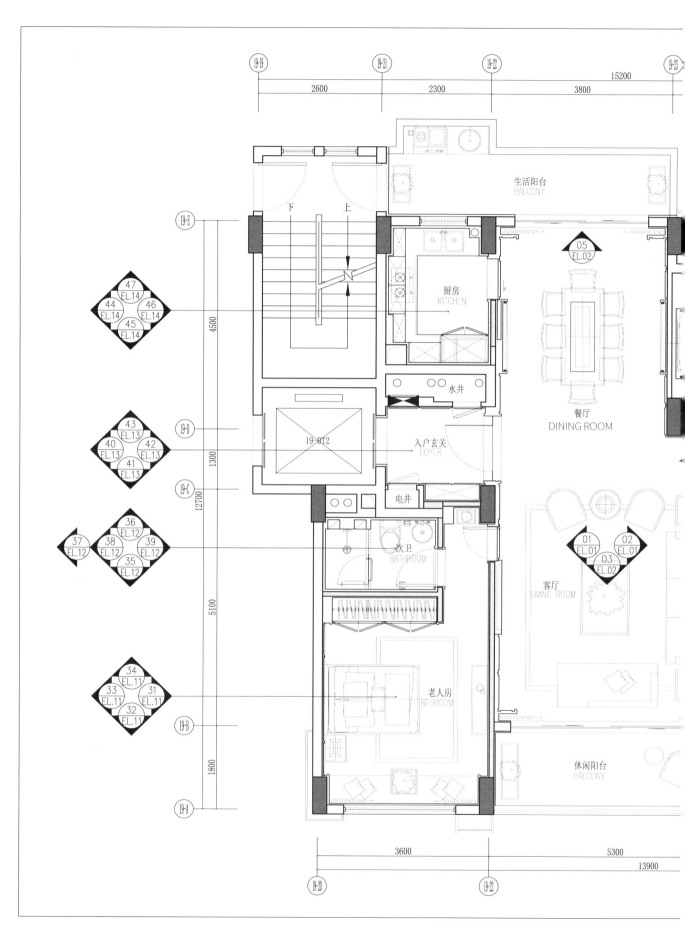

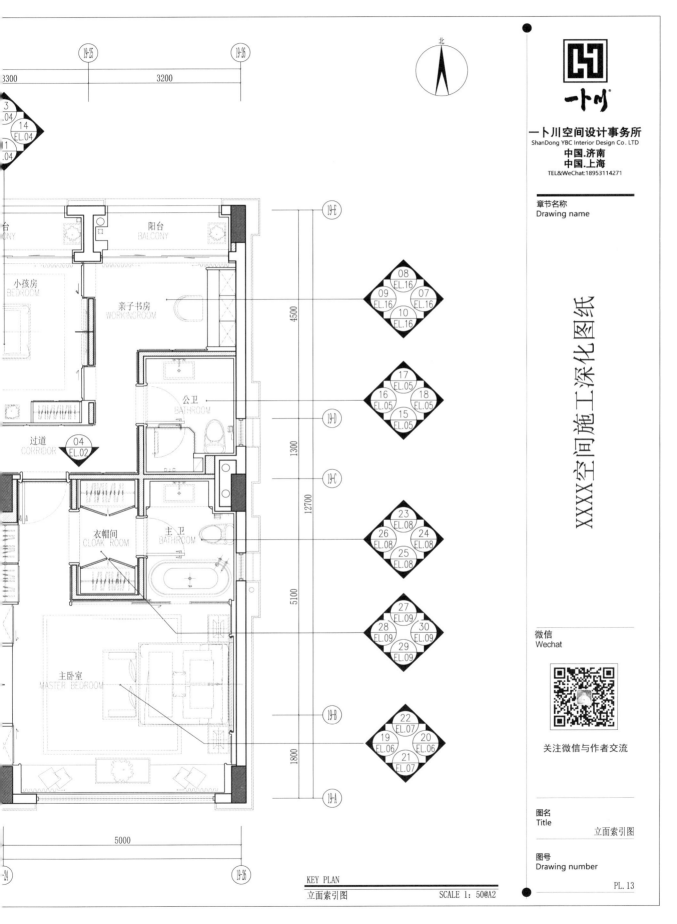

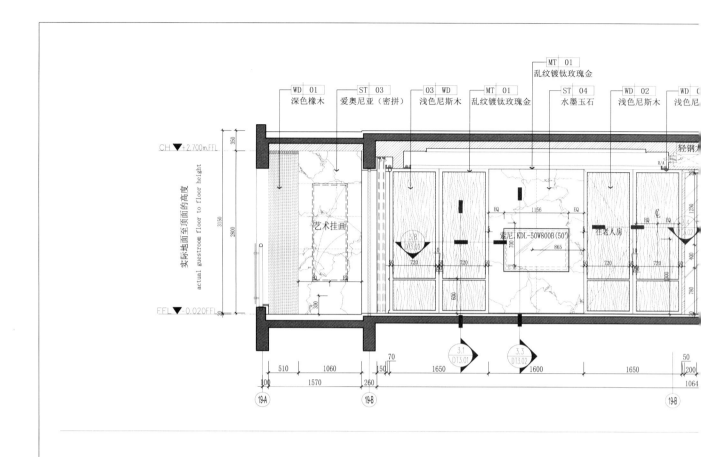

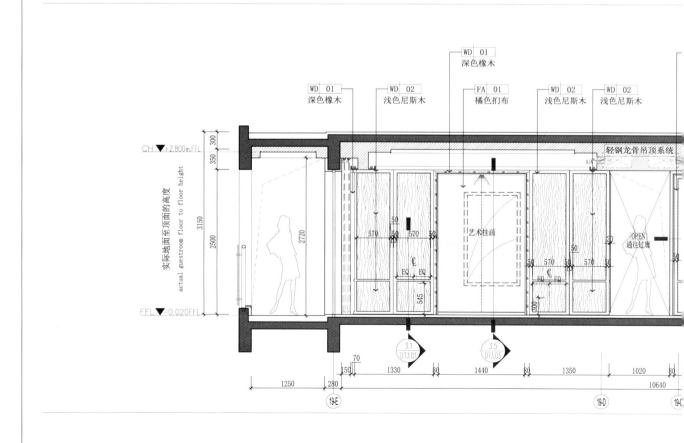

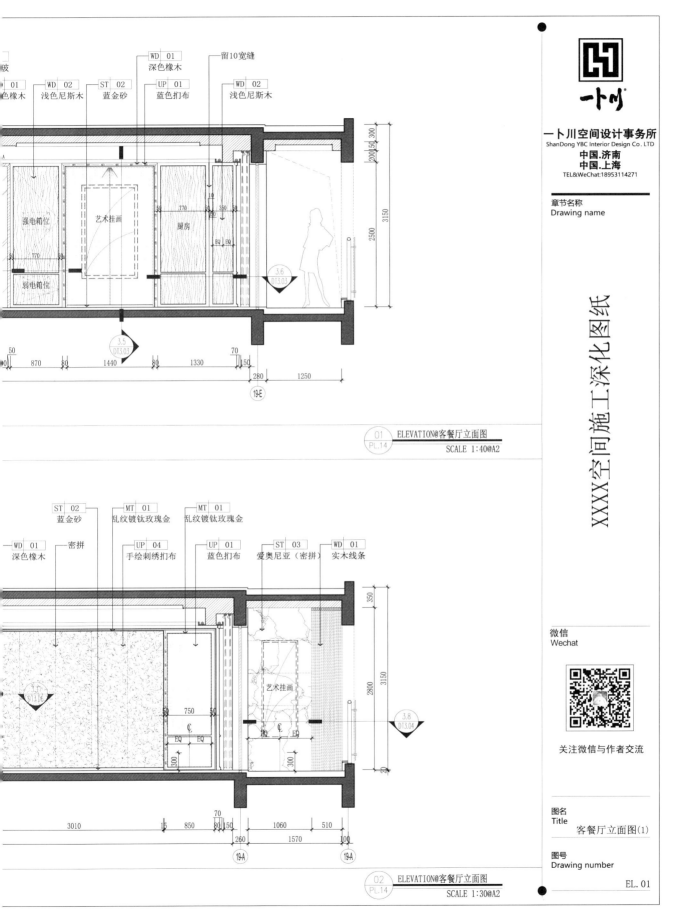

01 ELEVATION@客餐厅立面图
PL.14
SCALE 1:40@A2

02 ELEVATION@客餐厅立面图
PL.14
SCALE 1:30@A2

一卜川

一卜川空间设计事务所
ShanDong YBC Interior Design Co. LTD
中国.济南
中国.上海
TEL&WeChat:18953114271

章节名称
Drawing name

XXXX空间施工深化图纸

微信
Wechat

关注微信与作者交流

图名
Title
客餐厅立面图(1)

图号
Drawing number

EL.01

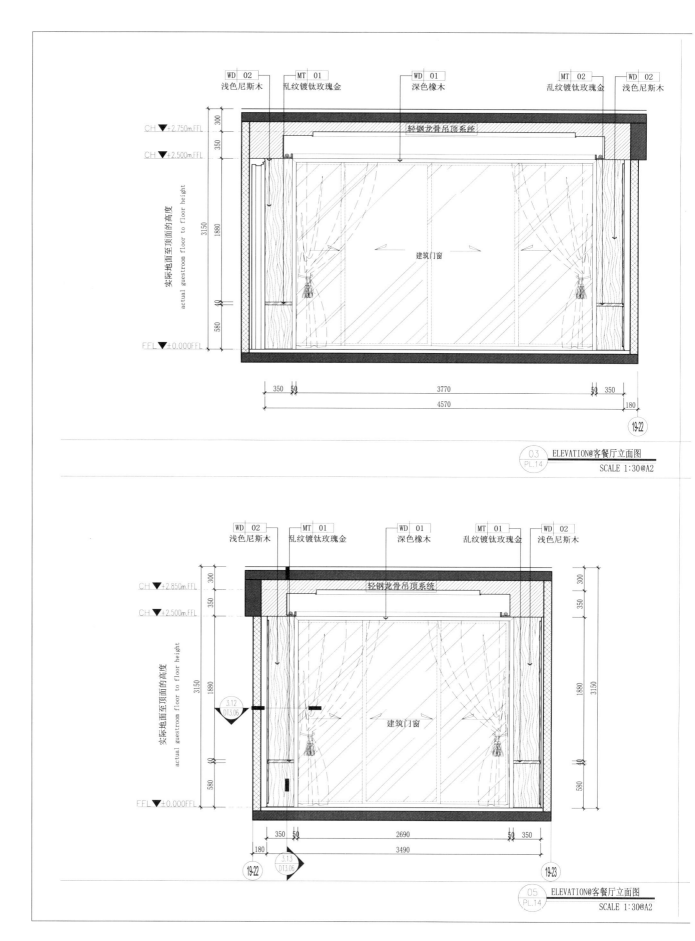

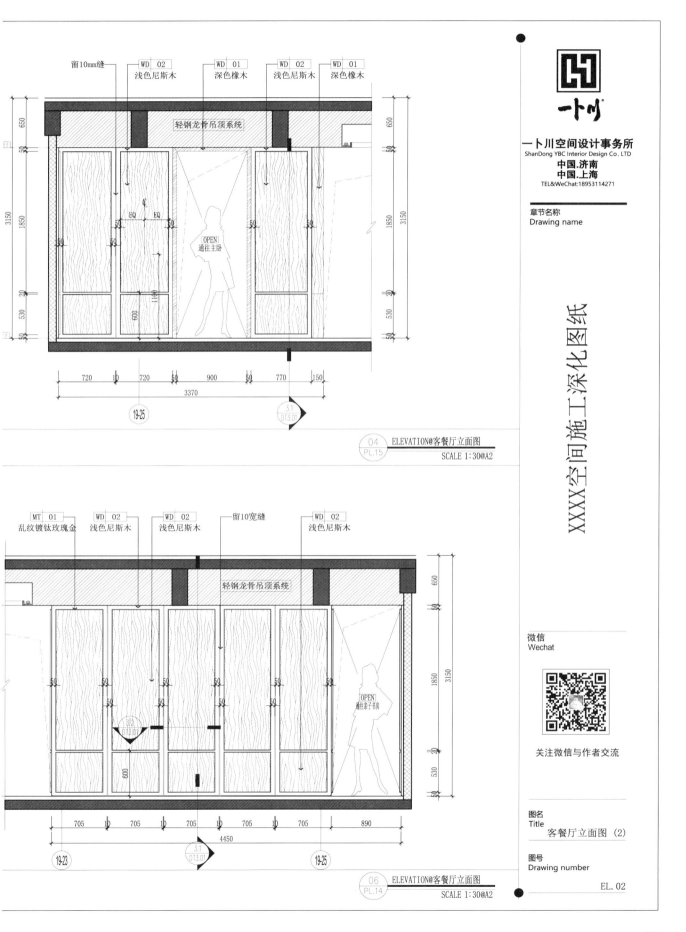

留10mm缝

WD 02
浅色尼斯木

WD 01
深色橡木

WD 02
浅色尼斯木

WD 01
深色橡木

轻钢龙骨吊顶系统

OPEN
通往主卧

720   720   900   770   150
3370

19-25

3.1
DT3.01

04 ELEVATION@客餐厅立面图
PL.15
SCALE 1:30@A2

MT 01
乱纹镀钛玫瑰金

WD 02
浅色尼斯木

WD 02
浅色尼斯木

留10宽缝

WD 02
浅色尼斯木

轻钢龙骨吊顶系统

OPEN
通往亲子书房

705   705   705   705   705   890
4450

19-23

3.1
DT3.01

19-25

06 ELEVATION@客餐厅立面图
PL.14
SCALE 1:30@A2

一卜川

一卜川空间设计事务所
ShanDong YBC Interior Design Co. LTD
中国.济南
中国.上海
TEL&WeChat:18953114271

章节名称
Drawing name

XXXX空间施工深化图纸

微信
Wechat

关注微信与作者交流

图名
Title
客餐厅立面图（2）

图号
Drawing number

EL.02

307

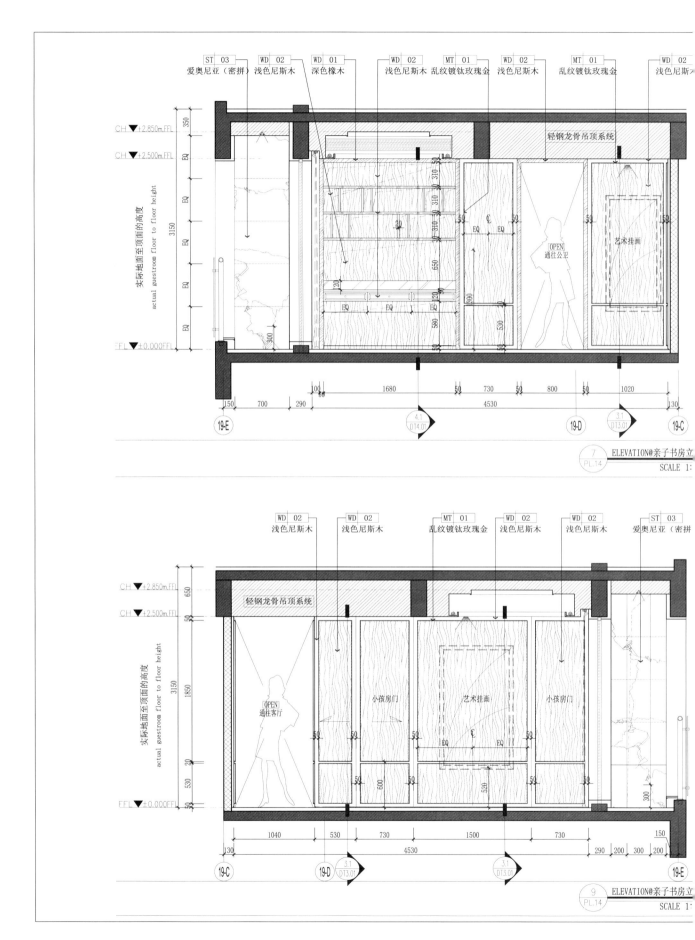

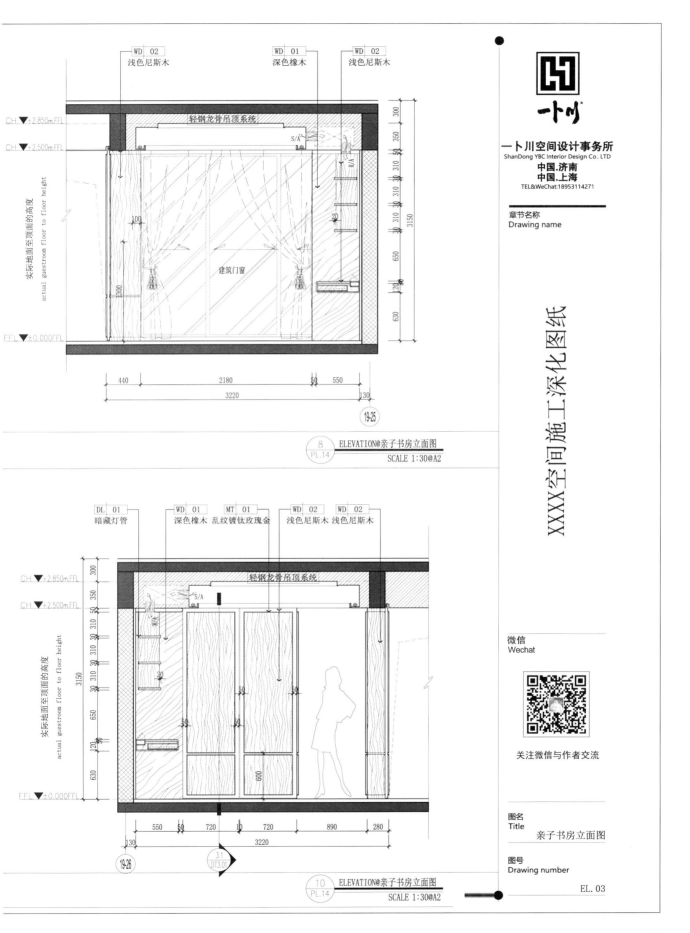

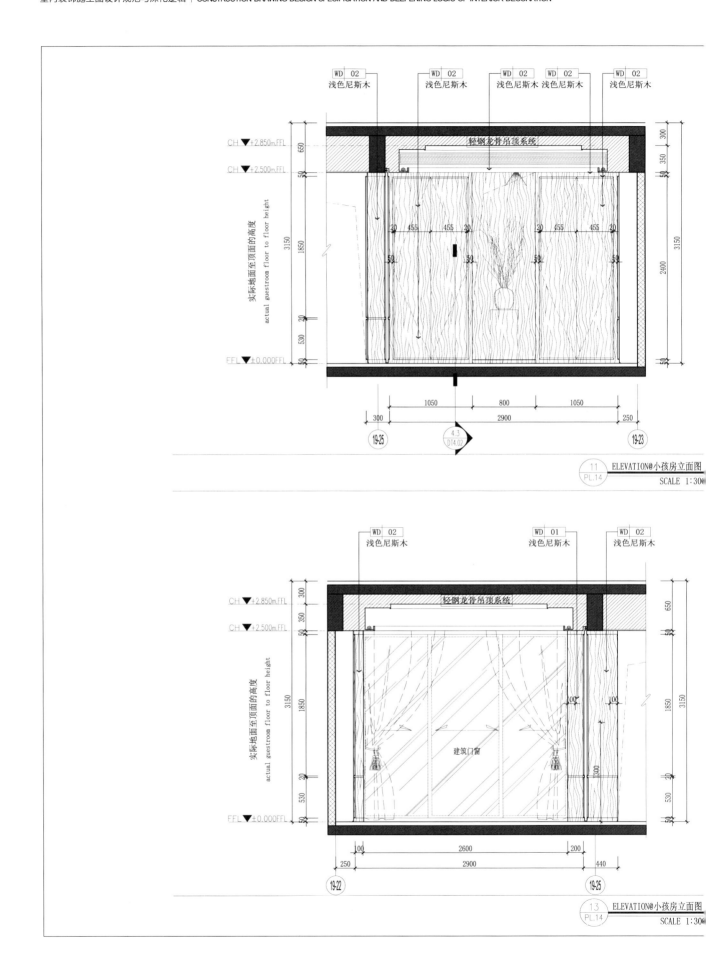

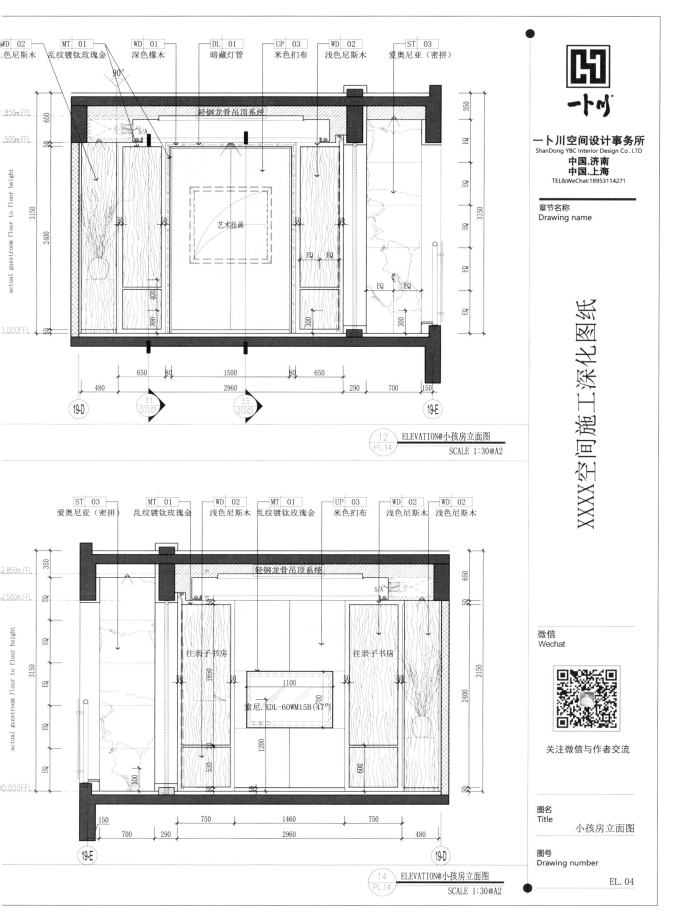

WD　02　色尼斯木　　MT　01　乱纹镀钛玫瑰金　　WD　01　深色橡木　　DL　01　暗藏灯管　　UP　03　米色扣布　　WD　02　浅色尼斯木　　ST　03　爱奥尼亚（密拼）

轻钢龙骨吊顶系统

艺术挂画

19-D　　3.1 DT3.01　　3.5 DT3.03　　19-E

12 PL.14　ELEVATION@小孩房立面图
SCALE 1:30@A2

ST　03　爱奥尼亚（密拼）　　MT　01　乱纹镀钛玫瑰金　　WD　02　浅色尼斯木　　MT　01　乱纹镀钛玫瑰金　　UP　03　米色扣布　　WD　02　浅色尼斯木　　WD　02　浅色尼斯木

轻钢龙骨吊顶系统

往亲子书房　　往亲子书房

索尼.KDL-60WM15B(47″)

19-E　　19-D

14 PL.14　ELEVATION@小孩房立面图
SCALE 1:30@A2

一卜川

一卜川空间设计事务所
ShanDong YBC Interior Design Co. LTD
中国.济南
中国.上海
TEL&WeChat:18953114271

章节名称
Drawing name

XXXX空间施工深化图纸

微信
Wechat

关注微信与作者交流

图名
Title　　小孩房立面图

图号
Drawing number

EL.04

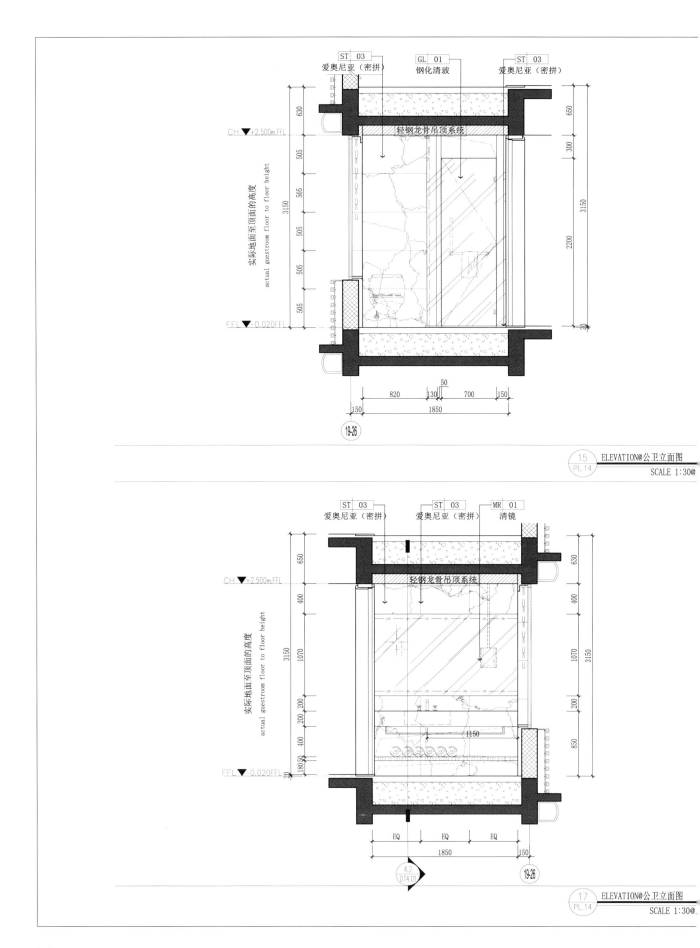

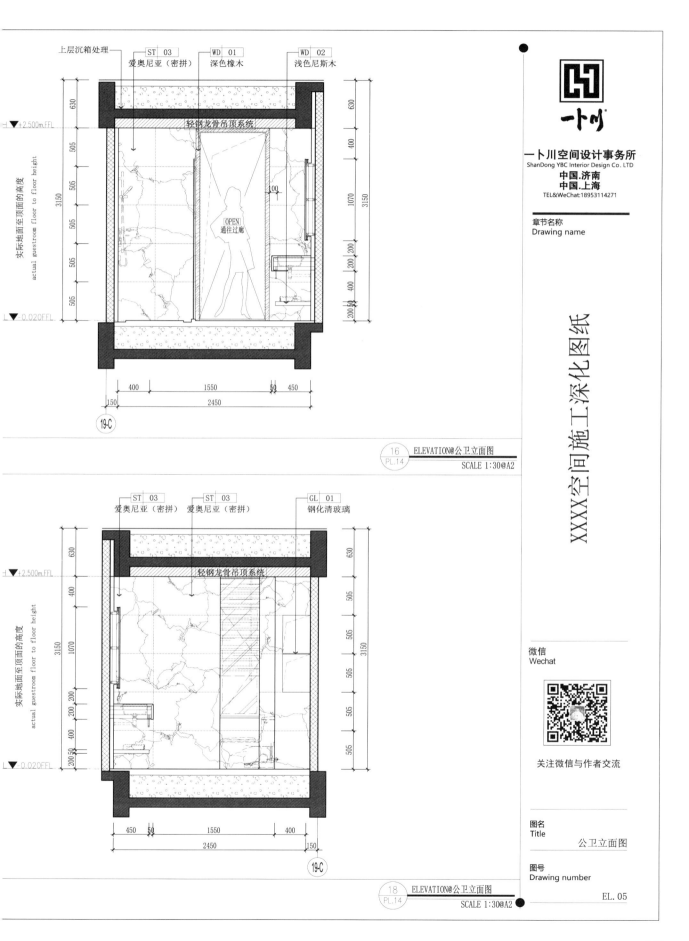

上层沉箱处理

| ST | 03 | WD | 01 | WD | 02 |

爱奥尼亚（密拼）　深色橡木　浅色尼斯木

±+2.500m.FFL

轻钢龙骨吊顶系统

630
505
505
505
505

3150

实际地面至顶面的高度
actual guestroom floor to floor height

OPEN
通往过廊

100

630
400
1070
200 200
400
200 50

3150

▽-0.020FFL

400　　1550　　50　450
150
2450

19-C

16 / PL.14　ELEVATION@公卫立面图
SCALE 1:30@A2

| ST | 03 | ST | 03 | GL | 01 |

爱奥尼亚（密拼）　爱奥尼亚（密拼）　钢化清玻璃

±+2.500m.FFL

轻钢龙骨吊顶系统

630

3150

实际地面至顶面的高度
actual guestroom floor to floor height

400
1070
200 200
400
200 50

630
505
505
505
505

3150

▽-0.020FFL

450　50　　1550　　400
2450　　150

19-C

18 / PL.14　ELEVATION@公卫立面图
SCALE 1:30@A2

一卜川

一卜川空间设计事务所
ShanDong YBC Interior Design Co. LTD
中国.济南
中国.上海
TEL&WeChat:18953114271

章节名称
Drawing name

XXXX空间施工深化图纸

微信
Wechat

关注微信与作者交流

图名
Title
公卫立面图

图号
Drawing number
EL.05

313

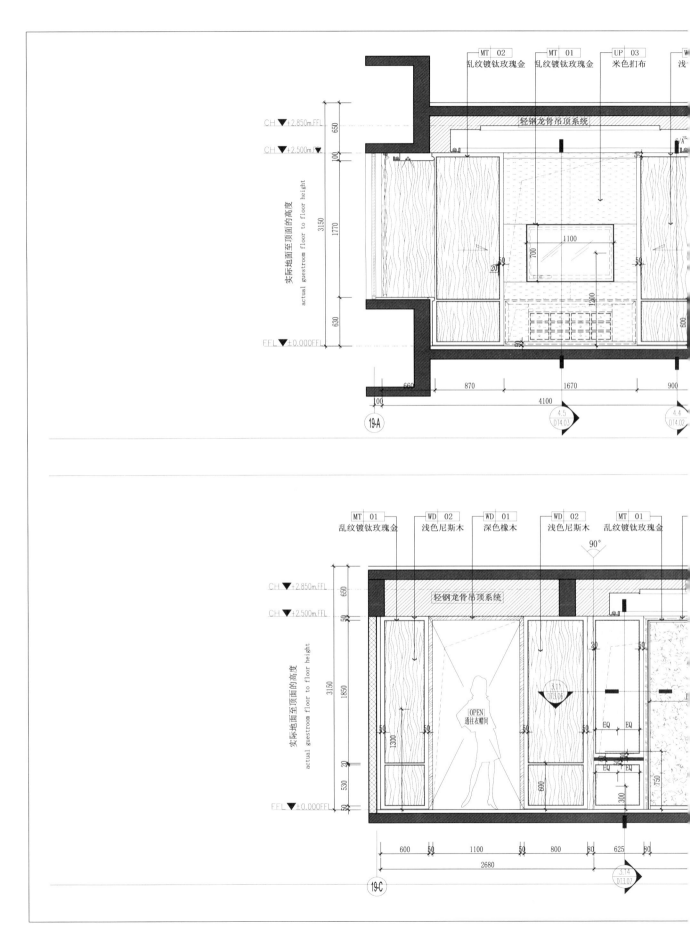

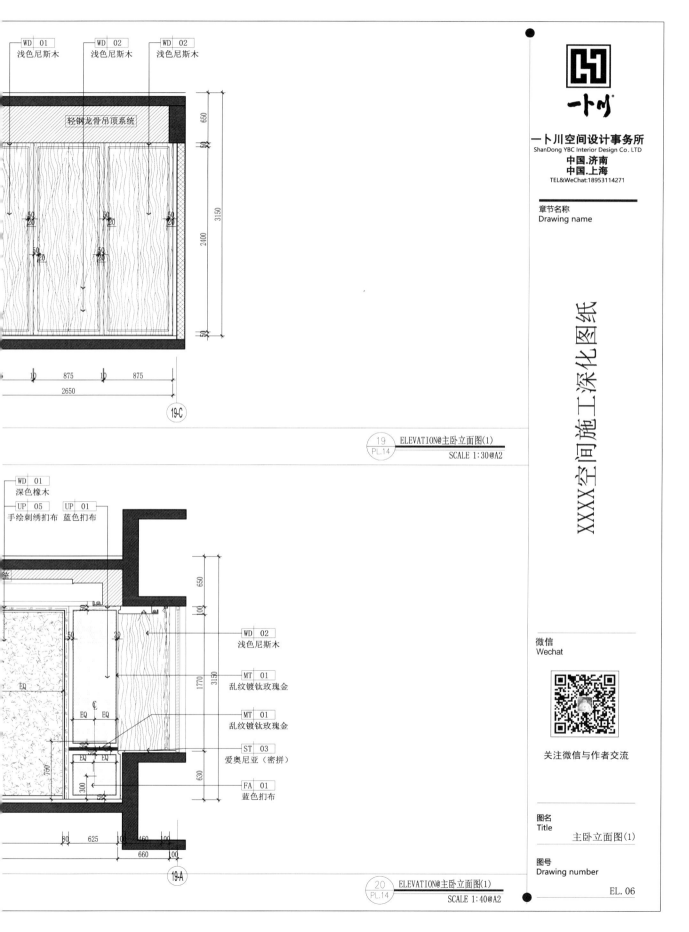

WD 01
浅色尼斯木

WD 02
浅色尼斯木

WD 02
浅色尼斯木

轻钢龙骨吊顶系统

650

3150

2400

875　875

2650

19-C

WD 01
深色橡木

UP 05　UP 01
手绘刺绣扣布　蓝色扣布

轻钢龙骨吊顶系统

650

WD 02
浅色尼斯木

MT 01
乱纹镀钛玫瑰金

MT 01
乱纹镀钛玫瑰金

ST 03
爱奥尼亚（密拼）

FA 01
蓝色扣布

3150

1770

630

750

300

625　460

660

19-A

19　ELEVATION@主卧立面图(1)
PL.14
SCALE 1:30@A2

20　ELEVATION@主卧立面图(1)
PL.14
SCALE 1:40@A2

一卜川
一卜川空间设计事务所
ShanDong YBC Interior Design Co. LTD
中国.济南
中国.上海
TEL&WeChat:18953114271

章节名称
Drawing name

XXXX空间施工深化图纸

微信
Wechat

关注微信与作者交流

图名
Title
主卧立面图(1)

图号
Drawing number

EL.06

315

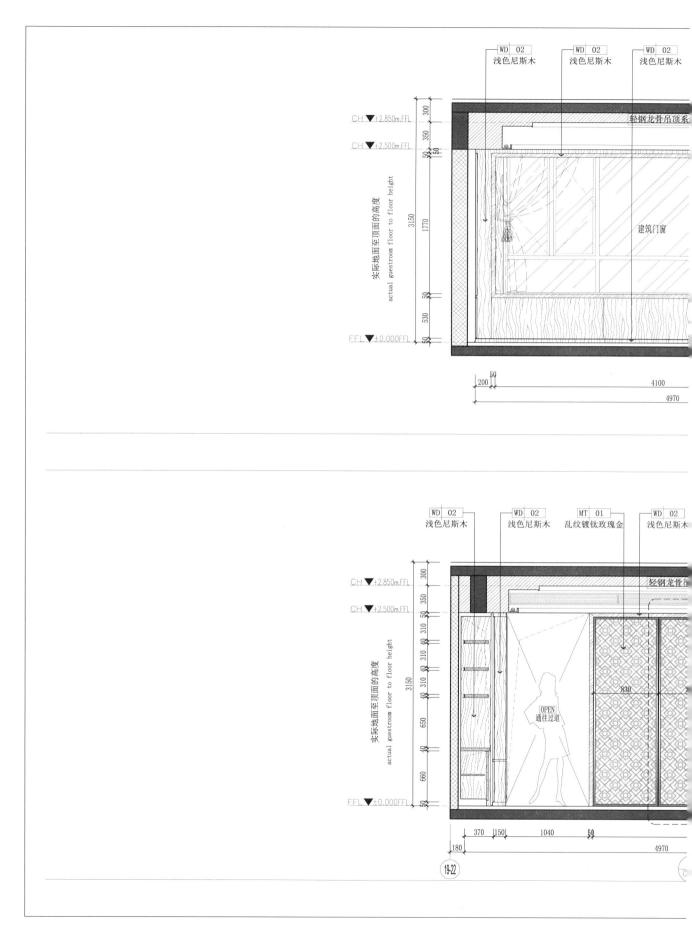

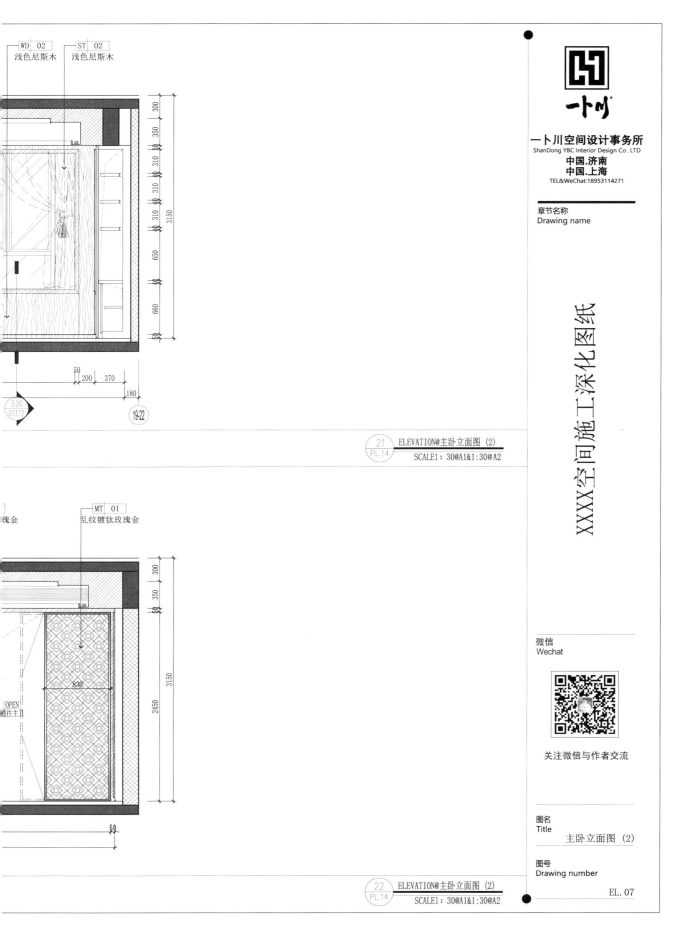

WD 02　ST 02
浅色尼斯木　浅色尼斯木

300
350
50
310
310
310
310
650
3150
660
50

50 200 370
180

3.20
DT3.12
19-22

21
PL.14　ELEVATION@主卧立面图（2）
SCALE1：30@A1&1：30@A2

瑰金　乱纹镀钛玫瑰金
MT 01

300
350
50
830
3150
2450
OPEN
通往主卫

50

22
PL.14　ELEVATION@主卧立面图（2）
SCALE1：30@A1&1：30@A2

一卜川
一卜川空间设计事务所
ShanDong YBC Interior Design Co. LTD
中国.济南
中国.上海
TEL&WeChat:18953114271

章节名称
Drawing name

XXXX空间施工深化图纸

微信
Wechat

关注微信与作者交流

图名
Title
主卧立面图（2）

图号
Drawing number

EL.07

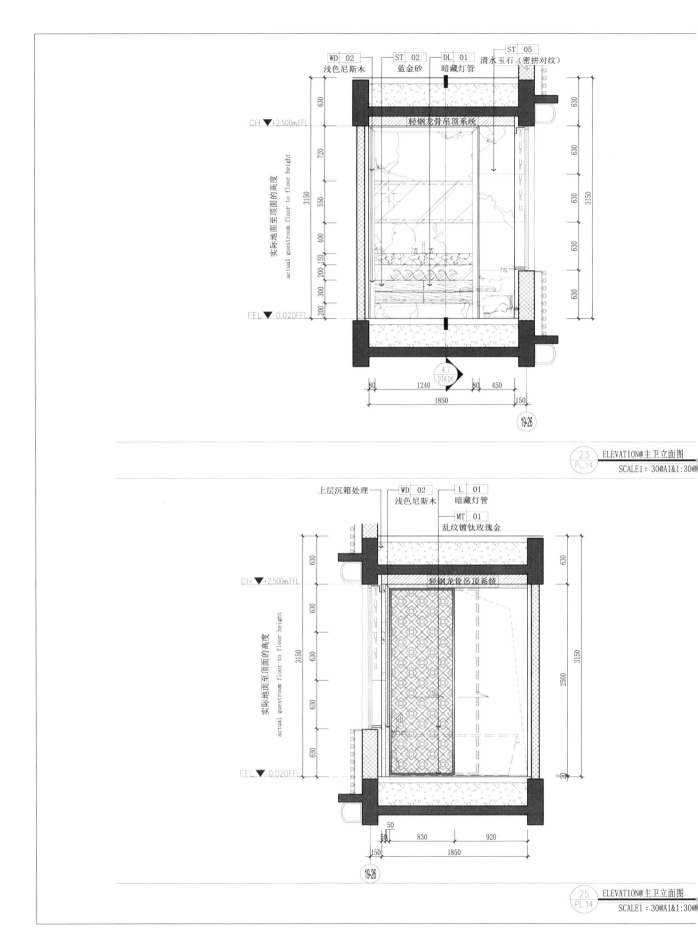

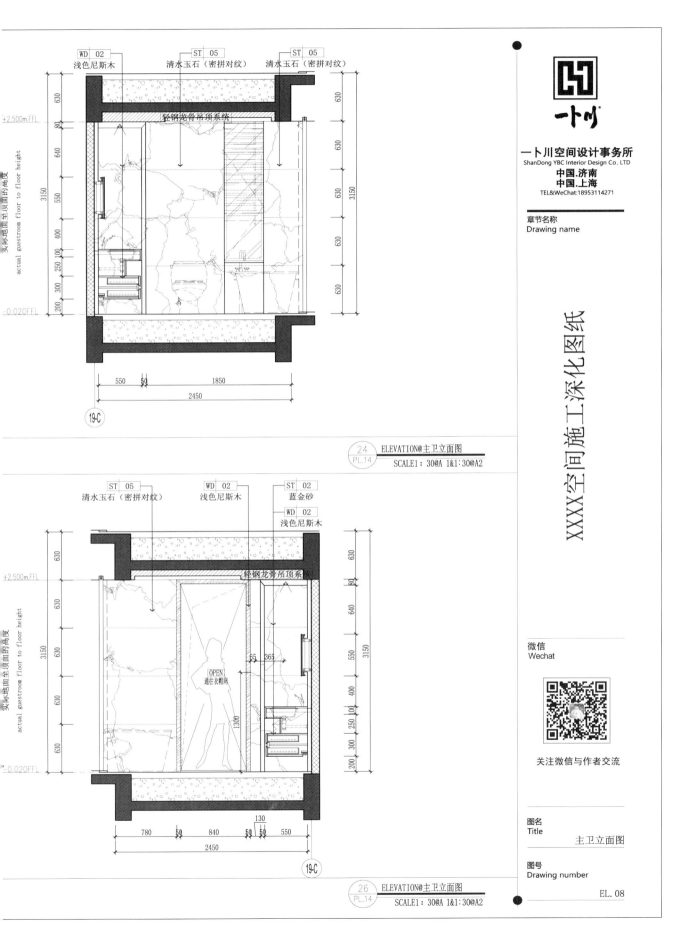

WD 02　浅色尼斯木
ST 05　清水玉石（密拼对纹）
ST 05　清水玉石（密拼对纹）

+2.500m.FFL
轻钢龙骨吊顶系统

实际地面至顶面的高度
actual guestroom floor to floor height

-0.020FFL

19-C

24　ELEVATION@主卫立面图
PL.14　SCALE1：30@A 1&1：30@A2

ST 05　清水玉石（密拼对纹）
WD 02　浅色尼斯木
ST 02　蓝金砂
WD 02　浅色尼斯木

+2.500m.FFL
轻钢龙骨吊顶系

实际地面至顶面的高度
actual guestroom floor to floor height

OPEN
通往衣帽间

-0.020FFL

19-C

26　ELEVATION@主卫立面图
PL.14　SCALE1：30@A 1&1：30@A2

XXXX空间施工深化图纸

一卜川

一卜川空间设计事务所
ShanDong YBC Interior Design Co. LTD
中国.济南
中国.上海
TEL&WeChat:18953114271

章节名称
Drawing name

微信
Wechat

关注微信与作者交流

图名
Title　　主卫立面图

图号
Drawing number

EL.08

319

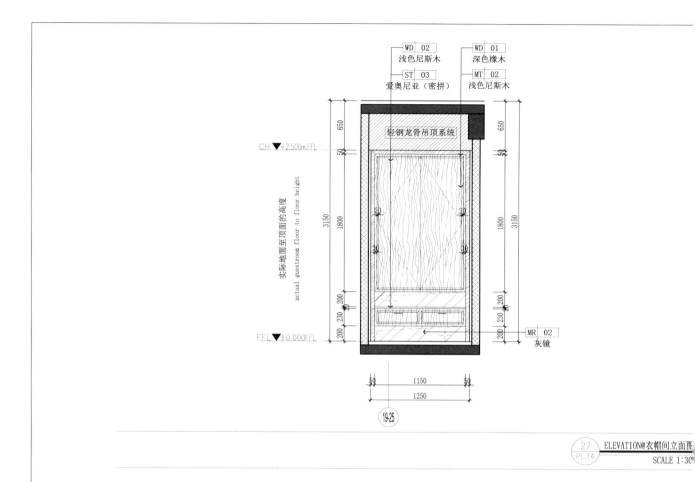

27 ELEVATION@衣帽间立面图
PL.14
SCALE 1:30

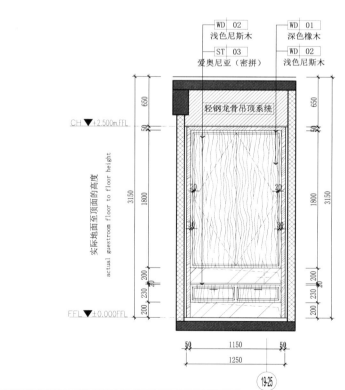

29 ELEVATION@衣帽间立面图
PL.14
SCALE 1:30

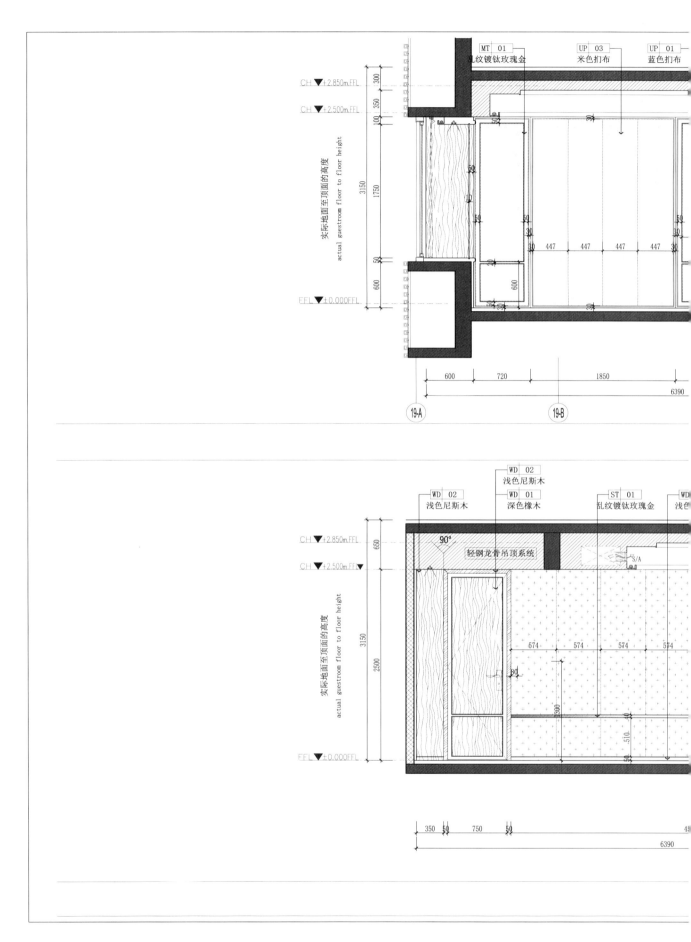

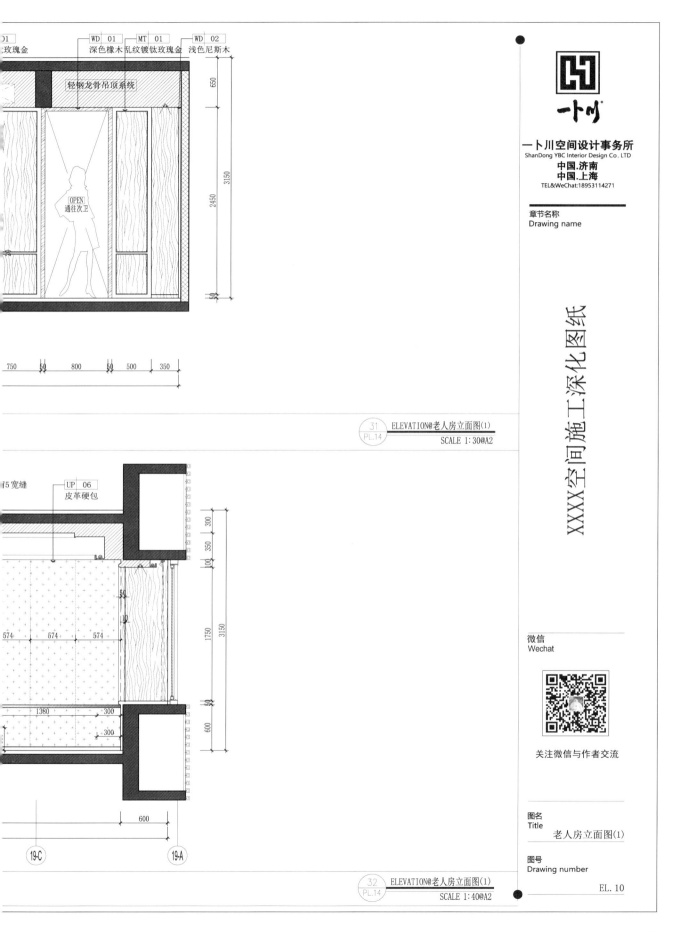

01
玫瑰金

| WD | 01 |
深色橡木乱纹镀钛玫瑰金

| MT | 01 |

| WD | 02 |
浅色尼斯木

轻钢龙骨吊顶系统

650

3150

2450

OPEN
通往次卫

50

750 50 800 50 500 350

31
PL.14
ELEVATION@老人房立面图(1)
SCALE 1:30@A2

5宽缝

| UP | 06 |
皮革硬包

300

350 350

100

574 574 574

1750 3150

50

1380 300

300

600

600

19-C

19-A

32
PL.14
ELEVATION@老人房立面图(1)
SCALE 1:40@A2

一卜川®

一卜川空间设计事务所
ShanDong YBC Interior Design Co. LTD
中国.济南
中国.上海
TEL&WeChat:18953114271

章节名称
Drawing name

XXXX空间施工深化图纸

微信
Wechat

关注微信与作者交流

图名
Title
老人房立面图(1)

图号
Drawing number

EL.10

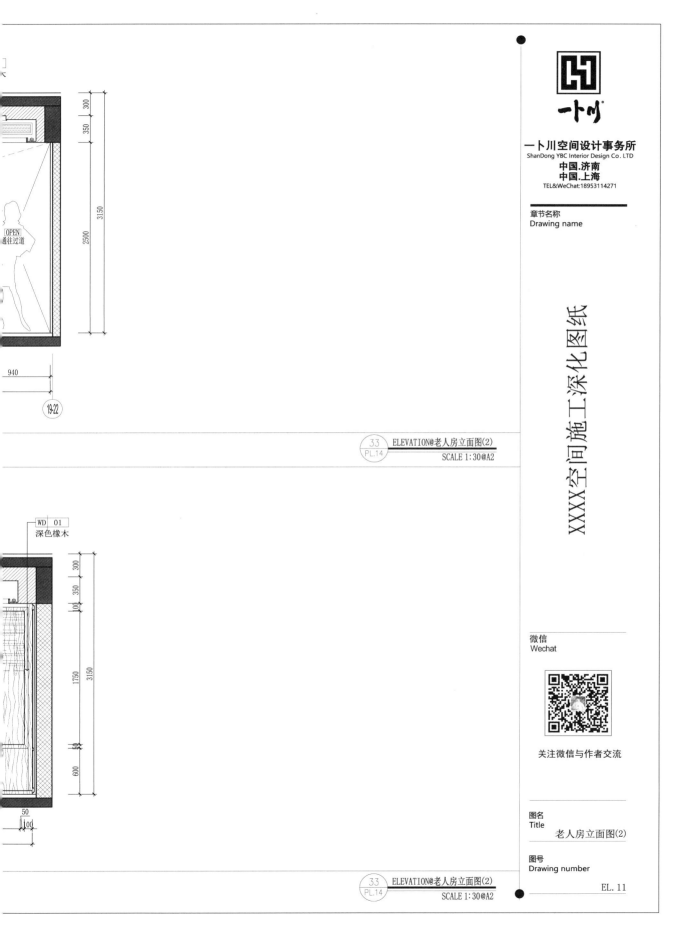

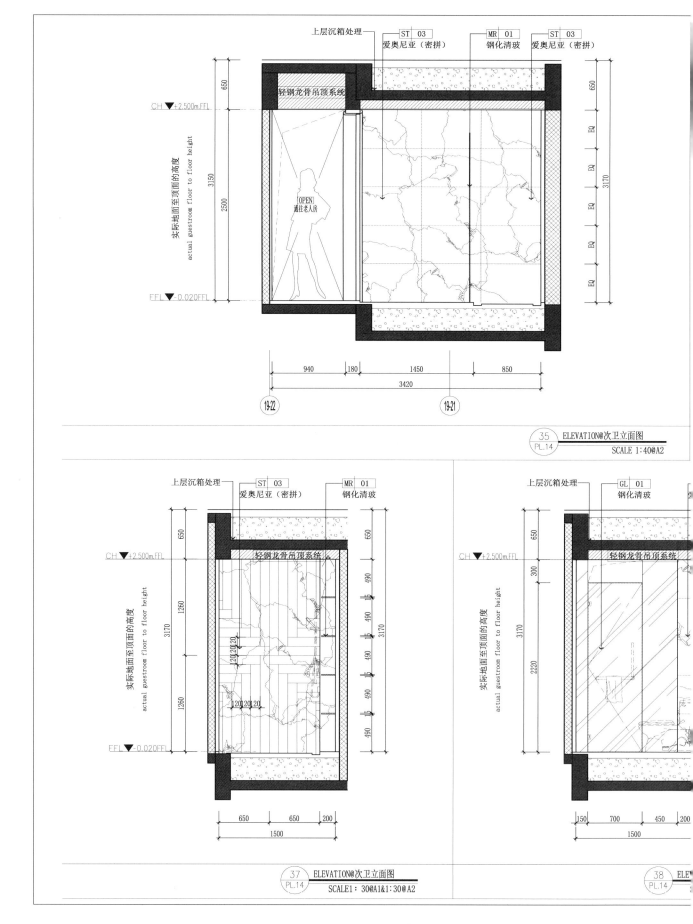

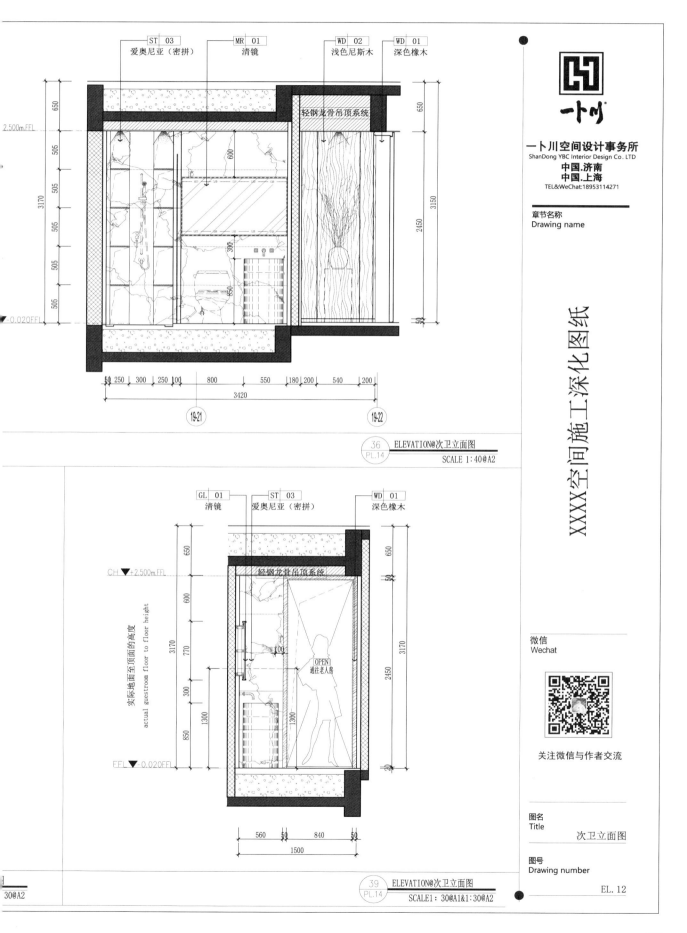

一卜川空间设计事务所
ShanDong YBC Interior Design Co. LTD
中国.济南
中国.上海
TEL&WeChat:18953114271

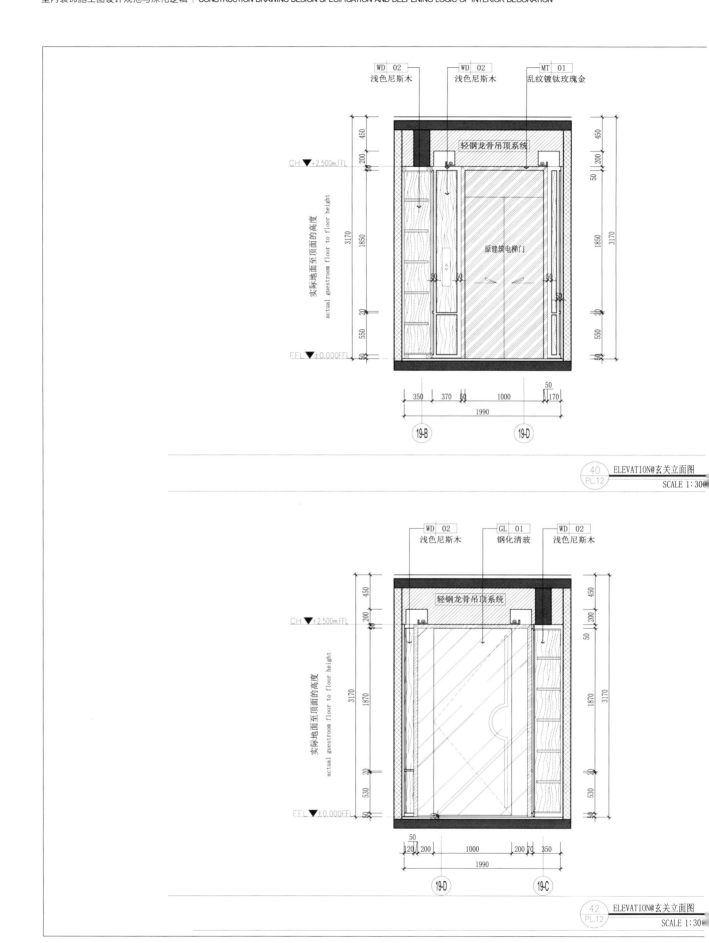

40 / PL.12 ELEVATION@玄关立面图 SCALE 1:30@

42 / PL.12 ELEVATION@玄关立面图 SCALE 1:30@

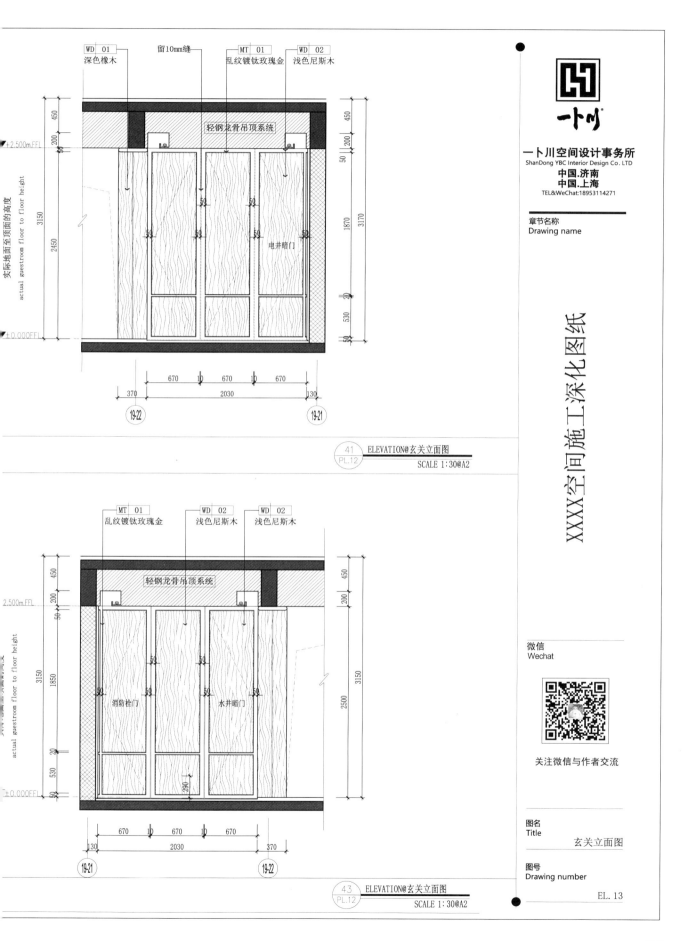

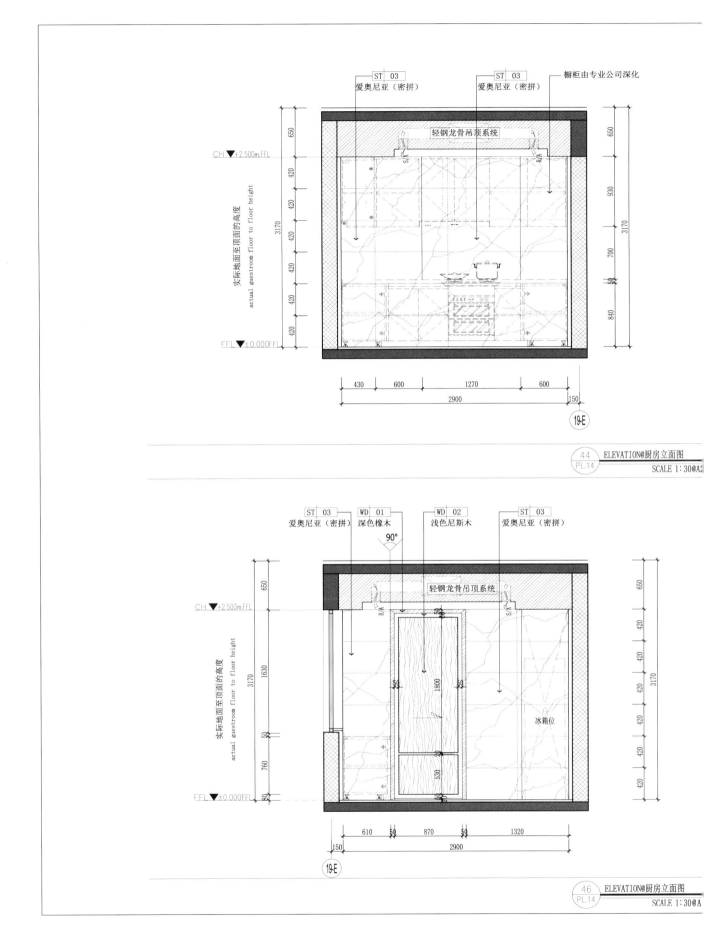

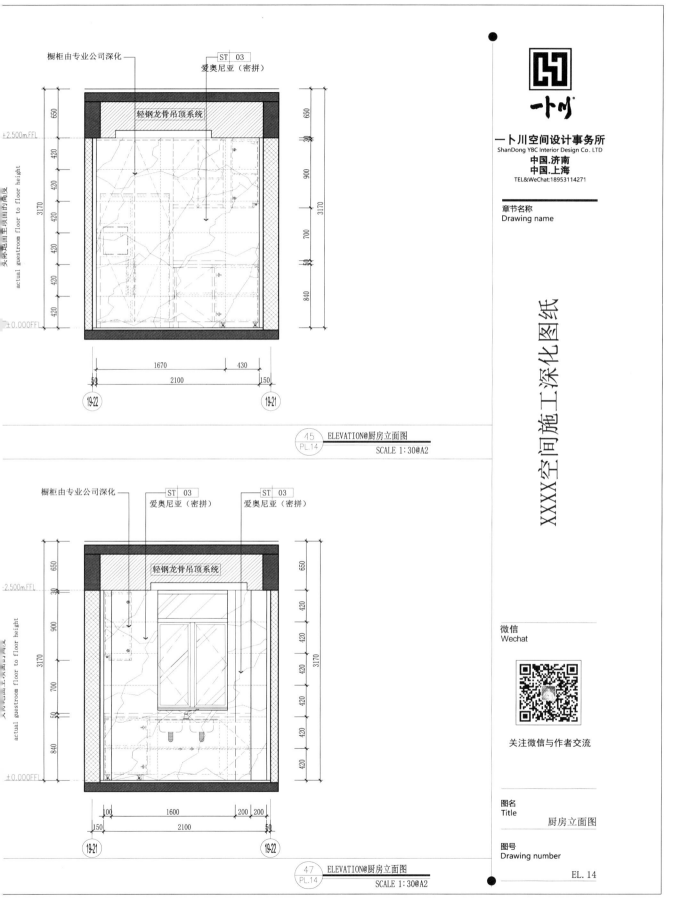

橱柜由专业公司深化

ST 03
爱奥尼亚（密拼）

轻钢龙骨吊顶系统

±2.500m.FFL

头部思州主州州的面反
actual guestroom floor to floor height

±0.000FFL

650
420
420
420
420
420
420

650
30
900
700
50
840

3170

3170

1670 │ 430
2100
50 │ 150

19-22　19-21

45　ELEVATION@厨房立面图
PL.14　SCALE 1:30@A2

橱柜由专业公司深化

ST 03
爱奥尼亚（密拼）

ST 03
爱奥尼亚（密拼）

轻钢龙骨吊顶系统

2.500m.FFL

actual guestroom floor to floor height

650
900
3170
700
50
840

30
420
420
420
420
420

650
3170

100 │ 1600 │ 200 │ 200
2100
150　50

19-21　19-22

47　ELEVATION@厨房立面图
PL.14　SCALE 1:30@A2

ShanDong YBC Interior Design Co. LTD
一卜川空间设计事务所
中国.济南
中国.上海
TEL&WeChat:18953114271

章节名称
Drawing name

XXXX空间施工深化图纸

微信
Wechat

关注微信与作者交流

图名
Title
厨房立面图

图号
Drawing number

EL.14

331

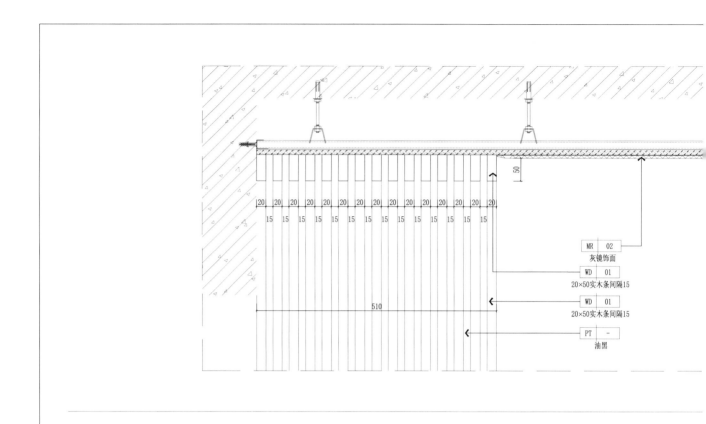

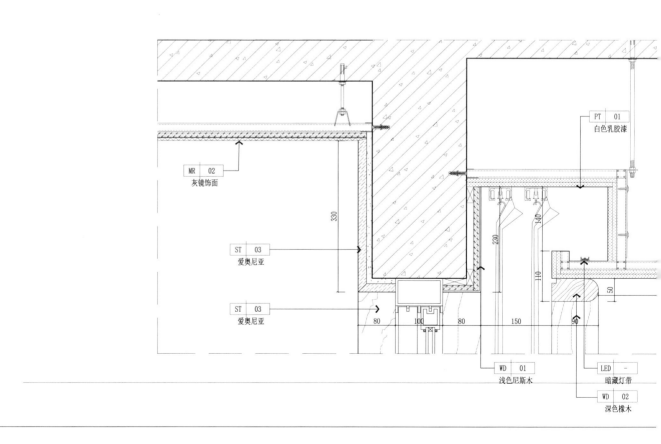

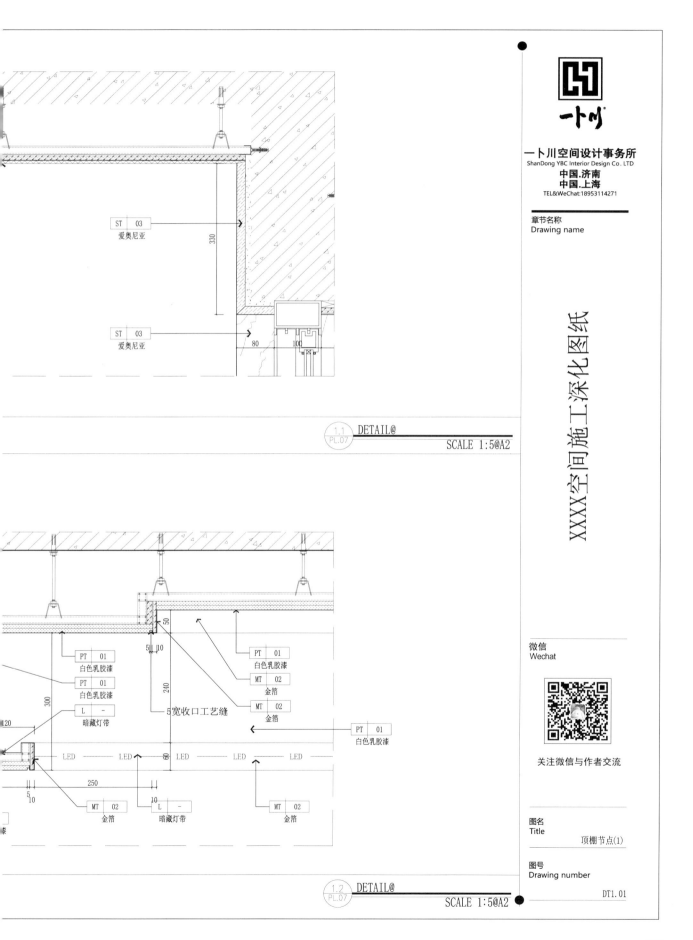

一卜川空间设计事务所
ShanDong YBC Interior Design Co. LTD
中国.济南
中国.上海
TEL&WeChat:18953114271

章节名称
Drawing name

XXXX空间施工深化图纸

微信
Wechat

关注微信与作者交流

图名
Title
顶棚节点(1)

图号
Drawing number

DT1.01

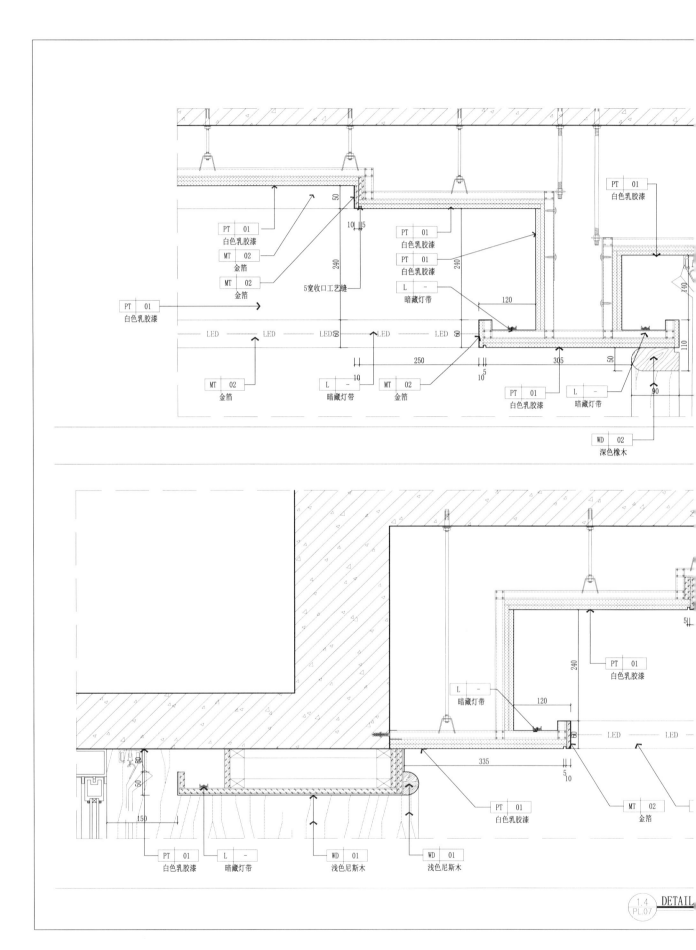

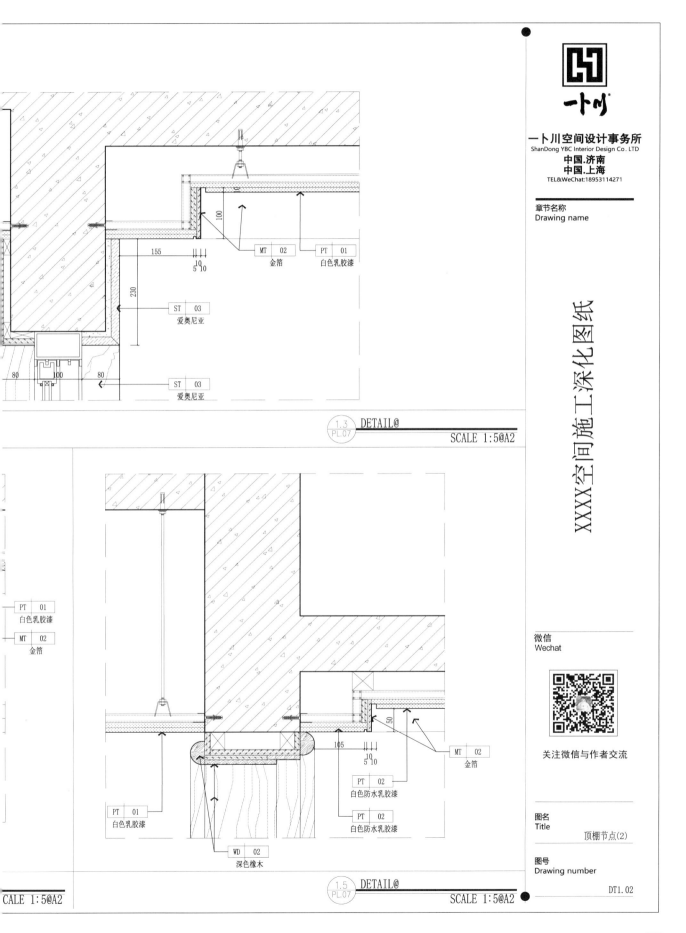

一卜川空间设计事务所
ShanDong YBC Interior Design Co. LTD
中国.济南
中国.上海
TEL&WeChat:18953114271

章节名称
Drawing name

XXXX空间施工深化图纸

微信
Wechat

关注微信与作者交流

图名
Title
顶棚节点(2)

图号
Drawing number
DT1.02

MT | 02
金箔

PT | 01
白色乳胶漆

ST | 03
爱奥尼亚

ST | 03
爱奥尼亚

155
5 10

230

100

80 | 100 | 80

1.3
PL.07
DETAIL@
SCALE 1:5@A2

PT | 01
白色乳胶漆

MT | 02
金箔

PT | 01
白色乳胶漆

WD | 02
深色橡木

MT | 02
金箔

PT | 02
白色防水乳胶漆

PT | 02
白色防水乳胶漆

50

105
5 10

CALE 1:5@A2

1.5
PL.07
DETAIL@
SCALE 1:5@A2

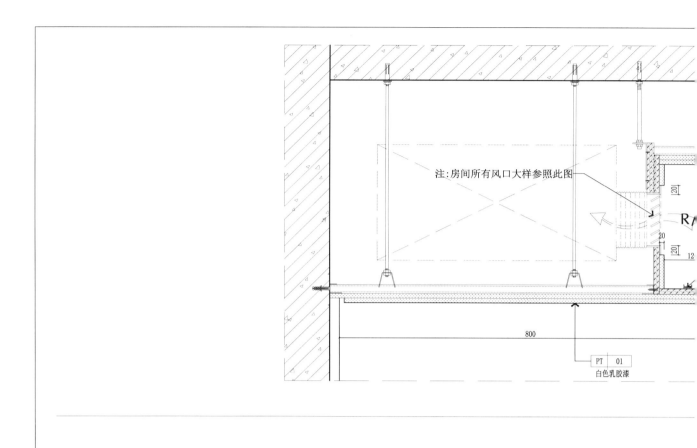

注:房间所有风口大样参照此图

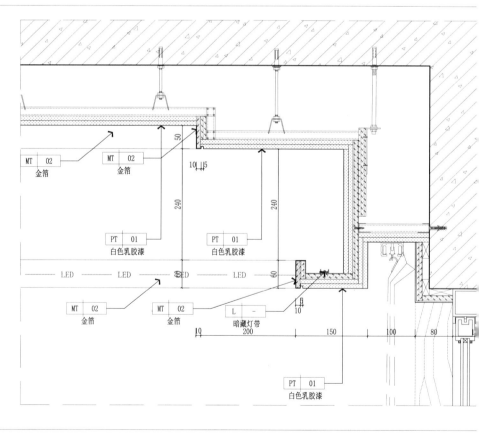

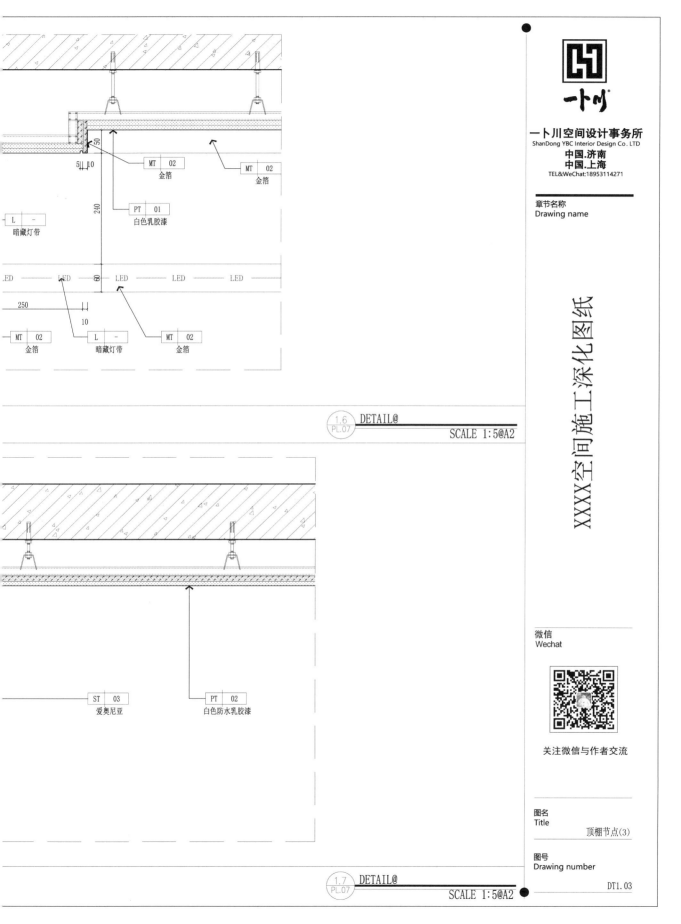

MT 02
金箔

MT 02
金箔

PT 01
白色乳胶漆

L -
暗藏灯带

LED — LED — LED — LED — LED

250

10

MT 02
金箔

L -
暗藏灯带

MT 02
金箔

1.6
PL.07　DETAIL@

SCALE 1:5@A2

ST 03
爱奥尼亚

PT 02
白色防水乳胶漆

1.7
PL.07　DETAIL@

SCALE 1:5@A2

一卜川空间设计事务所
ShanDong YBC Interior Design Co. LTD
中国.济南
中国.上海
TEL&WeChat:18953114271

章节名称
Drawing name

XXXX空间施工深化图纸

微信
Wechat

关注微信与作者交流

图名
Title　　　　　　顶棚节点(3)

图号
Drawing number

DT1.03

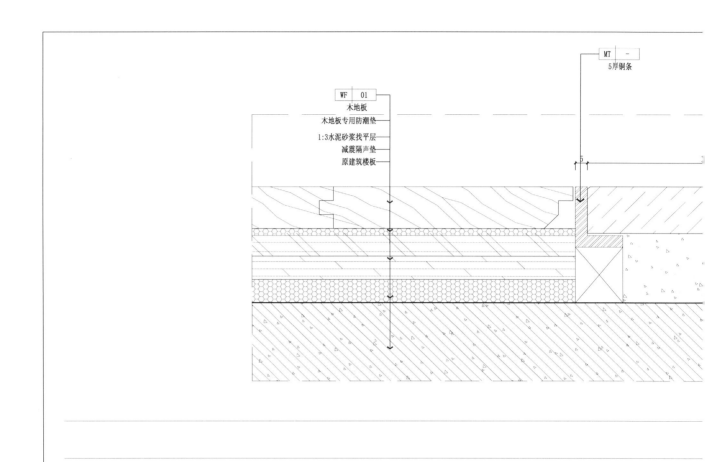

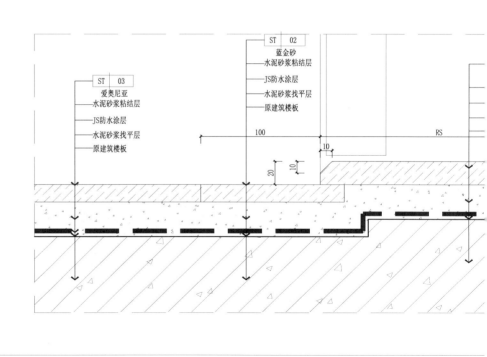

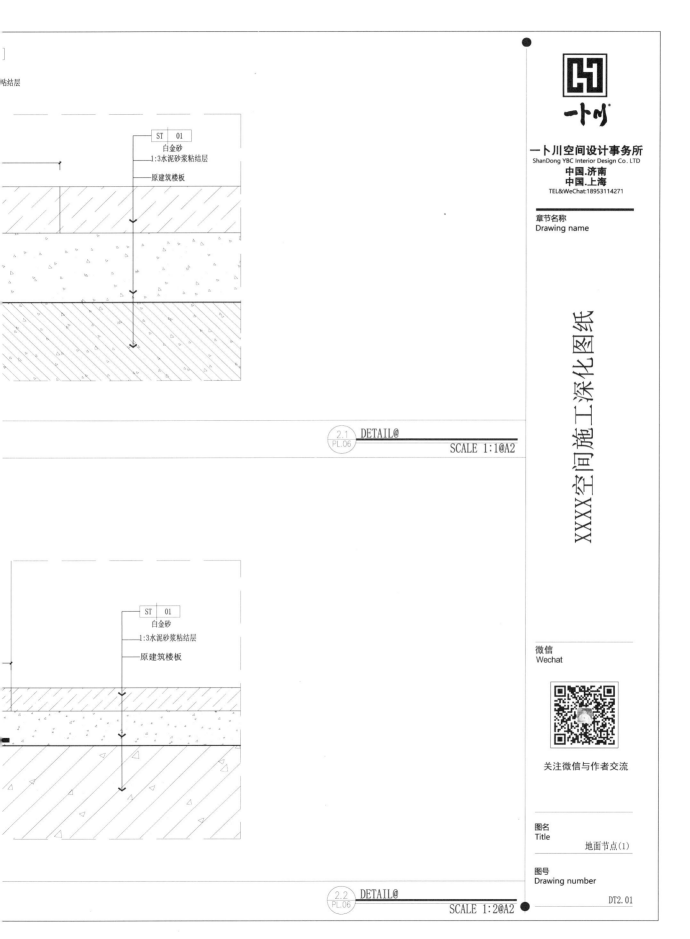

粘结层

ST | 01
白金砂
1:3水泥砂浆粘结层
原建筑楼板

2.1
PL.06　DETAIL@

SCALE 1:1@A2

ST | 01
白金砂
1:3水泥砂浆粘结层
原建筑楼板

2.2
PL.06　DETAIL@

SCALE 1:2@A2

一卜川空间设计事务所
ShanDong YBC Interior Design Co. LTD
中国.济南
中国.上海
TEL&WeChat:18953114271

章节名称
Drawing name

XXXX空间施工深化图纸

微信
Wechat

关注微信与作者交流

图名
Title　　地面节点(1)

图号
Drawing number　　DT2.01

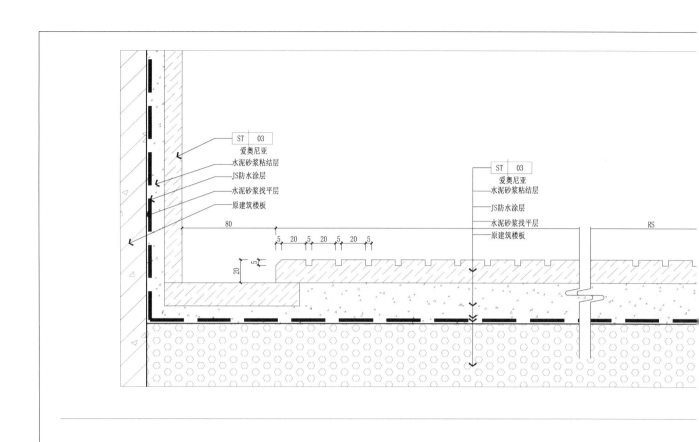

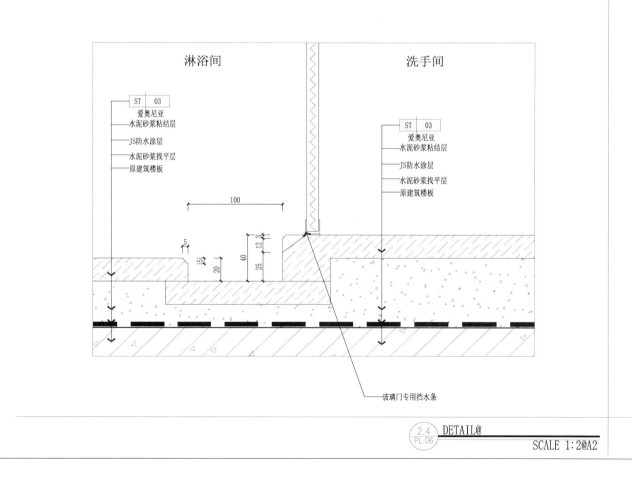

淋浴间　　　　　洗手间

ST 03
爱奥尼亚
水泥砂浆粘结层
JS防水涂层
水泥砂浆找平层
原建筑楼板

玻璃门专用挡水条

2.4 DETAIL@
PL.06
SCALE 1:2@A2

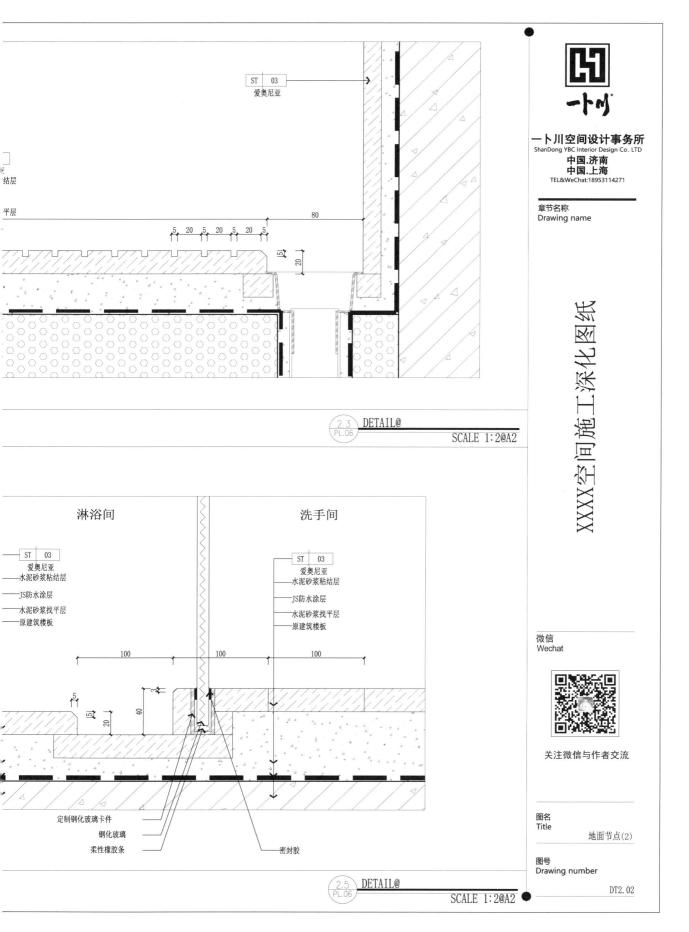

ST | 03
爱奥尼亚

结层

平层

80

5 | 20 | 5 | 20 | 5 | 20 | 5

20

2.3
PL.06 DETAIL@

SCALE 1:2@A2

淋浴间　　　　　　　　　　洗手间

ST | 03
爱奥尼亚
水泥砂浆粘结层
JS防水涂层
水泥砂浆找平层
原建筑楼板

ST | 03
爱奥尼亚
水泥砂浆粘结层
JS防水涂层
水泥砂浆找平层
原建筑楼板

100　　　　　100　　　　　100

5

20

40

3

定制钢化玻璃卡件
钢化玻璃
柔性橡胶条
密封胶

2.5
PL.06 DETAIL@

SCALE 1:2@A2

一卜川空间设计事务所
ShanDong YBC Interior Design Co. LTD
中国.济南
中国.上海
TEL&WeChat:18953114271

章节名称
Drawing name

XXXX空间施工深化图纸

微信
Wechat

关注微信与作者交流

图名
Title

地面节点(2)

图号
Drawing number

DT2.02

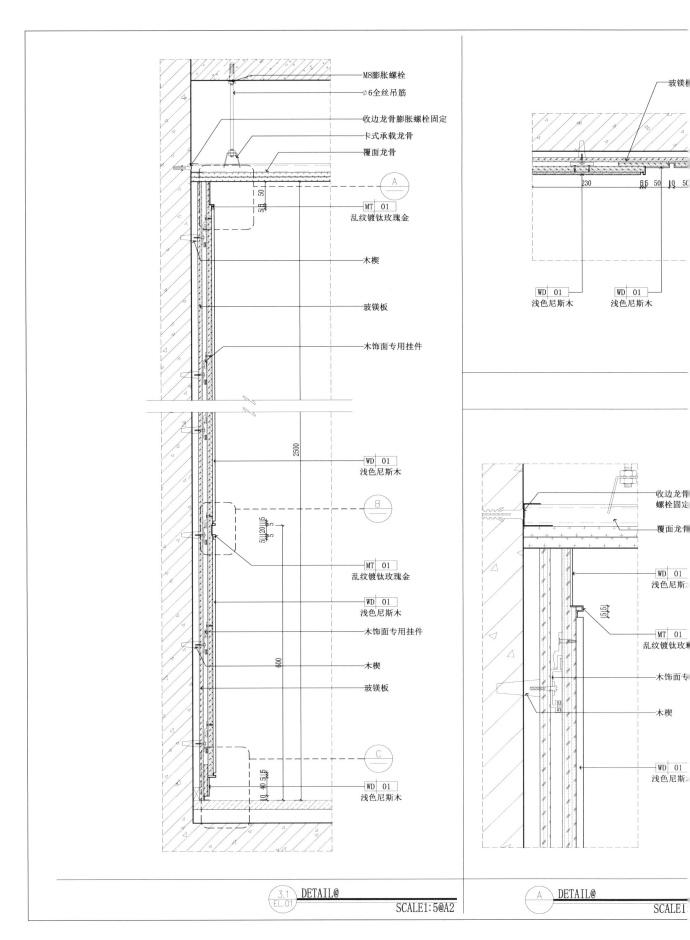

M8膨胀螺栓

∅6全丝吊筋

收边龙骨膨胀螺栓固定

卡式承载龙骨

覆面龙骨

玻镁板

A

MT | 01
乱纹镀钛玫瑰金

木楔

玻镁板

木饰面专用挂件

2500

WD | 01
浅色尼斯木

B

MT | 01
乱纹镀钛玫瑰金

WD | 01
浅色尼斯木

木饰面专用挂件

600

木楔

玻镁板

C

WD | 01
浅色尼斯木

玻镁

收边龙骨
螺栓固定

覆面龙骨

WD | 01
浅色尼斯

MT | 01
乱纹镀钛玫

木饰面专

木楔

WD | 01
浅色尼斯

WD | 01
浅色尼斯木

WD | 01
浅色尼斯木

230

3.1
EL.01 DETAIL@

SCALE1:5@A2

A DETAIL@

SCALE1

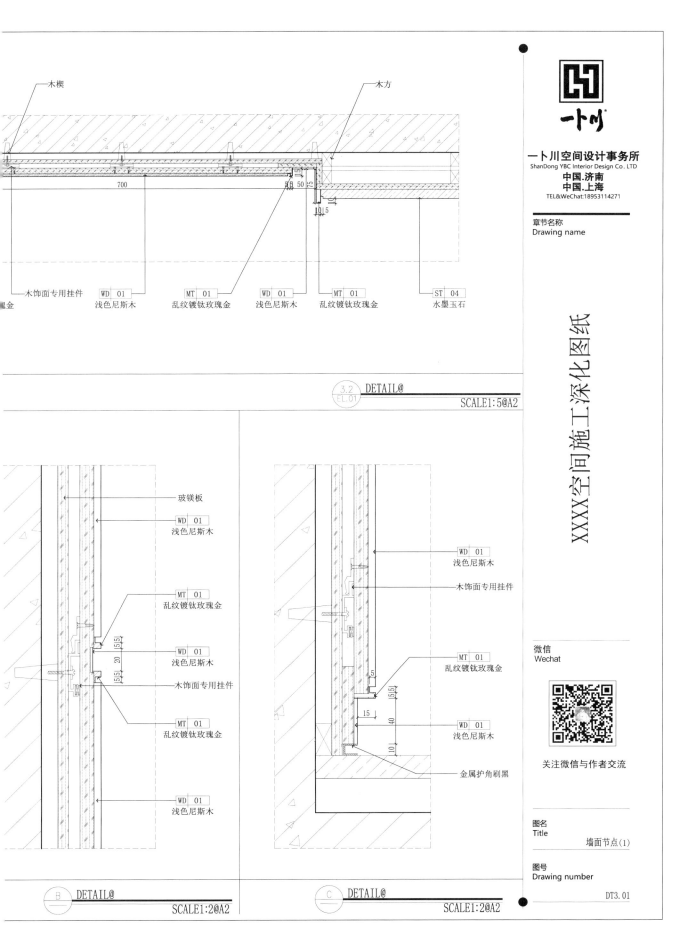

木楔

木方

700

50 50 75

木饰面专用挂件 | WD | 01 | | MT | 01 | | WD | 01 | | MT | 01 | | ST | 04
浅色尼斯木 乱纹镀钛玫瑰金 浅色尼斯木 乱纹镀钛玫瑰金 水墨玉石

3.2
EL.01 DETAIL@
SCALE1:5@A2

玻镁板

WD | 01
浅色尼斯木

WD | 01
浅色尼斯木

MT | 01
乱纹镀钛玫瑰金

木饰面专用挂件

WD | 01
浅色尼斯木

MT | 01
乱纹镀钛玫瑰金

木饰面专用挂件

WD | 01
浅色尼斯木

MT | 01
乱纹镀钛玫瑰金

金属护角刷黑

WD | 01
浅色尼斯木

B DETAIL@
SCALE1:2@A2

C DETAIL@
SCALE1:2@A2

一卜川空间设计事务所
ShanDong YBC Interior Design Co. LTD
中国.济南
中国.上海
TEL&WeChat:18953114271

章节名称
Drawing name

XXXX空间施工深化图纸

微信
Wechat

关注微信与作者交流

图名
Title
墙面节点(1)

图号
Drawing number
DT3.01

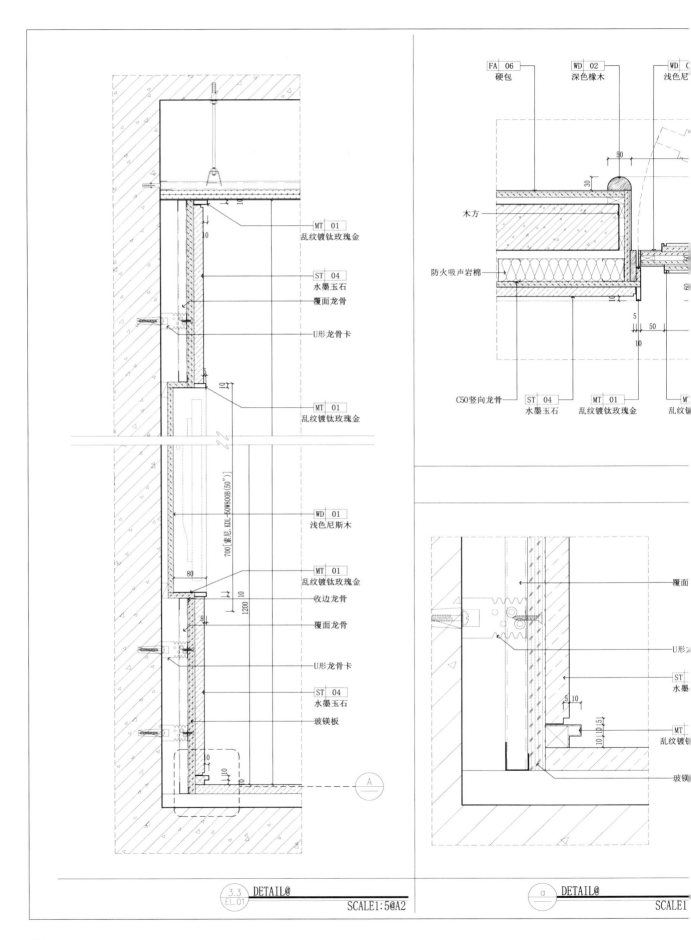

FA 06
硬包

WD 02
深色橡木

WD 0
浅色尼

木方

防火吸声岩棉

50

30

MT 01
乱纹镀钛玫瑰金

ST 04
水墨玉石
覆面龙骨

U形龙骨卡

MT 01
乱纹镀钛玫瑰金

C50竖向龙骨

ST 04
水墨玉石

MT 01
乱纹镀钛玫瑰金

MT
乱纹镀

50

5

60

50

10

WD 01
浅色尼斯木

700[紫花.KDL-50W800B(50")]

80

MT 01
乱纹镀钛玫瑰金
收边龙骨

覆面龙骨

1200

10

5

覆面

U形龙骨卡

U形

ST 04
水墨玉石

ST
水墨

玻镁板

5 10

10 10 5

MT 01
乱纹镀钛

玻镁

A

3.3
EL.01
DETAIL@

SCALE1:5@A2

a
DETAIL@

SCALE1

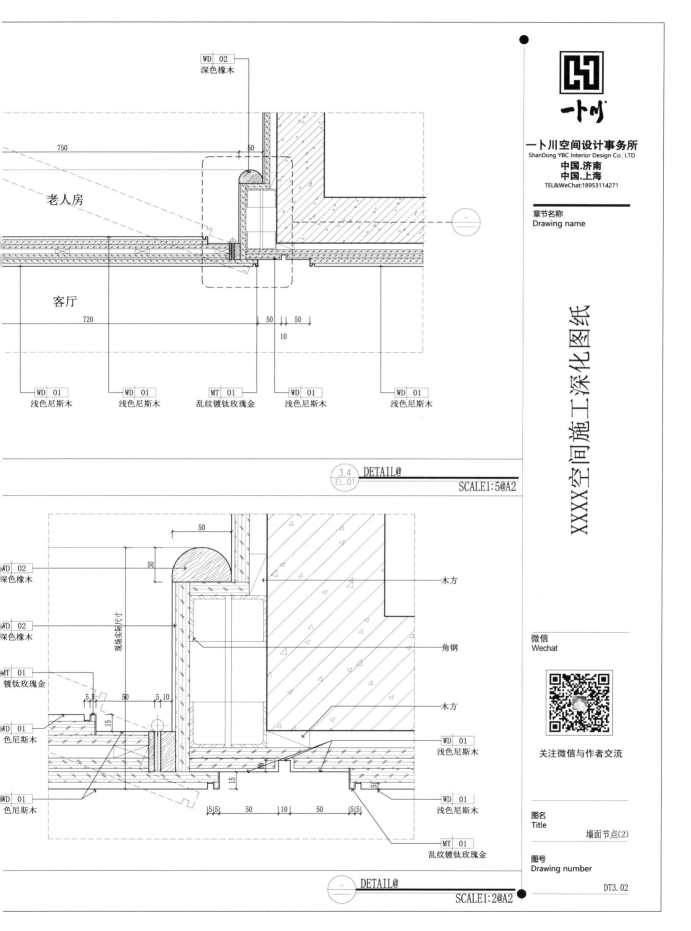

WD 02
深色橡木

750
50

老人房

客厅

720
50 50
10

WD 01
浅色尼斯木

WD 01
浅色尼斯木

MT 01
乱纹镀钛玫瑰金

WD 01
浅色尼斯木

WD 01
浅色尼斯木

3.4
EL.01
DETAIL@
SCALE1:5@A2

50
30

WD 02
深色橡木

现场实际尺寸

WD 02
深色橡木

木方

角钢

MT 01
镀钛玫瑰金

5 5
50
5 10

WD 01
色尼斯木

15

木方

WD 01
浅色尼斯木

WD 01
色尼斯木

15

WD 01
色尼斯木

5 5
50
10
50
5 5

WD 01
浅色尼斯木

MT 01
乱纹镀钛玫瑰金

DETAIL@
SCALE1:2@A2

一卜川

一卜川空间设计事务所
ShanDong YBC Interior Design Co. LTD
中国.济南
中国.上海
TEL&WeChat:18953114271

章节名称
Drawing name

XXXX空间施工深化图纸

微信
Wechat

关注微信与作者交流

图名
Title
墙面节点(2)

图号
Drawing number

DT3.02

345

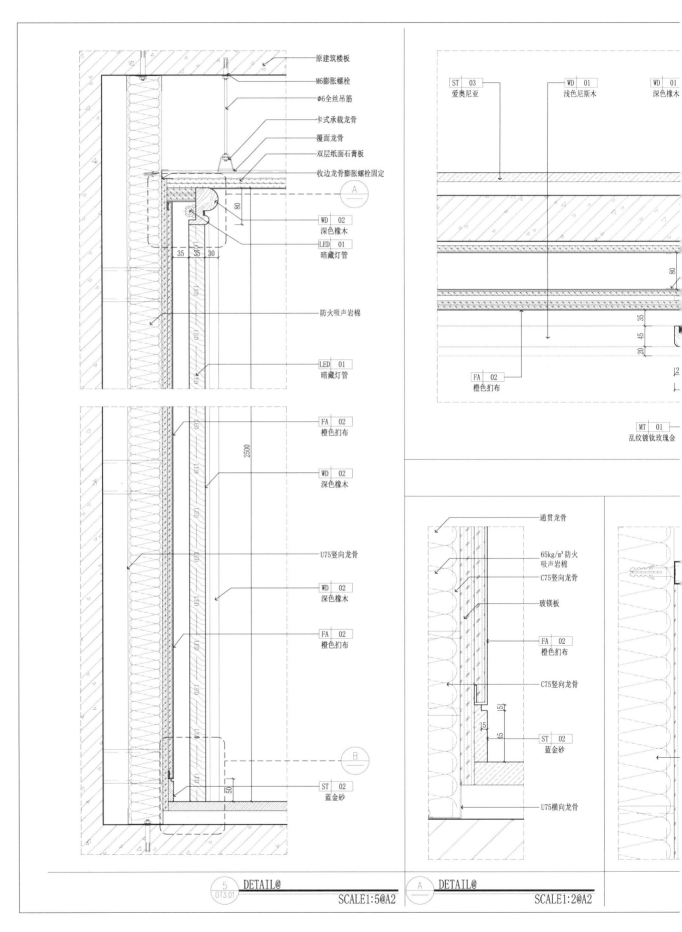

原建筑楼板

M6膨胀螺栓

φ6全丝吊筋

卡式承载龙骨

覆面龙骨

双层纸面石膏板

收边龙骨膨胀螺栓固定

ST	03

爱奥尼亚

WD	01

浅色尼斯木

WD	01

深色橡木

WD	02

深色橡木

LED	01

暗藏灯管

防火吸声岩棉

LED	01

暗藏灯管

FA	02

橙色扣布

WD	02

深色橡木

U75竖向龙骨

WD	02

深色橡木

FA	02

橙色扣布

ST	02

蓝金砂

FA	02

橙色扣布

MT	01

乱纹镀钛玫瑰金

通贯龙骨

65kg/m³防火吸声岩棉

C75竖向龙骨

玻镁板

FA	02

橙色扣布

C75竖向龙骨

ST	02

蓝金砂

U75横向龙骨

⑤ DETAIL@
D13.01

SCALE1:5@A2

Ⓐ DETAIL@

SCALE1:2@A2

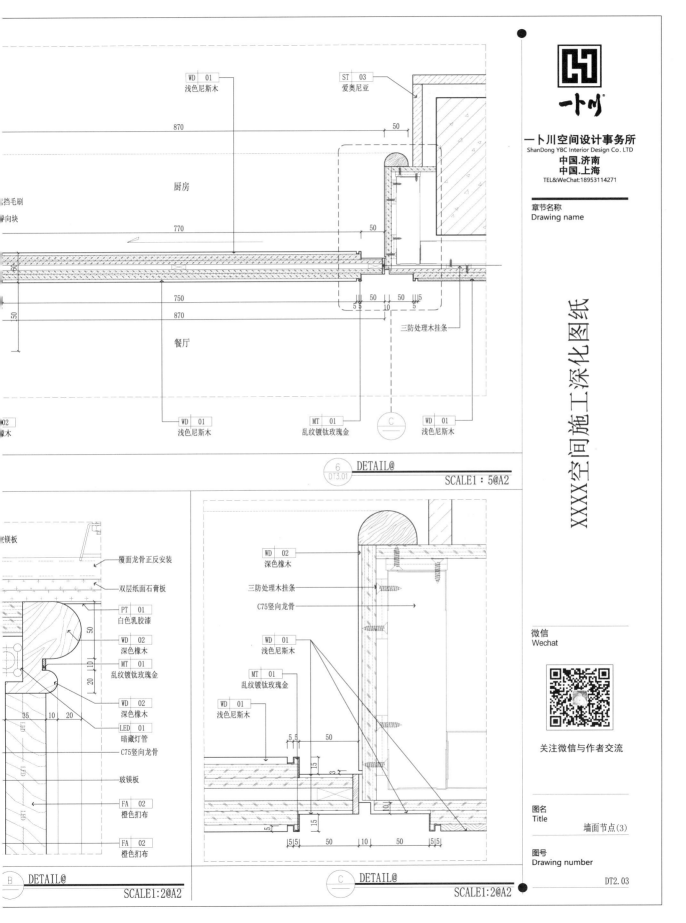

WD | 01
浅色尼斯木

ST | 03
爱奥尼亚

870

50

厨房

挡毛刷

向块

770

50

750

5 5 10

870

餐厅

三防处理木挂条

WD | 01
浅色尼斯木

MT | 01
乱纹镀钛玫瑰金

C

WD | 01
浅色尼斯木

6
DT3.01 DETAIL@

SCALE1：5@A2

镁板

覆面龙骨正反安装

双层纸面石膏板

PT | 01
白色乳胶漆

WD | 02
深色橡木

MT | 01
乱纹镀钛玫瑰金

WD | 02
深色橡木

LED | 01
暗藏灯管

C75竖向龙骨

玻镁板

FA | 02
橙色扣布

FA | 02
橙色扣布

35 10 20

50

20 10

WD | 02
深色橡木

三防处理木挂条

C75竖向龙骨

WD | 01
浅色尼斯木

MT | 01
乱纹镀钛玫瑰金

WD | 01
浅色尼斯木

5 5 50

15

3

15

5 5 50 10 50 5 5

B DETAIL@

SCALE1:2@A2

C DETAIL@

SCALE1:2@A2

一卜川

一卜川空间设计事务所
ShanDong YBC Interior Design Co. LTD
中国.济南
中国.上海
TEL&WeChat:18953114271

章节名称
Drawing name

XXXX空间施工深化图纸

微信
Wechat

关注微信与作者交流

图名
Title
墙面节点(3)

图号
Drawing number

DT2.03

347

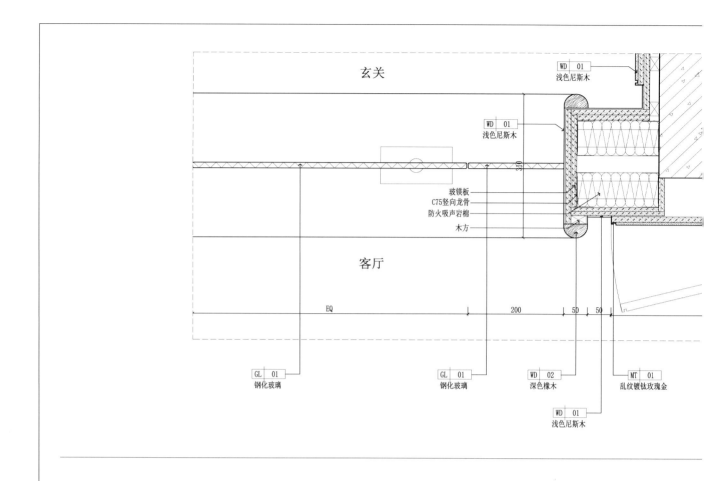

玄关

WD | 01
浅色尼斯木

WD | 01
浅色尼斯木

玻镁板
C75竖向龙骨
防火吸声岩棉
木方

客厅

EQ

200 50 50

GL | 01
钢化玻璃

GL | 01
钢化玻璃

WD | 02
深色橡木

MT | 01
乱纹镀钛玫瑰金

WD | 01
浅色尼斯木

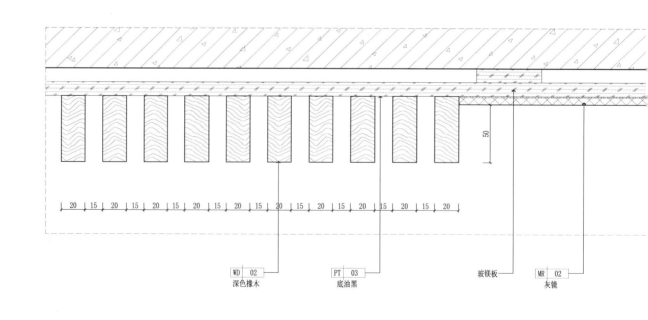

20 15 20 15 20 15 20 15 20 15 20 15 20 15 20 15 20 15 20

WD | 02
深色橡木

PT | 03
底油黑

玻镁板

MR | 02
灰镜

DETAIL@
3.8
EL.01

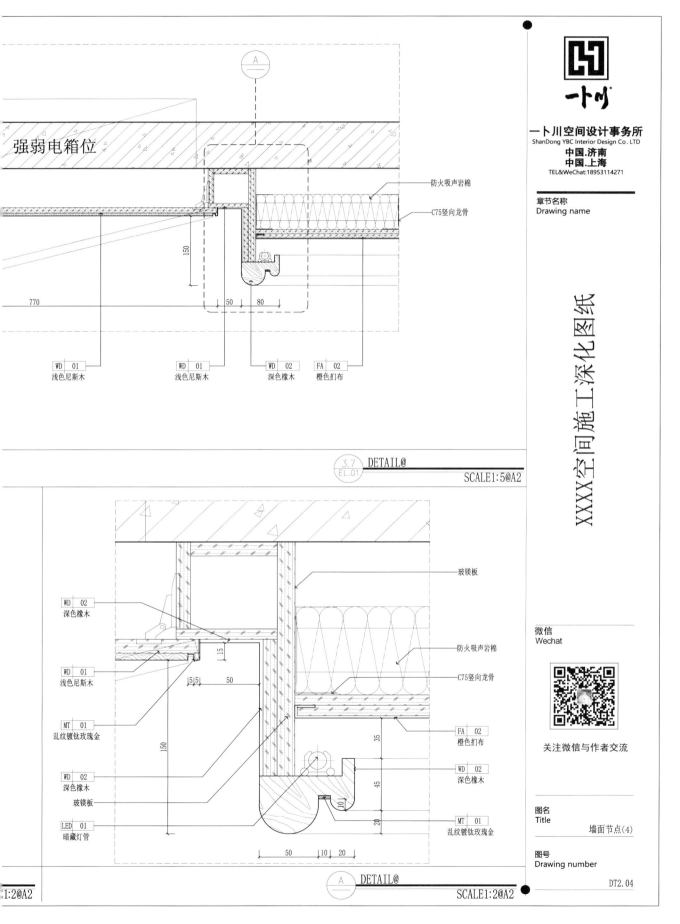

强弱电箱位

防火吸声岩棉

C75竖向龙骨

150

770

50　80

| WD | 01 |
浅色尼斯木

| WD | 01 |
浅色尼斯木

| WD | 02 |
深色橡木

| FA | 02 |
橙色扣布

3.7
EL.01　DETAIL@

SCALE1:5@A2

玻镁板

WD | 02
深色橡木

防火吸声岩棉

WD | 01
浅色尼斯木

C75竖向龙骨

MT | 01
乱纹镀钛玫瑰金

15

5 5　50

150

FA | 02
橙色扣布

35

WD | 02
深色橡木

WD | 02
深色橡木
玻镁板

45

20

LED | 01
暗藏灯管

MT | 01
乱纹镀钛玫瑰金

10

50　10 20

1:2@A2

A　DETAIL@

SCALE1:2@A2

一卜川

一卜川空间设计事务所
ShanDong YBC Interior Design Co. LTD
中国.济南
中国.上海
TEL&WeChat:18953114271

章节名称
Drawing name

XXXX空间施工深化图纸

微信
Wechat

关注微信与作者交流

图名
Title
墙面节点(4)

图号
Drawing number

DT2.04

349

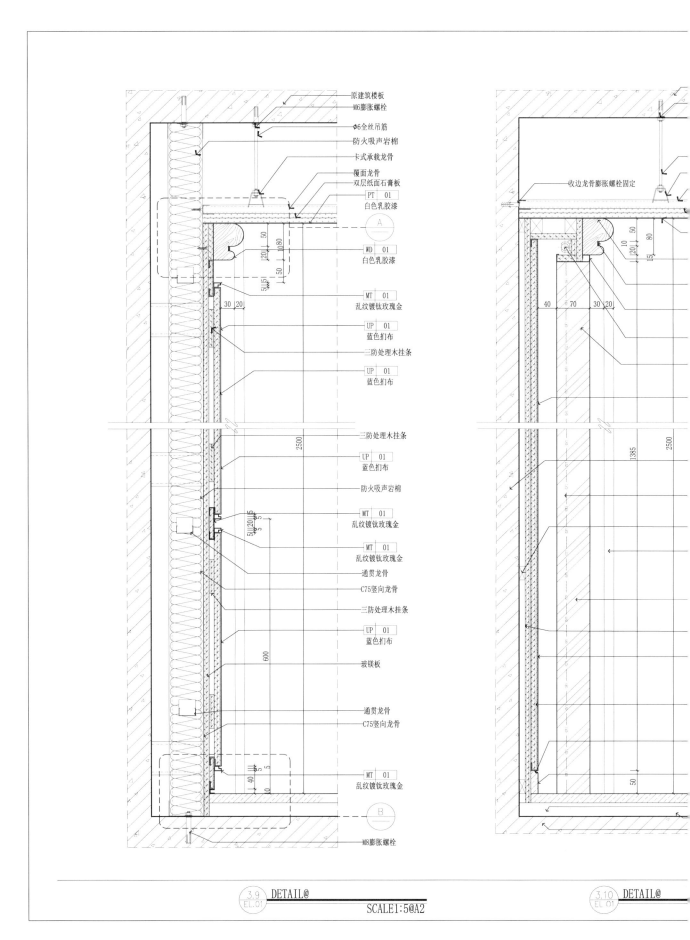

原建筑楼板
M6膨胀螺栓
φ6全丝吊筋
防火吸声岩棉
卡式承载龙骨
覆面龙骨
双层纸面石膏板
PT 01
白色乳胶漆

A

WD 01
白色乳胶漆

MT 01
乱纹镀钛玫瑰金

UP 01
蓝色扣布

三防处理木挂条

UP 01
蓝色扣布

收边龙骨膨胀螺栓固定

三防处理木挂条

UP 01
蓝色扣布

防火吸声岩棉

MT 01
乱纹镀钛玫瑰金

MT 01
乱纹镀钛玫瑰金

通贯龙骨

C75竖向龙骨

三防处理木挂条

UP 01
蓝色扣布

玻镁板

通贯龙骨

C75竖向龙骨

MT 01
乱纹镀钛玫瑰金

B

M8膨胀螺栓

3.9
EL.01 DETAIL@

SCALE1:5@A2

3.10
EL.01 DETAIL@

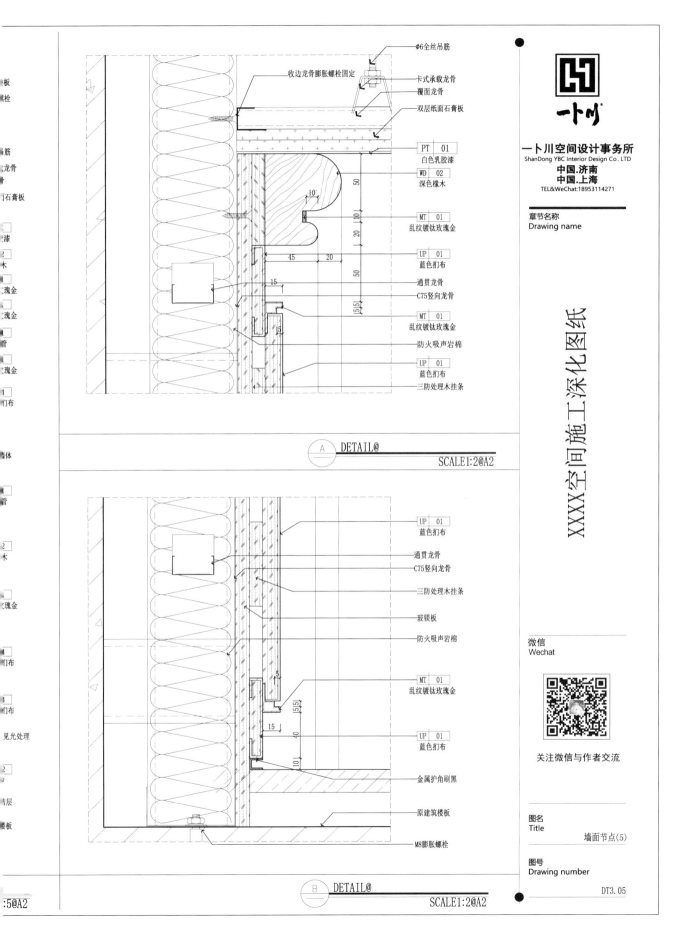

ø6全丝吊筋
收边龙骨膨胀螺栓固定
卡式承载龙骨
覆面龙骨
双层纸面石膏板

PT 01 白色乳胶漆
WD 02 深色橡木
MT 01 乱纹镀钛玫瑰金
UP 01 蓝色扣布
通贯龙骨
C75竖向龙骨
MT 01 乱纹镀钛玫瑰金
防火吸声岩棉
UP 01 蓝色扣布
三防处理木挂条

Ⓐ DETAIL@
SCALE1:2@A2

UP 01 蓝色扣布
通贯龙骨
C75竖向龙骨
三防处理木挂条
玻镁板
防火吸声岩棉
MT 01 乱纹镀钛玫瑰金
UP 01 蓝色扣布
金属护角刷黑
原建筑楼板
M8膨胀螺栓

Ⓑ DETAIL@
SCALE1:2@A2

一卜川空间设计事务所
ShanDong YBC Interior Design Co. LTD
中国.济南
中国.上海
TEL&WeChat:18953114271

章节名称
Drawing name

XXXX空间施工深化图纸

微信
Wechat

关注微信与作者交流

图名
Title　　墙面节点(5)

图号
Drawing number
DT3.05

351

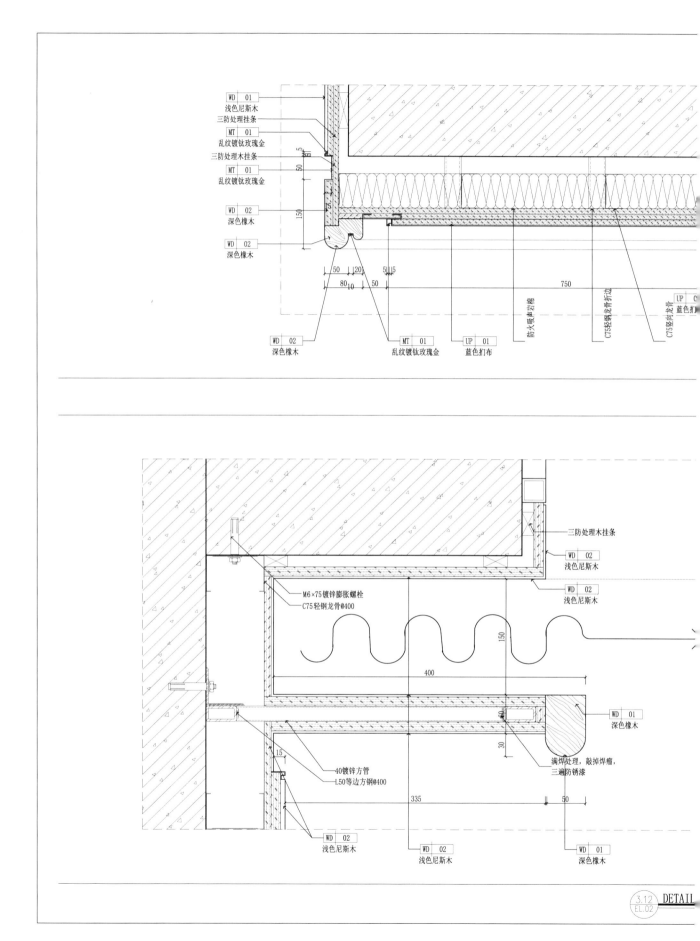

WD 01
浅色尼斯木
三防处理挂条
MT 01
乱纹镀钛玫瑰金
三防处理木挂条
MT 01
乱纹镀钛玫瑰金
WD 02
深色橡木
WD 02
深色橡木

WD 02
深色橡木
MT 01
乱纹镀钛玫瑰金
UP 01
蓝色扪布

防火吸声岩棉
C75轻钢龙骨折边
C75竖向龙骨
蓝色扪布

三防处理木挂条
WD 02
浅色尼斯木
WD 02
浅色尼斯木

M6×75镀锌膨胀螺栓
C75轻钢龙骨@400

WD 01
深色橡木

满焊处理，敲掉焊瘤，
三遍防锈漆

40镀锌方管
L50等边方钢@400

WD 02
浅色尼斯木
WD 02
浅色尼斯木
WD 01
深色橡木

3.12
EL.02
DETAIL

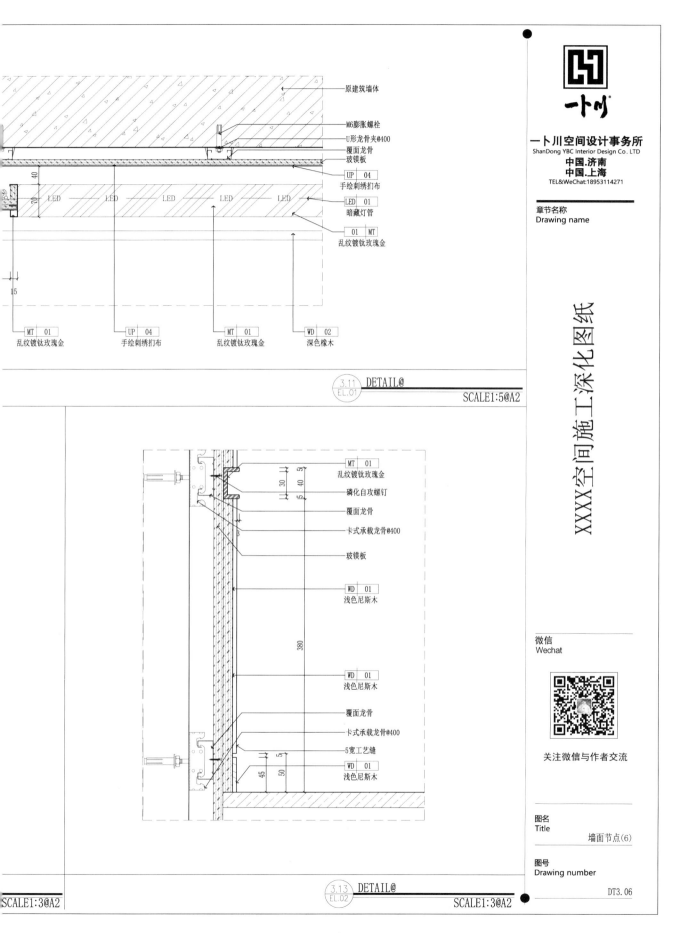

原建筑墙体

M6膨胀螺栓
U形龙骨夹@400
覆面龙骨
玻镁板

| UP | 04 |
手绘刺绣扣布

| LED | 01 |
暗藏灯管

| 01 | MT |
乱纹镀钛玫瑰金

| MT | 01 |
乱纹镀钛玫瑰金

| UP | 04 |
手绘刺绣扣布

| MT | 01 |
乱纹镀钛玫瑰金

| WD | 02 |
深色橡木

3.11
EL.01　DETAIL@
SCALE1:5@A2

| MT | 01 |
乱纹镀钛玫瑰金

磷化自攻螺钉

覆面龙骨

卡式承载龙骨@400

玻镁板

| WD | 01 |
浅色尼斯木

| WD | 01 |
浅色尼斯木

覆面龙骨

卡式承载龙骨@400

5宽工艺缝

| WD | 01 |
浅色尼斯木

SCALE1:3@A2

3.13
EL.02　DETAIL@
SCALE1:3@A2

一卜川空间设计事务所
ShanDong YBC Interior Design Co. LTD
中国.济南
中国.上海
TEL&WeChat:18953114271

章节名称
Drawing name

XXXX空间施工深化图纸

微信
Wechat

关注微信与作者交流

图名
Title
墙面节点(6)

图号
Drawing number
DT3.06

353

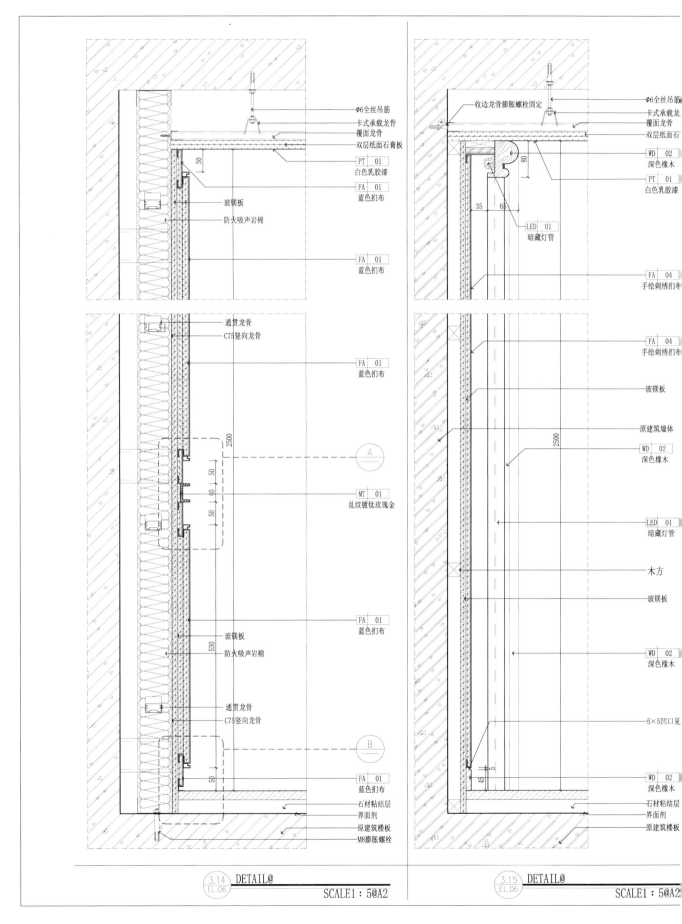

左图标注（从上到下）：

- φ6全丝吊筋
- 卡式承载龙骨
- 覆面龙骨
- 双层纸面石膏板
- PT 01 白色乳胶漆
- FA 01 蓝色扣布
- 玻镁板
- 防火吸声岩棉
- FA 01 蓝色扣布
- 通贯龙骨
- C75竖向龙骨
- FA 01 蓝色扣布
- A
- MT 01 乱纹镀钛玫瑰金
- FA 01 蓝色扣布
- 玻镁板
- 防火吸声岩棉
- 通贯龙骨
- C75竖向龙骨
- B
- FA 01 蓝色扣布
- 石材粘结层
- 界面剂
- 原建筑楼板
- M8膨胀螺栓

右图标注（从上到下）：

- 收边龙骨膨胀螺栓固定
- φ6全丝吊筋
- 卡式承载龙
- 覆面龙骨
- 双层纸面石
- WD 02 深色橡木
- PT 01 白色乳胶漆
- LED 01 暗藏灯管
- FA 04 手绘刺绣扣布
- FA 04 手绘刺绣扣布
- 玻镁板
- 原建筑墙体
- WD 02 深色橡木
- LED 01 暗藏灯管
- 木方
- 玻镁板
- 5×5凹口见
- WD 02 深色橡木
- WD 02 深色橡木
- 石材粘结层
- 界面剂
- 原建筑楼板

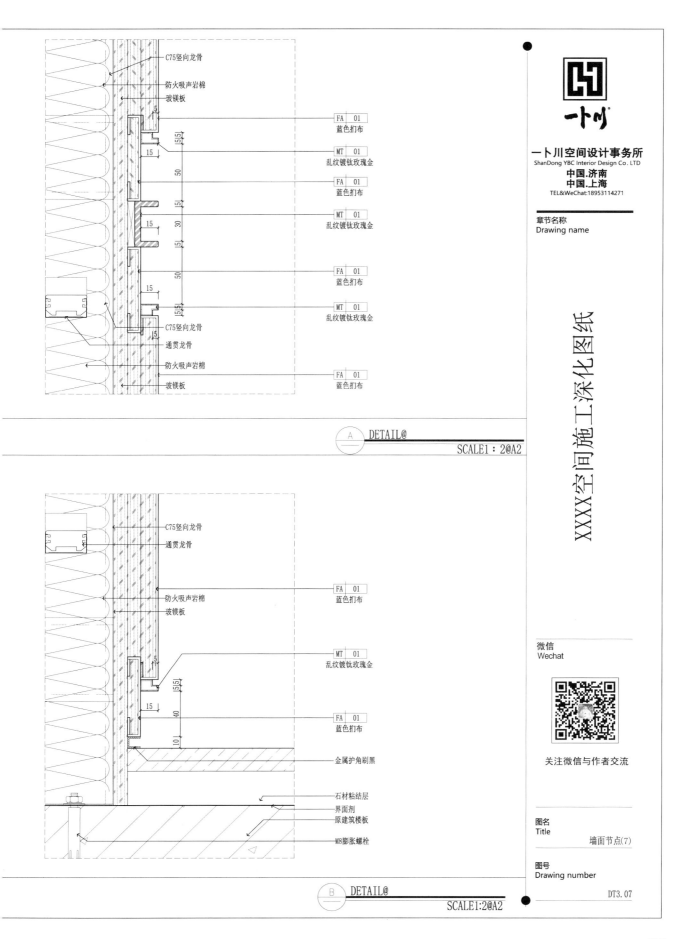

C75竖向龙骨
防火吸声岩棉
玻镁板

FA 01
蓝色扣布

MT 01
乱纹镀钛玫瑰金

FA 01
蓝色扣布

MT 01
乱纹镀钛玫瑰金

FA 01
蓝色扣布

MT 01
乱纹镀钛玫瑰金

C75竖向龙骨
通贯龙骨
防火吸声岩棉
玻镁板

FA 01
蓝色扣布

A DETAIL@
SCALE1：2@A2

C75竖向龙骨
通贯龙骨

FA 01
蓝色扣布

防火吸声岩棉
玻镁板

MT 01
乱纹镀钛玫瑰金

FA 01
蓝色扣布

金属护角刷黑

石材粘结层
界面剂
原建筑楼板

M8膨胀螺栓

B DETAIL@
SCALE1:2@A2

一卜川
一卜川空间设计事务所
ShanDong YBC Interior Design Co. LTD
中国.济南
中国.上海
TEL&WeChat:18953114271

章节名称
Drawing name

XXXX空间施工深化图纸

微信
Wechat

关注微信与作者交流

图名
Title
墙面节点(7)

图号
Drawing number
DT3.07

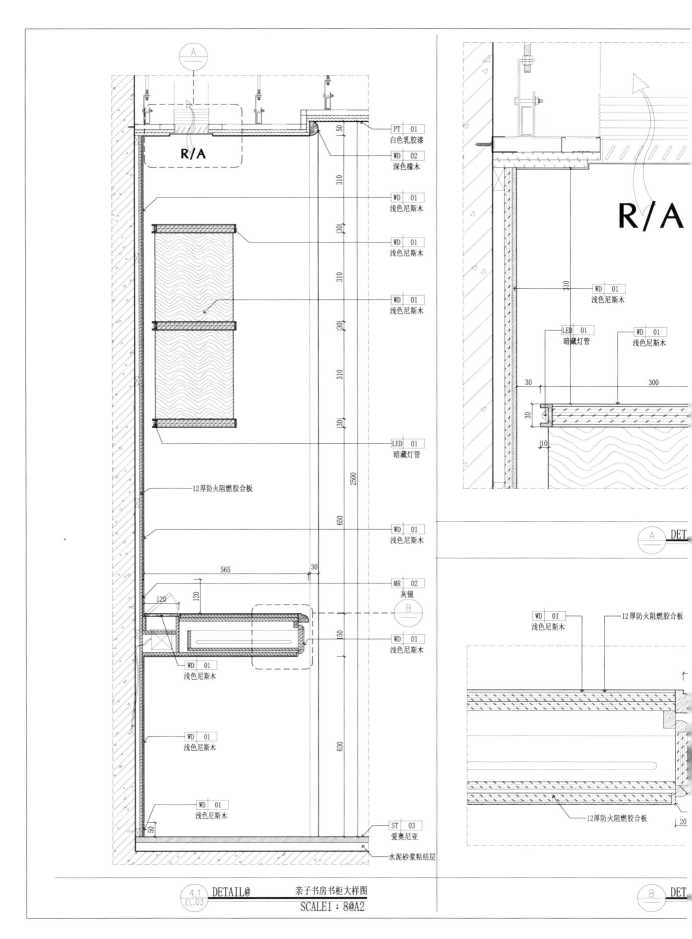

白色乳胶漆 PT 01

深色橡木 WD 02

浅色尼斯木 WD 01

浅色尼斯木 WD 01

浅色尼斯木 WD 01

暗藏灯管 LED 01

12厚防火阻燃胶合板

浅色尼斯木 WD 01

灰镜 MR 02

浅色尼斯木 WD 01

浅色尼斯木 WD 01

浅色尼斯木 WD 01

浅色尼斯木 WD 01

爱奥尼亚 ST 03

水泥砂浆粘结层

R/A

浅色尼斯木 WD 01

暗藏灯管 LED 01

浅色尼斯木 WD 01

A DET

浅色尼斯木 WD 01

12厚防火阻燃胶合板

12厚防火阻燃胶合板

B DET

DETAIL@　亲子书房书柜大样图
4.1 EL.03
SCALE1：8@A2

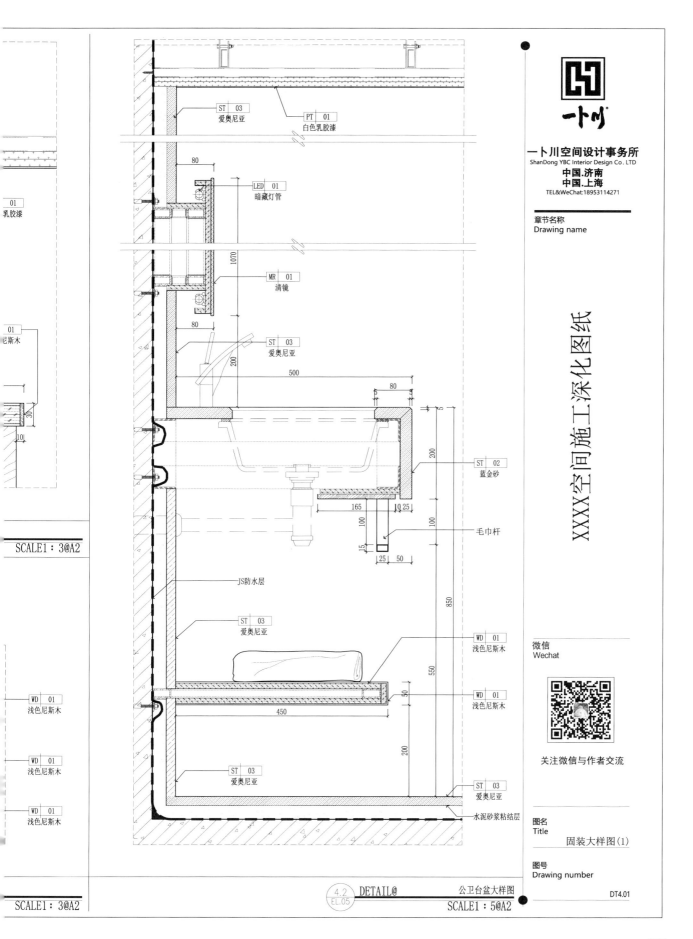

ST 03 爱奥尼亚

PT 01 白色乳胶漆

80

LED 01 暗藏灯管

1070

MR 01 清镜

80

ST 03 爱奥尼亚

200

500

80

200

ST 02 蓝金砂

165 10 25

100

100

毛巾杆

25 50

850

JS防水层

ST 03 爱奥尼亚

WD 01 浅色尼斯木

550

450

50

WD 01 浅色尼斯木

200

ST 03 爱奥尼亚

ST 03 爱奥尼亚

水泥砂浆粘结层

SCALE1：3@A2

SCALE1：3@A2

01 乳胶漆

01 尼斯木

30

10

WD 01 浅色尼斯木

WD 01 浅色尼斯木

WD 01 浅色尼斯木

4.2
EL.05
DETAIL@

公卫台盆大样图

SCALE1：5@A2

一卜川

一卜川空间设计事务所
ShanDong YBC Interior Design Co. LTD
中国.济南
中国.上海
TEL&WeChat:18953114271

章节名称
Drawing name

XXXX空间施工深化图纸

微信
Wechat

关注微信与作者交流

图名
Title
固装大样图(1)

图号
Drawing number

DT4.01

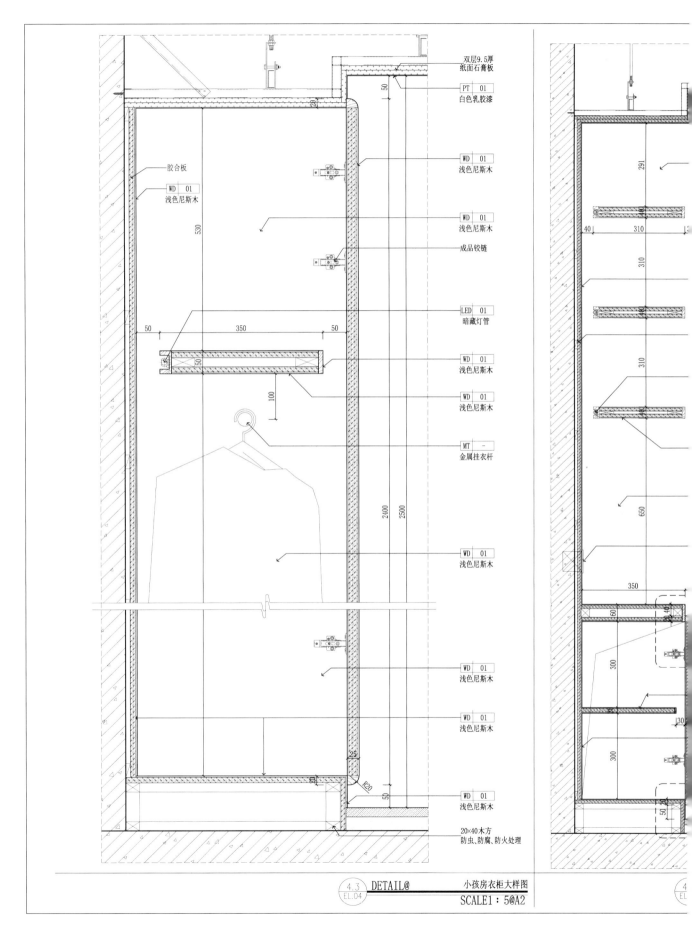

双层9.5厚
纸面石膏板

| PT | 01 |
白色乳胶漆

| WD | 01 |
浅色尼斯木

| WD | 01 |
浅色尼斯木

成品铰链

| LED | 01 |
暗藏灯管

| WD | 01 |
浅色尼斯木

| WD | 01 |
浅色尼斯木

| MT | — |
金属挂衣杆

| WD | 01 |
浅色尼斯木

| WD | 01 |
浅色尼斯木

| WD | 01 |
浅色尼斯木

20×40木方
防虫、防腐、防火处理

胶合板
| WD | 01 |
浅色尼斯木

DETAIL@   小孩房衣柜大样图

SCALE1：5@A2

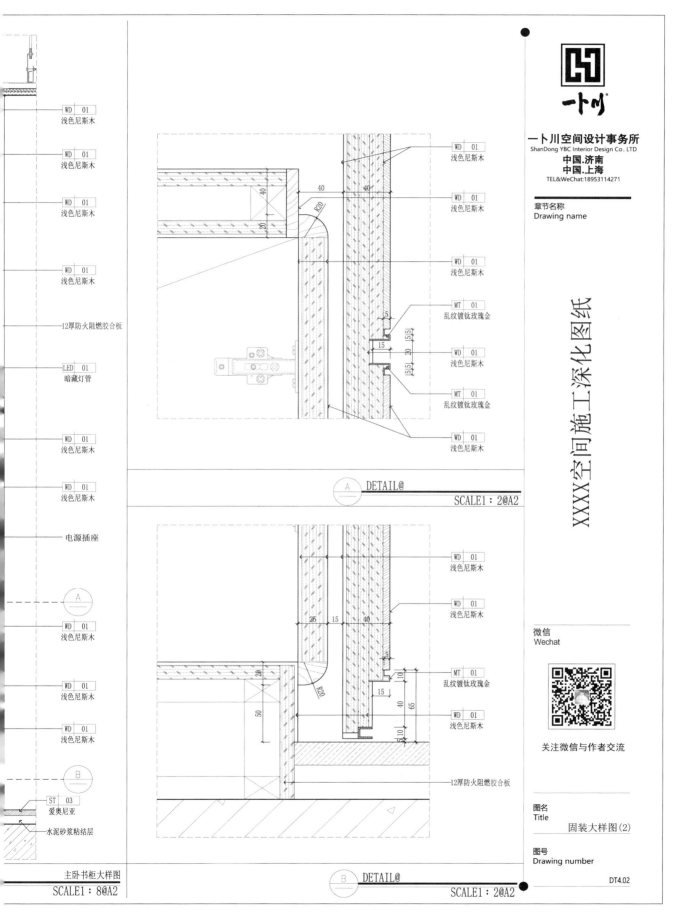

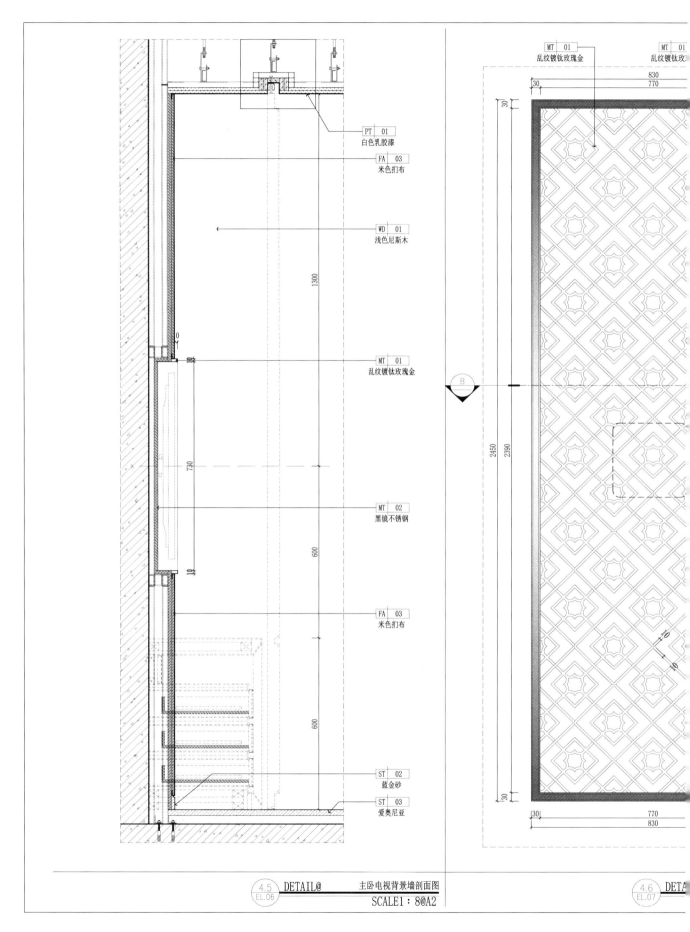

PT | 01
白色乳胶漆

FA | 03
米色扣布

WD | 01
浅色尼斯木

MT | 01
乱纹镀钛玫瑰金

MT | 02
黑镜不锈钢

FA | 03
米色扣布

ST | 02
蓝金砂

ST | 03
爱奥尼亚

MT | 01
乱纹镀钛玫瑰金

MT | 01
乱纹镀钛玫

830
770
30

2450
2390
30

30
770
830

4.5
EL.06
DETAIL@   主卧电视背景墙剖面图
SCALE1：8@A2

4.6
EL.07
DETA

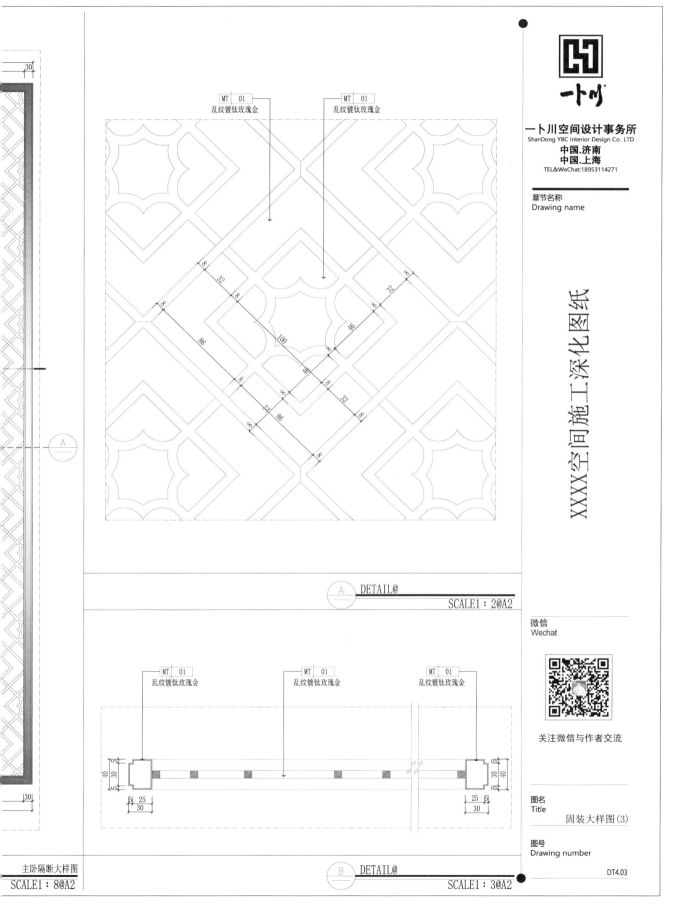

一卜川空间设计事务所
ShanDong YBC Interior Design Co. LTD
中国.济南
中国.上海
TEL&WeChat:18953114271

章节名称
Drawing name

XXXX空间施工深化图纸

MT 01
乱纹镀钛玫瑰金

MT 01
乱纹镀钛玫瑰金

A DETAIL@
SCALE1：2@A2

微信
Wechat

关注微信与作者交流

MT 01
乱纹镀钛玫瑰金

MT 01
乱纹镀钛玫瑰金

MT 01
乱纹镀钛玫瑰金

图名
Title
固装大样图(3)

图号
Drawing number

DT4.03

主卧隔断大样图
SCALE1：8@A2

B DETAIL@
SCALE1：3@A2

361

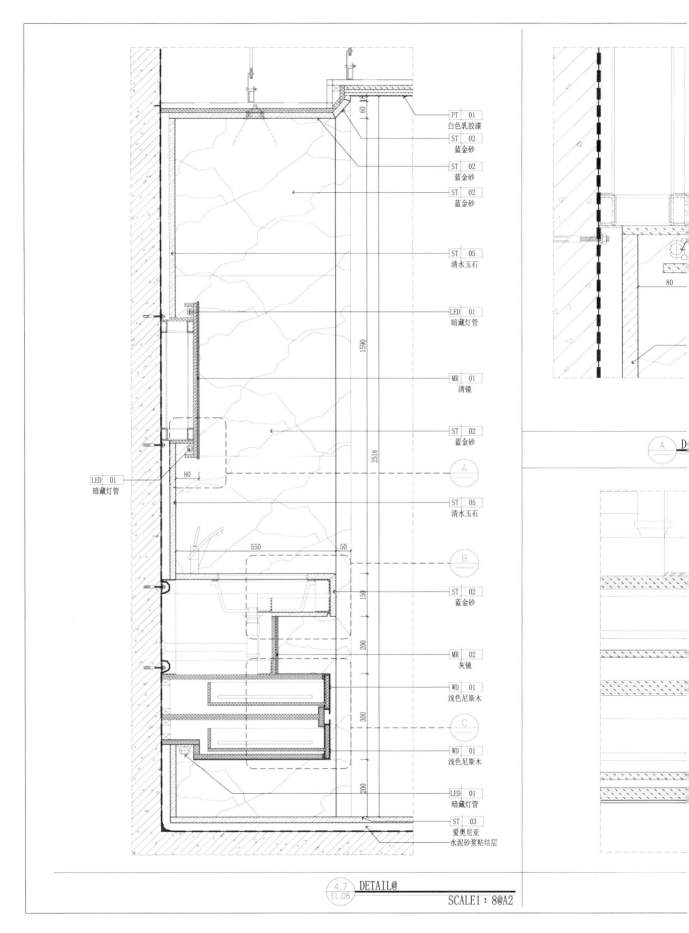

PT	01
白色乳胶漆	

ST	02
蓝金砂	

ST	02
蓝金砂	

ST	02
蓝金砂	

ST	05
清水玉石	

LED	01
暗藏灯管	

MR	01
清镜	

ST	02
蓝金砂	

ST	05
清水玉石	

ST	02
蓝金砂	

MR	02
灰镜	

WD	01
浅色尼斯木	

WD	01
浅色尼斯木	

LED	01
暗藏灯管	

ST	03
爱奥尼亚	

水泥砂浆粘结层

LED	01
暗藏灯管	

4.7 / EL.08 DETAIL@

SCALE1：8@A2

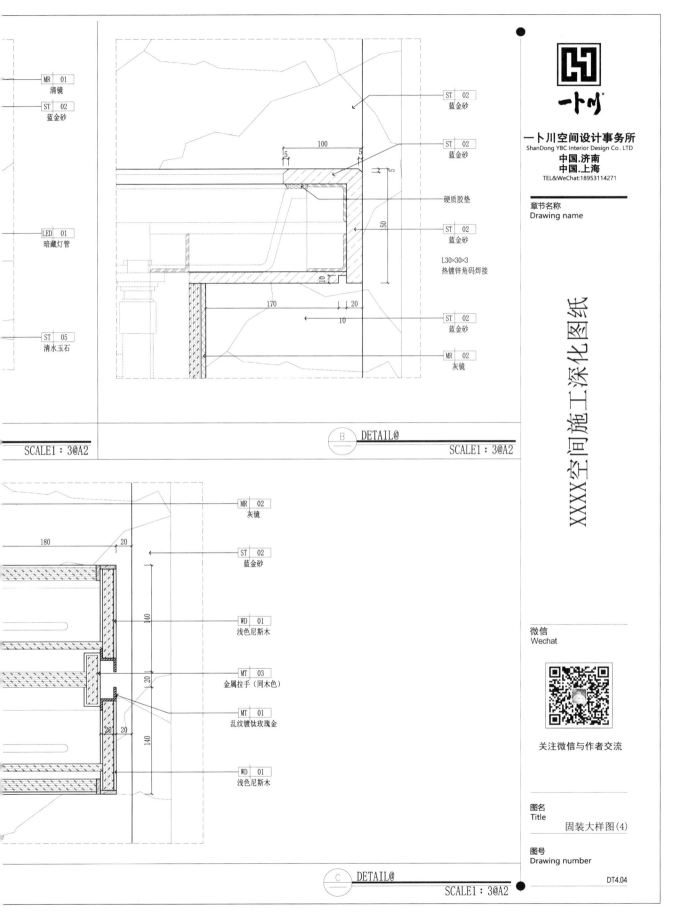

MR 01
清镜

ST 02
蓝金砂

ST 02
蓝金砂

ST 02
蓝金砂

100

5　　　5

硬质胶垫

50

LED 01
暗藏灯管

ST 02
蓝金砂

10

L30×30×3
热镀锌角码焊接

170　　　20

10

ST 02
蓝金砂

ST 05
清水玉石

MR 02
灰镜

B　DETAIL@

SCALE1：3@A2

SCALE1：3@A2

一卜川

一卜川空间设计事务所
ShanDong YBC Interior Design Co. LTD
中国.济南
中国.上海
TEL&WeChat:18953114271

章节名称
Drawing name

XXXXX空间施工深化图纸

MR 02
灰镜

ST 02
蓝金砂

WD 01
浅色尼斯木

MT 03
金属拉手（同木色）

MT 01
乱纹镀钛玫瑰金

WD 01
浅色尼斯木

180　　　20

140

20

20　20

140

微信
Wechat

关注微信与作者交流

图名
Title
固装大样图(4)

图号
Drawing number

DT4.04

C　DETAIL@

SCALE1：3@A2

后 记

真正聪明人,都下笨功夫。

有这么一则笑话,说是曾国藩在家读书,背诵一篇极短的文字,恰逢小偷上门,欲等他睡后行窃,可等到快天亮了他始终背诵不出,最终,小偷忍无可忍地跳出来说:"这种笨脑袋,读什么书?"

第一次和王冲老师交谈,我说自己是半路出家,没有天赋,他说:"我也没有天赋,但我们有努力。"这句话是激励我坚持至今的动力。编程专业可以跨界设计行业,新闻专业又何尝不可?

自学网、扮家家、拓者吧、建E网……一路走来,见证了他的努力和坚持。所授课程由简到难,由初级到高级,包括不断地推翻自己而精进,正如他所言:"哪怕是错的,把自己的经验分享出来,让他人避免重蹈覆辙也具有积极的意义。"不妄自菲薄,不妄自尊大,这便是师者的情怀。

一卜川团队的成立,承载着众多学员和从业者的梦想,犹如人们迷失在大海里渺无方向时遇到了航船。一个年轻的团队,一群精力充沛的青年人,通过夜以继日的钻研,相继推出了各种专业课程和绘图环境,在业内掀起了一场绘图革命,无论是在绘图速度还是专业程度上,都给予很多设计机构和个人极大的帮助。也正因为如此,一卜川出品的所有知识产品,频频遭遇盗版。

我们常说条条道路通罗马,但选择哪条路很重要。在设计这条路上,无论是科班出身还是自学者,之前所学都不足以支撑你走完全程,必须边走边学,不断学习新知识、应用新知识。在学习新知识的过程中,相信所有人都走过弯路,都遇到过瓶颈,无论是线上还是线下,有关设计的教程五花八门,但教授者未必会倾囊相授,又或者有太多的人教你高屋建瓴,而没有教你打好地基。

《室内装饰施工图设计规范与深化逻辑》一书,从图纸标准解析、项目编排逻辑、协同绘图、项目制图标准、图纸审核要点、高效绘图技巧、DIY公司专属绘图环境等几大维度对施工图深化进行全面解析,可以帮助从业人员解决燃眉之急,进而深入解决工作中长期存在的难点、痛点,是授之以鱼,更是授之以渔。

以崔健的《一无所有》作为结束曲吧:"我曾经问个不休,你何时跟我走……我要给你我的追求,还有我的自由,可你却总是笑我,一无所有……"

请相信,在设计与分享这个领域,王冲老师会以一无所有、毫不保留的性情,倾其所有!

温琦

2019 年 3 月 20 日

本书电子资源目录

扫码关注，发送以上关键词

可免费获取相应电子资源

一路坚持，一路成长

一卜川全家福（济南）

感谢所有川粉一路同行

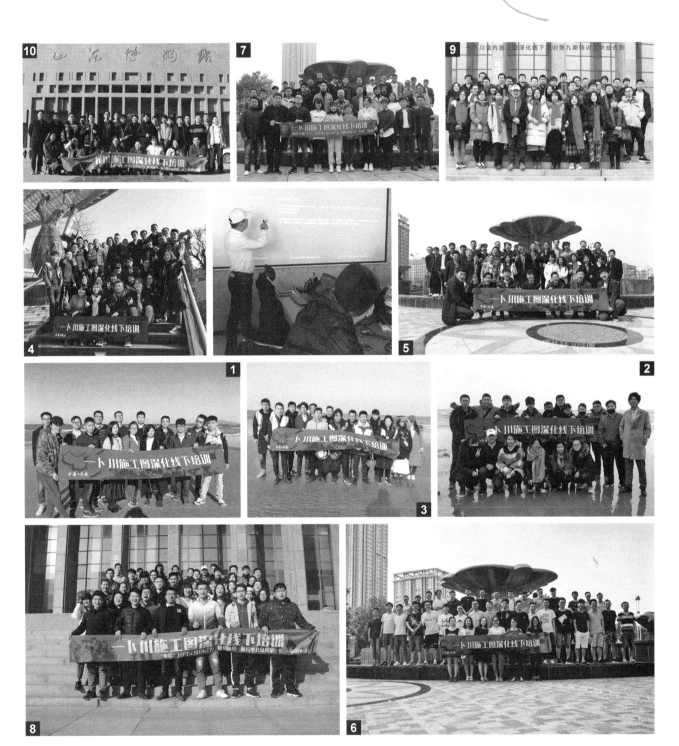

施工图深化线下培训班 1~10 期留影